AutoCAD 2010 基础教程与应用实例

主　编　潘苏蓉
副主编　梁　迪　冯　申
参　编　宿苏英　康凤华　于　茜
主　审　马　兵

机械工业出版社

本书以 AutoCAD 2010 为基础，内容编排由浅入深，采用相应典型示例介绍了 AutoCAD 2010 的功能、绘图过程与应用技巧。详实的讲解过程可使读者按本书示例实践后，较快地掌握 AutoCAD 2010 的使用方法和技巧。

全书共分 12 章，包括：AutoCAD 2010 的基础操作、基本绘图方法、图形编辑方法、图层与对象特性、文字标注和表格、尺寸标注、创建和使用块、图形输出、三维绘图知识以及应用实例等内容。书中列举较多绘图设计实例，并给出详细操作顺序和解题要点，侧重于动手实践和实际应用。

本书既可供从事计算机辅助设计和相关专业的人员使用，又可作为各大院校的 AutoCAD 基础教程及培训班的学习教材，同时也是读者自学 AutoCAD 2010的实用参考书。

图书在版编目（CIP）数据

AutoCAD 2010 基础教程与应用实例/潘苏蓉主编.
—北京：机械工业出版社，2010.7（2018.5 重印）
ISBN 978-7-111-30871-3

Ⅰ.①A… Ⅱ.①潘… Ⅲ.①计算机辅助设计 - 应用软件，AutoCAD 2010- 教材 Ⅳ.①TP391.72

中国版本图书馆 CIP 数据核字（2010）第 138265 号

机械工业出版社（北京市百万庄大街 22 号 邮政编码 100037）
策划编辑：朱 华 责任编辑：王晓洁 谷玉春
版式设计：霍永明 责任校对：闫玥红
封面设计：陈 沛 责任印制：张 博
三河市宏达印刷有限公司印刷
2018 年 5 月第 1 版第 5 次印刷
184mm × 260mm · 16.5 印张 · 406 千字
11001—12900 册
标准书号：ISBN 978-7-111-30871-3
定价：35.00 元

凡购本书，如有缺页、倒页、脱页，由本社发行部调换

电话服务	网络服务
服务咨询热线：010-88361066	机 工 官 网：www.cmpbook.com
读者购书热线：010-68326294	机 工 官 博：weibo.com/cmp1952
010-88379203	教育服务网：www.cmpedu.com
封面无防伪标均为盗版	金 书 网：www.golden-book.com

前　言

AutoCAD 是目前工程设计领域应用最为广泛的计算机辅助设计软件之一，由于其功能强、易掌握、使用方便、二次开发性好，受到了世界各国工程设计人员的欢迎，应用于机械、建筑、电子、化工、航天、汽车、轻纺、服装、地理、广告设计等领域。

AutoCAD 2010 是 AutoCAD 系列的新版本，相对于以前的版本，它又增加了许多新功能，并能够很好地兼容以前版本的功能。新一代的 AutoCAD 软件，在界面、三维建模、参数化图形、动态块等方面进行了改进，增加和增强了部分功能，使用户可以更方便、快捷地进行设计。

本书内容由浅入深，详细地介绍了 AutoCAD 2010 的使用方法和功能。在编写上突出实用性的特点，着重介绍 AutoCAD 2010 在绘图方面的使用方法及技巧，做到理论知识浅显易懂，实际训练内容丰富。选取实例有代表性和针对性，基础知识与实例有机结合，软件命令与实际应用有机结合。每一章后面的思考与练习中给出的绘图题，可以使读者自己检测学习效果。

全书共分为 12 章，主要内容包括：AutoCAD 2010 的用户界面和文件操作；AutoCAD 2010 的基础操作，主要包括坐标系设置、坐标输入、图形显示控制、精确绘图功能等内容；二维图形的绘制和编辑方法；图层的设置与对象特性的控制；文本、表格、尺寸标注的标注方法；图块的操作；图形输出，包括模型空间与布局、图形打印输出的方法等；AutoCAD 2010 其他功能，包括查询对象信息、外部参照、设计中心及参数化绘图等内容；AutoCAD 2010 三维图形的绘制方法和常用绘图实例，更加突出了该软件在工程应用中的实用价值。

本书由潘苏蓉任主编，梁迪、冯申任副主编，马兵担任主审。具体编写分工如下：潘苏蓉编写第 3、12 章，梁迪编写第 7、11 章，冯申编写第 1、2 章，宿苏英编写第 4 章，康凤华编写第 6、10 章，于茜编写第 5、8、9 章。

在本书的编写过程中，铁维麟教授给予了悉心的指导和帮助。此外，张正贵、孙学礼、黄晓光等同志也积极参与本书的整理材料及绘制图形等工作，在此向以上人员深表感谢。

由于编者水平有限，书中难免存在不足之处，希望广大读者批评指正。

编　者

目　录

第 1 章　AutoCAD 2010 概述

CAD 是 Computer Aided Design 的缩写，是指计算机辅助设计。AutoCAD 2010 是目前应用最为广泛的 CAD 软件，具有完善的图形绘制功能、强大的图形编辑功能，可采用多种方式进行二次开发或用户定制、可进行多种图形格式的转换，具有较强的数据交换能力，同时支持多种硬件设备和操作平台，还可以通过多种应用软件适应于建筑、机械、测绘、电子、园林、服装以及航空航天等行业的设计需求。

1.1　AutoCAD 2010 新增功能

1. 用户界面

应用程序菜单包括访问常用工具、搜索命令和浏览文档。通过“应用程序菜单”可快速创建图形、打开现有图形、保存图形、打印图形、发布图形、退出 AutoCAD 等。可以在快速访问工具栏、应用程序菜单和功能区中实时搜索命令。可以显示、排序和访问最近打开的 AutoCAD 文件。

2. 三维建模

三维建模包括自由形式设计和三维打印。

自由形式设计提供了多种新的建模技术，帮助用户创建和修改样式更加流畅的三维模型。三维打印是在短时间内创建三维模型的真实且准确的原型的过程，还可以将三维模型直接发送，使用三维打印机创建开放原型或无间隙原型，节约时间和成本。

3. 参数化图形

通过参数化图形，用户可以为二维几何图形添加约束，决定对象彼此间的放置位置及其标注等的关联和限制，是一项用于具有约束设计的技术。

例如，如果一条直线被约束为与圆弧相切，更改该圆弧的位置时将自动保留切线。

4. 动态块

增强的动态块，在动态块定义中使用几何约束和标注约束以简化动态块创建。这种基于约束的控件动态块适用于输入尺寸或部件号来插入。

5. PDF 和输出

简化了发布布局和图纸㊀的流程，对发布进行了更改。可以将 PDF 文件附着到图形作为参考底图。通过“输出到”面板可以快速访问用于输出模型空间中的区域或将布局输出为 DWF、DWFX 或 PDF 文件的工具。

6. 自定义与设置

通过自定义用户界面（CUI）编辑器的“传输”选项卡，可以将在 AutoCAD 2010 中创建的自定义面板转换为功能区面板。自定义和控制快速访问工具栏相对于功能区的方向得到增强。可以将功能区选项卡指定的功能区上下文选项卡状态，以控制在图形窗口中选择对象

㊀ 国家标准术语应为图样，为与软件一致，本书统一为图纸。

时或激活命令时显示的功能区面板。

在初始设置中，可以在 AutoCAD 安装完成后执行 AutoCAD 的某些基本自定义和配置功能。

7. 生产力增强功能

在“清除”、“测量”、“视口”、“图纸集”等方面增强了功能，如通过“PURGE”命令从除了块或锁定图层中删除未命名的对象（长度为零的几何图形或空文字和多行文字对象）。通过“MEASUREGEOM”命令可获取选定对象的几何信息，如距离、半径、角度和体积，而无需使用多个命令。

可以使用夹点修改边界和图案填充对象。检测无效的图案填充边界，并显示红色圆，从而有助于用户查找和修复图案填充边界。

通过许可证转移实用程序，用户可在多台计算机上使用同一件 Autodesk 产品，而无需购买额外的许可。

通过动作宏管理器，可以查找和管理保存的动作宏文件。

1.2 AutoCAD 2010 的启动与退出

1.2.1 AutoCAD 2010 的启动

1. 桌面快捷方式

AutoCAD 2010 安装完毕后，Windows 桌面上将添加一个快捷方式，如图 1-1 所示。双击快捷方式图标即可启动 AutoCAD 2010。

图 1-1 桌面快捷方式

2. 打开 DWG 类型文件的方式

在已安装 AutoCAD 2010 软件的情况下，通过双击已建立的 AutoCAD图形文件（ *. dwg）可启动 AutoCAD 2010 并打开该文件。

3. 开始菜单方式

AutoCAD 2010 安装完毕后，Windows 系统的“开始/程序”里将创建一个名为“AutoCAD 2010”的程序组，单击“AutoCAD 2010”即可启动 AutoCAD 2010，如图 1-2 所示。

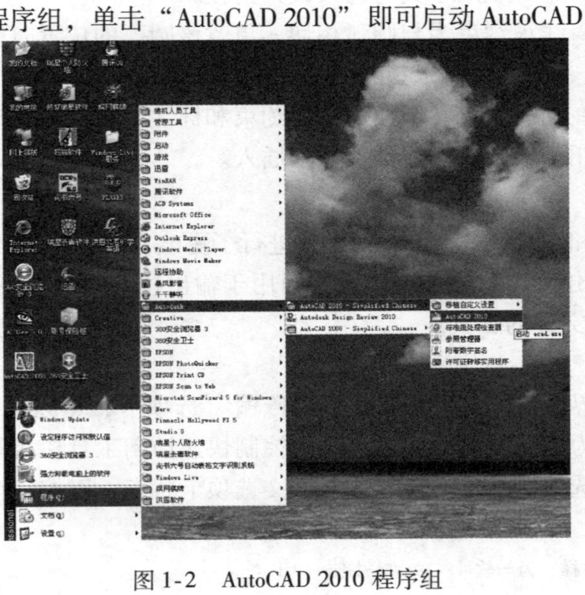

图 1-2 AutoCAD 2010 程序组

1.2.2　AutoCAD 2010 的退出

下面是退出 AutoCAD 程序常用的三种方式：

1. 程序按钮方式

单击 AutoCAD 界面右上角的“关闭”按钮，退出 AutoCAD 程序。

2. 菜单方式

通过单击“应用程序菜单”→“退出 AutoCAD”命令，或单击菜单栏上的“文件”→“退出”命令，退出 AutoCAD 程序。

3. 命令输入方式

在命令行输入“Quit”，退出 AutoCAD 程序。

1.3　AutoCAD 2010 的用户界面

AutoCAD 支持多文档环境，可同时打开多个图形文件。只有掌握 AutoCAD 2010 绘图操作界面的使用方法，才能熟练地运用各种命令绘制所需的图形。下面对 AutoCAD 2010 的用户界面进行介绍。

不同的工作空间可控制用户界面元素的显示及显示顺序。单击右下角的“初始设置工作空间”，可在下拉列表中选择要切换到的工作空间。

“初始设置工作空间”用户界面如图 1-3 所示，“AutoCAD 经典”工作空间的用户界面如图 1-4 所示。

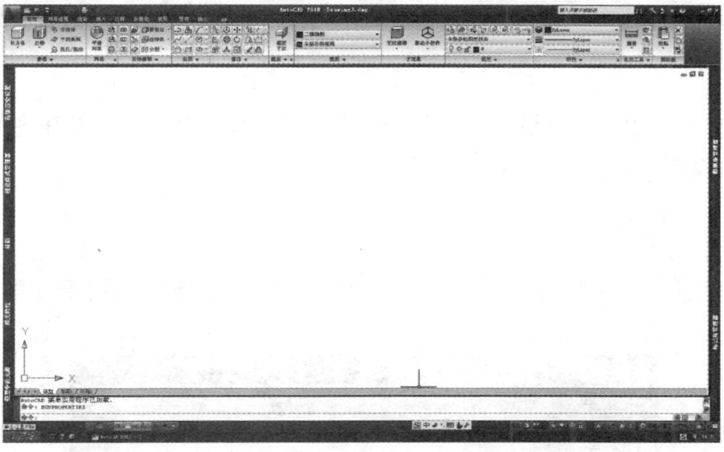

图 1-3　“初始设置工作空间”用户界面

1. 标题栏

标题栏位于绘图操作界面的最上方，用来显示 AutoCAD 的程序图标和当前正在执行的图形文件的名称，该名称随着用户所选择图形文件的不同而不同。在文件未命名前，AutoCAD 默认设置为 Drawing1、Drawing2、…、Drawing n，其中 n 由新文件数量而定。

标题栏的右侧为程序的最小化、还原和关闭按钮。

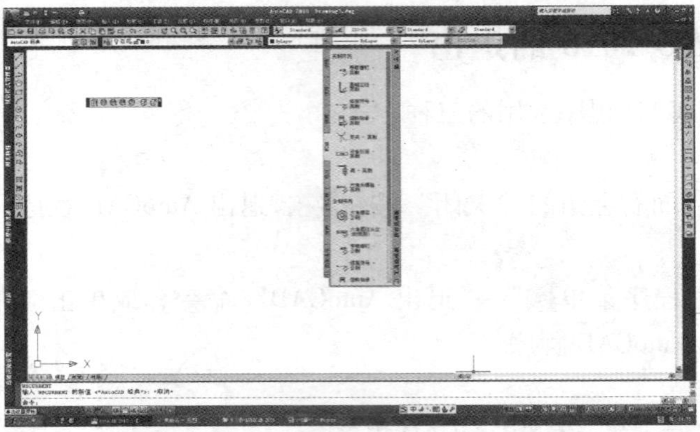

图 1-4 “AutoCAD 经典”工作空间的用户界面

AutoCAD 2010 的标题栏上增加了搜索窗口、通信中心、收藏夹等按钮。在文本框内输入指令（如直线命令），可根据相关提示快速搜索。

2. 功能区面板

用户可以使用功能区快速访问命令，减少显示的用户界面元素的数量，如图 1-5 所示。

功能区面板包括行、子面板和滑出式元素组织，由“常用”、“网格建模”、“渲染”、等选项卡构成，每个选项卡中又包含子面板，如“常用”选项卡又包括“绘图”、“修改”、“图层”等子面板。

图 1-5 功能区面板

打开功能区面板可在命令行输入“RIBBON”，关闭功能区面板可在命令行输入“RIBBONCLOSE”。可以根据需要进行显示或修改功能区面板。

3. 菜单

(1) 应用程序菜单

应用程序菜单，位于标题栏的左侧，如图 1-6 所示。该菜单用于搜索命令、访问常用工具及浏览文档。

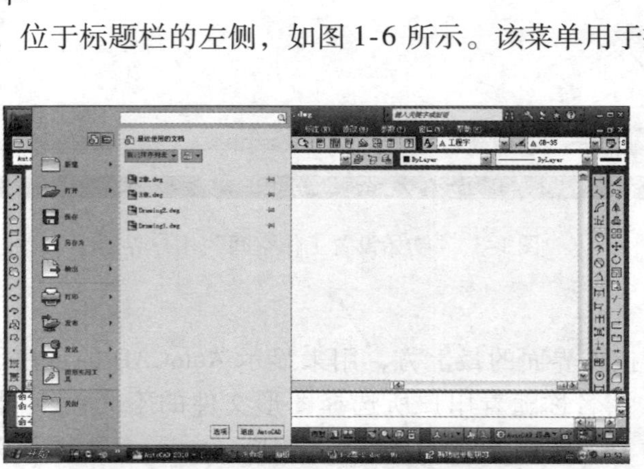

图 1-6 应用程序菜单

(2) 下拉菜单

在“AutoCAD 经典”工作空间中，下拉菜单栏位于标题栏的下面，如图 1-7 所示。由“文件 (F)”、“编辑 (E)”、“视图 (V)”等主菜单构成，每个主菜单下又包含子菜单，有些子菜单还包含下一级菜单，用户可运用菜单中各种命令绘制所需的图形。

图 1-7　“文件”下拉菜单

各菜单主要功能如下：

- 文件 (F)：该菜单用于对图形文件的管理，包括新建、打开、存盘、打印、输入和输出等命令。
- 编辑 (E)：该菜单用于对文件进行常规编辑，包括复制、剪切、粘贴和链接等命令。
- 视图 (V)：该菜单用于管理操作界面，包括图形缩放、图形平移、视窗设置、着色及渲染等操作。另外，用户还可通过该菜单设置工具栏菜单。
- 插入 (I)：该菜单用于在当前 CAD 绘图状态下，插入所需的图块或其他格式的文件。
- 格式 (O)：该菜单用于设置与绘图环境相关的参数，包括图层、颜色、线型、文字样式、标注样式和点样式等。
- 工具 (T)：该菜单为用户设置了一些辅助绘图工具，如拼写检查、快速选择和查询等。
- 绘图 (D)：该菜单包括了几乎所有的二维和三维图形的绘图命令。
- 标注 (N)：该菜单用于对图形进行尺寸标注，它包含了所有形式的标注命令。
- 修改 (M)：该菜单用于对图形进行复制、旋转、平移等。
- 参数 (P)：该菜单主要用于参数化图形、创建几何约束、创建标注约束、编辑受约束的几何图形等。
- 窗口 (W)：该菜单用于 AutoCAD 在多文档状态时各文档的视窗布置。
- 帮助 (H)：该菜单用于提供用户在使用 AutoCAD 时所需的帮助信息。

在使用菜单进行操作时，应先将鼠标移动到所要选择的菜单项上，然后单击鼠标，系统弹出相应的菜单命令，移动光标到所需的菜单命令上，被选中的菜单命令将高亮度显示，单击鼠标即可执行该命令。

注意：

1）执行带有“ ··· ”符号的命令时，将打开一个与此命令有关的对话框，用户可按照此对话框的要求执行该命令。

2）执行带有“▸”符号的命令时，表示该命令还包含下一级子菜单。

3）如果需要退出菜单命令的选择状态，则只需将光标移到绘图区，然后单击鼠标或按 <Esc> 键，则菜单命令消失，命令行恢复到等待输入命令的状态。

(3) 右键快捷菜单

单击鼠标右键后，将在光标的位置或该位置附近显示右键快捷菜单。

快捷菜单及其提供的选项取决于光标位置和其他条件，如是否选定了对象或是否正在执行命令。

如图 1-8 所示为在执行“直线”命令过程中，单击鼠标右键后屏幕上弹出的右键快捷菜单。

4. 对话框

当执行带有“···”符号的菜单命令后，将打开一个与此命令有关的对话框，如图 1-9 所示为 AutoCAD 2010 的“打印”对话框。

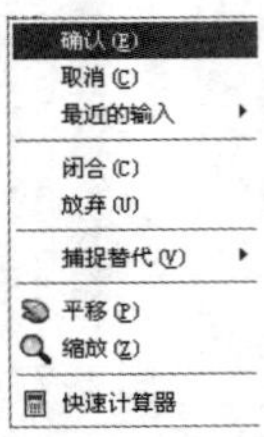

图 1-8　右键快捷菜单

图 1-9　“打印”对话框

(1) 标题栏

它位于对话框的顶部，标题栏的左边显示该对话框名称，右边是一组控制按钮。单击“?”按钮，启动帮助功能；单击“×”按钮，关闭该对话框。

(2) 编辑框

编辑框用于显示或输入用户所需的信息。如要激活该区域，则在该编辑框内单击鼠标即可，然后输入新字符。

(3) 复选框

当方框内有“√”标记时，表示此功能有效；当方框为空时，表示此功能无效。用户只需在框内单击鼠标即可打开或关闭该复选框。

(4) 列表框

列表框列出了供用户选择的内容。可使用光标选择所需的内容，如果列表框没有完全显示内容，可通过单击“▼”按钮，从下拉列表中选择其他内容。

(5) 单选按钮

每个单选按钮前有一个小圆框，只能选择其中之一。

(6) 按钮

一般有“确定”、“取消”、“应用”、“帮助”等控制按钮和一些命令按钮。

5. 工具栏

工具栏以命令按钮的形式列出了用户最常用的命令。

快速访问工具栏位于应用程序窗口的顶部，可提供对定义的命令集的直接访问。单击后面的按钮，可从“功能区控件”下拉列表中添加或删除控件。

“AutoCAD 经典”工作空间中，默认情况下，将显示部分常用工具栏，如“标准”、“样式”、“图层” 等，如图 1-10 所示为 “绘图” 和 “修改” 工具栏。移动光标到某个图标上，然后单击鼠标即可执行该命令。

（1）显示或关闭工具栏

通过单击 “工具” 菜单→ “工具栏” 命令，或移动光标到任意工具栏图标上，单击鼠标右键，在 “工具栏” 菜单上打 “√” 的是屏幕上显示的工具栏，如图 1-11 所示。可通过单击工具栏名字确定显示或关闭相应的工具栏。单击工具栏按钮可关闭该工具栏。

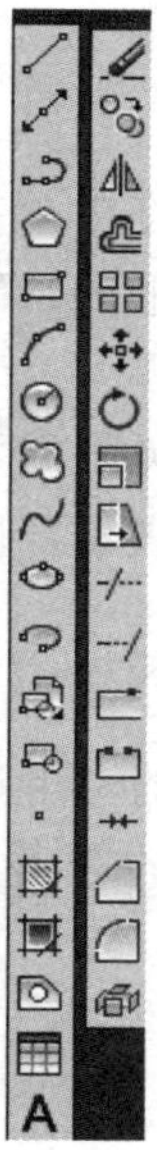

图 1-10　工具栏

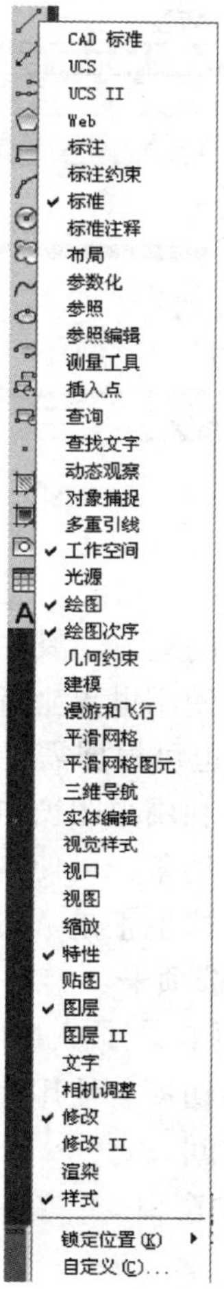

图 1-11　工具栏菜单

（2）移动工具栏位置

用鼠标左键按住工具栏的空白、间隙或标题栏，并拖动工具栏到屏幕的任意位置（如拖动工具栏到屏幕的上方或左、右两侧），当工具栏的轮廓出现在要放置的区域时，释放鼠标即可完成工具栏的移动。浮动的工具栏可使用鼠标使其在屏幕上自由移动。

（3）添加或删除工具栏按钮

执行 “视图”→“工具栏” 命令，在 “自定义用户界面” 对话框中，将命令列表中的命令拖到上面的相应工具栏上，即可添加工具栏按钮。例如，将 “射线” 按钮添加至 “绘图” 工具栏，如图 1-12 所示。

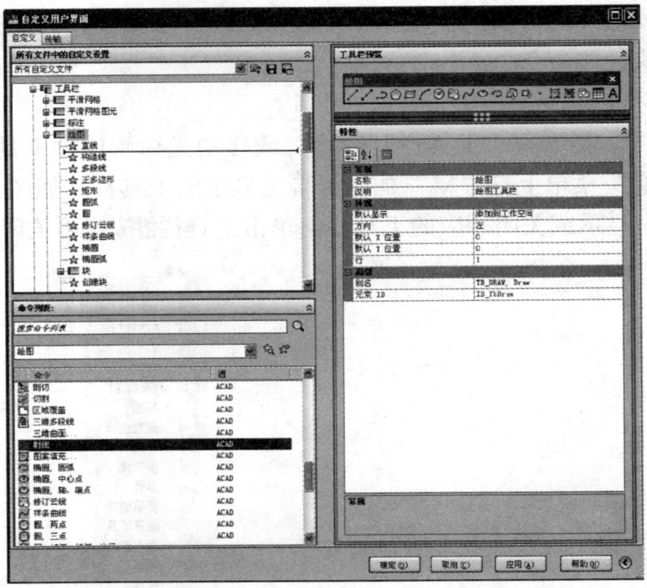

图 1-12　添加或删除工具栏按钮

6. 绘图区

绘图区是用户绘图的地方，其左下方显示当前绘图状态所在的坐标系。通常，AutoCAD 在绘制新图形时将自动使用世界坐标系（WCS），其 X 轴是水平的，Y 轴是垂直的，Z 轴则垂直于 XY 平面。用户也可根据需要设置用户坐标系（UCS）。

绘图区没有边界，利用视图窗口的缩放功能，可使绘图区无限放大或缩小，绘图区的右边和下边分别有两个滚动条，可使视窗上下、左右移动，便于观察。因此，无论多么大的图形，都可以置于其中，这也正是 AutoCAD 的方便之处。

7. “模型/布局”选项卡

“模型/布局”选项卡 

位于绘图区的左下边缘。它可让用户在模型空间和图纸空间来回切换。使用时，将光标移动到某项所需的选项卡上，然后单击鼠标即可切换到所需的绘图空间。

8. 命令窗口及文本窗口

(1) 命令窗口

命令窗口位于“模型/布局”选项卡的下方，主要用于输入命令、命令执行后显示正在执行的命令及相关信息，如图 1-13 所示。也可固定或调整窗口的大小。

图 1-13　命令窗口

(2) 文本窗口

文本窗口是记录 AutoCAD 命令的窗口，是放大的“命令行”窗口，它记录了已执行的命令，也可以用来输入新命令，如图 1-14 所示。

文本窗口命令可通过以下几种方式调用：

➤ 单击“视图”选项卡→“窗口”面板→文本窗口  命令。

➢ 选择下拉菜单“视图”→“显示”→“文本窗口”命令打开文本窗口。

➢ 按 <F2> 键来打开或关闭。

由于 AutoCAD 文本窗口中的内容是只读的，因此不能对其修改，但可以将它们复制并粘贴到命令行用于重复执行前面的操作，或粘贴到其他应用程序中（如 Word 等）。

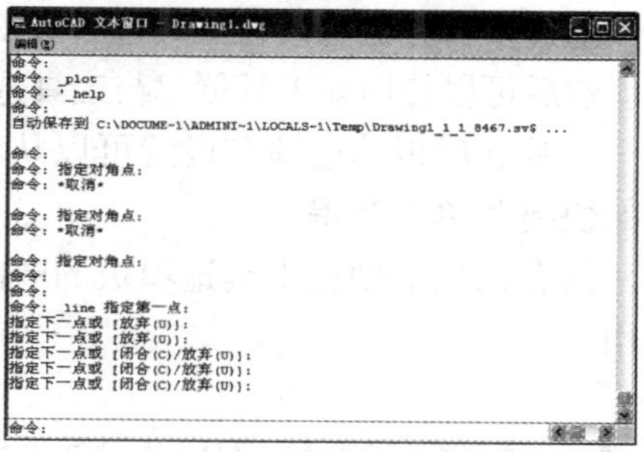

图 1-14　文本窗口

9. 应用程序状态栏

应用程序状态栏位于屏幕最下方，可显示光标的坐标值、绘图工具、导航工具以及用于快速查看和注释缩放的工具，如图 1-15 所示。

图 1-15　应用程序状态栏

1）坐标值：显示光标所在位置的坐标。

2）绘图工具：包含“捕捉模式”、“栅格显示”、“正交模式”、“极轴追踪”、“对象捕捉”、“对象捕捉追踪”、“允许/禁止动态 UCS”、“动态输入”、“隐藏/显示线宽”和“快捷特性”等按钮。单击这些按钮可打开和关闭常用的绘图辅助工具，并通过右键快捷菜单可以轻松更改这些绘图工具的设置。

3）快速查看：预览打开的图形和图形中的布局，并在其间进行切换。

4）导航工具：在打开的图形之间进行切换以及查看图形中的模型。

5）注释缩放：显示缩放注释的若干工具。

6）工作空间：切换不同工作空间。

7）锁定按钮：可锁定工具栏和窗口的当前位置。

8）状态栏菜单▼：向应用程序状态栏添加按钮或从中删除按钮。

9）全屏显示：使用应用程序状态栏上的“全屏显示”按钮，可以将图形显示区域展开为仅显示菜单栏、状态栏和命令窗口。再次单击该按钮可恢复先前设置。

10. 工具选项板

工具选项板提供了一种用来组织、共享和放置块、图案填充及其他工具的有效方法。

工具选项板命令可通过以下几种方式调用：

➢ 单击“视图”选项卡→“选项板”面板→工具选项板命令。

➢ 单击下拉菜单“工具”→“选项板”→“工具选项板”命令。

➢ 在命令行输入“TOOLPALETTES”。

AutoCAD 2010 默认创建多个专业选项板，如图 1-16 所示为“机械”选项板，包括公制（米制）或英制的螺钉、螺母、焊接符号等常用的机械图块。

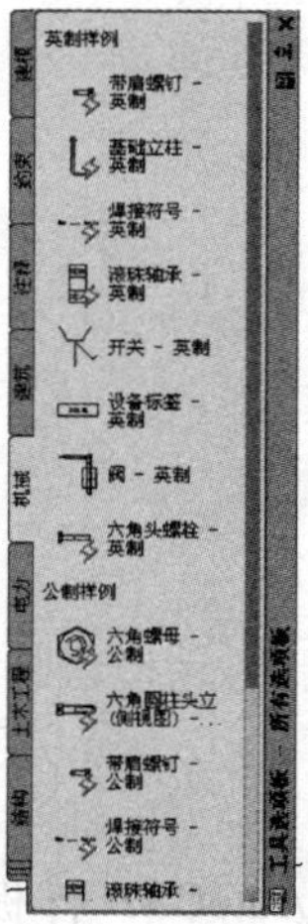

图 1-16　工具选项板

通过多种方法可以在工具选项板中添加工具，如将对象从图形拖动至工具选项板来创建工具。然后可以使用新工具创建与工具选项板的对象具有相同特性的对象，加快和简化工作。

工具选项板的选项和设置可以从单击鼠标右键时“工具选项板”窗口中显示的各区域中的快捷菜单中获得。

只有在从中创建工具选项板的产品版本中才可以使用工具选项板，不能在以前的版本中使用。

1.4 AutoCAD 2010 的文件操作

1.4.1 新建图形文件

新建图形文件（NEW/QNEW）命令可通过以下几种方式调用：

- 选择应用程序菜单→“新建”→“图形”命令。
- 选择下拉菜单中的“文件”→“新建”命令。
- 单击快速访问工具栏的新建按钮。
- 单击标准工具栏的新建按钮。
- 在命令行输入“NEW/QNEW”。

可以通过“选择样板”对话框、“创建新图形”对话框，或不使用任何对话框的默认图形样板文件开始创建新图形。

STARTUP 系统变量为“1”，显示“创建新图形”对话框。

STARTUP 系统变量为“0”，显示“选择样板”对话框。

FILEDIA 系统变量设置为“0”，则将显示命令提示。

1. 从“选择样板”对话框新建图形

样板图是指已有一定绘图环境但未绘制任何实体的图形文件，用户可以利用样板图已有的绘图环境开始绘图。

执行“新建”图形命令，系统会显示“选择样板”对话框，如图 1-17 所示。

图 1-17 “选择样板”对话框

AutoCAD 样板文件通常存在 AutoCAD 目录的 Template 子目录下，扩展名为“.dwt”。AutoCAD 将所有可用的样板都列入“选择样板”列表中以供选择。

从列表中选择样板或单击“打开”按钮以默认模板“acadiso. dwt”直接新建文件。使用默认图形样板时，新的图形将自动使用指定文件中定义的设置。

可以使用“选项”对话框指定默认图形样板文件的位置。

如果不使用样板文件创建新图形，可单击“打开”按钮旁边的下拉箭头，选择列表中的任意一个“无样板”选项。

2. 从“创建新图形”对话框新建图形

使用“创建新图形”对话框创建新图形时，可以定义图形设置。

当 STARTUP 系统变量为“1”，FILEDIA 系统变量也为“1”时，执行“新建”图形命令，系统会显示“创建新图形”对话框，如图 1-18 所示。

（1）从草图开始

单击“创建新图形”对话框的第二个按钮□，使用“从草图开始”为新图形选择英制单位或公制单位。

选定的设置决定系统变量要使用的默认值，这些系统变量可控制文字、标注、栅格、捕捉以及默认的线型和填充图案文件。

1）英制（英尺和英寸）(I)：采用基于 Acad. dwt 的基本设置创建新图形，单位为英制，默认栅格显示边界为 12in × 9in（1in = 0. 0254m）。

2）公制（M）：采用基于 Acadiso. dwt 的基本设置创建新图形，单位为公制，默认栅格显示边界为 420mm × 290mm。

（2）使用样板

单击“创建新图形”对话框的第三个按钮，系统弹出“使用样板”选项对话框，如图 1-19 所示。

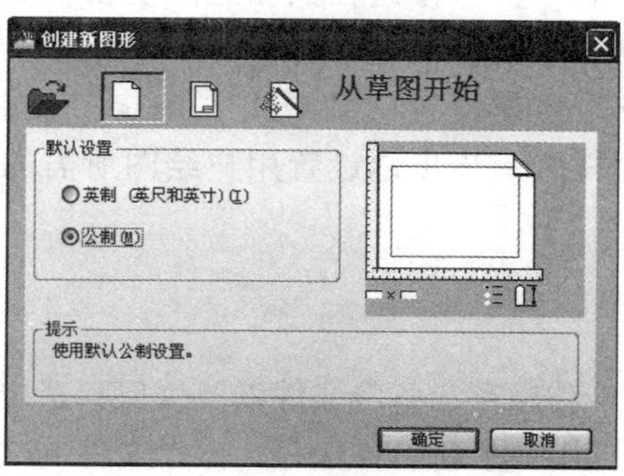

图 1-18　“创建新图形”对话框

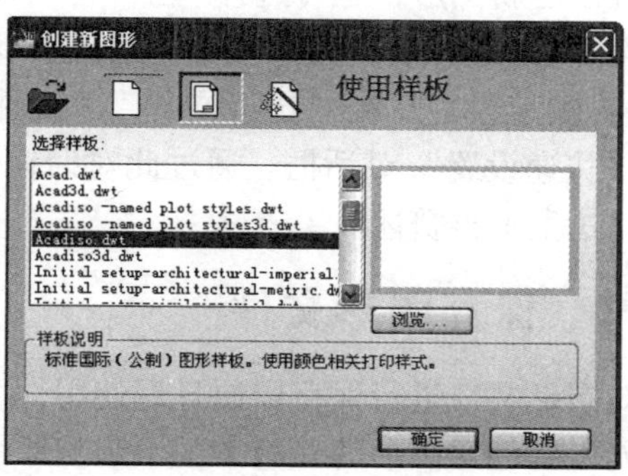

图 1-19　“使用样板”选项

在“选择样板”列表中如果没有用户需要的样板图，或用户要使用自己定制的样板图文件，可单击“浏览”按钮选择其他路径下的模板文件。也可通过 Internet 选择或查找 Web 上的模板文件。

（3）使用向导

单击“创建新图形”对话框的第四个按钮，将出现“使用向导”选项对话框，如图 1-20 所示。该对话框用于设置用户绘图所需的绘图环境。

该对话框中的“选择向导”列表框提供了“高级设置”和“快速设置”两种方式。

1）高级设置。在“选择向导”列表框中选择“高级设置”并单击“确定”按钮后，打开“高级设置”对话框。该对话框各选项功能如下：

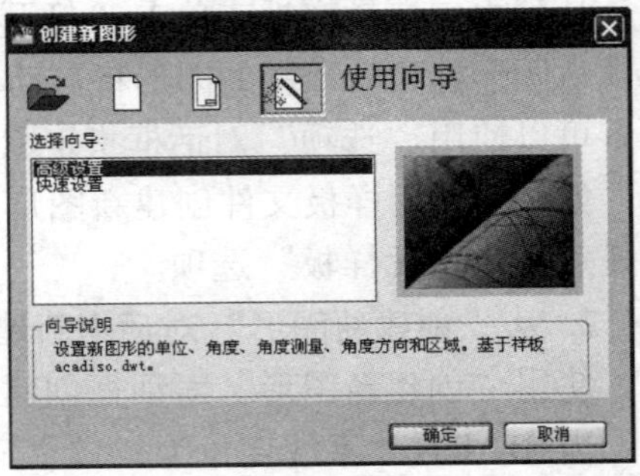

图 1-20　“使用向导”选项

- 单位：设置绘图单位。AutoCAD 提供了 5 种绘图单位，即“小数”、“工程”、“建筑”、“分数”和“科学”。用户可根据需要选择一种单位。AutoCAD 默认绘图单位为“小数”。单击“下一步”按钮，则进入“角度”设置对话框。
- 角度：设置角度输入及显示方式，AutoCAD 提供了 5 种方式，即“十进制度数”、“度/分/秒”、“百分度”、“弧度”和“勘测”。用户可根据需要选择一种单位。AutoCAD 默认单位为“十进制度数”。用户还可在“精度”下拉列表框中选择角度的精度。单击“下一步”按钮，则进入“角度测量”设置对话框。
- 角度测量：设置零度角的方向。AutoCAD 提供了 5 种方式，即“东”、“北”、“西”、“南”和“其他”。用户可根据需要选择一种单位。AutoCAD 默认方向为“东”，即水平向右为基准零度角的方向。单击“下一步”按钮，则进入“角度方向”设置对话框。
- 角度方向：设置角度值增加的方向。AutoCAD 提供了两种方式，即“逆时针”和“顺时针”。AutoCAD 默认方向为“逆时针”。单击“下一步”按钮，则进入“区域”设置对话框。
- 区域：设置绘图区域的宽度和高度，它与“LIMITS”命令功能相同。

所有设置完成后，单击“完成”按钮关闭“高级设置”对话框。AutoCAD 将根据用户的设置创建新图形，也可选择“上一步”按钮或“下一步”按钮在页面之间切换，实现对各种设置的修改，或选择“取消”按钮取消快速向导的功能。

2）快速设置。在“选择向导”列表框中选择“快速设置”并单击“确定”按钮后，打开“快速设置”对话框。通过此对话框的引导同样可一步步地设置用户绘图所需的绘图环境，这里不再赘述。

1.4.2　保存图形文件

对图形文件进行保存以便日后使用，可以设置自动保存、备份文件以及仅保存选定的对象。如果要创建图形的新版本而不影响原图形，可以用一个新名称保存。图形文件的文件扩展名为“.dwg”，DWG 文件名称（包括其路径）最多可包含 256 个字符。

保存图形文件（SAVE/SAVE AS/QSAVE）命令可通过以下几种方式调用：

- 单击应用程序菜单→“保存”命令。
- 单击下拉菜单中的“文件”→“保存/另存为…”命令。
- 单击快速访问工具栏的“保存”按钮。
- 单击标准工具栏中的按钮。
- 在命令行输入“SAVE/SAVE AS/QSAVE”。

命令提示中各选项的功能如下：

1）保存：当图形文件第一次被保存时，使用“保存”命令与使用“另存为”命令相同，系统将打开“图形另存为”对话框，如图 1-21 所示，提示用户给图形指定一个文件名。如图形已经保存过，执行“保存”命令，系统会自动按原文件名和文件路径存盘。

2）另存为：执行“另存为”命令后，系统将打开“图形另存为”对话框，提示用户给图形指定一个文件名和文件路径，并在“保存类型”下拉列表框中根据需要选择一种图形文件的保存类型。

在 AutoCAD 2010 中，要在保存文件时使用设置密码保护功能，可以对文件进行加密保存。在“图形另存为”对话框中单击“工具”按钮，然后选择“安全选项”命令，打开“安全选项”对话框，如图 1-22 所示。在“密码”选项卡的“用于打开此图形的密码或短语”文本框中输入口令即可。单击“确定”按钮，打开“确定口令”对话框，并在“再次输入用于打开此图形的密码”文本框中输入确定密码。为文件设置了密码后，在打开文件时，系统将打开“密码”对话框，要求输入正确的密码，否则将无法打开图形文件，因此要记住所设置的密码。

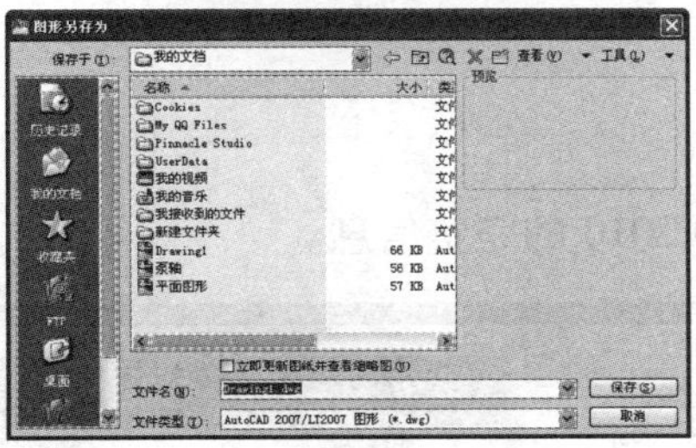

图 1-21 “图形另存为”对话框

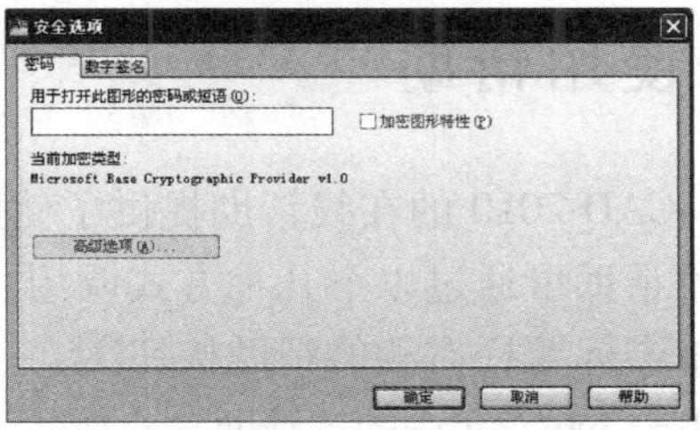

图 1-22 “安全选项”对话框

1.4.3 关闭图形文件

关闭图形文件（CLOSE/CLOSEALL）命令可通过以下几种方式调用：

➢ 单击应用程序菜单→“关闭”→“关闭图形”命令。

➢ 单击下拉菜单中的“文件”→“退出”命令。

➢ 单击菜单栏最右侧的关闭按钮。

➢ 在命令行输入“CLOSE/CLOSEALL”。

如果自上次保存图形后又进行过修改，系统将提示是要保存还是要放弃修改。

如果未进行过修改或者想放弃修改，可以关闭以只读模式打开的文件。要保存对只读文件所做的修改，必须使用 SAVEAS 命令。

使用 CLOSEALL 命令可关闭所有打开的图形。对于每个未保存的图形都会出现一个消息框，在关闭图形之前可以在消息框中保存任何修改。

1.4.4 打开图形文件

打开已经存在的图形文件来进行处理。

打开图形文件（OPEN）命令可通过以下几种方式调用：

➢ 单击应用程序菜单→“打开”→“打开一个文件”命令。

➢ 单击下拉菜单中的“文件”→“打开…”命令。

➢ 单击快速访问工具栏中打开按钮。

➢ 单击标准工具栏的打开按钮。

➢ 在命令行输入“OPEN”。

以上任何一种方法，操作完毕屏幕都能显示“选择文件”对话框，如图 1-23 所示。选择一个或多个文件后单击“打开”按钮。

如在“选择文件”对话框中，单击“打开”旁边的箭头，然后选择“局部打开”或“以只读方式局部打开”，将显示“局部打开”对话框，显示可用的图形视图和图层，以指定向选定图形中加载哪些几何图形。

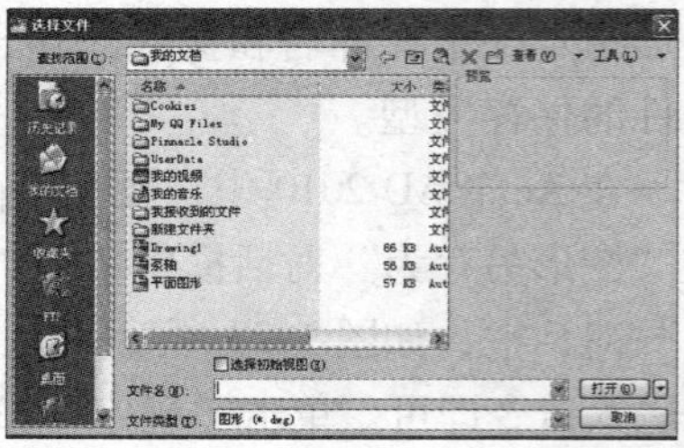

图 1-23　“选择文件”对话框

设置了密码的文件，在打开文件时系统将弹出一个对话框，要求用户输入正确的密码，否则将无法打开文件，这对于需要保密的图纸非常重要。

1.5　使用帮助

AutoCAD 2010 的在线帮助提供了使用 AutoCAD 2010 的完整信息。

使用帮助可通过以下几种方式调用：

➢ 单击标题栏右侧的帮助按钮?。

➢ 单击下拉菜单中的“帮助”→“帮助”命令。

➢ 单击标准工具栏的帮助按钮?。

➢ 在命令行输入“HELP”。

另外，按 <F1> 键也可获得 AutoCAD 2010 的在线帮助，如图 1-24 所示。

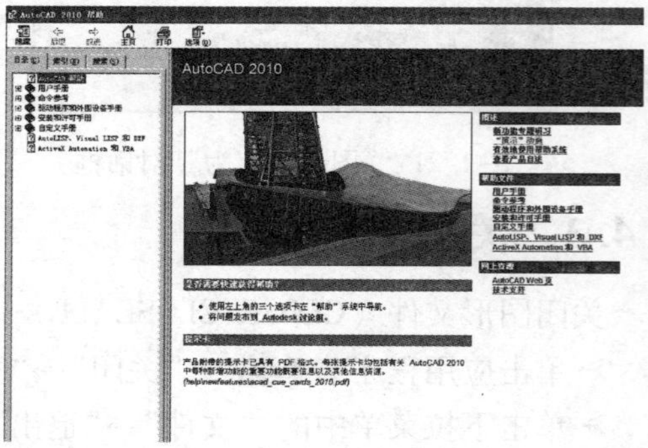

图 1-24　AutoCAD 帮助

帮助窗口左侧窗口中的选项卡提供了多种查找信息的方法，包括“目录”选项卡、“索引”选项卡和“搜索”选项卡。

1）“目录”选项卡：以主题和次主题列表的形式显示可用文档的概述，通过选择和展开主题进行浏览。具有导航功能，提供了文件结构的树状视图。

2）“索引”选项卡：按字母顺序显示了与“目录”选项卡中的主题相关的关键字，如当知道某个命令或操作名称时，可使用此项快速查找到相关信息。

3）“搜索”选项卡：提供了在“内容”选项卡上列出的所有主题的关键字搜索。可以执行对特定的单词或词组执行彻底搜索，按照输入的单词或词组的时间顺序排序，显示一主题列表。

绘图过程中，可随时获得 AutoCAD 2010 的在线帮助。例如，在绘制“直线”时，当命令行提示“指定下一点或［放弃（U）］:”，如果有问题需要帮助，可以按 <F1> 键，此时出现如图 1-25 所示对话框，用户可以获得“帮

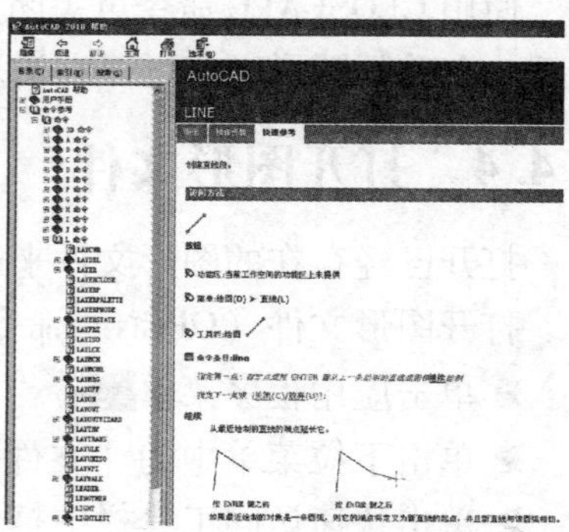

图 1-25　AutoCAD 帮助

助”的信息。

4）新功能专题研习：通过帮助按钮、下拉菜单的“帮助”→“新功能专题研习”命令，或在“AutoCAD 2010 帮助”首页单击“新功能专题研习”的链接，都可进入“新功能专题研习”界面。选择界面左侧选项后，右侧可显示相关新功能的内容及视频演示。

注意：

1）要显示某菜单的帮助，打开该菜单，然后按 < F1 > 键。

2）当命令处于活动状态时，按 < F1 > 键将显示该命令的帮助。

3）在对话框中按 < F1 > 键，将显示关于该对话框的帮助。

1.6　思考与练习

1. AutoCAD 2010 用户界面由哪几部分组成？
2. AutoCAD 2010 中响应和结束命令的方式有哪些？
3. 如何新建、保存、关闭或打开 AutoCAD 图形文件？
4. 在 AutoCAD 2010 中怎样使用帮助？

第 2 章　AutoCAD 2010 的基础操作

应用 AutoCAD 2010 设计和绘制图形时，有时要求按照给定的尺寸进行精确绘图。此时，既可通过输入指定点的坐标来绘制图形，也可以灵活应用系统提供的“捕捉”、“栅格”、“极轴”、“对象捕捉”、“对象追踪”等功能，快速、精确地绘制图形。

2.1　坐标系及坐标输入

2.1.1　AutoCAD 2010 的坐标系

在 AutoCAD 中，坐标系分为世界坐标系（WCS）和用户坐标系（UCS）两种。

默认情况下，当前坐标系为世界坐标系，它是 AutoCAD 的基本坐标系，它有三个相互垂直并相交的坐标轴。X 轴的正向是水平向右，Y 轴的正向是垂直向上，Z 轴的正向是由屏幕垂直指向用户。默认坐标原点在绘图区的左下角，在其上有一个方框标记，表明是世界坐标系。在绘制和编辑图形过程中，世界坐标系的坐标原点和坐标轴方向都不会改变，所有的位移都是相对于原点计算的，如图 2-1 所示。

为了方便用户绘制图形，AutoCAD 还可将世界坐标系改变原点位置和坐标轴方向，此时就形成了用户坐标系。在默认情况下，用户坐标系和世界坐标系相重合，用户可在绘图过程中根据具体需要来定义用户坐标系。尽管用户坐标系中三个轴之间仍然互相垂直，但是在方向及位置的设置上却很灵活，用户坐标系的原点以及 X 轴、Y 轴、Z 轴方向都可以移动及旋转，甚至可以依赖于图形中某个特定的对象，UCS 没有方框标记，如图 2-2 所示。

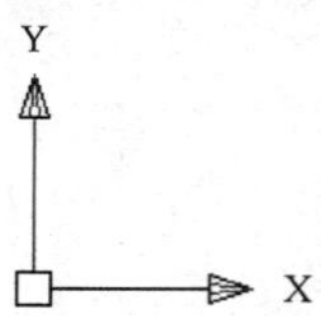

图 2-1　世界坐标系（WCS）

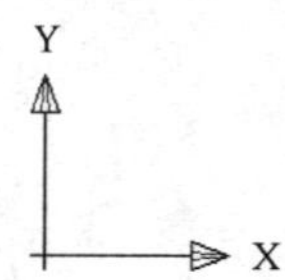

图 2-2　用户坐标系（UCS）

要设置用户坐标系，可选择“工具”菜单中的“命名 UCS”、“正交 UCS”、“移动 UCS”和“新建 UCS”命令及其子命令，根据现有条件和自己的需要来定制用户坐标系。例如，要新建用户坐标，则选择“工具”菜单中的“新建 UCS”命令，在下一级菜单中选择“原点”，然后在绘图区指定原点的新位置。

2.1.2　坐标的输入方法

点坐标值的表示用（X，Y，Z）是最基本的方法，在上述两种坐标系下都可以通过输入点坐标来精确定位点。在 AutoCAD 中，常用的二维坐标输入方式有 4 种（默认当前屏幕为 XY 平面，Z 坐标始终为 0，故 Z 坐标可省略不输入）：

- 绝对直角坐标：以坐标原点（0，0）为基点来确定所有点的位置。用户可通过输入（X，Y）坐标值来确定一个点在坐标系中的位置，各坐标值之间用逗号隔开。
- 相对直角坐标：以某点作为参考点来定位点的相对位置。用户可通过输入点的坐标增量来确定它在坐标系中的位置，其输入格式为（@ △X，△Y）。
- 绝对极坐标：以原点为极点，输入一个长度距离，后跟一个“<”符号，再加一个角度值。例如，10<30，表示该点离极点的距离为 10 个长度单位，该点和极点的连线与 X 轴正向夹角为 30°，且规定 X 轴的正向为 0°，Y 轴的正向为 90°；逆时针角度为正，顺时针角度为负。
- 相对极坐标：以上一个操作点为参考点来确定点的相对位置。例如，@10<30，表示相对上一操作点距离 10 个单位，点和极点的连线与 X 轴正向夹角为 30°的点的位置。

2.2　命令及简单对象的操作

2.2.1　命令的输入与终止

1. 命令的输入

当命令行出现“命令:”提示时，表示系统正处于准备接收命令状态。当命令开始执行后，用户必须按照命令行的提示进行每一步操作，直到完成该命令。AutoCAD 输入命令的途径有以下几种：

- 命令行：由键盘在命令行输入命令。
- 下拉菜单：通过选择下拉菜单中的输入选项输入命令。
- 工具栏：通过单击工具栏按钮输入命令。
- 鼠标右键：在不同的区域单击鼠标右键，系统弹出相应的菜单，从菜单中选择执行命令。
- 面板：通过单击面板中的相应按钮输入命令。

2. 命令选项的输入

- 【…】：内为可选项，输入选项中所给大写字母并按回车键选择该选项。输入大写或小写字母均可。
- <…>：内为默认设置，可直接按<Enter>键确认该设置。

3. 结束命令

常用 AutoCAD 结束命令的方式有以下几种：

- <Enter>键或空格键：最常用的结束命令方式，一般直接按<Enter>键即可结束命令。除了书写文字外，空格键与<Enter>键的作用是相同的。
- 单击鼠标右键：单击鼠标右键后，在弹出的快捷菜单中选择“确认”或“取消”结束命令。
- <Esc>键：<Esc>键功能最强大，无论命令是否完成，都可通过<Esc>键来结束命令。

4. 重复命令

如要重复执行上一个命令，可通过以下方式：

- <Enter>键或空格键：当一个命令结束后，直接按<Enter>键或空格键可重复刚刚结束的命令。
- “重复***”：在绘图区单击鼠标右键，在弹出的右键快捷菜单中选择“重复***”命令。
- “最近的输入”：在命令行单击鼠标右键，在弹出的右键快捷菜单中选择“最近的输入”命令，选择最近使用的命令。

5. 透明命令

在 AutoCAD 中，当启动其他命令时，当前所使用的命令会自动终止。但有些命令可以“透明”使用，即在运行其他命令过程中不终止当前命令的前提下使用的一种命令。

“透明”命令多为绘图辅助工具的命令或修改图形设置的命令，如“捕捉”、“栅格”、“极轴”、“窗口缩放”等。

“透明”命令不能嵌套使用。

2.2.2 生成图形对象

为了更好地理解绘图辅助工具的设置，我们先来了解一下简单图形对象的绘制方法。

直线是二维图形中最常见、最简单的实体，绘直线时可单击直线按钮，或在命令行中输入“LINE”，都可以绘制直线。

绘制直线时，一次可以画一条线段，也可以连续画多条线段，其中每一条线段彼此间都是独立的。用户可以通过鼠标点取方式或用键盘输入点的坐标方式来确定各点的位置。

【例2-1】 用“直线”命令绘制长为100、宽为50的长方形*ABCD*（各点用坐标方式输入），*A*点坐标为（100，100），结果如图2-3所示。其操作步骤如下（“↙”代表回车键，后面不再另加说明）：

1）执行“直线”命令。

2）提示“指定第一点：”时，输入*A*点坐标“100，100↙”。

3）提示“指定下一点或［放弃（U）］：”时，输入*B*点相对坐标“@100，0↙”。

4）提示“指定下一点或［放弃（U）］：”时，输入*C*点相对坐标“@0，50↙”。

5）提示“指定下一点或［闭合（C）/放弃（U）］：”时，输入*D*点相对坐标“@－100，0↙”。

6）提示“指定下一点或［闭合（C）/放弃（U）］：”时，输入选项“C↙”封闭图形。

另外，*B*、*C*点也可用相对极坐标方式确定：*B*点相对极坐标为“@100<0↙”、*C*点相对极坐标为“@50<90↙”、*D*点相对极坐标为“@－100<90↙”。

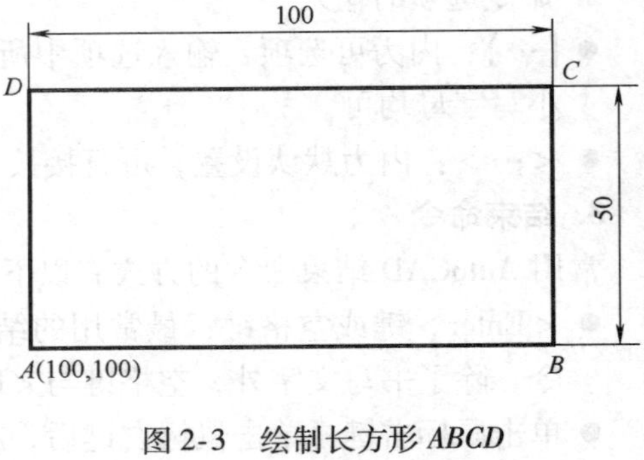

图2-3 绘制长方形*ABCD*

2.2.3 删除图形对象

删除所绘制的图形对象，首先要进行选择。选择对象的方式很多（目标选择详见第4

章)，既可以利用点选方式逐个选取单个对象，也可以利用窗口方式一次选择多个对象，这里只简单介绍如何将绘制的图形对象删除。

- 单个选取选择方式：用鼠标选取对象直接选择。可以连续选取多个对象。
- 窗口（Window）选择方式：用鼠标选取两点围成一个矩形窗口，将所要选择的对象框住，凡是在窗口内的目标均被选中，而与窗口相交的实体不被选中。
- 窗交（Crossing）选择方式：此选项的操作方法和 Window 选择方式几乎完全相同，所不同的是凡在此窗口内或与此窗口四边相交的图形都将被选中。

选择对象后，被选中目标的特征点将显示蓝色小方块，按 <Del> 键或选择“删除”命令，即可删除所选对象。

注意：执行 Window 方式和 Crossing 方式可直接通过鼠标来实现。由左向右选择，则系统默认为 Window 方式；由右向左选择，则系统默认为 Crossing 方式。

2.3　精确绘图功能

AutoCAD 提供了精确绘图的辅助功能，包括捕捉、栅格、极轴追踪、对象捕捉、对象捕捉追踪、动态输入等，避免了用户进行繁琐的坐标计算和坐标输入。

2.3.1　捕捉模式

捕捉（SNAP）是设置光标指针一次可以移动的最小间距。

打开或关闭捕捉功能可以在应用程序状态栏中单击捕捉按钮，或按 <F9> 功能键。

参数设置可通过以下几种方式。

1. 使用对话框

若要设置捕捉参数可通过“草图设置”对话框中的“捕捉和栅格”选项卡进行设置，如图 2-4 所示。

命令调用可通过：单击下拉菜单“工具”→“草图设置”命令，或鼠标右键单击状态栏的捕捉按钮选择右键快捷菜单中的“设置…”命令。

各选项功能如下：

- “启用捕捉”复选框：用于打开或关闭捕捉方式。
- “捕捉”选项组：用于设置 X、Y 轴捕捉间距及 X、Y 轴角度，以及设置 X、Y 轴的基点的坐标。

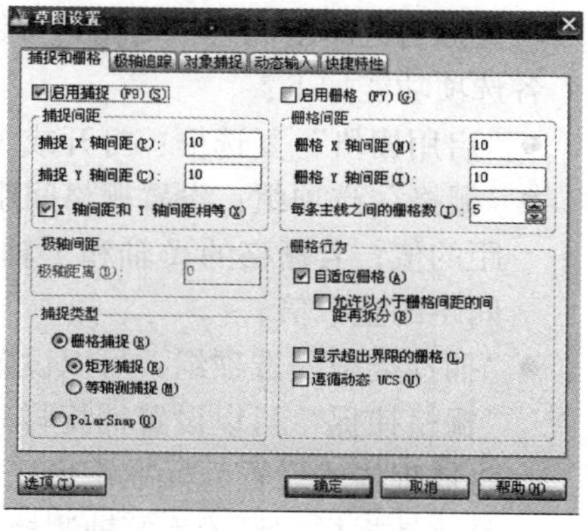

图 2-4　“草图设置”对话框的“捕捉和栅格”选项卡

2. 使用命令

在命令行输入“SNAP”后，命令行显示如下信息：

“指定捕捉间距或 [开（ON）/关（OFF）/纵横向间距（A）/样式（S）/类型（T）<当前间距>:”，各选项功能如下：

- 指定捕捉间距：输入需要设定的间距值。
- 开（ON）：选择该选项后，系统将打开“捕捉”模式，此时光标只能按当前设定的光标间距、旋转角和模式移动。
- 关（OFF）：选择该选项后，系统将关闭“捕捉”模式，此时光标的移动不受任何影响，可任意移动。
- 纵横向间距（A）：分别设置捕捉间距，可为 *X*、*Y* 方向设置不同的捕捉间距。
- 样式（S）：该选项可以设置捕捉样式为标准的矩形模式还是等轴测模式，等轴测模式可在二维空间中仿真绘制三维图形。选择该项后，系统提示“输入捕捉栅格类型[标准（S）/等轴测（I）<当前类型>:”，标准（S）是显示平行于当前用户坐标系的 *XY* 平面的矩形栅格，且 *X* 和 *Y* 轴的间距可以不同；等轴测（I）是显示等轴测光标，此时栅格显示为按 30°和 150°方向分布（此为等轴测图的 *X*、*Y* 方向），这样用户就可以在二维空间中绘制直观的三维图形了。
- 类型（T）：设置捕捉类型是默认的直角坐标捕捉类型，还是极坐标捕捉类型。

注意：

1）“捕捉”模式不能控制由键盘输入的坐标点，只能控制由鼠标拾取的点。

2）等轴测捕捉不能有不同的“纵横向间距”值。

2.3.2 栅格

栅格（GRID）命令用于显示和设置栅格，该命令的功能是按用户设置的间距在屏幕上显示栅格的点阵，相当于用户在坐标纸上画图一样，有助于用户快速精确定位对象。

打开或关闭栅格显示功能可以在状态栏中单击栅格按钮，或按<F7>功能键。

参数设置可通过以下方式。

1. 使用对话框

可通过“草图设置”对话框中的“捕捉和栅格”选项卡进行设置，如图 2-4 所示。

命令调用可通过以下几种方式调用：

➢ 单击下拉菜单“工具”→“草图设置”命令。

➢ 鼠标右键单击状态栏的栅格按钮选择右键快捷菜单中的“设置…”命令。

各选项功能如下：

- “启用栅格”复选框：打开或关闭栅格的显示。
- “栅格”选项组：设置栅格间距。若栅格设置为“0”，则栅格采用捕捉 *X* 轴和 *Y* 轴间距的值；若栅格的 *X* 轴和 *Y* 轴间距设置太密，则不显示栅格；一般栅格间距是捕捉间距的整数倍。
- “捕捉类型”选项组：可以设置捕捉类型，包括“栅格捕捉”和“PolarSnap”两种。“栅格捕捉”可以设置捕捉样式为“矩形捕捉”或“等轴测捕捉”，“矩形捕捉”是将捕捉样式设置为标准矩形捕捉模式，光标可以捕捉一个矩形栅格；“等轴测捕捉”是将捕捉样式设置为等轴测捕捉模式，光标将捕捉到一个等轴测栅格。捕捉类型设置为“PolarSnap”，如果启用了“捕捉”模式并在极轴追踪打开的情况下指定点，光标将沿在“极轴追踪”选项卡上相对于极轴追踪起点设置的极轴对齐角度进行捕捉。
- “栅格行为”选项组：控制显示栅格线的外观。“自适应栅格”允许以小于栅格间距的间距再拆分；“显示超出界线的栅格”将显示超出“LIMITS”命令指定区域的栅格。“跟随动态 UCS”将更改栅格平面以跟随动态用户坐标系的 *XY* 平面。

2. 使用命令

在命令行输入“GRID”后，命令行显示“指定栅格间距（X）或［开（ON）/关（OFF）/捕捉（S）/主（M）/自适应（D）/界限（L）/跟随（F）/纵横向间距（A）］<10.0000>：”，其中各项功能如下：

- 指定栅格 X 间距（X）：用户可将栅格间距设置为指定值。
- 开（ON）：选择该项系统将按当前间距显示栅格。
- 关（OFF）：选择该项系统将关闭栅格显示。
- 捕捉（S）：设置栅格显示间距与“SNAP”设置的捕捉间距相同。
- 主栅格线（M）：指定主栅格线与次栅格线比较的频率，将以除二维线框之外的任意视觉样式显示栅格线而非栅格点。
- 自适应（D）：控制放大或缩小时栅格线的密度。
- 界限：显示超出“LIMITS”命令指定区域的栅格。
- 跟随：更改栅格平面以跟随动态用户坐标系的 *XY* 平面。
- 纵横向间距（A）：分别设置栅格的 *X* 方向间距和 *Y* 方向间距。

注意：

1）使用“GRID”命令时，最好选用“捕捉（S）”选项，这样栅格显示间距可由“SNAP”命令间接控制。

2）如果栅格点未全部显示出来，可用“ZOOM，ALL”命令，全部显示当前设置的绘图区域。

3）用“GRID”命令设置的栅格点仅作显示和观察图形用，出图时其本身并不绘出。而用“SNAP”命令设置的光标捕捉间距是一种网格矩阵，只是这个网格矩阵中的网格点是不可见的，当光标捕捉打开时，鼠标控制的坐标点将被“锁定”到这些不可见的光标捕捉网格节点上。如果网格显示间距与光标捕捉间距设置得一样，可见的栅格点就指明了光标捕捉点的位置。

2.3.3　正交模式

使用正交模式（ORTHO）命令可以将光标约束在 *X* 轴（水平）和 *Y* 轴（垂直）方向上移动，且移动受当前栅格旋转角的影响。

打开或关闭正交模式可以在状态栏中单击正交按钮，或按 <F8> 功能键。

也可以按 <Ctrl + L> 组合键进行“打开/关闭”正交模式的转换。

注意：

1）打开正交模式后，系统将限制鼠标的移动，鼠标只能在（*X*，*Y*）两个方向上拾取点。

2）“正交”模式不能控制由键盘输入的坐标点，只能控制鼠标拾取点的位置。

2.3.4　对象捕捉

为了保证绘图的精确性，AutoCAD 提供了对象捕捉（OSNAP）功能。对象捕捉设置后，可准确地捕捉到图形上的特征点。默认情况下，当系统请求输入一个点时，可将光标移至对象特征点附近，此时在十字光标的中心位置会出现一个方框（即为对象捕捉框），并有一文字框跟踪显示捕捉模式，如端点、中点、圆心和交点等，即可迅速、准确地捕捉到对象上的特殊点，从而精确地绘制图形。

打开或关闭自动捕捉模式可以在状态栏中单击对象捕捉按钮，或按 <F3> 功能键。

1. 对象捕捉类型

由于绘图时用户所需捕捉特征点的类型不同，应掌握每种捕捉方式的适用范围，现介绍如下：

- 端点捕捉：可捕捉到圆弧、椭圆弧、直线、多线、多义线等最近的端点。如果对象指定了厚度，则可捕捉对象的边的端点，也可捕捉三维实体和面域的边的端点。
- 中点捕捉：可捕捉到圆弧、椭圆弧、直线、多线、多义线、实体填充线、样条曲线等对象的中点。如果给定了直线或圆弧的厚度，则可以捕捉对象的边的中点，也可以捕捉三维实体和面域的边的中点。当选择样条曲线或椭圆弧时，此方式将捕捉对象起点和端点之间的中点。
- 交点捕捉：可捕捉到圆弧、圆、椭圆、椭圆弧、直线、多线、多段线、射线、样条曲线或构造线等对象之间的交点。
- 外观交点捕捉：可捕捉圆、圆弧、椭圆、椭圆弧、直线、多线、多段线、射线或样条曲线等两个对象的外观交点，也可捕捉到两个对象在三维空间不相交但在视图显示看来相交的点。
- 圆心捕捉：可捕捉到圆弧、圆或椭圆的圆心，也可以捕捉到实体、体或面域中圆的圆心。
- 象限点捕捉：可捕捉到圆弧、圆或椭圆最近的象限点，如0°、90°、180°、270°的点。
- 节点捕捉：可以捕捉到用“POINT”（点）命令绘制的点或用“DIVIDE”（定数等分）命令和“MEASURE”（定距等分）命令放置的点对象。
- 插入点捕捉：可以捕捉到块、文字、属性或属性定义等的插入点。
- 垂足捕捉：可以捕捉到与圆弧、圆、构造线、椭圆、椭圆弧、直线、多线、多段线、射线、实体或样条曲线等正交的点，也可以捕捉到对象的外观延伸垂足。
- 平行捕捉：此捕捉方式用于绘制与某直线平行的直线。
- 切点捕捉：可以在圆或圆弧上捕捉到与上一点相连的点，这两点形成的直线与该圆或圆弧相切。如果所绘制直线的第一点始于圆或圆弧之外，则直线的第一点与捕捉的最后一点与圆或圆弧相切。
- 最近点捕捉：可以捕捉对象与指定点距离最近的点。
- 延伸捕捉：可以使用“延伸”对象捕捉，延伸直线和圆弧，与“交点”或“外观交点”捕捉一起使用，可以获得延伸交点。

2. 自动捕捉

自动捕捉（运行捕捉）方式是指当绘图过程中需要捕捉特征点时，系统将根据设置进行自动捕捉。当绘图过程中，使用对象捕捉频率很高时，设置自动捕捉方式可大大提高工作效率。

自动捕捉方式设置由“草图设置”对话框中的“对象捕捉”选项卡来设置，如图2-5所示。

自动捕捉命令可通过以下几种方式调用：

➢ 单击下拉菜单“工具”→“草图设置”→“对象捕捉”命令。
➢ 鼠标右键单击状态栏的对象捕捉按钮选择“设置…”命令。
➢ 鼠标右键菜单中单击对象捕捉按钮，在弹出的菜单中直接设置，如图 2-6 所示。

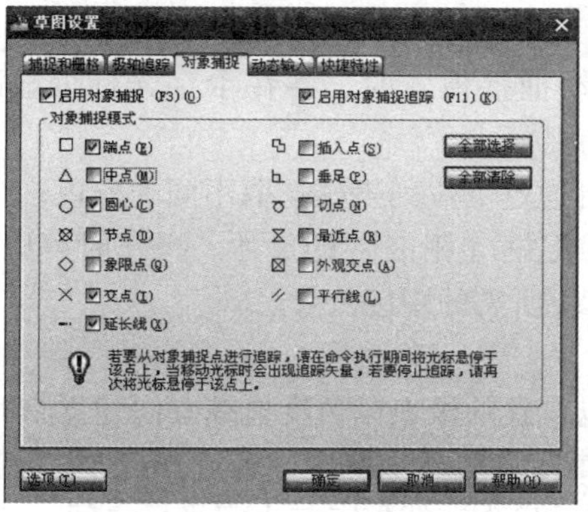

图 2-5　“草图设置”对话框的“对象捕捉”选项卡

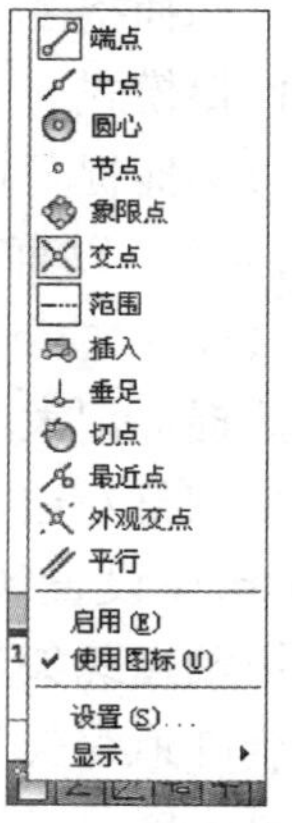

图 2-6　状态栏“对象捕捉”

各选项说明如下：

● 启用对象捕捉（F3)(O)：打开对象捕捉模式，在该模式下选定的对象捕捉是激活的。
● 启用对象捕捉追踪（F11)(K)：打开对象捕捉追踪模式，当在命令中指定点时，光标可以沿基于其他对象捕捉点的对齐路径进行追踪。要使用对象捕捉追踪，必须打开一个或多个对象捕捉。该功能打开后，系统将通过捕捉到的特征点，以设置的极坐标追踪角度为方向作一条临时捕捉线，同时还可捕捉到第二个特征点，以设置的极坐标追踪角度为方向作另一条临时捕捉线，用户则可拾取到这两条临时捕捉线的交点。
● 对象捕捉模式：设置对象捕捉方式，对话框中可以设置具体的捕捉方式，用户可根据前面的介绍和绘图的需要进行选用。在进行精确绘图时对象捕捉非常有用，但有时也会造成一些不必要的麻烦，应根据需要选用单点捕捉方式。
● 选项（T)：可调用“选项”对话框中的“草图”选项卡，如图 2-7 所示。各区域含义如下：

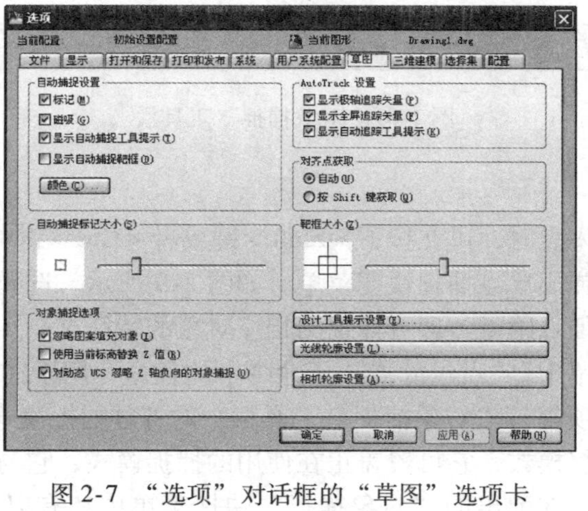

图 2-7　“选项”对话框的“草图”选项卡

1）自动捕捉设置区域：

● 标记（M）：控制在运行自动捕捉功能时是否显示捕捉标记符号。

● 磁吸（G）：控制在自动捕捉到目标点时，是否将捕捉点锁定在目标点上。

● 显示自动捕捉工具栏提示（T）：AutoCAD 将在捕捉到的特征点旁以一文字框显示当前的捕捉模式。

● 显示自动捕捉靶框（D）：当运行自动捕捉模式时，将在十字光标处显示一小方框（捕捉框），以直观显示已运行自动捕捉模式。

● 颜色（C）：控制捕捉标记的颜色，可通过下拉列表框选取不同的颜色，默认为蓝色。

● 自动捕捉标记大小（S）：用于控制捕捉框（靶区）的尺寸。操作时可以通过移动滑动条来调整左边方框的大小，以便产生所需的靶区尺寸。

2）Autotrack 设置区域：

● 显示极轴追踪矢量（P）：控制是否以设置的极坐标角度追踪方向建立临时捕捉线。

● 显示全屏追踪矢量（F）：控制临时捕捉线的显示范围，若选择此项，则临时捕捉线将穿过全屏幕，即类似于射线；否则只出现在捕捉点与十字光标之间。

● 显示自动追踪工具栏提示（K）：选择此项，在自动捕捉到一定的特征点时，将跟踪显示文字提示框，以显示当前捕捉到的特征点的模式及极坐标。

3）对齐点获取区域：该区域可以获取队列点。

4）靶框大小（Z）：该区域可以设置十字光标的内方框的大小。

3. 单点捕捉

单点捕捉（临时捕捉）是指在命令行提示下需要输入一个点时，临时启动对象捕捉的方法。当用户执行某个命令时，如果需要捕捉一些特征点，即可启动单点捕捉方式，该方式仅对本次捕捉点有效。要打开或关闭单点捕捉方式，可使用“对象捕捉”工具栏和快捷菜单，现分别介绍如下。

（1）“对象捕捉”工具栏

“对象捕捉”工具栏及各按钮如图 2-8 所示。在绘图过程中，当系统要求指定特殊点时，可单击“对象捕捉”工具栏中相应的特征点按钮，再把光标移到要捕捉对象上的特征点附近，即可捕捉到相应的对象特征点。

图 2-8 “对象捕捉”工具栏

（2）快捷菜单

当系统要求用户输入点时，可在按下 <Shift> 键或者 <Ctrl> 键的同时，单击鼠标右键，系统将在光标显示位置弹出单点捕捉快捷菜单，如图 2-9 所示。选择需要的子命令，再把光标移到要捕捉对象的特征点附近，即可捕捉到相应对象的特征点。

在对象捕捉快捷菜单中，“点过滤器”子命令中的各命令用于捕捉满足指定坐标条件的点。除此之外，其余各项都与“对象捕捉”工具栏中的各种捕捉模式相对应。

弹出菜单是临时捕捉模式，它可覆盖正在使用的捕捉模式，它与从命令行输入捕捉模式的缩写形式的效果相同。在弹出的“对象捕捉”快捷菜单中还有以下一些选项，各选项功能如下：

- 临时追踪点（K）：跟踪设置。该方式始终跟踪上一次单击的目标点位置，并将其作为当前目标点的参照点。
- 自（F）：指定自动捕捉基点。
- 点过滤器（L）：点过滤方式。
- 对象捕捉设置（O）：自动捕捉设置，选择该项将打开“草图设置”对话框，用于持续性对象自动捕捉设置。

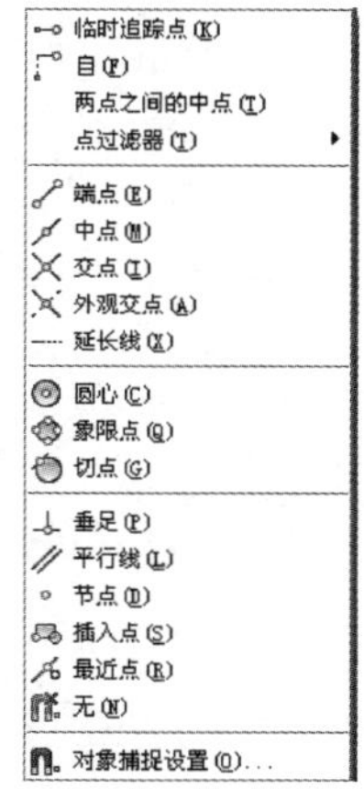

图 2-9　单点捕捉快捷菜单

注意：

1）用对话框设置捕捉模式后，当采用弹出的快捷菜单设置临时捕捉目标时将暂时屏蔽对话框设置的捕捉模式，但弹出快捷菜单所设置的捕捉模式仅起一次作用。

2）执行“OSNAP”命令也可以弹出“草图设置”对话框。

【例 2-2】 用“直线”命令绘制矩形 *ABCD* 内的图形，如图 2-10 所示。其操作步骤如下：

1）执行“直线”命令。

2）先绘制矩形 *ABCD*。

3）鼠标右键单击状态栏的“对象捕捉”命令，选择“设置”选项，打开“草图设置”对话框，在“对象捕捉”选项卡中选中中点。

4）重复“直线”命令。

5）提示“指定点：”时，分别选取各边中点，完成菱形及小矩形。

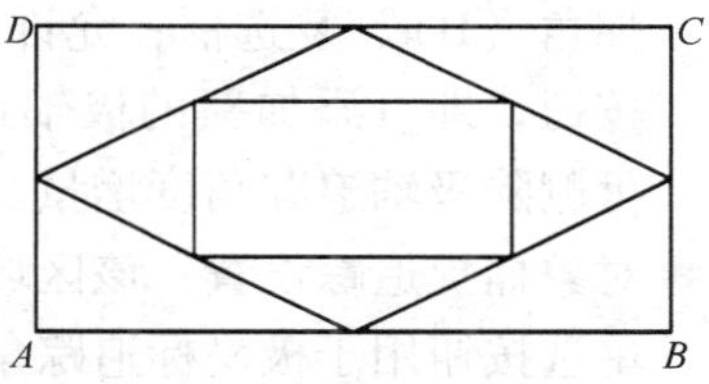

图 2-10　绘制矩形 *ABCD* 及内部的图形

2.3.5　极轴追踪与对象捕捉追踪

极轴追踪是非常有用的绘图辅助工具，按事先给定的角度增量来追踪特征点。而对象捕捉追踪则按与对象的某种特定关系来追踪。如果事先知道要追踪的方向，则使用极轴追踪；如果事先不知道具体的追踪方向，但知道与其他对象的某种关系，则使用对象捕捉追踪。

打开或关闭极轴追踪功能可以在状态栏中单击极轴追踪按钮，或按 <F10> 功能键。

打开或关闭对象捕捉追踪功能可以在状态栏中单击对象捕捉追踪按钮，或按 <F11> 功能键。

若要设置极轴追踪参数可通过“草图设置”对话框中的“极轴追踪”选项卡进行设置，如图 2-11 所示。

极轴追踪命令可通过以下方式调用：

- 单击下拉菜单中的“工具”→“草图设置”→“极轴追踪”命令。
- 鼠标右键单击状态栏中的栅格按钮选择右键快捷菜单中的“设置…”命令。

各选项说明如下：

- 启用极轴追踪（F10）（P）：该复选框用于打开或关闭自动捕捉追踪功能，等效于 <F10> 功能键或状态栏中的“极轴”按钮。
- 极轴角设置：该区域用于设置自动捕捉追踪的极轴角度。其中，“角增量”下拉列表

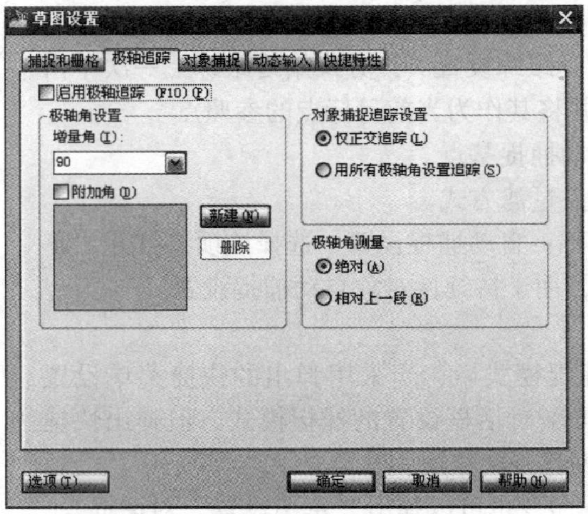

图 2-11　“草图设置”的“极轴追踪”选项卡

框用于设置极轴追踪的预设角度；如果该列表中的角度不能满足需要，可选择“附加角（D）”复选框，允许用户添加新的极轴追踪角度增量。然后按“新建（N）”按钮，即可添加新的极轴追踪角度增量。选择某一角度增量，单击“删除”按钮，可删除极轴追踪角度增量。

- 对象捕捉追踪设置：该区域用于设置自动捕捉追踪方式。其中，“仅正交追踪（L）”单选按钮用于极坐标追踪角度增量为90°，即只能在水平线和铅垂线方向建立临时捕捉追踪线；“用所有极轴角设置追踪（S）”用于所设置的极坐标角度增量追踪。
- 极轴角测量：该区域用于设置极轴角测量的坐标系统。其中，“绝对（A）”单选按钮采用绝对坐标计量角度值；“相对上一段（R）”单选按钮则以上一个角度为基准采用相对坐标计量角度。

注意：

1）极轴追踪功能可以在系统要求指定一个点时，按预先设置的角度增量显示一条无限延伸的辅助线，这时就可以沿辅助线追踪得到光标点。

2）对象追踪必须与对象捕捉同时工作，即在追踪对象捕捉到点之前，必须先打开对象捕捉功能。

3）正交模式和极轴追踪模式不能同时打开，若一个打开，另一个将自动关闭。

【例 2-3】 设置适当的极轴角，用“直线”命令、“极轴追踪”方式绘制一个边长为50的正三角形 *ABC*。其操作步骤如下：

1）鼠标右键单击状态栏的“极轴追踪”命令，系统弹出右键快捷菜单，单击“设置”选项，打开“草图设置”的“极轴追踪”选项卡。

2）启用“极轴追踪”命令。设置极轴增量角为30°。

3）执行“直线”命令。

4）提示“指定第一点”时，鼠标指定任意一点为 *A* 点。

5）提示“指定下一点或［放弃（U）］:”时，向水平方向移动光标，出现极轴角0°提示时，输入“50↙”确定 *B* 点，如图 2-12a 所示。

6）提示“指定下一点或［放弃（U）］:”时，向左上方向移动光标，出现极轴角 120°提示时，输入“50↙”即确定 *C* 点，如图 2-12b 所示。

7）提示“指定下一点或［闭合（C）/放弃（U）］:”时，输入闭合选项“C↙”封闭图形。

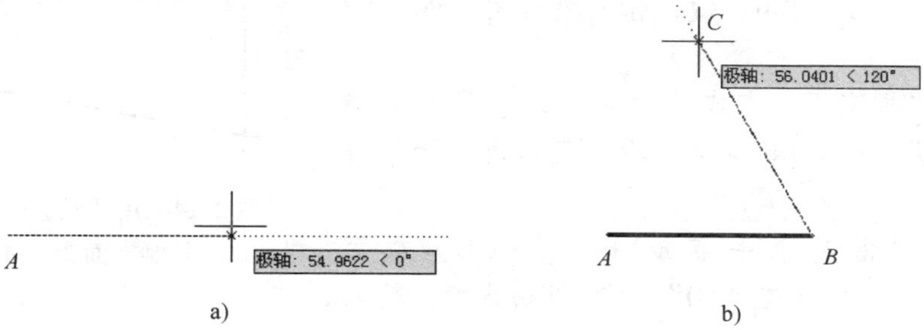

图 2-12　用“极轴追踪”方式绘制正三角形

2.3.6　动态输入

AutoCAD 的动态输入可以在指针位置处显示标注输入和命令提示等信息，极大地方便了用户的绘图。

打开或关闭动态输入功能可以在状态栏中单击动态输入按钮，或按 <F12> 功能键。

若要设置极轴追踪参数可通过“草图设置”对话框中的“动态输入”选项卡进行设置，如图 2-13 所示。

动态输入命令可通过以下方式调用：

➢ 单击下拉菜单中的“工具”→“草图设置”→“动态输入”命令。

➢ 鼠标右键单击状态栏中的动态输入，选择右键快捷菜单中的“设置…”命令。

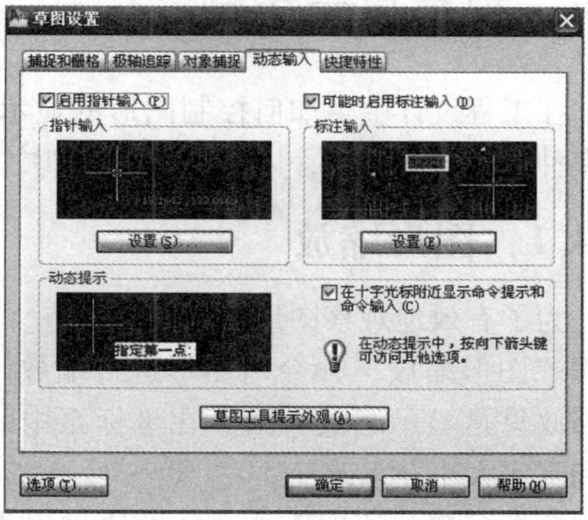

图 2-13　“草图设置”的“动态输入”选项卡

各选项说明如下：

● “启用指针输入”复选框：启用指针输入功能，可单击“设置”按钮，设置输入第二点或后续点的指针格式和可见性。第二个点和后续点的默认设置为相对极坐标，如果需要使用绝对坐标，要用“#”号前缀。

● “可能时启用标注输入”复选框：启用标注输入功能，可单击“设置”按钮，设置标注输入的可见性。

● 动态提示：选中“在十字光标附近显示命令提示和命令输入”复选框，可在光标附近显示命令提示。

【例 2-4】　用“直线”命令、“动态输入”方式绘制如图 2-14 所示的图形 *ABCD*。其操作步骤如下：

1）设置状态栏的“动态输入”按钮为开。

2）执行“直线”命令。

3）提示“指定第一点”时，鼠标指定任意一点为 *A* 点。

4）提示“指定下一点或［放弃（U）］:”时，输入距离值“30”，按<Tab>键，输入极轴角“90”确定 *B* 点。

5）提示“指定下一点或［放弃（U）］:”时，输入距离值“30”，按<Tab>键，输入极轴角“26”确定 *C* 点。

6）提示“指定下一点或［闭合（C）/放弃（U）］:”时，输入距离值“50”，按<Tab>键，输入极轴角“38”确定 *D* 点。

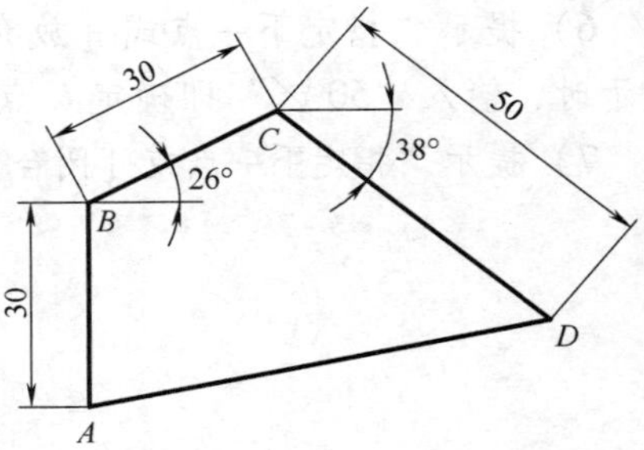

图 2-14 用“动态输入”方式绘制平面图形 *ABCD*

7）提示“指定下一点或［闭合（C）/放弃（U）］:”时，输入闭合选项“C↙”封闭图形。

注意：

1）在输入字段中输入值并按<Tab>键后，该字段将显示一个锁定图标，并且光标会受用户输入的值约束。随后可以在第二个输入字段中输入值。

2）第二个点和后续点的默认设置为相对极坐标时，不需要输入@符号。如果需要使用绝对坐标，需使用“#”号作前缀。

2.4 视窗显示控制

在工程设计中，如何控制图形的显示，是设计人员必须要掌握的技术。AutoCAD 提供了多种视图显示方式，以观察绘图窗口中所绘制的图形。

2.4.1 图形缩放

为了有效地观察图形的整体或细节，就需使用“图形缩放”命令对图形进行缩放，这种缩放只是显示缩放，图形在坐标系中的位置和真实大小并未改变。

图形缩放（ZOOM）命令可通过以下几种方式调用：

- ➢ 单击“视图”选项卡→“导航”面板→缩放命令。
- ➢ 单击下拉菜单中的“视图”→“缩放”命令。
- ➢ 单击标准工具栏中的缩放按钮。
- ➢ 在命令行输入“ZOOM”。

“视图”选项卡的“导航”面板及“缩放”工具栏如图 2-15 所示。

图 2-15 “导航”面板及“缩放”工具栏

启动“ZOOM”命令后，系统提示：“指定窗口的角点，输入比例因子（nX 或 nXP），或者［全部（A）/中心（C）/动态（D）/范围（E）/上一个（P）/比例（S）/窗口（W）/对象（O）］<实时>：”，其中各选项含义如下：

- 全部（A）：在当前视窗中显示整个图形的内容，包括绘图界限以外的图形，此选项同时对图形进行“重新生成”操作。
- 中心（C）：以指定点为屏幕中心进行缩放，同时输入新的缩放倍数，缩放倍数可用绝对值和相对值。
- 动态（D）：对图形进行动态缩放。启动此选项后屏幕上显示几个不同颜色的方框，白色方框中“×”代表显示中心，单击鼠标将出现一个位于右边框的箭头，可调整窗口的大小。
- 范围（E）：将当前窗口中的图形尽可能大地显示在屏幕上，同时进行“重新生成”操作。
- 上一个（P）：恢复前一幅视图的显示。
- 比例（S）：根据输入的比例值缩放图形，此选项有三种比例值的输入方法。例如，输入“3”，则显示原图的 3 倍；输入“3x”，则将当前图形放大 3 倍；输入“3XP”则将模型空间中的图形以 3 倍的比例显示在图纸空间中。
- 窗口（W）：全屏显示以两个对角点确定的矩形区域。
- 对象（O）：显示图形文件中的某一个部分，选择该模式后，单击图形中的某个部分，该部分将显示在整个图形窗口中。
- 实时：默认选项，交互地缩放显示图形。此时屏幕上出现放大镜光标，按住鼠标左键向上移动则图形放大；向下移动则图形缩小。如果要退出缩放，可按 <Esc> 键、<Enter> 键或单击鼠标右键，在弹出的快捷菜单中选择“退出”命令。

【例 2-5】 用“ZOOM”命令的“窗口（W）”方式，将图 2-16a 中 *A* 点处的图形放大为图 2-16b 所示。其操作步骤如下：

a) b)

图 2-16 “缩放”视图

1）执行“图形缩放”命令。

2）命令行提示“指定窗口角点，输入比例因子（nX 或 nXP），或［全部（A）/中心点（C）/动态（D）/范围（E）/上一个（P）/比例（S）/窗口（W）］<实时>：”时，输入“W↙”，选择“窗口缩放”选项缩放图形（上面两步可用直接选择工具栏的“窗口缩放”按钮代替）。

3）选取两对角点确定的一矩形区域，如图 2-16a 所示。

4）当选择第二点后，图形自动缩放为如图 2-14b 所示的样子。

注意：

1）如果在“ZOOM”命令启动后，直接用鼠标在绘图区拾取两对角点，则系统以“W”方式（第一角点位于左边，第二角点位于右边）或“C”方式（第一角点位于右边，第二角点位于左边）进行缩放。如果直接输入比例系数，则以“S”方式进行缩放。

2）该命令为透明命令，在其他命令的执行过程中可执行。

3）“缩放”子菜单中的“放大”和“缩小”选项，是相对于当前图形放大 1 倍和将当前图形缩小$\frac{1}{2}$。

4）没有选定对象时，在绘图区域单击鼠标右键并选择“缩放”命令进行实时缩放。

2.4.2　图形平移

该命令用于平移视图，以便观察当前图形上的其他区域。但该命令并不改变图形在绘图区域中的实际位置。使用平移命令平移视图时，视图的显示比例不变。除了可以上、下、左、右平移视图外，还可以使用“实时”和“定点”命令平移视图。

图形平移（PAN）命令可通过以下几种方式调用：

➢单击“视图”选项卡→“导航”面板→平移命令。

➢ 单击下拉菜单中的“视图”→“缩放”命令。

➢ 单击标准工具栏中的实时平移按钮。

➢ 在命令行输入“PAN”。

【例 2-6】 用“PAN”命令让图形从图 2-17a 所示位置移动，得到如图 2-17b 所示的效果，其操作步骤如下：

1）执行“平移”命令。

2）光标变为提示，此时按住左键拖动到合适位置松开即可。

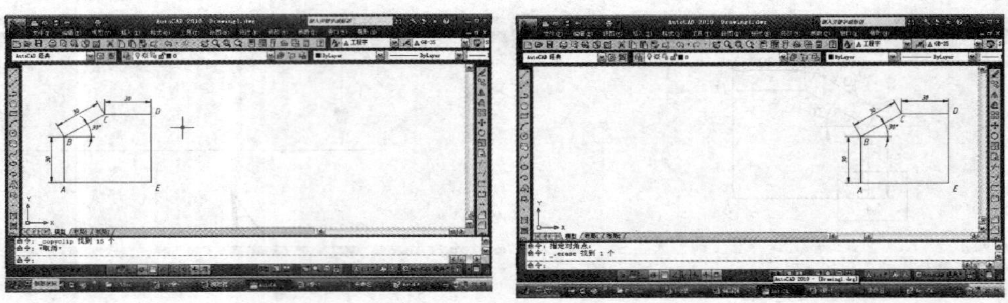

a)　　　　　　b)

图 2-17　“平移”视图

2.5　设置绘图环境

通常情况下，利用 AutoCAD 绘图需要首先确定图纸幅面、绘图比例、绘图单位等。默认情况下，中文 AutoCAD 的绘图单位是 mm，绘图界限是 A3（420 × 297 绘图单位）图纸大小。

2.5.1　设置绘图单位

AutoCAD 可以根据不同的行业、不同国家的单位制，使用不同的度量单位，还要根据绘图精度的要求设置不同的精度。利用“图形单位”对话框为图形设置长度、角度单位和精度，如图 2-18 所示。根据具体需要设置单位类型和数据精度。

设置绘图单位命令可通过以下几种方式调用：

➢ 单击下拉菜单中的“格式”→“单位”命令。

➢ 在命令行输入“UNITS（UN）”。

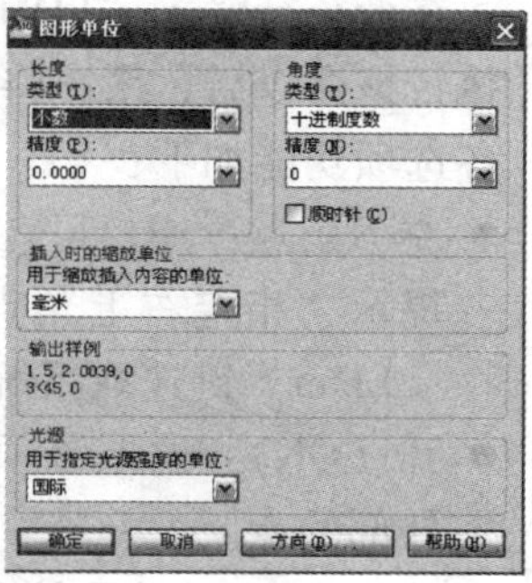

图 2-18　“图形单位”对话框

各选项功能如下：

● 长度：设置长度单位的类型和精度。类型是用来设置单位的当前格式，包括“建筑”、“小数”、“工程”、“分数”和“科学”5 种格式，“工程”和“建筑”格式以英制方式显示。精度是用来设置当前长度单位的精度，默认情况下，长度类型为“小数”，“精度”为小数点后 4 位。

● 角度：设置角度单位的类型和精度。类型是用来设置当前角度单位的格式，其中包括“十进制度数”、“度/分/秒”、“弧度”、“勘测单位”和“百分度”5 种格式。精度是用来设置当前角度单位的精度。顺时针是用来设置角度是逆时针方向旋转还是顺时针方向旋转，当该复选框未被选中时，即以逆时针方向旋转为正。默认情况下，角度类型为“十进制”，“精度”为小数点后 0 位。

● 插入时的缩放比例：在“用于缩放插入内容的单位”的下拉列表框中，可以选择设计中心块的图形单位，默认单位为“毫米（mm）”。当用户从 AutoCAD 设计中心插入块的单位与在此选项中指定的单位不同时，块将按比例缩放到指定单位。

● 输出样例：该区域用于显示说明当前单位和角度设置下的输出样例。

注意：

1）设置绘图单位并不意味着自动设置尺寸标注的单位。只要需要，可以把尺寸标注单位的类型和精度设置成与绘图单位不同。

2）角度测量方位及方向影响坐标定位及角度测量，建议不要改动。

3）我国采用的是公制（米制）单位制，一般长度单位设置为小数制，角度单位设置为十进制，逆时针方法为正。

【例 2-7】 设定长度尺寸单位格式为小数制，小数点后显示 0 位；角度单位为“度/分/秒”，精度为“0”，起始方向为东，逆时针方向为正。其操作步骤如下：

1）选择下拉菜单中的“格式”→“单位（U）”命令，启动“UNITS”命令。

2）在弹出的“图形单位”对话框中，单击“长度”区域的“类型”列表框，选取“小数”，设置长度单位为小数制，单击“精度”列表框，选取“0”，小数点后显示 0 位小数。

3）单击“角度”区域的“类型”列表框，选取“度/分/秒”项，设置角度单位为度/分/秒制，单击“角度”区域的“精度”列表框，选取“0”，角度单位小数点后无小数。默认逆时针为正，基准角度起始方向为东。

4）单击“确定”按钮关闭对话框，结束单位设置。

2.5.2 设置绘图界限

该命令用于设置绘图空间的矩形绘图边界（LIMITS），这相当于绘图时确定图幅的大小。

设置绘图界限命令可通过以下方式调用：

➢ 单击下拉菜单中的“格式”→“图形界限”命令。

➢ 在命令行输入“LIMITS”。

执行该命令后，系统将提示“指定左下角点或［开（ON）/关（OFF）］<当前值>:”。

各选项功能如下：

● 左下角点：用户可在屏幕上选取一点作为图形界限矩形区域的左下角点，接着系统提示“指定右上角点<当前值>:”，此时用户可在屏幕上指定另一角点，也可按<Enter>键选取系统提供的点。

● 开（ON）：选取该项可打开图形界限检查功能，此时，AutoCAD拒绝输入图形界限外部的点。

● 关（OFF）：选取该项可关闭图形界限检查功能。

注意：

1）设置绘图界限时，AutoCAD将输入坐标值的两点构成一个矩形区域，同时也确定了能显示栅格点的绘图区域。

2）图形界限检查只检测绘图界限内的输入点，所以对象的某些部分，可能会延伸出界限。

3）当使用“快速设置”或“高级设置”向导来创建新图形时，可在模型空间设置图形界限。

4）当启动图纸空间，图纸的背景或边距被显示时，不能使用“LIMITS”命令设置绘图界限。在这种情况下，图形界限由布局按所选图纸尺寸自动计算出来并进行设置。

【例2-8】 设置机械图纸为国家标准的A0图幅，绘图界限范围为1189mm×841mm，其操作步骤如下：

1）可选择下拉菜单中的“格式”→“图形界限”命令，启动“LIMITS”命令。

2）在“指定左下角点或［开（ON）/关（OFF）］<0，0>:”时，直接按<Enter>键，设置绘图区域左下角点为（0，0）。

3）在“指定右上角点<420，297>:”时，输入“1189，841↙”设置绘图区域右上角点。

4）选择下拉菜单中的“视图”→“缩放”→“全部”命令，启动“ZOOM”命令，将A0图幅全屏显示出来。

2.6 清除显示标记及未使用项目

2.6.1 清除显示标记

绘图和编辑图形过程中，屏幕上常常留下对象的拾取标记（称为点标记）或杂散像素，这些临时标记不是图形中的对象，会使画面混乱不清晰，这就需要使用“重画”和“重生成”命令来清除这些临时标记。

“重画”命令可通过以下方式调用：

➢ 单击下拉菜单中的“视图”→“重画”命令。

➢ 在命令行输入“REDRAW/REDRAWALL”。

“REDRAW”刷新当前视口中的显示。

“REDRAWALL”刷新所有视口中的显示。

“重生成”命令可通过以下方式调用：

➢ 单击下拉菜单中的“视图”→“重生成/全部重生成”命令。

➢ 在命令行输入“REGEN/REGENALL”。

“REGEN”在当前视口中重生成整个图形并重新计算所有对象的屏幕坐标，并重新创建图形数据库索引，从而优化显示和对象选择的性能。

“REGENALL”重生成整个图形，并重新计算所有视口中所有对象的屏幕坐标，并重新创建图形数据库索引，从而优化显示和对象选择的性能。

“重画”与“重生成”的区别在于：“重画”只是将显示在屏幕上的图形刷新，消除临时标记。而“重生成”则是自动重新生成图形并刷新视窗，此时系统将重新计算视窗中所有对象在屏幕上的坐标值，并重新生成整个图形，同时还将重新建立图形数据库索引，此时花费的时间可能要长一些。

注意：

1）要删除点标记，可使用“REDRAW”命令。

2）要删除凌乱的像素，可使用“REGEN”命令。

3）有时圆的显示是多边形，如果想改变其显示效果，就可以使用“REGEN”命令。

2.6.2　清理未使用的项目

如果想删除某些未使用的命名对象和未命名对象，包括块定义、标注样式、图层、线型和文字样式等不能用删除命令，可以使用“PURGE”命令来删除。

清理未使用的项目命令可通过以下几种方式调用：

➢ 单击应用程序菜单→“图形实用工具”→清理命令。

➢ 单击下拉菜单中的“图形实用工具”→清理命令。

➢ 在命令行输入“PURGE”。

可以使用“PURGE”命令删除未使用的命名对象和未命名对象，包括块定义、标注样式、图层、线型和文字样式。还可以删除长度为零的几何图形或空文字和多行文字对象。

注意：“PURGE”命令不会从块或锁定图层中删除未命名的对象。

2.7　实例解析

【例 2-9】　绘制如图 2-19 所示的平面图形。

操作步骤如下：

1）打开“极轴追踪”、“对象捕捉”、“对象捕捉追踪”。

2）执行“直线”命令，在命令行提示“指定第一点：”时光标随意指定一点作为 *A* 点。

3）在指定“下一点或［放弃（U）］：”时将光标沿

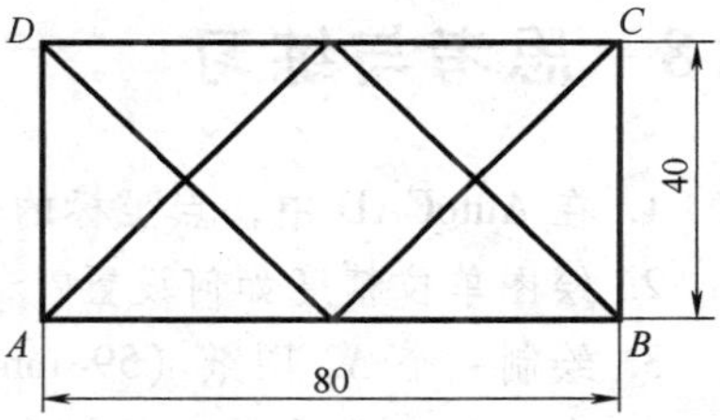

图 2-19　平面图形

极轴角为零度方向移动，此时出现一条水平辅助线，输入“80↙”，确定*B*点，即沿该方向绘制距离为“80”的直线段，如图2-20所示。

4）同样，将光标沿极轴角为90°方向移动，此时出现一条垂直辅助线，在命令行输入沿该方向距离“40↙”，确定*C*点，如图2-21所示。

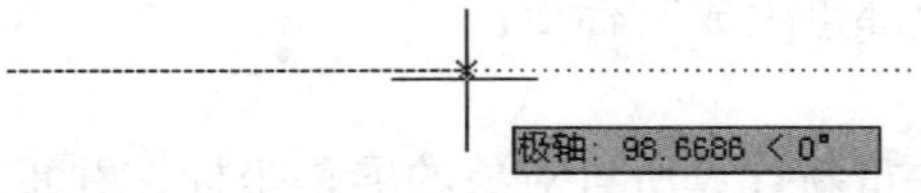

图2-20　极轴水平追踪确定*B*点

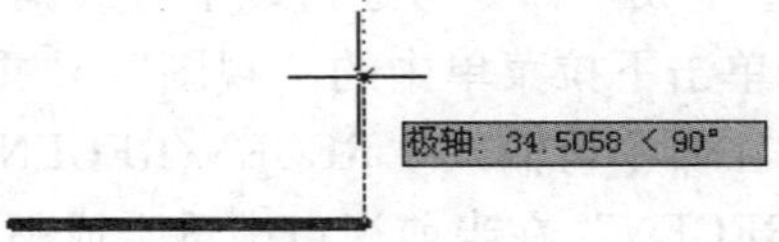

图2-21　极轴垂直追踪确定*C*点

5）将光标移动至矩形起点处，出现端点（黄色小方块）提示后，慢慢向上移动，当与水平方向辅助线交叉点出现如图2-22所示的提示时，点取确定*D*点。

6）当命令行提示“指定下一点或［闭合(C)/放弃（U）]:”时，输入“C↙”，封闭矩形。

7）鼠标右键单击状态栏的“对象捕捉”，在“对象捕捉”右键快捷菜单中选中“端点”、“中点”。

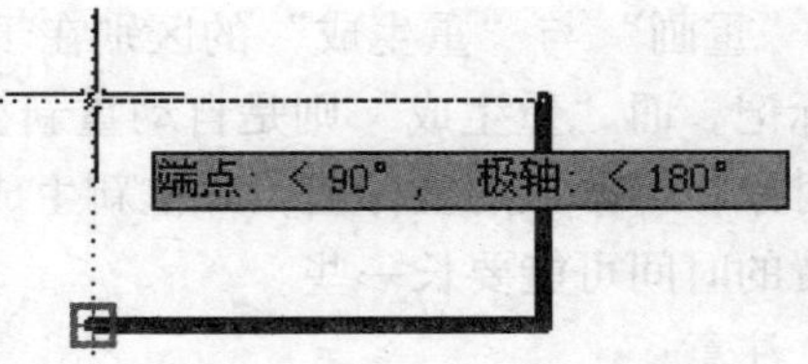

图2-22　极轴垂直水平追踪确定*D*点

8）启动“直线”命令，在命令行提示“指定第一点:”时将光标移至矩形的角点附近，当出现“端点”提示时点取以确定第一点，如图2-23所示。

9）将光标移至对边中点附近，当出现“中点”提示时（黄色小三角），点取以确定第二点，如图2-24所示。

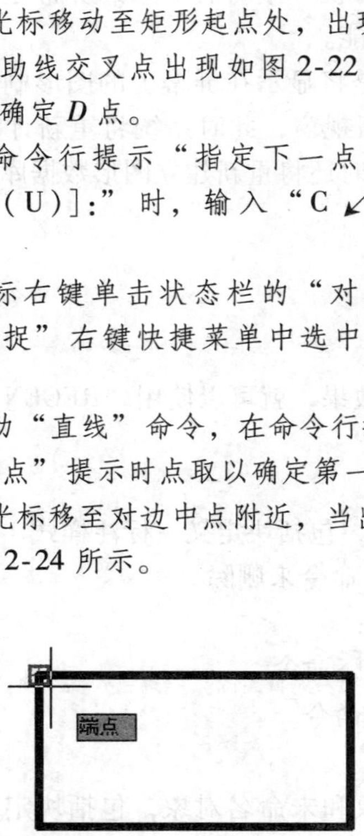

图2-23　捕捉矩形的端点

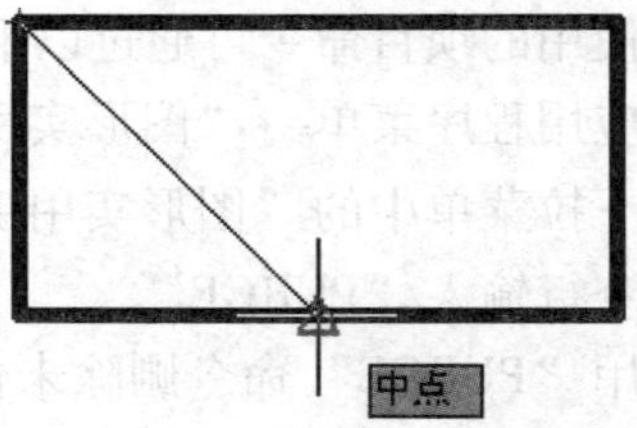

图2-24　捕捉中点

10）捕捉其他各点完成图形。

2.8 思考与练习

1. 在AutoCAD中，点坐标的输入都有哪几种方法？
2. 绘图单位精度如何设置？
3. 绘制一个A2图纸（594mm×420mm）大小的矩形，并全屏显示出来。
4. 在AutoCAD中，重画与重生成命令有何区别？

5. 如何缩放一幅图形，使之能够最大限度地充满当前视口？

6. 视图缩放命令“ZOOM”是否改变了图形的真实大小？

7. 视图平移命令“PAN”是否改变了图形在绘图区的位置？

8. 利用点的相对直角坐标和相对极坐标，并使用自动追踪和自动捕捉功能，绘制如图 2-25 和图 2-26 所示的图形（不标注尺寸）。

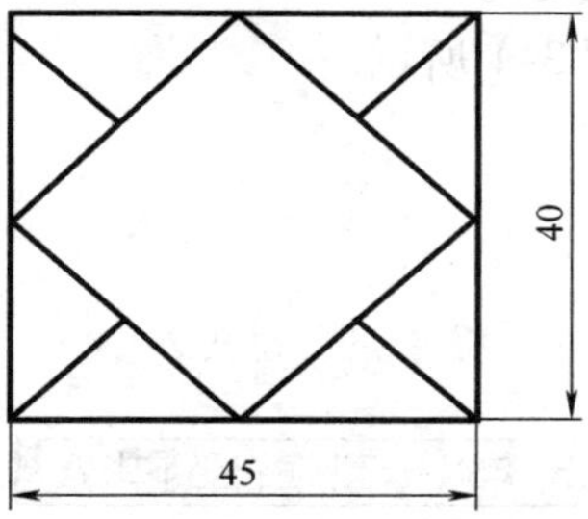

图 2-25　图形 1

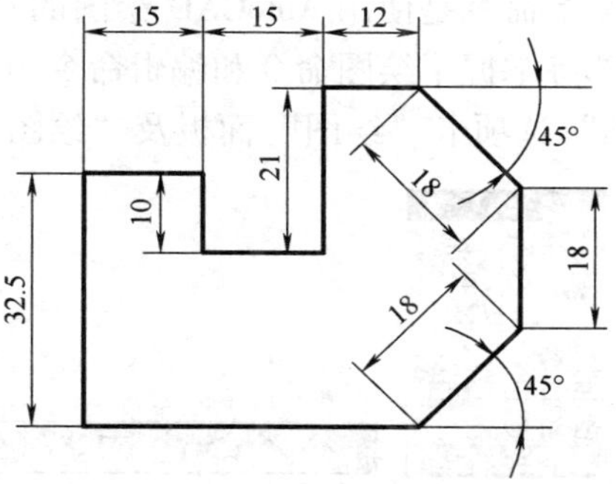

图 2-26　图形 2

第 3 章　基本绘图方法

二维绘图命令是使用 AutoCAD 绘图的基础。能否灵活、快速、准确地绘制图形，关键在于是否熟练掌握了绘图命令和编辑命令的使用方法和技巧。

“常用”选项卡“绘图”面板及“绘图”工具栏如图 3-1 所示。

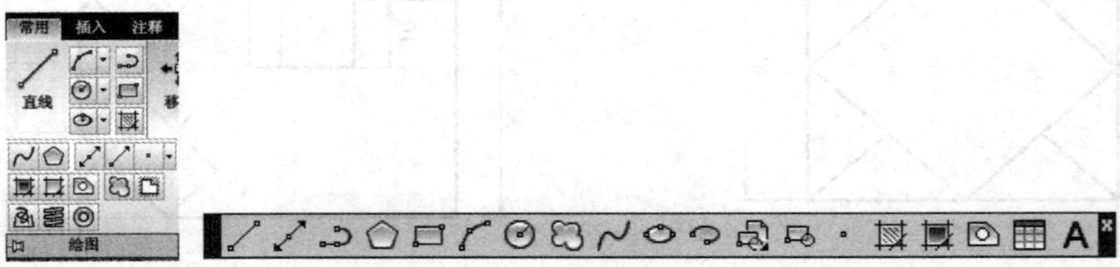

a)　　　　b)

图 3-1　“绘图”面板及“绘图”工具栏

a）“绘图”面板　b）“绘图”工具栏

3.1　线的绘制

线的绘制命令主要包括绘制直线、多段线、样条曲线、多线、构造线等各种线条的命令。

3.1.1　直线

直线（LINE）是图形中最常见、最简单的图形实体。“直线”命令用于在两点之间绘制直线，用户可通过鼠标或键盘来确定线段的起点和终点。

直线命令可通过以下几种方式调用：

➢ 单击“常用”选项卡→“绘图”面板→直线命令。

➢ 单击下拉菜单中的“绘图”→“直线”命令。

➢ 单击绘图工具栏中的直线按钮。

➢ 在命令行输入“LINE（L）”。

命令提示中各选项功能如下：

- 闭合（C）：如果绘制多条线段，最后要形成一个封闭图形时，应在命令过程中输入选项“C↙”，则最后一个端点与第一条线段的起点重合形成封闭图形。
- 放弃（U）：撤销刚绘制的线段。在命令过程中输入选项“U↙”，则最后绘制的线段将被删除。

注意：

1）用直线命令绘制每一条线段都是一个独立的对象，可进行单独编辑。

2）使用直线命令过程中调用“UNDO”命令，可依次取消刚才所绘制的线段。如果结束命令后调用“UNDO”命令，则取消使用直线命令所绘制的全部线段。

3）在提示指定第一点时，如果直接按 <Enter> 键，则以前面所绘直线段的终点作为新线段的起点，继续绘制直线段。

【例3-1】 用“直线”命令绘制一个边长为80的正三角形 *ABC*，*A* 点坐标为（100，100），结果如图3-2所示。其操作步骤如下：

1）启用状态栏的“极轴追踪”、“对象捕捉”、“对象捕捉追踪”命令。

2）设置极轴增量角为30°或60°均可。

3）执行“直线”命令。

4）提示“指定第一点”时，输入 *A* 点坐标位置“100，100↙”。

5）提示“指定下一点或［放弃（U）］:”时，向水平方向移动光标，出现极轴角0°提示时，输入“80↙”确定 *B* 点。

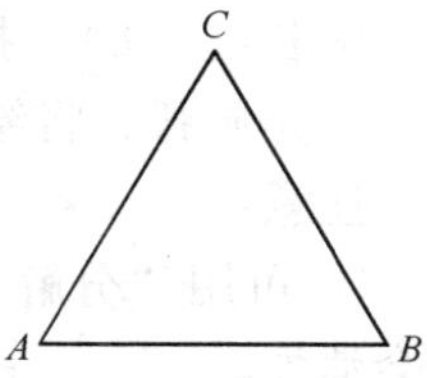

图3-2　正三角形

6）提示“指定下一点或［放弃（U）］:”时，向左上方向移动光标，出现极轴角120°提示时，输入“80↙”即确定 *C* 点。

7）提示“指定下一点或［闭合（C）/放弃（U）］:”时，输入闭合选项“C↙”封闭图形。

另外，*B*、*C* 点可用相对坐标方式或用动态极坐标方式确定，具体操作方法见相关章节。

3.1.2　多段线

“多段线”(PLINE）命令用于绘制由若干直线和圆弧连接而成的不同宽度的曲线或折线，且该多段线中含有的所有直线或圆弧都是一个实体，可以用“修改”→“对象”→“多段线”命令对其进行编辑。

多段线命令可通过以下几种方式调用：

➢ 单击“常用”选项卡→“绘图”面板→多段线命令。

➢ 单击下拉菜单中的“绘图”→“多段线”命令。

➢ 单击绘图工具栏中的多段线按钮。

➢ 在命令行输入“PLINE（PL）”。

执行多段线命令，指定多段线的起点后，系统提示“指定下一点或［圆弧（A）/闭合（C）/半宽（H）/长度（L）/放弃（U）/宽度（W）］:”，命令提示中各选项功能如下：

1）圆弧（A）：输入“A”，以绘圆弧的方式绘制多段线。系统提示“指定圆弧的端点或［角度（A）/圆心（CE）/闭合（CL）/方向（D）/半宽（H）/直线（L）/半径（R）/第二点（S）/放弃（U）/宽度（W）］:”，其选项功能如下：

- 角度（A）：指定圆弧的圆心角绘制圆弧。
- 圆心（CE）：指定圆弧的圆心绘制圆弧。
- 闭合（CL）：自动将多段线闭合，即将选定的最后一点与多段线的起点连起来，并结束命令。
- 方向（D）：取消直线与弧的相切关系设置，改变圆弧的起始方向。
- 半宽（H）：指定多段线的起点与终点的半宽度值。
- 直线（L）：返回绘制直线方式。

- 半径（R）：指定圆弧半径绘制圆弧。
- 第二点（S）：指定三点绘制圆弧。
- 放弃（U）：取消刚绘制的一段多段线。
- 宽度（W）：设置起点与终点的宽度值。

2）主提示下的“闭合（C）/半宽（H）/长度（L）/放弃（U）/宽度（W）”选项功能同上。

- 长度（L）：指定绘制的多段线的长度，系统将按照上一段线的方向绘制。若上一段是圆弧，将绘制出与此圆弧相切的线段。

注意：

① 可用“分解”命令将多段线分解为多个单一实体的直线和圆弧，且分解后宽度信息将会消失。

② 要闭合一条有宽度的多段线，必须输入“C”，即选择“闭合”选项才能使其完全封闭，否则会出现缺口。

【例3-2】 用“多段线”命令绘制如图3-3所示的图形。其操作步骤如下：

1）执行“多段线”命令。

2）当提示“指定起点:”时，可用鼠标指定起始点 *A*。

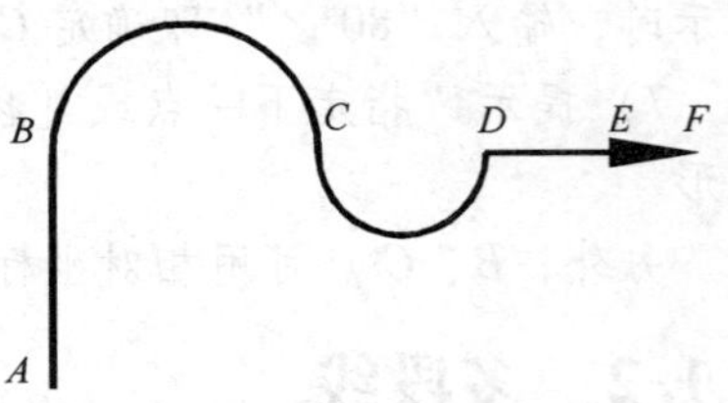

图3-3 “多段线”命令的应用

3）当提示“指定下一点或［圆弧（A）/闭合（C）/半宽（H）/长度（L）/放弃（U）/宽度（W）］:”时，输入“W↙”设置多义线线宽。

4）当提示“指定起点宽度<0.0000>:”时，输入指定起点线宽“2↙”。

5）当提示“指定终点宽度<2.0000>:”时，直接“↙”，默认终点线宽也为“2”。

6）当提示“指定下一点或［圆弧（A）/闭合（C）/半宽（H）/长度（L）/放弃（U）/宽度（W）］:”时，鼠标指定端点“*B*”。

7）当提示“指定下一点或［圆弧（A）/闭合（C）/半宽（H）/长度（L）/放弃（U）/宽度（W）］:”时，输入“A↙”转成圆弧方式。

8）提示“指定圆弧端点或［角度（A）/圆心（CE）/闭合（CL）/方向（D）/半宽（H）/直线（L）/半径（R）/第二点（S）/放弃（U）/宽度（W）］:”时，分别输入或鼠标指定 *C*、*D*、*E* 点。

9）提示“指定圆弧端点或［角度（A）/圆心（CE）/闭合（CL）/方向（D）/半宽（H）/直线（L）/半径（R）/第二点（S）/放弃（U）/宽度（W）］:”时，输入“L↙”转成直线方式。

10）提示“指定下一点或［圆弧（A）/闭合（C）/半宽（H）/长度（L）/放弃（U）/宽度（W）］:”时，输入“W↙”设置多义线线宽。

11）当提示“指定起点宽度<0.0000>:”时，输入“5↙”指定起点线宽。

12）当提示“指定终点宽度<3.0000>:”时，输入“0↙”确定终点线宽。

13）当提示“指定下一点或［圆弧（A）/闭合（C）/半宽（H）/长度（L）/放弃（U）/宽度（W）］:”时，输入或鼠标指定 *F* 点。

14）当提示“指定下一点或［圆弧（A）/闭合（C）/半宽（H）/长度（L）/放弃（U）/

宽度（W）]:”时，输入结束命令。

3.1.3 样条曲线

“样条曲线”(SPLINE）命令用于绘制二次或三次样条曲线，它可以由起点、终点、控制点及偏差来控制曲线。可用于表达机械图形的中断裂线及地形图标高线等。

样条曲线命令可通过以下几种方式调用：

- 单击“常用”选项卡→“绘图”面板→样条曲线~命令。
- 单击下拉菜单中的“绘图”→“样条曲线”命令。
- 单击绘图工具栏中的样条曲线按钮~。
- 在命令行输入“SPLINE（SPL)”。

指定第一个点、第二个点后，系统提示“指定下一点或［闭合（C)/拟合公差（F)］<起点切向>:”，命令行各选项功能如下：

- 闭合（C)：生成一条闭合的样条曲线。选择此选项后，系统提示指定切线矢量，然后结束命令。
- 拟合公差（F)：输入曲线的偏差值。值越大，曲线越远离指定的点；值越小，曲线离指定点越近。
- 起点切向：指定样条曲线起始点处的切线方向。
- 端点切向：指定样条曲线终点处的切线方向。
- 对象（O)：将一条多段线拟合生成样条曲线。

注意：

1）样条曲线可以通过偏差来控制曲线光滑度。偏差越小，曲率越小。

2）样条曲线不是多段线，因此不能编辑，也不能用“分解”命令分解。

【例3-3】 用“样条曲线”命令绘制如图3-4所示的样条曲线。其具体操作步骤如下：

1）执行“样条曲线”命令。

2）提示“指定第一个点或［对象（O)］:”时，鼠标指定曲线起点 A。

3）提示“指定下一点:”时，鼠标指定曲线第二控制点 B。

4）提示“指定下一点或［闭合（C)/拟合公差（F)］<起点切向>:”时，鼠标指定曲线第三控制点 C。

5）提示“指定下一点或［闭合（C)/拟合公差（F)］<起点切向>:”时，鼠标指定曲线第四控制点 D。

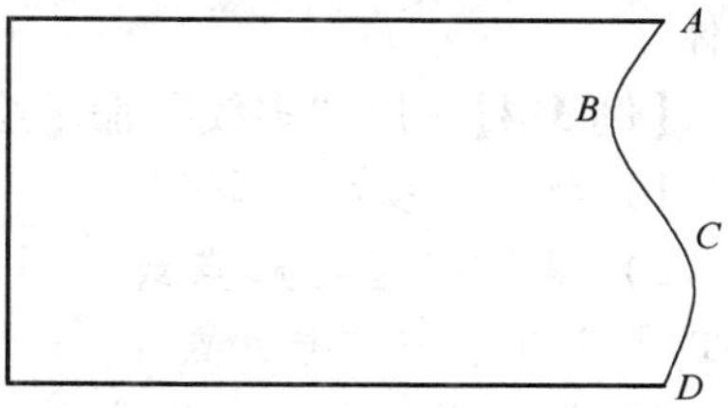

图3-4 样条曲线的绘制

6）提示“指定下一点或［闭合（C)/拟合公差（F)］<起点切向>:”时，按<Enter>键结束控制点输入。

7）提示“指定起点切向:”时，鼠标指定曲线起点 A 的切线方向。

8）提示“指定端点切向:”时，鼠标指定曲线端点 D 的切线方向。

3.1.4 多线

“多线”(MLINE）命令用于绘制多条相互平行的线，每条线的颜色和线型可以相同，也可以不同，且其线宽、偏移、比例、样式和端头交接方式都可以用“MLINE”和“MLSTYLE”命令控制。“多线”（MLINE）命令在建筑工程上常用于绘制墙线。

多线命令可通过以下几种方式调用：

➢ 单击下拉菜单中的“绘图”→“多线”命令。

➢ 单击绘图工具栏中的多线按钮。

➢ 在命令行输入“MLINE（ML）”。

执行“多线”命令后，系统将提示“指定起点或［对正（J）/比例（S）/样式（ST）］:”，各选项功能如下：

1）对正（J）：该选项用于决定多线相对于用户输入端点的偏移位置，选择对正选项后，系统将继续提示“输入对正类型［上（T）/无（Z）/下（B）］<下>:”，其中各选项含义如下：

- 上（T）：多线上最顶端的线将随着光标进行移动。
- 无（Z）：多线的中心线将随着光标点移动。
- 下（B）：多线上最底端的线将随着光标点移动。

2）比例（S）：控制定义的平行多线绘制时的比例，相同的样式用不同的比例绘制时，平行多线的宽度会不一样，负比例把偏移顺序反转。

3）样式（ST）：绘制多线时使用的样式，默认线型样式为“STANDARD”。若选择该选项，可在“输入多线样式名或［?］”提示后输入已定义的样式名，输入“?”则显示当前图中已定义的多线样式。

注意：

1）“多线”命令的默认模式为双线，线宽为“1”，如使用其他样式须先用“多线样式”命令定义样式。

2）只能绘制由直线段组成的平行多线，多条平行线是一个整体。

3）如对多线进行偏移、倒角、倒圆、修剪等操作，必先使用分解命令将其分解为单个实体。

【例3-4】 用“多线”命令绘制如图3-5所示的图形，其操作步骤如下：

1）执行“多线”命令。

2）提示“指定起点或［对正（J）/比例（S）/样式（ST）］:”时，指定起始点 A。

3）提示“指定下一点:”时，指定点 B。

4）提示“指定下一点或［放弃（U）］:”时，依次指定 C、D、E 点。

5）提示“指定下一点或［闭合（C）/放弃（U）］:”时，输入“C↙”闭合平行多线。

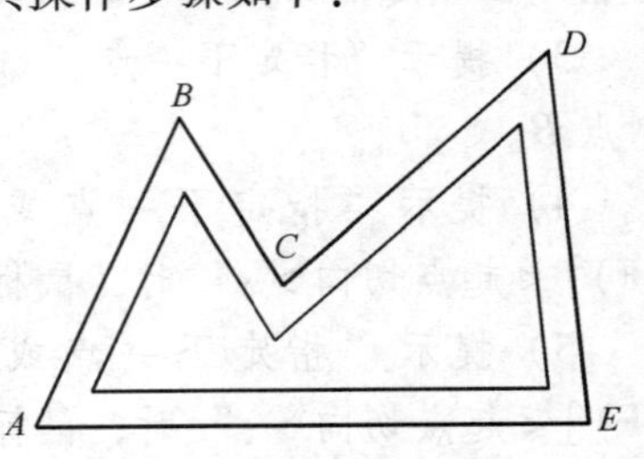

图3-5 用“多线”命令绘制图形

3.1.5 构造线

“构造线”（XLINE）命令用于绘制无限长直线，这类线通常作为绘图过程中的辅助线使用。在绘制机械或建筑的三面视图中，可用该命令绘制长对正、宽相等和高平齐的辅助作图线。

构造线命令可通过以下几种方式调用：

➢ 单击“常用”选项卡→“绘图”面板→构造线命令。

➢ 单击下拉菜单中的“绘图”→“构造线”命令。

➢ 单击绘图工具栏中的构造线按钮。

➢ 在命令行输入“XLINE（XL）”。

执行命令后，系统将提示“指定点或［水平（H）/垂直（V）/角度（A）/二等分（B）/偏移（O）］:”，其各选项功能如下：

1）指定点：指定一点，即可用无限长直线所通过的两点定义构造线的位置。

2）水平（H）：创建一条通过选定点的水平参照线。

3）垂直（V）：创建一条通过选定点的垂直参照线。

4）角度（A）：以指定的角度创建一条参照线。执行该选项后，系统将提示“输入参照线角度（0）或［参照（R）］:”，这时可指定一个角度或输入R选择参考选项。

● 参照线角度（0）：系统初始角度是0°，即相当于所绘制的参照线是相对于水平线具有一定角度放置的。在这种情况下，参照线的方向已知，所以系统提示“指定通过点”，则AutoCAD将创建通过指定点的参照线，并使用指定角度。

● 参照（R）：指定与选定直线之间的夹角，从而绘制出与选定直线成一定角度的参照线。执行该选项后，系统将提示“选择直线对象”，这时用户应选择一条直线、多段线、射线或参照线，系统将继续提示“输入参照线角度和指定通过点”。在指定参照线角度时，输入正值，绘制的参照线相对于标准逆时针方向转动指定的角度；输入负值，绘制的参照线相对于标准顺时针方向转动指定的角度。

5）二等分（B）：绘制角平分线。执行该选项后，系统提示“指定角的顶点、角的起点、角的端点”，从而绘制出该角的角平分线。

6）偏移（O）：创建平行于另一个对象的参照线。执行该选项后，系统提示“指定偏移距离或［通过（T）］<当前值>”，用户输入偏移距离后，系统将继续提示“选择直线对象”，此时用户应选择一条直线、多段线、射线或参照线，最后系统提示“指定要偏移的边”，用户可以指定一点并按<Enter>键终止命令。

● 通过（T）：创建一条直线偏移并通过指定点的参照线。执行该选项后，系统提示“选择直线对象和指定通过点”，此时用户应该指定参照线要经过的点并按<Enter>键终止命令。

注意：

1）“构造线”命令所绘制的辅助线可以用“修剪”、“旋转”等编辑命令进行编辑。修剪构造线两端才能将构造线变为直线。

2）构造线仅用于作绘图辅助线时，也可将这些构造线集中绘制在某一图层上，输出图形时，可以将该图层关闭。

【例3-5】 用“构造线”命令绘制已知角∠ABC的平分线，如图3-6所示。

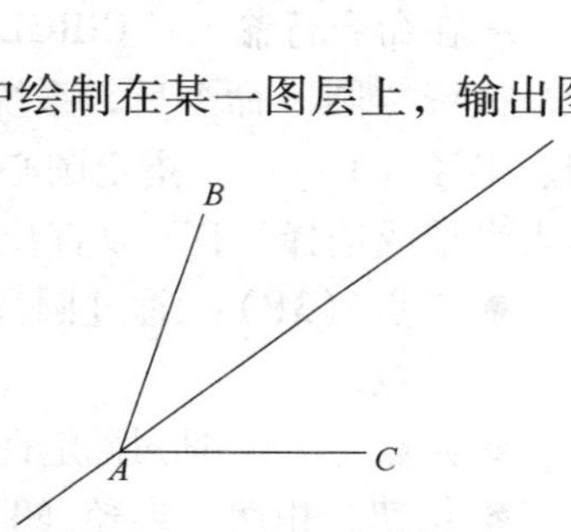

图3-6　角平分线的绘制

其具体操作步骤如下：

1）执行“构造线”命令。

2）提示“指定点或［水平（H）/垂直（V）/角度（A）/二等分（B）/偏移（O）］:”时，输入“B↙”选择绘制角平分线的方式。

3）提示“指定角的顶点：”时，鼠标捕捉顶点 *A*。

4）提示“指定角的起点：”时，鼠标捕捉起点 *B*。

5）提示“指定角的端点：”时，鼠标捕捉端点 *C*。

6）提示“指定角的端点：”时，按 <Enter> 结束命令。

3.2 弧形的绘制

绘制弧形的命令包括圆（CIRCLE）、圆弧（ARC）、椭圆或椭圆弧（ELLIPSE）等。

3.2.1 圆

圆（CIRCLE）也是绘图中最常用的一种基本实体之一，“圆”命令用于绘制没有宽度的圆形，Auto CAD 提供了 6 种绘制圆形的方式，如图 3-7 所示。

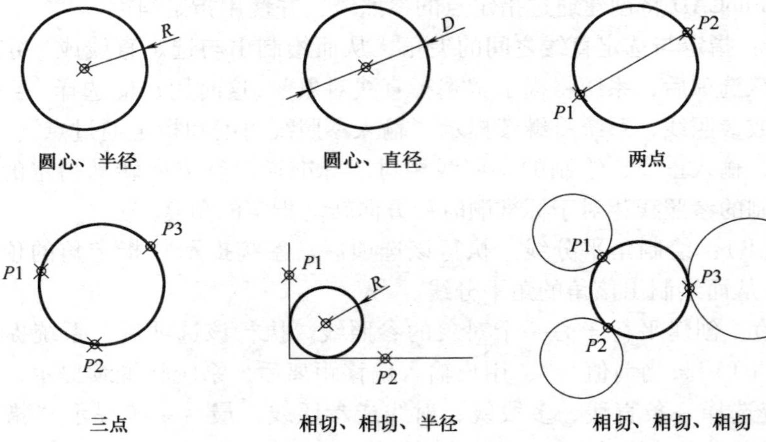

图 3-7 6 种方式绘圆

圆命令可通过以下几种方式调用：

➢ 单击“常用”选项卡→“绘图”面板→圆命令。

➢ 单击下拉菜单中的“绘图”→“圆”命令。

➢ 单击绘图工具栏中的圆按钮。

➢ 在命令行输入“CIRCLE（C）”。

执行“圆”命令后，系统将提示“指定圆的圆心或［三点（3P）/两点（2P）/相切、相切、半径（T）］:”，指定圆心后，系统提示“指定圆的半径或［直径（D）］<当前值>:”，输入半径或选择“D”以直径方式绘圆。其选项功能如下：

- 三点（3P）：通过圆周上的三个点来绘制圆。按系统提示分别指定圆上的任意三个点。
- 两点（2P）：通过确定直径上的两个点绘制圆。按系统提示分别指定圆的直径的两个端点。
- 相切、相切、半径（T）：通过两条切线和半径绘制圆。按系统提示分别指定与圆相切的切线上的点以及圆的半径。

单击下拉菜单中的“绘图”→“圆”命令后，出现如图3-8所示的子菜单，其各项含义及功能分别如下：

- 圆心、半径（R）：用圆心和半径方式绘制圆。
- 圆心、直径（D）：用圆心和直径方式绘制圆。
- 两点（2）：两点绘圆。此两点为圆直径的两个端点。
- 三点（3）：三点绘制圆。
- 相切、相切、半径（T）：用切线、切线、半径的方式绘圆。
- 相切、相切、相切（A）：用切线、切线、切线方式绘圆。

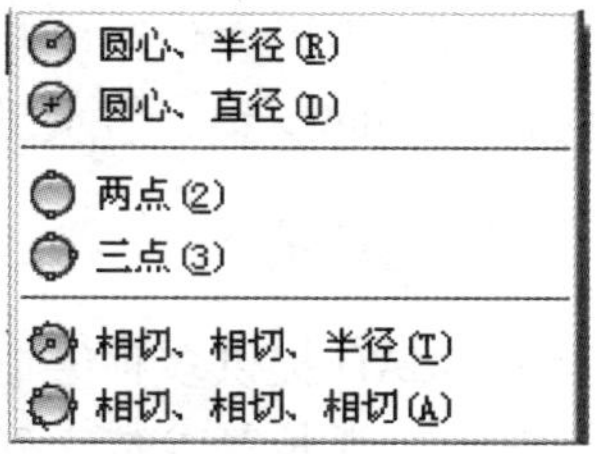

图3-8　绘圆方式

注意：

1）在用“相切、相切、半径（T）”选项绘制圆时，须在与圆相切的对象上捕捉切点，如果半径不合适，系统将提示信息“圆不存在”。

2）在用“相切、相切、相切（A）”选项绘制圆时，拾取相切对象的位置点不同，得到的结果也不相同。

3）“圆”命令绘制的圆不能用“分解”命令进行分解。

4）圆有时显示成多段折线，即圆的光滑度与“VIEWRES”值有关，其值越大，圆越光滑，但显示与出图无关，即无论其值多大均不影响出图后圆的光滑度。

【例3-6】 用“圆”命令作三角形 *ABC* 的内切圆，如图3-9所示。其具体步骤如下：

1）在下拉菜单中选择“相切、相切、相切”方式执行“圆”命令。

2）提示“指定圆的圆心或［三点（3P）/两点（2P）/相切、相切、半径（T）］：-3P 指定圆上的第一点：_ tan 到：”时，指定圆的第一条切线 *AB* 上任意一点。

3）提示“指定圆上的第二点：_ tan 到：”时，指定圆的第二条切线 *BC* 上任意一点。提示“指定圆上的第三点：_ tan 到：”时，指定圆的第三条切线 *AC* 上任意一点。

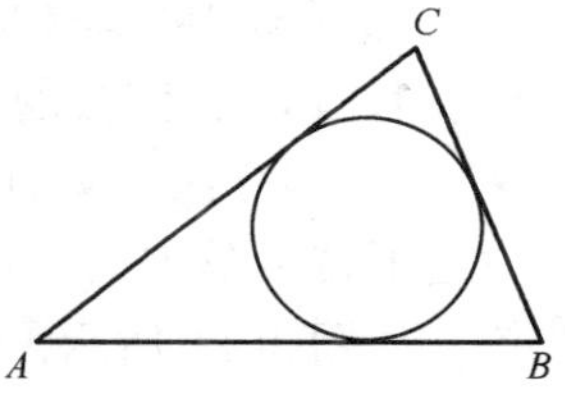

图3-9　任意三角形 *ABC* 内切圆的绘制

【例3-7】 用“圆”命令绘制如图3-10所示的法兰盘。

1）绘制最外侧的 ϕ240 大圆：单击绘图工具栏上的按钮。在图形窗口任意拾取一点为圆心。输入半径为“120↙”。

2）绘制内侧的 ϕ180 圆：可直接按<Enter>键重复画圆的命令。捕捉 ϕ240 圆心为内圆圆心。输入半径“90↙”。

3）绘 ϕ210 的圆：可直接按<Enter>键重复画圆的命令。捕捉 ϕ240 圆心为圆心。输入半径“105↙”。

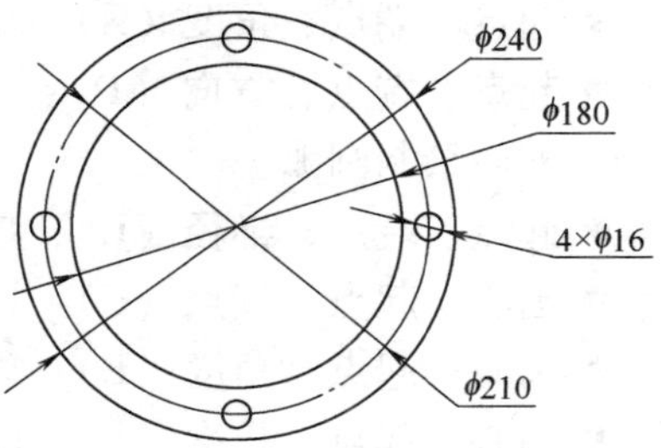

图3-10　法兰盘

4）绘制右侧的 ϕ210 的圆：直接按<Enter>键重复画圆的命令。可用对象捕捉追踪方式，从 ϕ240 圆心水平向右捕捉与 ϕ210 圆的交点，即为右侧小圆圆心。输入小圆半径“8↙”。

5）绘制上面的小圆：直接按<Enter>键重复画圆的命令。与绘制右侧的小圆类似，即相对于 ϕ240 圆心垂直向上与 ϕ210 圆的交点，确定上侧小圆圆心。直接按<Enter>键，接受默认的半径“8”。

6）绘制左侧的小圆、下侧的小圆：直接按<Enter>键，重复画圆的命令。与绘制右侧、上侧的小圆类似，即相对于ϕ240 圆心水平向左与ϕ210 圆的交点，确定左侧小圆圆心。直接按<Enter>键，接受默认的半径“8”。

3.2.2 圆弧

AutoCAD 提供多种绘制圆弧（ARC）的方式，这些方式都是由起点、方向、中点、包角、终点、弧长等参数来确定绘制的。

圆弧命令可通过以下几种方式调用：

➢ 单击“常用”选项卡→“绘图”面板→圆弧命令。

➢ 单击下拉菜单中的“绘图”→“圆弧”命令。

➢ 单击绘图工具栏的圆弧按钮。

➢ 在命令行输入“ARC（A）”。

执行“圆弧”命令后，系统将提示“指定圆弧的起点或［圆心（CE）］:”，指定起点后，系统提示“指定圆弧的第二点或［圆心（CE）/端点（EN）］:”，指定第二点，系统继续提示“指定圆弧的端点:”，则指定圆弧端点，即通过指定圆弧上的三点完成圆弧绘制。当以某一方式绘制圆弧时，会出现如下一些选项：

- 中心点（CE）：圆弧的中心。
- 端点（EN）：圆弧的终点。
- 弦长（L）：圆弧的弦长。
- 方向（D）：定义圆弧起始点的切线方向。

单击下拉菜单中的“绘图”→“圆弧”命令，系统弹出下一级子菜单，如图 3-11 所示，其中各选项含义及功能如下：

图 3-11　绘制圆弧方式

- 三点（P）：三点确定一条圆弧。
- 起点、圆心、端点（S）：以起点、圆心、端点绘制圆弧。
- 起点、圆心、角度（T）：以起点、圆心、圆心角绘制圆弧。
- 起点、圆心、长度（A）：以起点、圆心、弦长绘制圆弧。
- 起点、端点、角度（N）：以起点、终点、圆心角绘制圆弧。
- 起点、端点、方向（D）：以起点、终点、圆弧起点的切线方向绘制圆弧。
- 起点、端点、半径（R）：以起点、终点、半径绘制圆弧。
- 圆心、起点、端点（C）：以圆心、起点、终点绘制圆弧。
- 圆心、起点、角度（E）：以圆心、起点、圆心角绘制圆弧。
- 圆心、起点、长度（L）：以圆心、起点、弦长绘制圆弧。
- 继续（O）：从一段已有的线或弧开始绘制圆弧。用此选项绘制的圆弧与原有线或弧终点沿切线方向相接。

注意：

1）圆弧的半径有正、负之分，当半径为正值时，绘制小圆弧；若为负值时，绘制大圆弧。

2）圆弧的角度也有正、负之分，当角度为正值时，系统向逆时针方向绘制圆弧，当角度为负值时，则向顺时针方向绘制圆弧。以弦长方式绘制圆弧时，输入正值画小弧，输入负值画大弧。

3）圆弧有时显示成多段折线，即其光滑度与“VIEWRES”值有关，其值越大，圆弧越光滑，但显示与出图无关，即无论其值多大均不影响出图后圆弧的光滑度。可以用“视图快速缩放（VIEWRES）”命令和“视图重生（REGEN）”命令控制。

【例3-8】 用“圆弧”命令从 A 点绘制90°弧线，如图3-12所示。其具体操作步骤如下：

1）执行“圆弧”命令。

2）提示“指定圆弧的起点或［圆心（CE）］:”时，选择“圆心”选项“CE↙”。

3）提示“指定圆弧的圆心:”时，指定圆心 O。

4）提示“指定圆弧的起点:”时，指定起点 A。

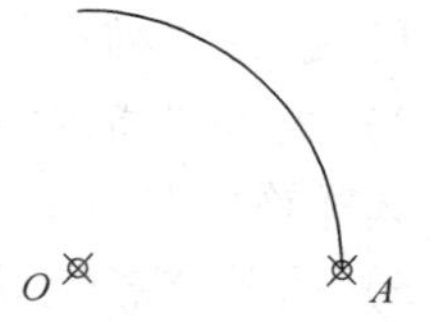

图3-12 圆弧的绘制

5）提示“指定圆弧的端点或［角度（A）/弦长（L）］:”时，选择角度选项“A↙”。

6）提示“指定包含角:”时，输入圆弧角度“90↙”。

3.2.3 椭圆和椭圆弧

椭圆和椭圆弧（ELLIPSE）的命令相同，都是“ELLIPSE”，但命令行提示不同。椭圆主要由中心、长轴、短轴三个参数来描述。绘制椭圆弧则要求确定起始点和终止点。

椭圆和椭圆弧命令可通过以下几种方式调用：

- 单击“常用”选项卡→“绘图”面板→椭圆命令。
- 单击下拉菜单中的“绘图”→“椭圆”命令。
- 单击绘图工具栏的椭圆按钮、。
- 在命令行输入“ELLIPSE（EL）”。

1. 绘制椭圆

执行“椭圆”命令后，系统将提示“指定椭圆的轴端点［圆弧（A）/中心点（C）］:”，指定轴端点后，系统提示“指定轴的另一个端点:”，指定轴的另一个端点后，系统继续提示“指定另一条半轴长度:”，则输入长度值或指定第三点，系统由中心点和第三点之间的距离决定椭圆另一轴的半轴长度。其他各选项含义及功能如下：

- 中心点（C）：以指定椭圆圆心及一个轴（主轴）的端点、另一个轴的半轴长度绘制椭圆。
- 旋转（R）：输入角度，将一个圆绕着长轴方向旋转成椭圆，若输入0，则绘制出圆。

2. 绘制椭圆弧

执行“椭圆”命令后，系统将提示“指定椭圆的轴端点［圆弧（A）/中心点（C）］:”，选择A选项用于绘制椭圆弧。系统继续提示“指定椭圆弧的轴端点或［中心点（C）］:”，则指定轴端点或输入C选择“中心点”选项。各选项含义及功能如下：

- 中心点（C）：以指定一个圆心的方式来绘制椭圆弧。选择该选项后系统提示“输入椭圆弧的起始角和终止角”。
- 指定起始角度：给定椭圆弧的起始角度。
- 指定终止角度：给定椭圆弧的起始角度。
- 包含角度（I）：指定椭圆弧包含角的大小。

● 旋转（R）：输入角度，绕长轴旋转成椭圆弧。

● 参数（P）：确定椭圆弧的起始角。

注意："椭圆"命令绘制的椭圆、椭圆弧同圆一样，不能用"EXPLODE"、"PEDIT"等命令修改。

【例 3-9】 用"椭圆"命令绘制一个中心为（100，100），长轴为 100，短轴长度为 60 的椭圆，如图 3-13 所示。其操作步骤如下：

1）执行"椭圆"命令。

2）提示"指定椭圆的轴端点［圆弧（A）/中心点（C）］："时，选择确定椭圆中心选项"C↙"。

3）提示"指定椭圆的中心点："时，输入中心点的坐标"100，100↙"。

4）提示"指定轴的端点："时，相对中心点输入椭圆一轴端点坐标"@50，0↙"。

5）提示"指定另一条半轴长度或［旋转（R）］："时，相对中心点输入椭圆另一轴端点坐标"@0，30↙"。

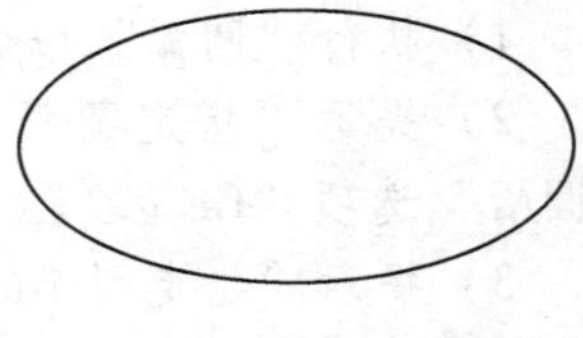

图 3-13 椭圆的绘制

3.2.4 云线

"云线"（REVCLOUD）命令用于建筑立面图进行艺术造型或绘制花草、云状、树状物体等配景。

云线命令可通过以下几种方式调用：

➢ 单击"常用"选项卡→"绘图"面板→云线命令。

➢ 单击下拉菜单中的"绘图"→"修订云线"命令。

➢ 单击绘图工具栏的云线按钮。

➢ 在命令行输入"REVCLOUD"。

执行"云线"命令后，系统将提示"最小弧长 15，最大弧长 15，指定起点或［弧长（A）/对象（O）］<对象>"，指定起点后，系统继续提示"沿云线路径引导十字光标…"，可用光标引导云线路径直到终点与起点重合。命令行各选项含义如下：

● 对象（O）：可选择云线对象修订为凸形或凹形的云状物体。

● 弧长（A）：可设置最大和最小弧长，最大弧长不能超过最小弧长的三倍。

注意：

1）可以用"多段线编辑"命令编辑。

2）"云线"命令必须在终点与起点重合时，才会自动完成。

【例 3-10】 用"云线"命令绘制云线，如图 3-14 所示。其操作步骤如下：

1）执行"云线"命令。

2）提示"最小弧长 15，最大弧长 15。指定起点或［弧长（A）/对象（O）］<对象>："时，指定起点或选择对象选项。

3）提示"沿云线路径引导十字光标…："时，沿云线形体的路径移动光标，直至与起点重合，"修订云线"完成，结束命令。

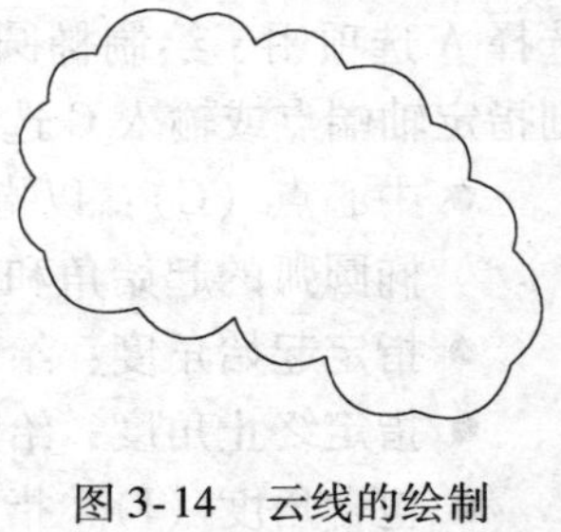

图 3-14 云线的绘制

3.2.5 螺旋

螺旋（HELIX）就是开口的二维或三维螺旋，使用螺旋命令可以将螺旋用作路径，可以沿着螺旋路径来扫掠圆，以创建弹簧实体模型。

螺旋命令可通过以下几种方式调用：

➢ 单击“常用”选项卡→“绘图”面板→螺旋命令。

➢ 单击下拉菜单中的“绘图”→“螺旋”命令。

➢ 单击建模工具栏中的命令。

➢ 在命令行输入“Helix”。

执行“螺旋”命令后，系统将提示“圈数 = 3（默认），扭曲 = 逆时针（默认），指定底面的中心点:”，指定中心点后，系统依次提示“指定底面半径或［直径（D）］<1.0000>:”、“指定顶面半径或［直径（D）］<1.0000>:”、“指定螺旋高度或［轴端点（A）/圈（T）/圈高（H）/扭曲（W）］<1.0000>:”。命令行各选项含义如下：

- 底面半径：指定一个值来同时作为底面半径。
- 顶面半径：指定一个值来同时作为顶面半径。默认情况下，顶面半径和底面半径设置的值相同。如果指定不同的值作为顶面半径和底面半径，将创建圆锥形螺旋。
- 高度：指定一个值作为高度。如果指定的高度值为“0”，则将创建扁平的二维螺旋。
- 圈数：指定螺旋的旋转圈数。
- 圈高：指定螺旋内一个完整圈的高度。
- 扭曲方向：指定以顺时针（CW）方向还是逆时针方向（CCW）绘制螺旋。螺旋扭曲的默认值是逆时针。
- 轴端点：指定螺旋轴的端点位置。轴端点定义了螺旋的长度和方向。

注意：

1）螺旋是真实螺旋的样条曲线近似。但当使用螺旋作为扫描路径时，结果值将是准确的。

2）圈数的默认值为“3”，螺旋的圈数不能超过“500”。

【例3-11】 用“螺旋”命令绘制圆锥形螺旋，底面半径为“100”，顶面半径为“30”，圈数为“3”，螺旋高度为“200”，如图3-15所示。其操作步骤如下：

1）执行“螺旋”命令。

2）提示“圈数 = 3.0000，扭曲 = CCW，指定底面的中心点:”时，指定底面的中心点。

3）提示“指定底面半径或［直径（D）］<100.0000>:”时，输入“100↙”作为底面半径。

4）提示“指定顶面半径或［直径（D）］<100.0000>:”时，输入“30↙”作为顶面半径。

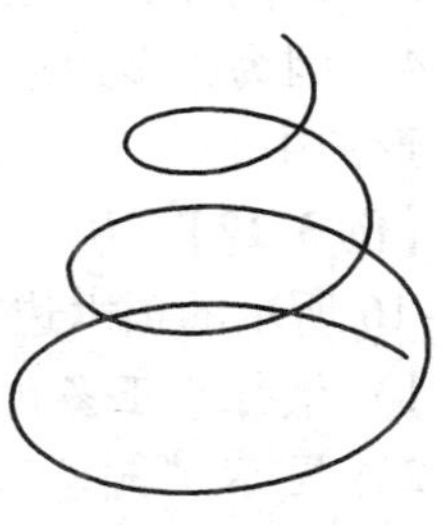

图3-15 螺旋的绘制

5）提示“指定螺旋高度或［轴端点（A）/圈数（T）/圈高（H）/扭曲（W）］:”时，输入螺旋高度“200↙”，完成“螺旋”的绘制。

6）可单击下拉菜单中的“视图”→“三维视图”→“西南等轴测”观察。

3.3　多边形的绘制

多边形除了使用“直线”、“多段线”命令定点绘制外，还可以用“正多边形”、“矩形”命令很方便地绘制正多边形和矩形。

3.3.1　正多边形

“正多边形”(POLYGON）命令用于绘制从 3 到 1024 条边的正多边形。

正多边形命令可通过以下几种方式调用：

➢ 单击“常用”选项卡→“绘图”面板→正多边形⬠命令。

➢单击下拉菜单中的“绘图”→“正多边形”命令。

➢ 单击绘图工具栏中的正多边形按钮⬠。

➢ 在命令行输入“POLYGON（POL)”。

执行命令后会出现如下提示“输入边的数目:”，指定多边形边数，系统默认设置为“4”，即正方形。可输入 3 ~ 1024 之间任意一个数字。然后系统提示“指定多边形的中心点或［边（E)]:”。其他各选项功能如下：

- 边（E)：确定多边形的一条边来绘制正多边形，它由边数和边长确定。
- 指定边的第一个端点：确定多边形的第一条边的起始点。
- 指定边的第二个端点：确定多边形的第一条边的终点。
- 中心点：确定多边形的中心。
- 内接于圆（I)：用外接圆方式来定义多边形，是以中心点到多边形端点的距离为半径确定多边形。
- 外切于圆（C)：用内切圆方式来定义多边形，是以中心点到多边形各边的垂直距离为半径确定多边形。

注意：

1）当再次输入“正多边形”命令时，提示的默认值将是上次所给的边数。

2）正多边形是封闭的多义线，可以用“多段线编辑”命令对其进行编辑。用“分解”命令分解后将成为单个对象的直线段。

3）以同样的半径，内切圆方式比外接圆方式绘制的正多边形要大。

4）因为正多边形实际上是多义线，所以不能用“中心”捕捉方式来捕捉一个已存在的多边形的中心。

【例 3-12】 用“正多边形”命令绘制如图 3-16 所示的正六边形，其操作步骤如下：

1）执行“正多边形”命令。

2）提示“输入边的数目 <4>:”时，输入多边形边数“6↙”。

3）提示“指定多边形的中心点或［边(E)]:”时，鼠标指定多边形的中心点。

4）提示“输入选项［内接于圆（I)/外

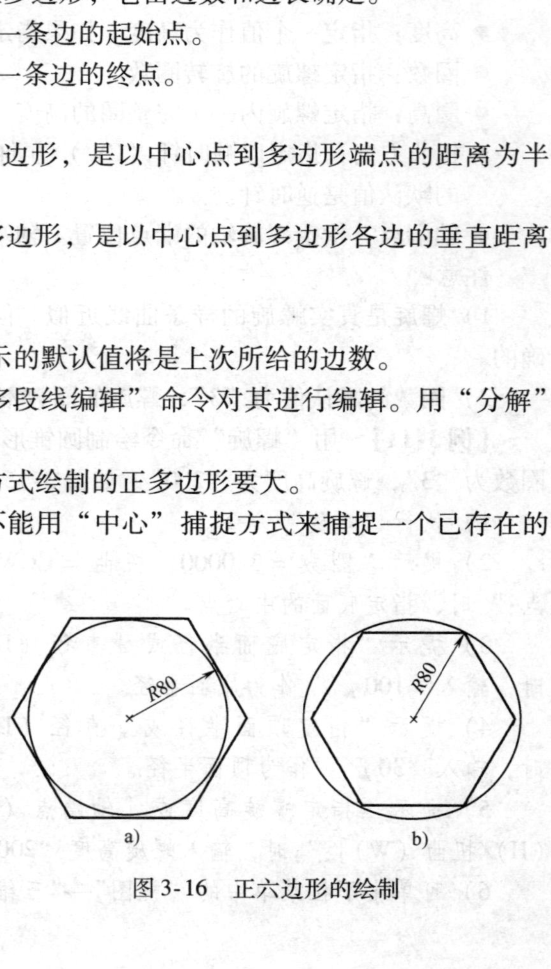

图 3-16　正六边形的绘制

切于圆（C）]<I>:”时，输入“C↙”选择内切圆方式绘制多边形，如图3-16a所示，如输入“I”选择外接圆方式绘制多边形，则如图3-16b所示。

5）提示“指定圆的半径:”时，输入圆半径“80↙”。

3.3.2 矩形

“矩形”(RECTANG）命令以指定两个对角点的方式绘制矩形，当两角点形成的边长相同时则生成正四边形。

矩形命令可通过以下几种方式调用：

➢ 单击“常用”选项卡→“绘图”面板→矩形命令。

➢ 单击下拉菜单中的“绘图”→“矩形”命令。

➢ 单击绘图工具栏中的矩形按钮。

➢ 在命令行输入“RECTANG（REC)”。

执行“矩形”命令后，系统将提示“指定第一个角或［倒角（C)/标高（E)/圆角(F)/厚度（T)/宽度（W)]:”，指定第一个角点。其他各选项功能如下：

- 倒角（C)：设定矩形的倒角距离，从而生成倒角的矩形。
- 标高（E)：设定矩形在三维空间中的基面高度。
- 圆角（F)：设定矩形的倒圆半径，从而生成倒圆的矩形。
- 厚度（T)：设定矩形的厚度，即三维空间 Z 轴方向的高度。
- 宽度（W)：设置矩形的线条宽度。
- 面积（A)：按指定的面积创建矩形。
- 尺寸（D)：按指定的长、宽尺寸创建矩形。
- 旋转（R)：按指定的旋转角度创建矩形。

注意：

1）选择对角点时，没有方向限制，可以从左到右，也可以从右到左。

2）可以绘制带圆角、切角的矩形，也可以根据面积或长和宽绘制矩形。

3）用“矩形”命令绘制出的矩形是一条封闭的多义线，可以用“多义线编辑”命令对其进行编辑，或者用“分解”命令分解成单一线段后分别进行编辑。

4）“矩形”命令实际上是综合倒角、圆角和部分三维、多义线的功能。注意对应相关的二维编辑命令和三维绘图命令进行了解。

【例3-13】 用“矩形”命令绘一个圆角半径为10，长为100，宽为50的矩形，矩形线宽为1，如图3-17所示。其具体操作步骤如下：

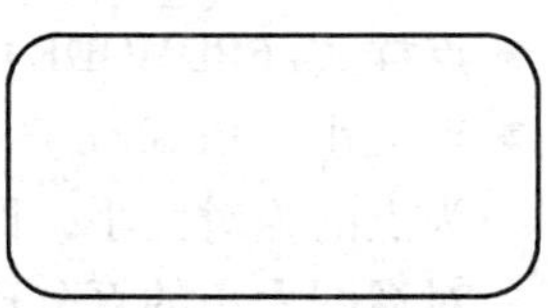

图3-17　圆角矩形的绘制

1）执行“矩形”命令。

2）提示“指定第一个角点或［倒角（C)/标高（E)/

3）圆角（F)/厚度（T)/宽度（W)]:”时，输入“F↙”设置圆角方式。

4）提示“指定矩形的圆角半径<0.0000>:”时，输入“10↙”设圆角半径为10。

5）提示“指定第一个角点或［倒角（C)/标高（E)/圆角（F)/厚度（T)/宽度(W)]:”时，输入“W↙”设置线宽。

6) 提示“指定矩形的线宽 <0.0000>:”时，输入“1↙”设线宽为1。

7) 提示“指定第一个角点或［倒角（C)/标高（E)/圆角（F)/厚度（T)/宽度(W)]:”时，鼠标指定矩形第一角点。

8) 提示“指定另一个角点:”时，输入“@100，50↙”确定矩形相对的第二角点。

3.4 点的绘制

点作为实体，同样具有各种实体属性，可以被编辑。绘制点的命令主要包括“点”命令、“定数等分”命令、“定距等分”命令。

3.4.1 点

1. 点的样式

点（POINT）的样式和大小可由“点样式”(DDPTYPE）命令或系统变量“点样式”(PDMODE）和“点大小”(PDSIZE）控制。

默认情况下，点对象仅被显示成小圆点。

“点样式”命令可通过以下方式调用：单击下拉菜单中的“格式”→“点样式”命令，或在命令行输入 DDPTYPE。

执行“点样式”命令，打开“点样式”对话框，如图 3-18 所示。在该对话框中可以设置点的样式和大小。

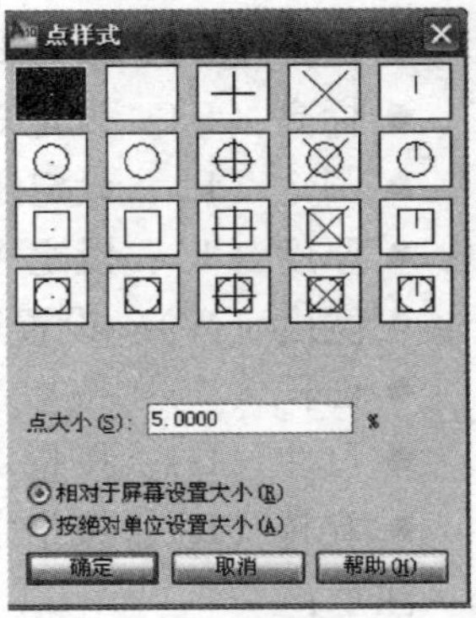

图 3-18 “点样式”对话框

2. “点”命令

“点”命令可生成单个或多个点，这些点可用作标记点、标注点等。

“点”命令可通过以下几种方式调用：

➢ 单击“常用”选项卡→“绘图”面板→点命令。

➢ 单击下拉菜单中的“绘图”→“单点/多点”命令。

➢ 单击绘图工具栏中的点按钮。

➢ 在命令行输入“POINT（PO)”。

执行“点”命令后，系统将提示“当前点模式：PDMODE =0　PDSIZE = -3.0000　指定点:”，其他各选项说明如下：

- 点样式（PDMODE)：控制点样式的系统变量。
- 点大小（PDSIZE)：控制点大小的系统变量。当“PDSIZE”的值为正值时，它的值为点的绝对大小，即实际大小；当“PDSIZE”的值为负值时，则表示点的大小为相对视图大小的百分比。
- 相对于屏幕尺寸（R)：设置点相对尺寸，用“缩放（ZOOM)”命令放大或缩小图样时，点也会放大或缩小。
- 用绝对单位设置尺寸（A)：设置点绝对尺寸，当用“缩放”命令放大或缩小图样时，点的大小不会受到影响，但是使用“缩放”命令后，先要用“重生成”命令重生图样才能看出结果。

注意：

1）点作为实体可以使用编辑命令进行编辑。

2）由工具栏和命令行执行“点”命令时，一次只能绘制一个点。

3）连续绘制点命令“Multiple POINT”的执行过程按<Esc>键可以终止该命令。

4）系统在生成相关尺寸标注时也会生成点，这些定义点放在名为“Defpoint”的图层上。

5）改变系统变量“点样式”和“点大小”的值后，只影响以后绘制的点，而已绘好的点不会发生改变，只有在用“重生成”命令或重新打开图形时才会改变。

【例3-14】 改变点的样式和大小，绘制如图3-19所示的点（可将捕捉、栅格打开辅助定点）。具体操作如下：

1）打开“点样式”对话框，并将点样式设置成⊠，将点大小设置成“5”。

2）执行“点”命令。

3）提示“当前点模式：PDMODE = 35 PDSIZE = 0.0000 指定点：”时，依次指定各点的位置。

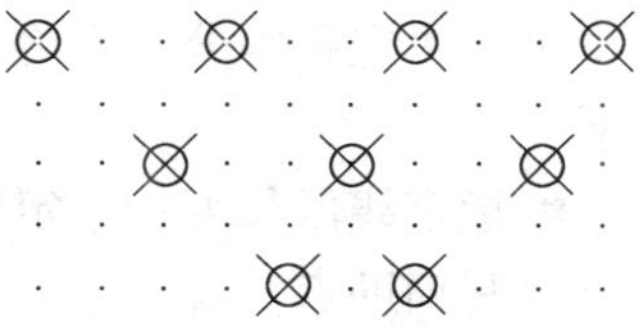

图3-19 点的绘制

3.4.2 定数等分

“定数等分”（DIVIDE）命令以等分长度放置点或图块。被等分的对象可以是直线、圆、圆弧、多义线等实体，等分点只是按要求在等分对象上定出点标记。

定数等分命令可通过以下几种方式调用：

➢ 单击“常用”选项卡→“绘图”面板→点→定数等分命令。

➢ 单击下拉菜单中的“绘图”→“点”→“定数等分”命令。

➢ 在命令行输入“DIVIDE（DIV）”。

执行“定数等分”命令后，系统将提示“输入线段数目或［块（B）］：”，其他各选项功能如下：

- 输入线段数目：输入线段的等分段数，系统自动将所选实体分为给定段数，并在分段处放置点对象。
- 块（B）：选择该选项，以给定段数将所选的实体分段，并放置给定图块。

注意：

1）“定数等分”命令生成的点对象可作为“Node”对象的捕捉点。其点标记并没有把实体断开。

2）编辑由“定数等分”命令等分的原实体时，如果没有选中点目标，点不会发生变化。

3）用“定数等分”命令等分插入点时，点的形式应预先定义。

【例3-15】 将指定线段（见图3-20a）进行定数四等分。其操作步骤如下：

1）执行“定数等分”命令。

2）提示“选择要定数等分的对象：”时，用鼠标拾取要等分的对象。

3）提示“输入线段数目或［块（B）］：”时，输入等分的数目“4↙”，结果如图3-20b所示。

图3-20 定数等分

3.4.3 定距等分

“定距等分”(MEASURE) 命令用于在选择对象上用给定的距离放置点或图块。

与“定数等分”命令相比，后者是给定数目等分所选对象，而“定距等分”命令则是以给定单元段长度在所选对象上插入点或块标记，直到不足一个间距为止。

定距等分命令可通过以下几种方式调用：

➢ 单击“常用”选项卡→“绘图”面板→点→定距等分命令。

➢ 单击下拉菜单中的“绘图”→“点”→“定距等分”命令。

➢ 在命令行输入“MEASURE”(ME)。

执行“定距等分”命令后，系统将提示“指定线段长度或［块(B)］:”，其各项功能如下：

● 指定线段长度：给定单元段长度，系统自动测量实体，并以给定单元段长度等距绘制辅助点。

● 块(B)：选择该选项，以给定单元段长度等距插入给定图块。

注意：

1)“定距等分”命令每次仅适用于一个对象，将点的位置放置在离拾取对象最近的端点处，从此端点开始，以相等的距离计算度量点，直到余下部分不足一个间距为止。

2)“定距等分”命令并未将实体断开，而是在相应位置上标注辅助对象点。

3) 编辑由“MEASURE”命令等距插入的原实体时，如果没有选中点目标，点不会发生变化。

4)“定距等分”命令用于定距插点时，点的形式应预先定义。

【例3-16】 用“定距等分”命令，将如图3-21a所示的弧线以指定距离插入点，间距为“45”，结果如图3-21b所示。其操作步骤如下：

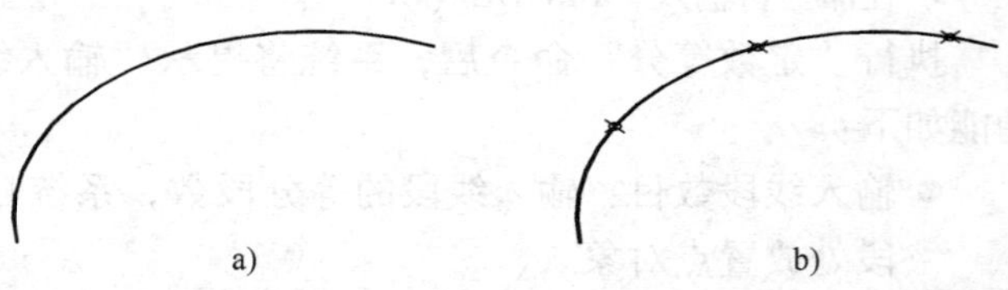

图3-21 定距等分

1) 执行“定距等分”命令。

2) 提示“选择要定距等分的对象：”时，选择要定距插入的对象。

3) 提示“指定线段长度或［块(B)］:”时，输入定距插入的间距“45↙”。

3.5 填充形的绘制

绘制填充形命令主要包括与“填充”(FILL) 直接相关的绘图命令，“填充”的开/关状态直接影响“宽线”、“圆环”、“二维填充”等命令的显示。

3.5.1 填充

“填充”(FILL) 命令用于控制宽多段线、实体填充和平行多线的显示。该命令直接影响“多段线”、“多线”、“二维填充”、“圆环”、“矩形”和“多边形”等命令绘制的带宽度的对象。

填充命令可通过以下方式调用：

➢ 单击下拉菜单中的“工具”→“选项”→“显示”→“应用实体填充”命令。
➢ 在命令行输入“FILL”。

执行“填充”命令后，系统将提示“输入模式［开（ON）/关（OFF）］<ON>:”，命令行选项含义如下：

● 开（ON）：填充，系统默认方式。
● 关（OFF）：不填充。

单击下拉菜单中的“工具”→“选项”命令，打开如图3-22所示对话框，单击“显示”选项卡。选中“显示性能”下的“应用实体填充”(Y）复选框，即相当于“填充”命令下的“开”(ON）选项。

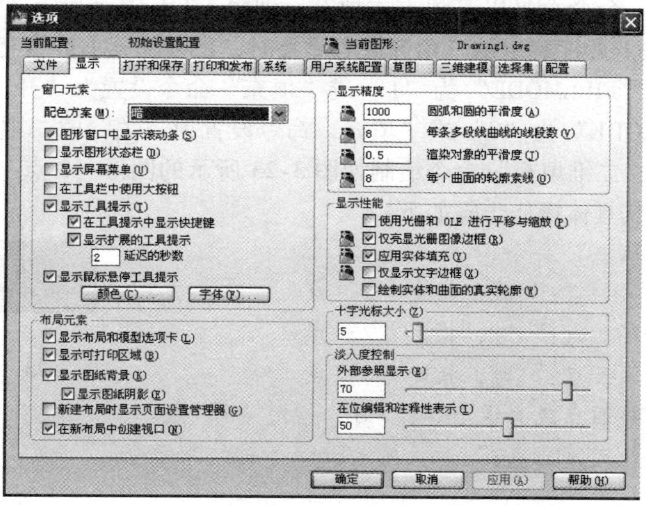

图3-22　“选项”→“显示”对话框

注意：

1）执行“填充”命令改变填充方式后，要用“重生成”命令重生图形才能显示其填充效果。

2）系统变量“FILLMODE”也可以改变填充方式，其默认值是“1”，即填充；如果设置为“0”，则不填充。改变填充方式后，仍然要用“重生成”命令重生图形。

3）如果填充的对象很多，用户最好设置“填充”为“关”状态。因为填充对象占用较大的磁盘空间，降低计算机的运行速度。

3.5.2　二维填充

“二维填充”(SOLID）命令可绘制指定点形成的任意多边形填充实体。

二维填充命令可通过以下方式调用：

➢ 单击下拉菜单中的“建模”→“网格”→“二维填充（2）”命令。
➢ 在命令行输入“SOLID（SO）”。

执行“二维填充”命令后，系统将提示“指定第一点:”、“指定第二点:”、“指定第三点:”，分别指定三个点后，系统提示“指定第四点或<退出>”，如指定第4点，则由这4

点组成的二维填充区域绘制完成，并根据提示按 <Enter> 键结束命令，或继续指定点绘制填充形；如此时选择“退出”选项则表示由三点组成的二维填充区域绘制完成，并退出填充绘制。

注意：

1）用“退出”选项退出区域填充其实没有结束命令，只是在第三点与第四点之间绘制了一条直线。

2）每当指定 4 点绘制出一个二维填充区域后，AutoCAD 将分别以它的第三点、第四点作为新填充区域的第一点、第二点，因此系统不断地重复提示指定第三点和指定第四点直至“退出”。

3）“二维填充”命令总是以三角方式填充，即第 1、2、3 点为一个区域，第 2、3、4 点为一个区域。当按此顺序确定的三角区域有重叠时，重叠部分不被填充。

4）当系统变量“FILLMODE”为“1”或“填充”命令设置为“开”时，则填充区域；当系统变量“FILLMODE”为“0”或“填充”命令设置为“关”时，则不填充区域。

【例 3-17】 用“二维填充”命令绘制如图 3-23 所示的图形（3 点、4 点输入位置不同将产生不同结果）。其具体操作步骤如下：

1）执行“二维填充”命令。

2）提示“指定第一点：”时，指定“1”点。

3）提示“指定第二点：”时，指定“2”点。

4）提示“指定第三点：”时，指定“3”点。

5）提示“指定第四点或 <退出>：”时，指定“4”点。

6）再次提示“指定第三点：”时，按 <Enter> 键结束命令。

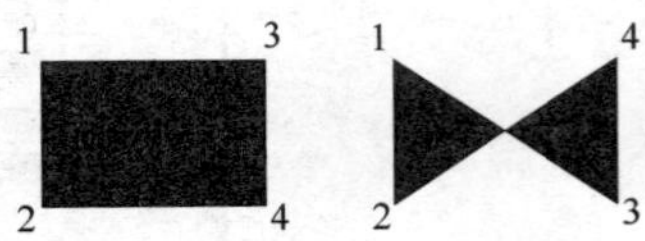

图 3-23 二维填充绘制图形

3.5.3 圆环

“圆环”(DONUT) 命令用于绘制指定内外直径的圆环或填充圆。

圆环命令可通过以下几种方式调用：

➢ 单击“常用”选项卡→“绘图”面板→圆环命令。

➢ 单击下拉菜单中的“绘图”→“圆环”命令。

➢ 在命令行输入“DONUT (DO)”或“DOUGHOUT”。

执行“圆环”命令后，系统将提示“指定圆环的内径 <默认值>：”，输入圆环内径，此时如果输入 0，再输入一个不为 0 的外径，即可绘制一个实心圆。命令行选项含义如下：

1）指定圆环的外径 <默认值>：输入圆环外径。

2）指定圆环的中心点 <退出>：指定圆环的中心或按 <Enter> 键结束命令。

● 中心点：指定圆环的圆心。

● 退出：结束“圆环”命令。

注意：

1）输入内径为 0，外径为大于 0 的数值，可绘制实心圆，如图 3-24a 所示。

2）“圆环”命令在绘制完一个圆环后，“指定圆环的中心点 <退出>：”会不断出现，它可让你继续绘制多个相同的圆环，直到按 <Enter> 键结束为止。

3）“圆环”命令绘制的圆环实际上是多义线，因此可以用“多段线编辑”命令的“宽度W”选项修改圆环的宽度，“圆环”命令生成的图形可以被修剪，如图3-24c所示。

4）无论是用系统变量“FILLMODE”或“填充”命令，当改变填充方式后，都必须用“重生”命令重生图形，才能将填充的结果显示出来。

5）系统变量“FILLMODE”控制是否填充，当系统变量FILLMODE=0时，图形不填充。当系统变量FILLMODE=1时，图形填充。

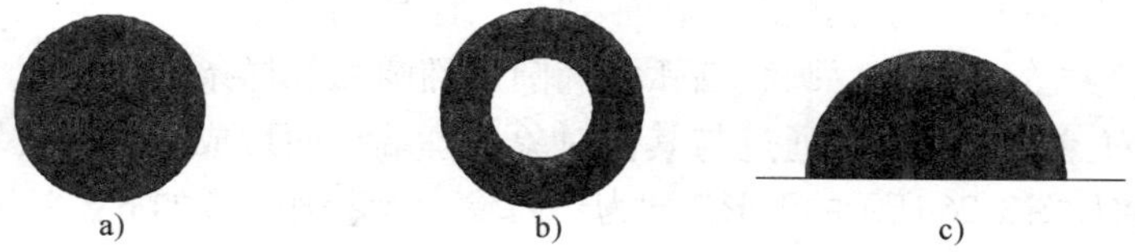

图3-24　圆环绘制图形

【例3-18】 用“圆环”命令绘制一个内径为5，外径为10的圆环，如图3-24b所示，其具体操作步骤如下：

1）执行“圆环”命令。

2）提示“指定圆环的内径 <0.5000>：”时，输入圆环内径“5↙”。

3）提示“指定圆环的外径 <1.0000>：”时，输入圆环外径为“10↙”。

4）提示“指定圆环的中心点 <退出>：”时，指定圆环的中心。

5）提示“指定圆环的中心点 <退出>：”时，按 <Enter> 键结束命令。

3.5.4　宽线

“宽线”(TRACE）命令用于生成一定宽度的实体线，在工程中往往用于绘制涂黑的剖切面和图样的粗实线。

宽线命令可通过在命令行输入“TRACE”来调用。

注意：

1）“宽线”命令在输入第三点或按 <Enter> 键后才能绘制出前两点之间的宽线，这是因为它在绘制每条线段之前都要计算线段两个端点的斜接角度。

2）当“填充”模式为“开”时，宽线被填充为实体，否则只显示轮廓。

3）“宽线”命令绘制的宽线不能用“分解”、“偏移”、“修剪”、“延伸”、“多段线编辑”等编辑命令修改。“宽线”线是由一段段的宽线组成，因此可分段选取后进行编辑。

【例3-19】 用“宽线”命令绘制如图3-25所示的图形，其操作步骤如下：

1）执行“宽线”命令。

2）提示“指定线宽宽度 <1.0000>：”时，输入线宽为“3↙”。

3）提示“指定下一点：”时，鼠标依次指定各点 *A*、*B*、*C*、*D*、*E*、*F*。

4）提示“指定下一点：”时，按 <Enter> 键结束命令。

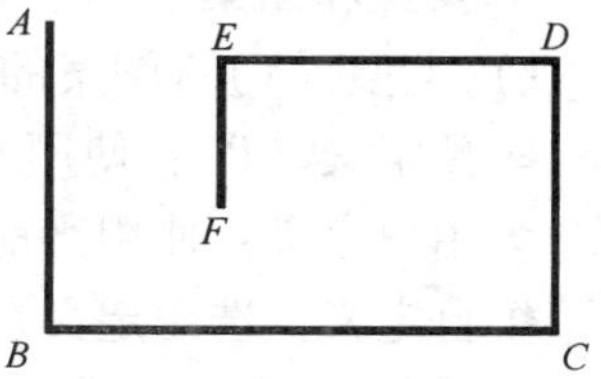

图3-25　宽线的绘制

3.5.5　面域

“面域”（TRACE）是具有物理特性（如质心）的二维封闭区域，可以将现有面域合并为单个复合面域来计算面积。

面域命令可通过以下方式调用：单击下拉菜单中的“绘图”→“面域”命令。

➢ 单击绘图工具栏中的面域按钮。

➢在命令行输入“REGION”。

注意：

1）“面域”是使用形成闭合环的对象创建的二维闭合区域。

2）环可以是直线、多段线、圆、圆弧、椭圆、椭圆弧和样条曲线的组合。

3）组成环的对象必须闭合或通过与其他对象共享端点而形成闭合的区域。

【例 3-20】 将如图 3-26 所示的图形创建为“面域”，其操作步骤如下：

1）执行“面域”命令。

2）提示“选择对象：”时，框选所绘图形。

3）提示“找到 4 个 选择对象：”时，按 <Enter> 键结束选择。

4）提示“已提取 1 个环 已创建 1 个面域”。

图 3-26 创建“面域”

3.6 图案填充和渐变色

3.6.1 图案填充

图案填充（BHATCH/HATCH）是将某种图案填充到某一封闭区域，用来更形象地表示零件剖面图形，以体现材料种类、表面纹理等。

图案填充有两个命令：“BHATCH”是用对话框方式操作，并能实现图案与边界相关联，既边界改变时，图案也随着变化；“HATCH”是通过命令行进行操作，填充的图案不具备关联性。操作中，一要选择图案，二要确定填充边界。

图案填充命令调用可通过以下几种方式调用：

➢ 单击“常用”选项卡→“绘图”面板→图案填充命令。

➢ 单击下拉菜单中的“绘图”→“图案填充”命令。

➢ 单击绘图工具栏中的图案填充按钮。

➢ 在命令行输入“BHATCH（H 或 BH）/HATCH”。

选择该命令后，系统弹出“图案填充和渐变色”对话框，如图 3-27 所示。

1. 类型和图案

1）类型（T）：图案的种类，该下拉列表中，有如下三种选项：

● 预定义（P）：使用 AutoCAD 预先定义的在文件 ACAD. PAT 中的图案。

● 用户定义：使用当前线型定义的图案。

● 自定义：选用定义在其他 PAT 文件（不是 ACAD. PAT）中的图案。

2）图案：在该项中选择具体图案。右侧提供了两种选择图案的方式：

● 列表框：打开列表框，列出各种图案名称。

● ...按钮：系统弹出“填充图案选项板”，选取所需要的图案。

3）样例：显示所选图案的预览图形。

● 自定义图案：显示用户自己定义的图案。

图 3-27　“图案填充和渐变色”对话框

2. 角度和比例

1）角度（G）：输入填充图案与水平方向的夹角。

2）比例（S）：选择或输入一个比例系数，控制图线间距。

3）间距（E）：使用“用户定义”类型时，设置平行线的间距。

4）ISO 笔宽（O）：使用 ISO 图案时，在该下拉框中选择图线间距。

3. 图案填充原点

1）使用当前原点（T）：使用当前 UCS 的原点（0，0）作为图案填充原点。

2）指定的原点：指定填充图案原点。

- 单击以设置新原点：在绘图区选择一点作为填充图案原点。
- 默认为边界范围（K）：以填充边界的左下角、右下角、左上角、右上角点或圆心作为填充图案原点。
- 存储为默认原点：将指定点存储为默认的填充图案原点。

4. 边界

1）拾取点：单击该按钮，临时关闭对话框，拾取边界内的一点，按 <Enter> 键，系统自动计算包围该点的封闭边界，返回对话框。

2）选择对象：从待选的边界集中，拾取要填充图案的边界。该方式忽略内部孤岛。

3）删除孤岛：单击该按钮，系统临时关闭对话框，拾取要删除的孤岛。

4）删除边界（D）：临时关闭对话框，删除已选中的边界。

5）重新创建边界（R）：重新创建填充图案的边界。

6）查看选择集（V）：亮显图中已选中的边界集。

5. 选项

1）注释性（N）🛈：当选择一个注释性填充图案后，系统将自动选中“注释性”复选框。注释性图案填充的方向始终与布局的方向相匹配。

2）关联（A）：与内部图案相关联，边界变化时图案也随之变化。

3）创建独立的图案填充（H）：边界与内部图案不关联。

4）绘图次序（W）：指定图案填充的绘图次序，即图案填充可以放在填充边界及其他对象之前或之后。

6. 继承特性

将已有填充图案的特征，复制给要填充的图案。

7. 预览

预览填充的图案，若不合适可方便地修改。

8. 孤岛

所谓孤岛是指位于选定填充区域内，但不进行图案填充的区域。

孤岛检测（L）：图案填充时，如果遇到孤岛（即内部的封闭边界），选择图案的填充方式有：普通方式（N）、外部方式、忽略方式（I），效果如图 3-27 所示。

9. 边界保留

1）保留边界（S）：是否保留边界，如保留边界，则将封闭的边界图线自动转化为多段线或面域。

2）对象类型：在下拉列表中，选择“多段线”或“面域”。将选定的边界转换为多段线或面域。

10. 边界集

单击“新建”按钮指定待选的边界。

11. 允许的间隙

以公差形式设置允许的间隙大小，默认值为“0”，这时填充边界是完全封闭的区域。

12. 继承选项

使用当前原点或使用源图案填充的原点继承特性。

3.6.2 渐变色

使用渐变色（GRADIENT）可填充封闭区域或选定对象。

渐变色命令可通过以下几种方式调用：

➢ 单击“常用”选项卡→“绘图”面板→渐变色命令。

➢ 单击下拉菜单的“绘图”→“图案填充”命令。

➢ 单击绘图工具栏中的“渐变色”填充按钮。

➢ 在命令行输入“GRADIENT”。

填充过渡颜色，“渐变色”选项卡如图 3-28 所示。

- 单色：用一种颜色从深色到浅色均匀过渡填充，单击浏览“按钮”可弹出“选择颜色”对话框自选颜色。
- 双色：两种颜色间的均匀过渡渐变填充图案。
- 居中：对称的渐变颜色填充。
- 角度：相对当前 UCS 指定的渐变填充角度，与指定给图案填充的角度间无关联。
- 其他选项功能：与“图案填充”选项卡中其他选项功能同。

注意：

1）填充图案时，边界必须封闭。如果系统提示“无效边界”，则应检查各连接点处是否封闭。

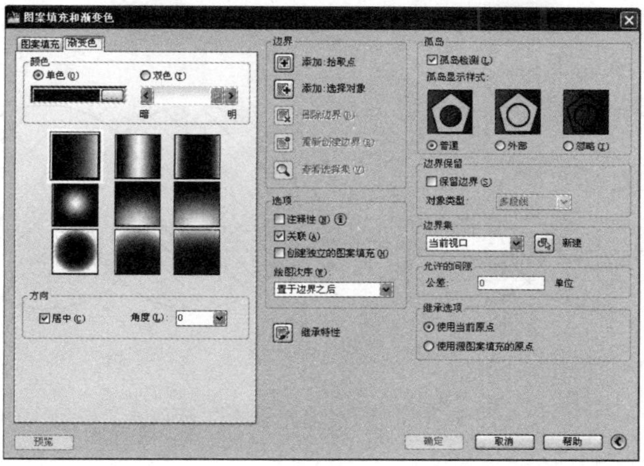

图 3-28 “渐变色”选项卡

2）填充图案的关联性不是固定的，有些操作可破坏关联性。

【例 3-21】 将如图 3-29a 所示的图形进行“图案填充”，结果如图 3-29b 所示。其操作步骤如下：

1）执行“图案填充”命令，打开“图案填充”对话框。

2）选取图案类型为“ANSI31”。

3）单击“拾取点”按钮，返回到绘图界面。

4）拾取所要填充的区域内部一点（即大圆与矩形之间任意一点），返回“图案填充”对话框。

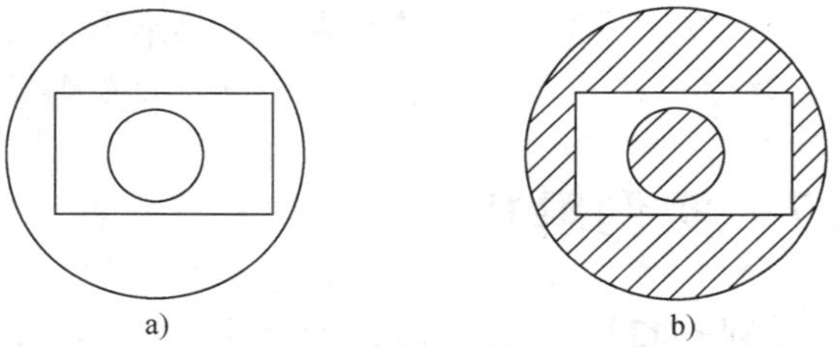

图 3-29 图案填充示例

5）孤岛样式选择：普通。

6）单击“预览”按钮，如不合适可作调整（拾取键或按 <Esc> 键返回到图案填充对话框）<单击鼠标右键接受图案填充>）。

7）如返回到对话框，单击“确定”按钮完成图案填充。

3.6.3 图案填充的编辑

对已填充的图案进行修改，可通过以下几种方式调用：

➢ 单击“常用”选项卡→“修改”面板→编辑图案填充命令。

➢ 单击下拉菜单的“修改”→“对象”→“图案填充”命令。

➢ 单击修改工具栏的“编辑图案填充”按钮。

➢ 在命令行输入“HATCHEDIT”。

另外，用夹点功能编辑图案填充，激活图案中的夹点，然后进行相关的编辑操作。还可利用“特性”对话框实现对填充图案的编辑。

注意：“HATCHEDIT”命令操作方法与“BHATCH”图案填充命令完全相同。激活该命令后，弹出的“图案填充编辑”对话框格式与“图案填充和渐变色”对话框格式相同，操作方法也相同。

【例 3-22】 绘制并填充如图 3-30a 所示的图案，再进行“图案填充编辑”，结果如图 3-29b所示。其操作步骤如下：

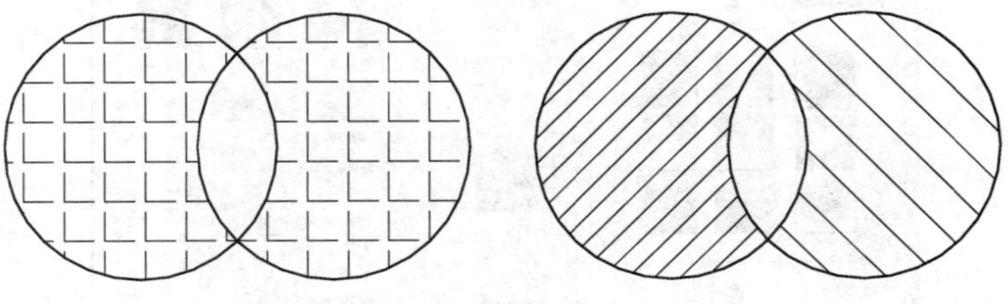

a)　　　　b)

图 3-30 “图案填充编辑”示例

1）执行“图案填充编辑”命令，完成左侧图案填充。

2）拾取图案后，单击鼠标右键选择右键菜单中的“图案填充编辑”或“特性”选项，打开“图案填充编辑”对话框编辑图案。

3）选取：☑独立的图案填充(H)。

4）选择图案类型为“ANSI31”，“角度”为“0°”，“比例”为“1”，单击“确定”按钮完成左侧图案的修改。

5）右侧图案的编辑方法同上。选取图案类型为“ANSI31”。“角度”改为“90°”。“比例”改为“2”。单击“确定”按钮完成右侧图案的修改。

3.7 实例解析

【例 3-23】 绘制如图 3-31 所示的平面图形。

提示：可用“直线”、“圆”、“圆弧”、“多段线”命令绘制。本例用“多段线”命令绘制外形。

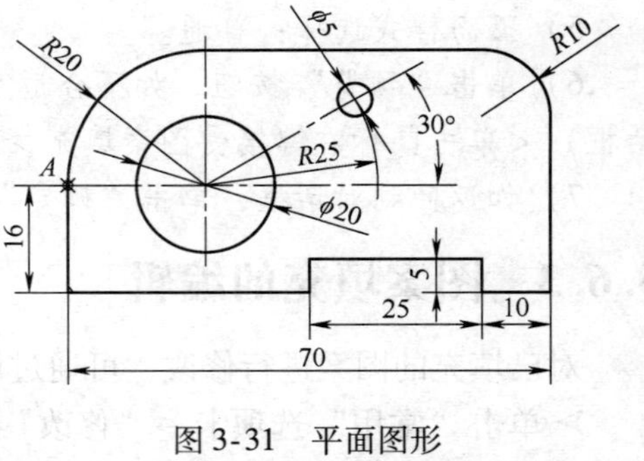

图 3-31 平面图形

1）状态栏的“极轴”、“对象捕捉”、“对象追踪”选项均设置为“开”状态。

2）执行“多段线”命令。

3）提示“指定起点：”时，可用鼠标在绘图区任意选取 A 点开始。

4）提示“当前线宽为 0.0000 指定下一个点或[圆弧（A)/半宽（H)/长度（L)/放弃（U)/宽度（W)]：”时，鼠标垂直向下拉动，当出现如图 3-32a 所示提示时输入“16↙”，即垂直“极轴追踪”绘出最左侧线段。

5）与此方法同，极轴追踪绘出各水平、垂直的直线段，如图 3-32b 所示。

6）提示“指定下一点或[圆弧（A)/闭合（C)/半宽（H)/长度（L)/放弃（U)/宽度（W)]：”时，输入“A↙”，转成圆弧选项绘圆弧。

7）提示“指定圆弧的端点或[角度（A)/圆心（CE)/闭合（CL)/方向（D)/半宽（H)/直线（L)/半径（R)/第二个点（S)/放弃（U)/宽度（W)]：”时，输入“A↙”，采

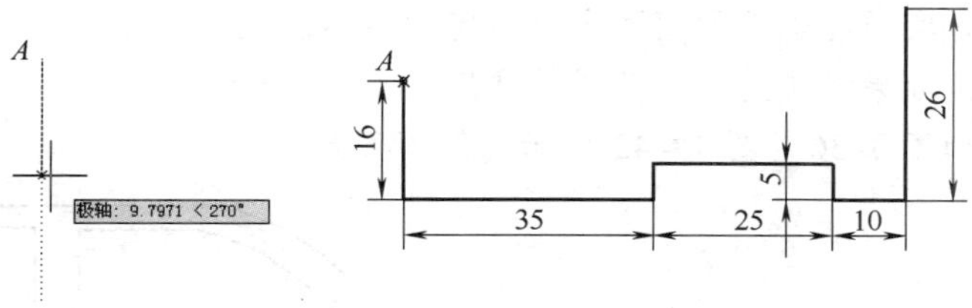

a)　　b)

图3-32　绘制各直线段

用角度选项方式绘弧。

8）提示“指定包含角:”时，输入“90↙”，指定圆弧包含的角度。

9）提示“指定圆弧的端点或［圆心（CE)/半径（R)]:”时，输入“CE↙”，指定圆弧的圆心。如图3-33所示时输入“10↙”，即采用“对象追踪”，从右侧端点水平向左10确定圆心。同时绘制出了1/4圆弧。

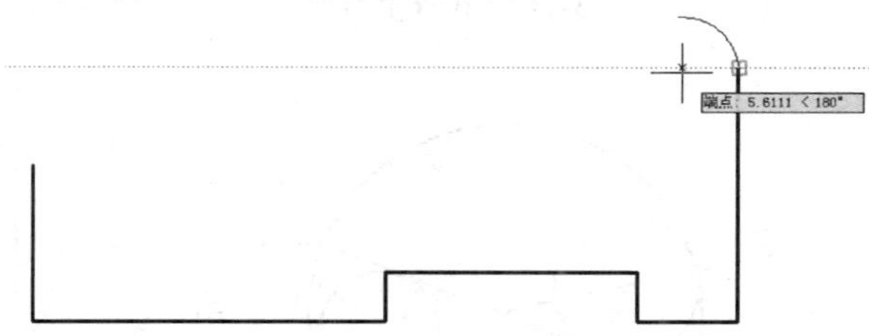

图3-33　“对象追踪”确定圆弧的圆心

10）提示“指定圆弧的端点或［角度（A)/圆心绘制（CE)/闭合（CL)/方向（D)/半宽（H)/直线（L)/半径（R)/第二个点（S)/放弃（U)/宽度（W)]:”时，输入“L↙”，转成直线选项绘直线。

11）提示“指定下一点或［圆弧（A)/闭合（C)/半宽（H)/长度（L)/放弃（U)/宽度（W)]:”时，输入“40↙”，即绘出最上面的线段。

12）同样方法，绘制左上角圆弧（$R20$）。

13）用“圆”命令，以$R20$圆弧圆心为圆心，直接绘制大圆（$\Phi20$）。

14）用“直线”命令绘制大圆圆心定位线，设置极轴增量角为30°，用“直线”命令绘制小圆圆心定位直线。

15）用“圆”命令，相对大圆圆心30°方向输入“25↙”确定小圆圆心，如图3-34所示。

16）小圆定位弧线（圆弧$R25$）可用“圆弧”命令，单击下拉菜单“绘图”→“起点、圆心、角度”方式绘制。可先绘一侧：以小圆圆心为圆弧起点、大圆圆心为圆弧圆心、角度可约取20°左右（或直接在合适位置点取），如图3-35所示。

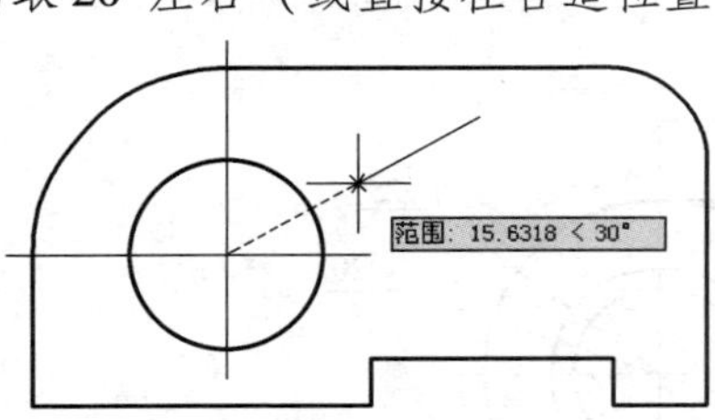

图3-34　“极轴追踪”确定小圆圆心

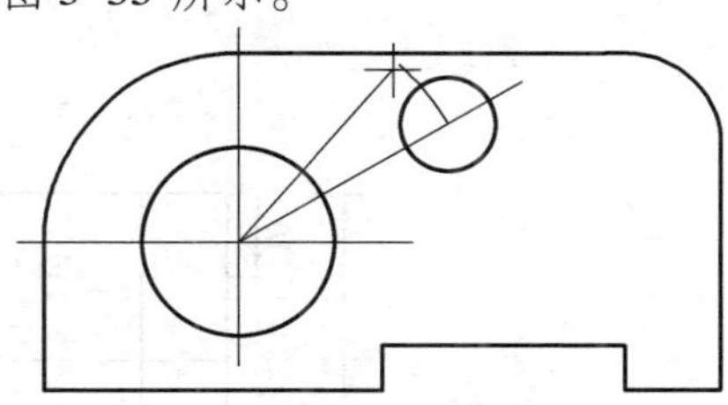

图3-35　小圆定位弧线的绘制

3.8　思考与练习

1. 圆弧有时显示成多段折线，与出图是否有关？可以用什么命令控制显示？

2. 用什么命令可实现在选择的实体上用给定的距离放置点或图块。
3. 填充图案时，如果系统提示“无效边界”，则应如何处理？
4. 请练习绘制如图 3-36 ~ 图 3 ~42 所示的平面图形。

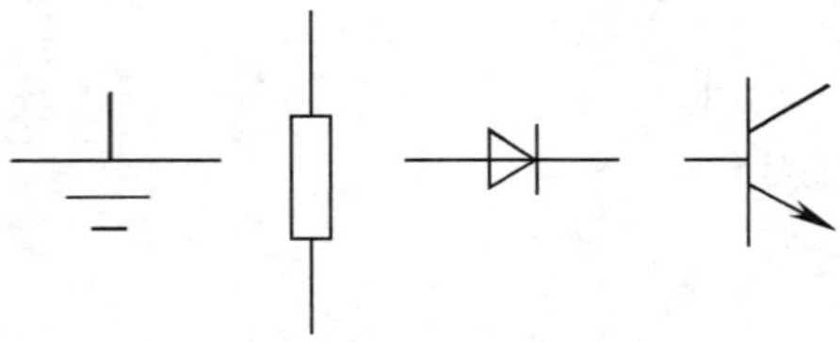

图 3-36　电器元器件

图 3-37　小汽车

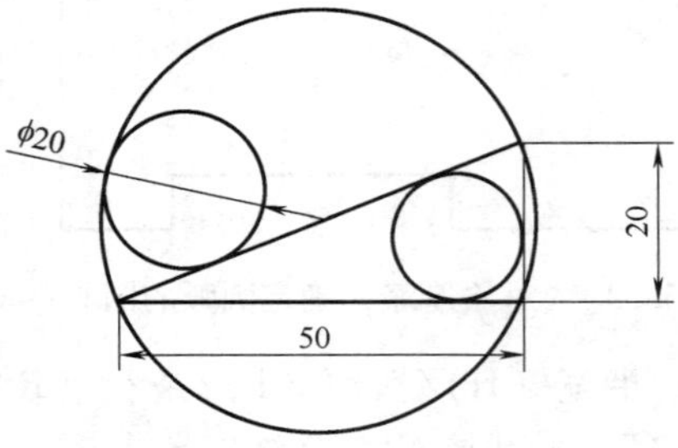

图 3-38　平面图形 1

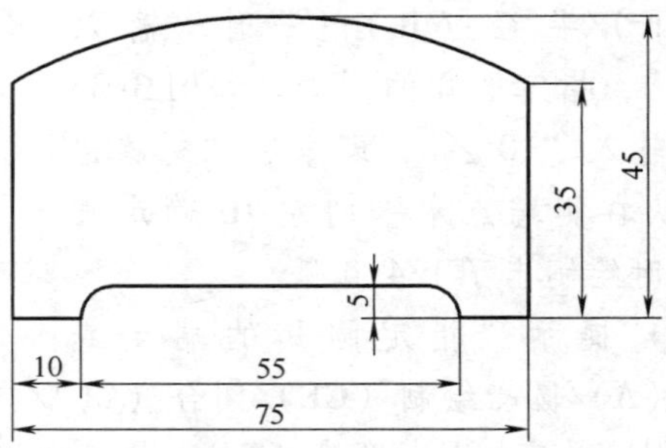

图 3-39　平面图形 2

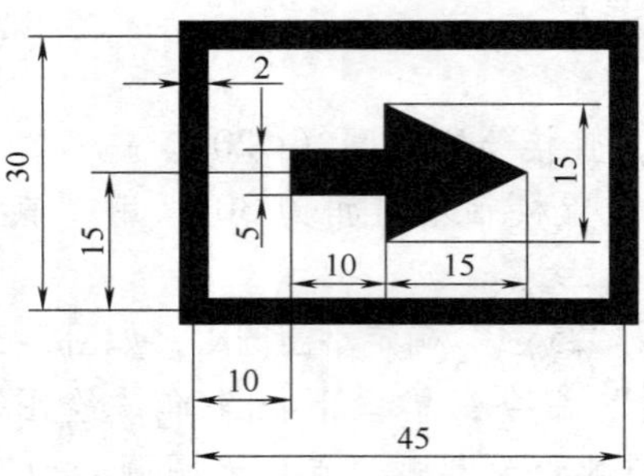

图 3-40　多段线生成路标

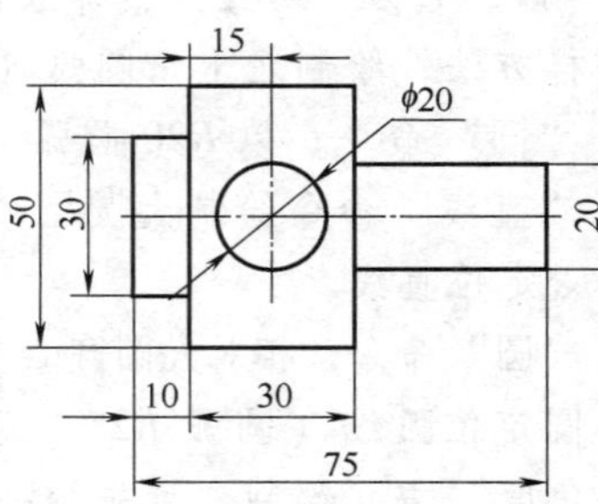

图 3-41　平面图形 3

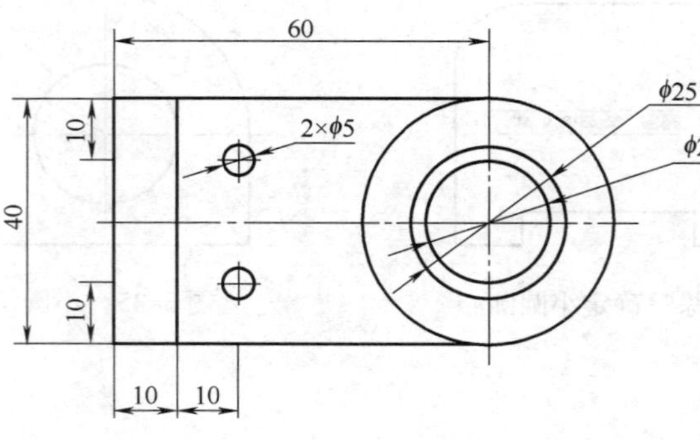

图 3-42　平面图形 4

第 4 章　图形编辑方法

图形编辑就是对图形对象进行移动、旋转、缩放、复制、删除和参数修改等操作的过程。本章将介绍常用的编辑方法，熟练地运用这些方法能大大提高绘图速度。

“常用”选项卡中的“修改”面板及“修改”工具栏如图 4-1 所示。

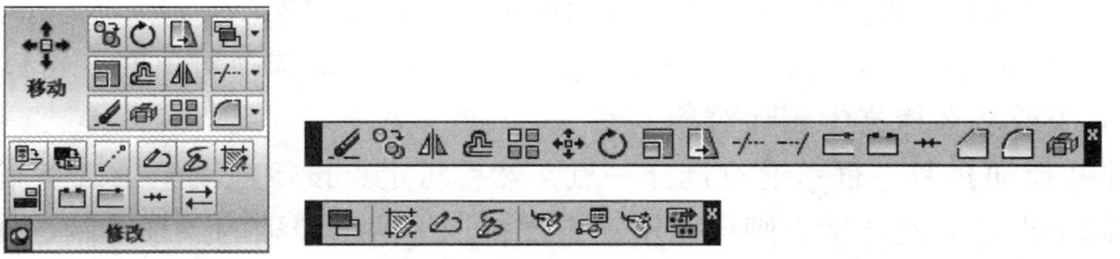

图 4-1　“修改”面板及“修改”工具栏

a）“修改”面板　b）“修改”工具栏

4.1　目标选择

在对图形对象进行编辑、修改之前，首先要对图形对象进行选择，然后才能操作。进行精确绘图操作时，还必须捕捉对象上特殊的几何点，如端点、圆心和垂足等，以精确定位图形对象。AutoCAD 用虚线亮显所选的对象，这些对象就构成选择集。

4.1.1　选择集模式

利用“选项”对话框中的“选择集”选项卡，可设置对象的选择模式，如图 4-2 所示。可以设置拾取框的大小、选择集模式和夹点功能等。

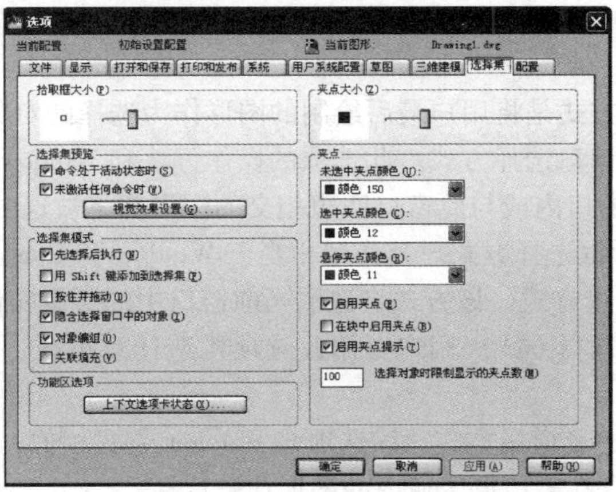

图 4-2　“选项”对话框中的“选择集”选项卡

选择集模式命令可通过以下几种方式调用：

➢ 单击应用程序菜单的“选项”命令。

➢ 单击下拉菜单的“工具”→“选项”命令。

➢ 在命令窗口中单击鼠标右键的快捷菜单的“选项”命令。

➢ 在绘图区域中单击鼠标右键的快捷菜单的“选项”命令（未运行任何命令也未选择任何对象的情况下）。

➢ 在命令行输入“OPTIONS”。

其中，“选择集模式”选项组控制与对象选择方法相关的设置。

● 【先选择后执行】复选框：允许在启动命令之前选择对象。

● 【用<Shift>键添加至选择集】复选框：按<Shift>键选择对象时，可以向选择集中添加对象或从选择集中删除对象。

● 【按住并拖动】复选框：通过选择一点，然后将定点设备拖动至第二点来绘制选择窗口。如果未选择此选项，则可以用定点设备选择两个单独的点来绘制选择窗口。

● 【隐含选择窗口中的对象】复选框：在对象外选择了一点时，初始化选择窗口中的图形。

● 【对象编组】复选框：选择编组中的一个对象就选择了编组中的所有对象。使用 GROUP 命令，可以创建和命名一组选择对象。

● 【关联填充】复选框：确定选择关联填充时将选定哪些对象。如果选择该选项，那么选择关联填充时也选定边界对象。

4.1.2 目标选择方式

当用户需要对图形进行编辑、修改或查询时，系统将提示“选择对象:”，光标也由十字光标变为方形的目标选择框，此时可以直接在此提示后输入一种选择方式进行选择。

要查看所有选项，可以在提示后直接输入问号“？↙”，系统将在命令行显示 AutoCAD 的各种选择方式，命令提示及选项说明如下：

● 窗口（w）：窗口选择方式，即用一个矩形窗口将所要选择的对象框住，凡是在窗口内的目标均被选中，而与窗口相交的实体不被选中，命令行将显示被选中目标的数目。

● 上一个（L）：此方式是将用户最后绘制的图形作为选择的对象。

● 窗交（C）：交叉窗口选择方式。此选项的操作方法和 Window 选项几乎完全相同，所不同的是凡在此窗口内或与此窗口四边相交的图形都将被选中。

● 框（BOX）：矩形框选择方式。其作用相当于 Window 和 Crossing 方式的综合应用。

● 全部（ALL）：全选方式。该方式将选取当前窗口中的所有实体。

● 栏选（F）：围线选择方式。用户可用此选项构造任意折线，凡是与该折线相交的实体均被选中。

● 圈围（WP）：多边形窗口方式。该选项与 Window 方式相似，但它可构造任意形状的多边形区域，包含在多边形区域内的图形均被选择。

● 圈交（CP）：交叉多边形窗口选择方式。该命令与 Crossing 方式相似，但它可构造任意多边形，该多边形区域内的目标以及与多边形边界相交的所有目标均被选中。

- 编组（G）：输入已定义的选择集。系统提示“输入编组名:”，此时用户可输入已用“Select”或“Group”命令设定并命名的选择集名称。
- 添加（A）：当用户完成目标选择后，还有少数的目标没有被选中，这时用户可以使用此命令将这些目标添加到选择集中。
- 删除（R）：该选项用于从已被选中的目标中除去一个或多个目标。
- 多个（M）：多项选择。选择此方式后，按照单点选择的方法逐个选取所要选择的目标即可。
- 前一个（P）：此方式用于选择前一次操作时所选择的选择集，它适用于对同一组目标进行的连续编辑操作。
- 放弃（U）：取消上次所选择的目标。
- 自动（AU）：自动选择，等效于单点选择、窗口方式或交叉窗口方式。
- 单个（SI）：单一选择。选择一个实体后，即退出实体选择状态，常与其他选择方式联合使用。
- 子对象（SU）：使用户可以逐个选择复合实体的一部分或三维实体上的顶点、边和面。
- 对象（O）：结束选择子对象的功能，使用对象选择方法。

注意：

1）执行 Window 方式和 Crossing 方式直接通过鼠标来实现。从左向右绘制选择窗口将选择完全处于窗口边界内的对象。从右向左绘制选择窗口将选择处于窗口边界内和与边界相交的对象。可由“选项”→“选择集”的“隐含选择窗口中的对象”复选框控制。

2）锁定、关闭或冻结图层上的目标将不被选中。

4.2　放弃与重做

在绘图过程中，错误操作是很难避免的，AutoCAD 可以使用以下几种方法放弃或重做最近的操作。

4.2.1　放弃

放弃（UNDO/U）所做的命令操作。

放弃命令可通过以下几种方式调用：

➢ 单击快速访问工具栏中的放弃按钮。

➢ 单击下拉菜单“编辑”→“放弃”命令。

➢ 单击标准工具栏中的放弃按钮。

➢ 在命令行输入“UNDO”或“U”。

1. 放弃最近一次操作

直接单击“放弃”按钮或在命令提示下输入“U”，撤销最近一次操作。

另外，也可利用右键快捷菜单：无命令运行和无对象选定的情况下，在绘图区域单击鼠标右键，然后选择“放弃…”命令。

在命令提示下，可以多次输入“U”，每次后退一步，直到图形与当前编辑任务开始时一样为止。

许多命令包含自身的放弃选项（U），无需退出此命令即可更正错误。例如，创建直线或多段线时，输入“U”选项，即可放弃上一个线段。

2. 一次放弃多步操作

使用工具栏上的“放弃”下拉列表▾或“UNDO”命令的选项都可放弃所做的多步操作。

执行“UNDO”命令，可以放弃指定数目的以前的操作，或将操作组当做一个操作放弃，也可以在放弃信息中放置标记，放弃直到标记为止所做的全部操作。

注意：

1）不能放弃对当前图形的外部操作，如打印或写入文件。

2）“UNDO”对一些命令和系统变量无效，包括用以打开、关闭或保存窗口或图形、显示信息、更改图形显示、重生成图形或以不同格式输出图形的命令及系统变量。

3）恢复由上一个“ERASE”命令删除的对象。可以使用“UNDO”命令或“OOPS”命令来恢复它。

4.2.2 重做

重做（REDO/MREDO）命令是恢复上一个用“UNDO”或“U”命令放弃的操作。

重做命令可通过以下几种方式调用：

➢ 单击快速访问工具栏中的重做按钮↷。

➢ 单击下拉菜单“编辑”→“重做”命令。

➢ 单击标准工具栏中的重做按钮↷。

➢ 在命令行输入“REDO/MREDO”。

1. 恢复最近一次放弃操作

直接单击“重做”按钮或在命令行提示下输入“REDO”，可恢复最近一次的放弃操作。

另外，也可利用右键快捷菜单：无命令运行和无对象选定的情况下，在绘图区域单击鼠标右键，然后选择“重做…”命令。

“REDO”必须紧跟随在“U”或“UNDO”命令之后。

2. 一次恢复多步放弃操作

使用工具栏上的“重做”下拉列表▾或“REDO”命令的选项都可重做所做的多步操作。

执行“MREDO”命令，可以恢复指定数目的以前的放弃操作。

注意：

1）不能使用“REDO”命令重复另一命令。

2）“REDO”可恢复单个“UNDO”或“U”命令放弃的效果。

3）“MREDO”可恢复之前几个用“UNDO”或“U”命令放弃的效果。

4.3 图形的复制

图形复制命令主要包括复制、镜像、阵列和偏移等命令，它们能快速对实体进行各种形式的复制。

4.3.1　复制

“复制”(COPY) 命令用来复制一个已有的对象。用户可对所选的对象进行复制，将其放到指定的位置，并保留原来的对象。

复制命令可通过以下几种方式调用：

➢ 单击“常用”选项卡→“修改”面板→复制命令。

➢ 单击下拉菜单中的“修改”→“复制”命令。

➢ 单击修改工具栏中的复制按钮。

➢ 在命令行输入“COPY（CO/CP)”。

命令提示中各选项功能如下：

● 基点：指定对象的基准点，基点可以指定在被复制的对象上，也可以不指定在被复制的对象上。

● 位移：当用户指定基点后，系统继续提示指定位移的第二点或 <用第一点作位移>，用户要指定第二点，则第一点和第二点之间的距离为位移。

● 重复（M)：可以一次相对于基点多次进行复制对象。

【例 4-1】 用“COPY”命令将图形从 O_1 复制两个到 O_2，结果如图 4-3 所示。其操作步骤如下：

1）执行“COPY”命令。

2）提示“选择对象:”时，选择目标。

3）提示“选择对象:”时，按回车键结束选择。

4）提示“指定基点或［位移（D)］<位移>:”时，指定基点 O_1。

5）提示“第二个点或 <使用第一个点作为位移>:”时，输入“@50，30”。

6）提示“指定第二个点或［退出（E)/放弃（U)］<退出>:”时，按回车键结束命令。

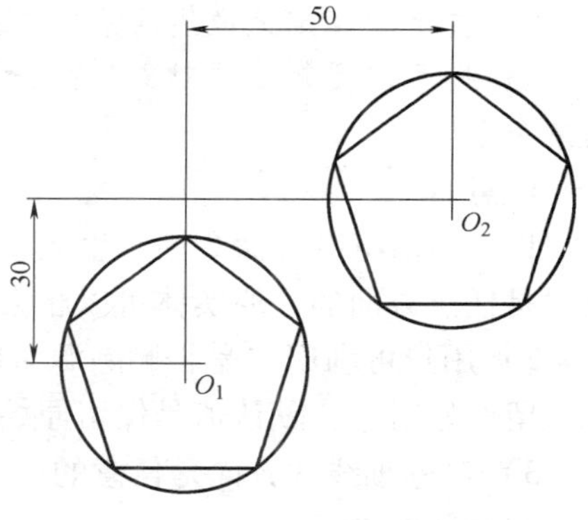

图 4-3　用“COPY”命令复制图形

注意：

1）基点的选择以靠近目标为好，最好使用目标捕捉功能来准确复制对象。

2）可以一次相对于基点多次进行复制对象。

3）用“COPYCLIP”命令可将用户选择的图形复制到 Windows 剪贴板上，应用于其他应用软件中。

4.3.2　镜像

“镜像”(MIRROR) 命令用于生成所选实体的对称图形，操作时需指出对称轴线。对称轴线可以是任意方向的，原实体可以删去或保留。

镜像命令可通过以下几种方式调用：

➢ 单击“常用”选项卡→“修改”面板→镜像命令。

➢ 单击下拉菜单的“修改”→“镜像”命令。

➢ 单击修改工具栏中的镜像按钮。

➤ 在命令行输入“MIRROR（MI）”。

命令提示中各选项功能如下：

- 选择对象：选取镜像目标。
- 指定镜像线的第一点：输入对称线第一点。
- 指定镜像线的第二点：输入对称线第二点。

【例 4-2】 用“镜像”命令将左侧图形镜像生成对称的右侧部分，如图 4-4 所示。其操作步骤如下：

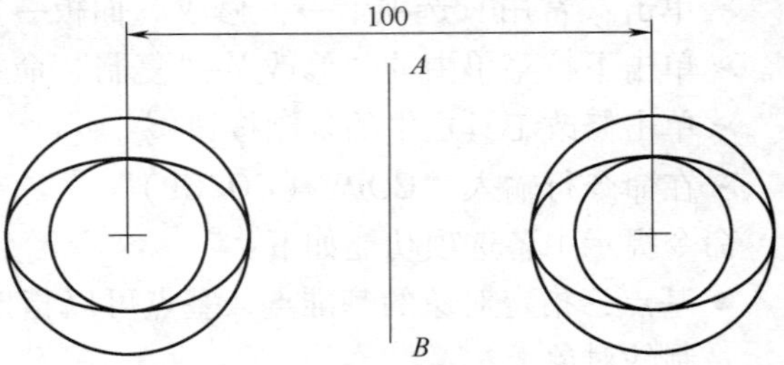

图 4-4 镜像图形

1）执行“MIRROR”命令。

2）提示“选择对象：”时，选择左侧所有镜像对象。

3）提示“选择对象：”时，按回车键结束选取镜像对象。

4）提示“指定镜像线的第一点：”时，指定镜像线的第一点 *A*。

5）提示“指定镜像线的第二点：”时，指定镜像线的第一点 *B*。

6）提示“要删除源对象吗?[是（Y)/否（N)] <N>:”时，按回车键不删除源对象，结束命令。

注意：

1）“MIRROR”命令用于生成所选实体的对称图形，操作时需指出对称轴线。对称轴线可以是任意方向的，原实体可以删去或保留。

2）用户可利用“是否删除源对象？［是（Y)/否（N)]〈N〉:”提示选择从图形中删除或保留原始对象，默认值是保留原始对象。

3）对称轴线的方向是任意的，方向不同，对称图形的位置则不同，利用这一特性可绘制一些特殊图形。

4）对某些不对称但基本相似的图形，可先使用“MIRROR”命令镜像，再用编辑命令作适当的修改。

5）对于文字、属性和属性定义，其文字的可读性取决于系统变量“MIRRTEXT”的值，该值为“0”，镜像后文字的方向可读，该值为“1”，则文字方向相反即不可读。

4.3.3 偏移

“偏移”(OFFSET）命令用于建立一个与选择对象相似的另一个平行对象。当等距偏移一个对象时，需指出等距偏移的距离和偏移方向，也可以指定一个偏移对象通过的点。它可以平行复制圆弧、直线、圆、样条曲线和多段线，若偏移的对象为封闭体，则偏移后图形被放大或偏小，原实体不变。

偏移命令可通过以下几种方式调用：

➤ 单击“常用”选项卡→“修改”面板→偏移命令。

➤ 单击下拉菜单“修改”→“偏移”命令。

➤ 单击修改工具栏中的偏移按钮。

➢ 在命令行输入“OFFSET（O）”。

命令提示及选择说明如下：

- 偏移距离：指定偏移的距离（用于复制对象时，距离值必须大于0）。
- 通过（T）：指定偏移对象通过的点。
- 删除（E）：设置是否删除源对象。
- 图层（L）：设置是否在源对象所在图层偏移。

【例4-3】 用“偏移”命令将如图4-5所示的矩形及圆向内或向外偏移5mm。其操作步骤如下：

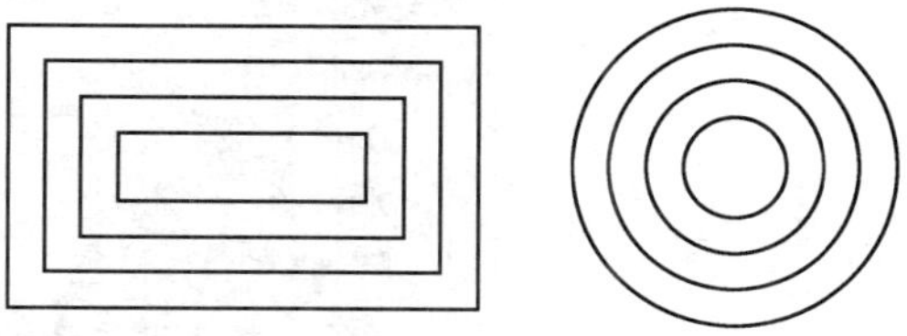

图4-5　偏移图形

1）执行“偏移”命令。

2）提示“当前设置：删除源=否，图层=源，OFFSETGAPTYPE =0，指定偏移距离或［通过（T）/删除（E）/图层（L）］<通过>：”时，输入偏移距离“5↙”。

3）提示“选择要偏移的对象，或［退出（E）/放弃（U）］<退出>：”时，选取偏移对象。

4）提示“指定要偏移的那一侧上的点，或［退出（E）/多个（M）/放弃（U）］<退出>：”时，选取内侧或外侧点。

5）提示“选择要偏移的对象，或［退出（E）/放弃（U）］<退出>：”时，再次选取偏移对象。

6）提示“指定要偏移的那一侧上的点，或［退出（E）/多个（M）/放弃（U）］<退出>：”时，继续选取内侧或外侧点。

7）提示“选择要偏移的对象，或［退出（E）/放弃（U）］<退出>：”时，按回车键结束偏移命令。

注意：

1）偏移多段线或样条曲线时，将偏移所有选定顶点控制点，如果把某个顶点偏移到样条曲线或多段线的一个锐角内时，则可能出错。

2）点、图块、属性和文字不能被偏移。

3）“偏移”命令每次只能用直接单击的方式一次选择一个实体进行偏移复制，若要多次用同样距离偏移同一对象，可使用“阵列”命令。

4.3.4　阵列

“阵列”(ARRAY）命令可将指定目标进行矩形阵列或环形阵列，而且每一个对象都可独立处理。

陈列命令可通过以下几种方式调用：

➢ 单击“常用”选项卡→“修改”面板→阵列命令。

➢ 单击下拉菜单“修改”→“阵列”命令。

➢ 单击修改工具栏中的阵列按钮。

➢ 在命令行输入“ARRAY（AR）”。

命令提示及选项说明如下：

在 AutoCAD 中，执行“阵列”命令后，将打开如图 4-6 所示对话框。该对话框用于控制矩形或环形阵列的相关参数。

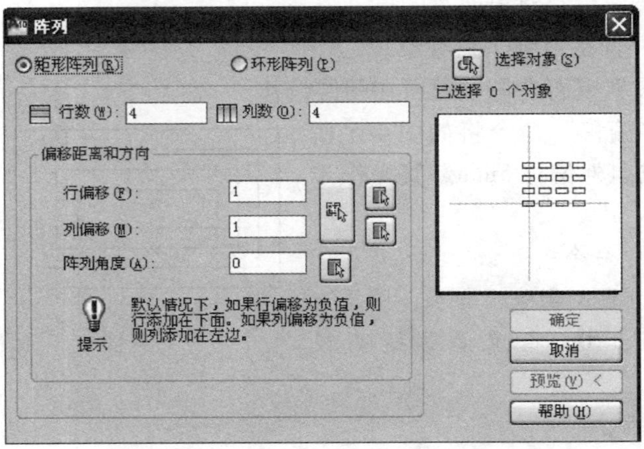

图 4-6　“矩形阵列”选项卡

1. 矩形阵列

选取“矩形阵列”选项卡，其各项参数功能如下：

1）行（W）：用于输入矩形阵列的行数。

2）列（O）：用于输入矩形阵列的列数。

3）行偏移（F）：用于输入矩形阵列的行间距。

4）列偏移（M）：用于输入矩形阵列的列间距。

5）阵列角度（A）：用于输入矩形阵列相对于 UCS 坐标系 *X* 轴旋转的角度。

- 按钮：该按钮可让用户在屏幕上选择一个矩形区域以确定矩形阵列的行及列间距，长度方向为行间距，高度方向为列间距。
- 行偏移（F）：该按钮可让用户在屏幕上单击两点以确定矩形阵列的行间距。
- 列偏移（M）：该按钮可让用户在屏幕上单击两点以确定矩形阵列的列间距。
- 阵列角度（A）：该按钮可让用户在屏幕上单击两点以确定矩形阵列的相对于 UCS 坐标系 *X* 轴旋转的角度。
- 选择对象（S）：该按钮可让用户在屏幕上选择将要进行矩形阵列的对象。

2. 环形阵列

选择“环形阵列”选项卡，如图 4-7 所示。

1）中心点：该文字框用于输入的中心点的坐标。

2）方法（M）：该文字框用于输入环形阵列的方式，它有三种可以选择的阵列方式。

- 项目总数和填充角度：通过中心、总角度和阵列对象之间的角度来控制环形阵列。此时，“项目间角度（B）”项为灰色，不可选。
- 项目总数和项目间角度：通过中心、复制份数和阵列对象之间的角度来控制环形阵列。此时，“填充角度（F）”项为灰色，不可选。

● 填充角度和项目间角度：通过中心、复制份数和总角度来控制环形阵列。此时，“项目总数（I）”项为灰色，不可选。

3）项目总数（I）：该文字框用于输入环形阵列复制份数。

4）填充角度（F）：该文字框用于输入环形阵列总角度。

5）项目间角度（B）：该文字框用于输入原始对象相对于中心点旋转或保持原始对象的原有方向。

6）复制时旋转项目（T）：该文字框用于输入是否在复制阵列时旋转。

7）中心点：该按钮可让用户在屏幕上单击一点以确定环形阵列的中心。

8）填充角度（F）：该按钮可让用户在屏幕上单击两点以确定环形阵列的阵列总角度。

9）项目间角度（B）：该按钮可让用户在屏幕上单击两点以确定环形阵列对象之间的角度。

10）选择对象（S）：该按钮可让用户在屏幕上选择将要进行环形阵列的对象。

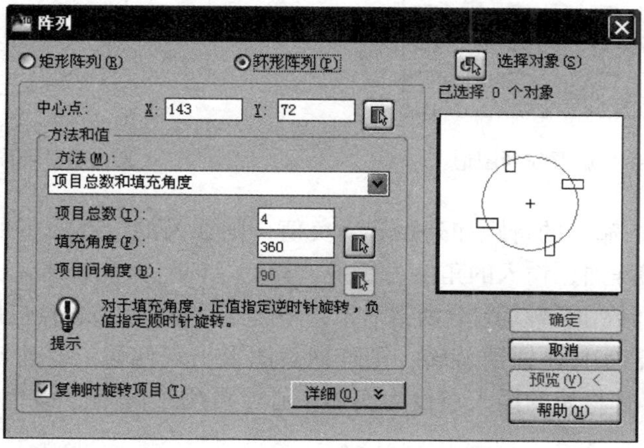

图 4-7　“环形阵列”选项卡

【例 4-4】 如图 4-8 所示，用“阵列”命令将右上角的小圆对象复制成 4 行 5 列矩形排列的图形，行距为 15，列距为 20。

1）执行“阵列”命令。

2）选择“矩形阵列”按钮。

3）行（W）文字框中输入“4”。

4）在列（O）文字框中入“5”。

5）在行偏移（F）文字框中输入“-15”。

6）在列偏移（M）文字框中输入“-20”。

7）在阵列角度（A）文字框中输入“0”。

8）单击选择对象（S）按钮后选择右上角的小圆对象。

9）单击“确定”按钮完成矩形阵列。

【例 4-5】 用“阵列”命令将左侧小圆作环形阵列，结果如图 4-9 所示。

1）执行“阵列”命令。

2）选择“环形阵列”按钮。

3）选择“拾取中心点”按钮，回到绘图区拾取中心点（即大圆的中心）。

4）在选择项目总数文本框中输入“6”。

5）在填充角度文本框中输入“360”。

6）选中复制时旋转项目（T）复选框，复制阵列时对象进行旋转。

7）单击选择对象（S）按钮，选择阵列对象（左侧小圆）。

8）单击“确定”按钮完成环形阵列。

注意：

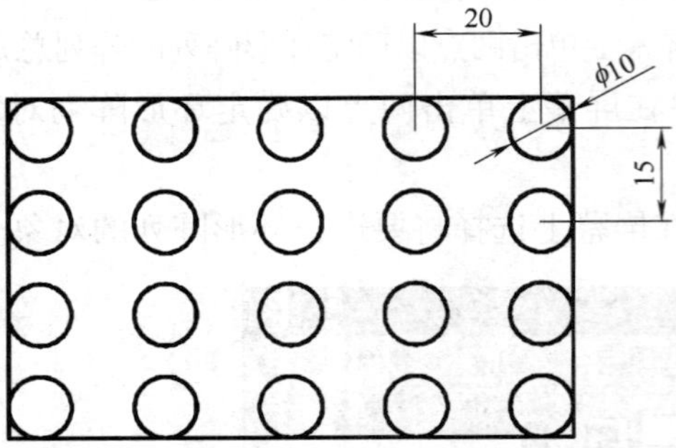

图 4-8　矩形阵列图形

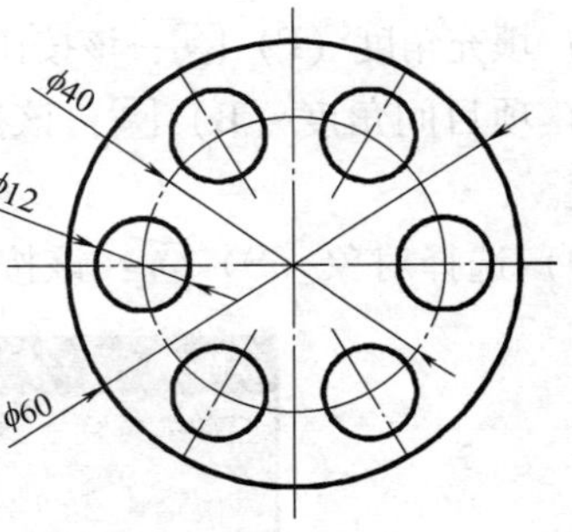

图 4-9　环形阵列图形

1）矩形阵列时，输入的行距和列距若为负值，则加入的行在原行的下方，加入的列在原列的左方。对环行阵列，输入的角度为负值，即为顺时针方向旋转。

2）矩形阵列的列数和行数均包含所选对象，环形阵列的复制份数也包括原始对象在内。

3）环形阵列时若实体不需要旋转，则阵列后图形出现偏移。要改变这种情况，则需将原实体设定为图块，且将块的插入点设为实体中心，再用“阵列”命令便可修正偏移。

4.4　图形的位移

本节主要讲述图形的移动、旋转、拉伸、对齐等与图形位移有关的命令。

4.4.1　移动

“移动”(MOVE) 命令用于把单个对象或多个对象从它们当前的位置移至新位置，这种移动并不改变对象的尺寸和方位。

移动命令可通过以下几种方式调用：

➢ 单击“常用”选项卡→“修改”面板→移动命令。

➢ 单击下拉菜单“修改”→“移动”命令。

➢ 单击修改工具栏的移动按钮。

➢ 在命令行输入“MOVE（M）”。

执行“移动”命令后，系统将提示：“指定基点或位移”，即有两种平移方法：基点法和相对位移法。其各项功能如下：

● 基点：确定对象的基准点，基点可以指定在被复制的对象上，也可以不指定在被复制的对象上。

- 位移：指定的两个点（基点和第二点）定义了一个位移矢量，它指明了被选定对象的距离和移动方向。

【例 4-6】　用“移动”命令将图 4-10a 中的六边形和小圆移至大圆内，结果如图 4-10b 所示。

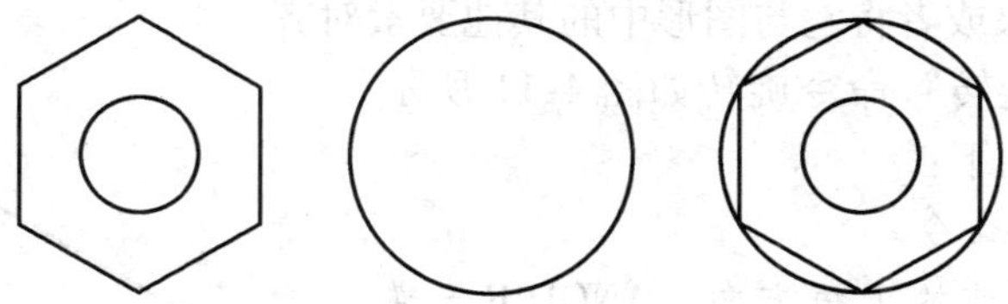

a)　　　　　　　　b)

图 4-10　移动图形

其操作步骤如下：

1）执行“移动”命令。

2）提示“选择对象：”时，选择六边形和小圆。

3）提示“选择对象：”时，按 <Enter> 键结束选择对象。

4）提示“指定基点或［位移（D）］<位移>：”时，指定小圆的中心点。

5）提示“指定第二个点或 <使用第一个点作为位移>：”时，选择大圆的中心点。

注意：

1）在一些难以确定实体坐标的移动中，“移动”命令常与夹点或目标捕捉方式配合使用。

2）指定基点或第二点时，也可以采用输入基点坐标和新位置点（第二点）的坐标来完成。

3）“拉伸”命令在对实体进行完全选择时也可以实现与“移动”命令相同的效果。

4）选择要移动的对象后，右键拖动到某位置释放，可弹出快捷菜单，选择“移动到此处”移动对象。

4.4.2　旋转

“旋转”(ROTATE) 命令用于旋转单个或一组对象并改变其位置。该命令需要先确定一个基点，所选实体绕基点旋转。

旋转命令可通过以下几种方式调用：

➢ 单击“常用”选项卡→“修改”面板→旋转命令。

➢ 单击下拉菜单“修改”→“旋转”命令。

➢ 单击修改工具栏中的旋转按钮。

➢ 在命令行输入“ROTATE（RO）”。

命令行选项含义及功能如下：

1）NGDIR：系统变量。用于设置相对当前 UCS（用户坐标系）以 0°为起点的正角度方向。

2）ANGDIR：系统变量。用于设置相对当前 UCS（用户坐标系）以 0°为起点的正角度方向。

3）ANGBASE：系统变量。用于设置相对当前 UCS 的 0°基准角方向。

4）基点：输入一点作为旋转的基点，可以输入绝对坐标，也可是相对坐标。指定基点后，系统提示："指定旋转角度或［参照（R）］:"，其各项功能如下：

- 旋转角度：对象相对于基点的旋转角度。其有正、负之分，当输入正角度值时，对象将沿逆时针旋转；反之则沿顺时针方向旋转。
- 参照（R）：执行该选项后，系统指定当前参照角度和所需的新角度。可以使用该选项放平一个对象或者将它与图形中的其他要素对齐。

【例 4-7】 用"旋转"命令旋转如图 4-11 所示的图形。其操作步骤如下：

1）执行"旋转"命令。

2）提示"UCS 当前的正角方向：ANGDIR = 逆时针 ANGBASE = 0　选择对象："时，指定矩形对象。

3）提示"选择对象："时，↙结束选择对象。

4）提示"指定基点："时，捕捉矩形左下角点为基点。

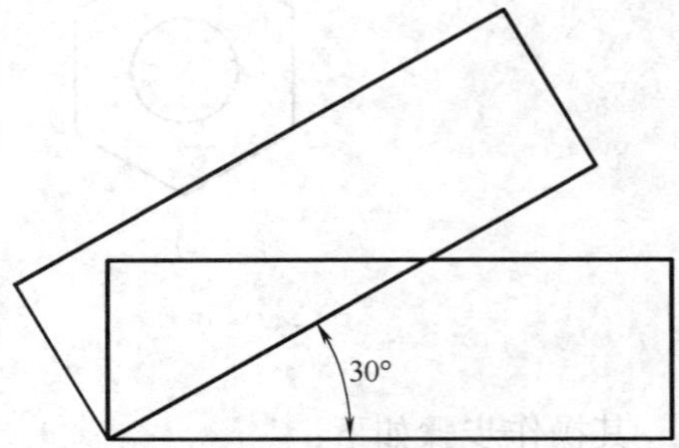

图 4-11　旋转图形

5）提示"指定旋转角度，或［复制（C）/参照（R）］<0>："时，输入"C↙"复制对象。

6）提示"指定旋转角度，或［复制（C）/参照（R）］<0>："时，输入"30↙"，即顺时针旋转 30°。

注意：

1）基点选择与旋转后的图形的位置有关，因此，应根据绘图需要准确捕捉基点，且基点最好选择在已知的对象上，这样不容易引起混乱。

2）"MOCORO"命令的"R"选项及夹点编辑的"R"选项也可以实现对实体的旋转。

3）"旋转"命令的"R"选项可用参考角度来控制旋转角。若不知道实体的当前角度，又需将其旋转到一定角度，则可使用"R"选项，此时应注意参考角度第一点和第二点的顺序。

4.4.3　拉伸

"拉伸"(STRETCH）命令用于按规定的方向和角度拉长或缩短实体。它可以拉长、缩短或者改变对象的形状，实体的选择只能用交叉窗口方式，与窗口相交的实体将被拉伸，窗口内的实体将随之移动。

拉伸命令可通过以下几种方式调用：

➢ 单击"常用"选项卡→"修改"面板→拉伸命令。

➢ 单击下拉菜单"修改"→"拉伸"命令。

➢ 单击修改工具栏中的拉伸按钮。

➢ 在命令行输入"STRETCH（ST)"。

命令行选项含义及功能如下：

- 选择对象：以交叉窗口或交叉多边形方式选择对象。
- 指定基点或位移：指定拉伸基点或位移。
- 指定位移的第二点：指定一点以确定位移大小。

【例4-8】　用“拉伸”命令将如图4-12a所示的图形拉伸为如图4-12c所示的图形。其操作步骤如下：

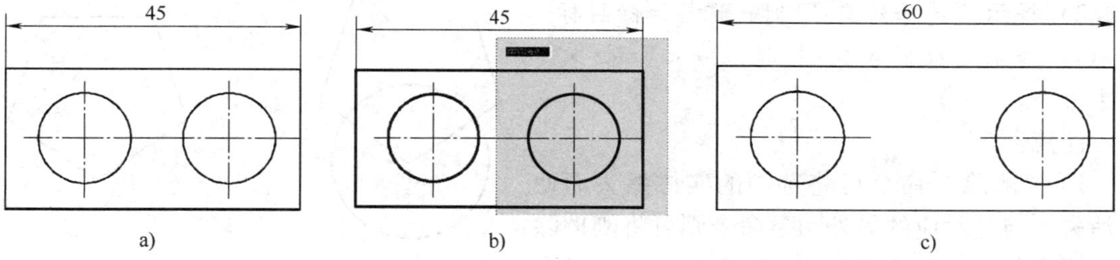

图4-12　拉伸图形

1）执行“拉伸”命令。

2）提示“以交叉窗口或交叉多边形选择要拉伸的对象…选择对象：”时，以交叉窗口方式选择对象，如图4-11b所示。

3）提示“选择对象：”时。按<Enter>键结束选择对象。

4）提示“指定基点或［位移（D）］<位移>：”时，选择矩形右侧角点。

5）提示“指定第二个点或<使用第一个点作为位移>：”时，向右侧拉伸输入“15↙”，结果如图4-12c所示。

注意：

1）使用“拉伸”命令时，若所选实体全部在交叉框内，则移动实体等同于“移动”命令；若所选实体与选择框相交，则实体将被拉长或缩短。

2）若只对图形内某个实体使用“拉伸”命令，而选择实体又不可避免要选上其他实体，这时可用“R”命令的单选方式来取消对其他对象的选择。

3）能被拉伸的实体有：线段、弧、多段线和轨迹线，但该命令不能拉伸圆、文字、块和点（当其在交叉窗口之内时可以移动）。

4）宽线、圆环、二维填充实体等可对各个点进行拉伸，其拉伸结果可改变这些实体的形状。

5）若在目标选择时未进行“交叉窗口”方式，则对实体移动。

4.5　图形的修改

图形的修改包括删除、打断、合并、延伸、修剪、圆角、倒角、比例缩放等操作。

4.5.1　删除

“删除”（ERASE）命令用于删除绘图区中的实体。

删除命令可通过以下几种方式调用：

- 单击“常用”选项卡→“修改”面板→删除命令。
- 单击下拉菜单“修改”→“删除”命令。
- 单击修改工具栏中的删除按钮。
- 在命令行输入“ERASE（E）”。

【例4-9】　用“删除”命令删除如图4-13a所示的圆，结果如图4-13b所示。其操作步骤如下：

1）执行“删除”命令。

2）提示“选择对象:”时，选择删除目标。

3）提示“选择对象:”时，按 < Enter > 键结束命令。

注意：

1）“删除”命令可将选中的实体擦去而使之消失，与之对应的另外两条命令则可将刚擦除的实体恢复。一是用“UNDO”命令，它通过取消“删除”而恢复擦除的实体；另一种形式是用“OOPS”命令，它并未取消“ERASE”命令的结果，而是将刚擦除的实体恢复。

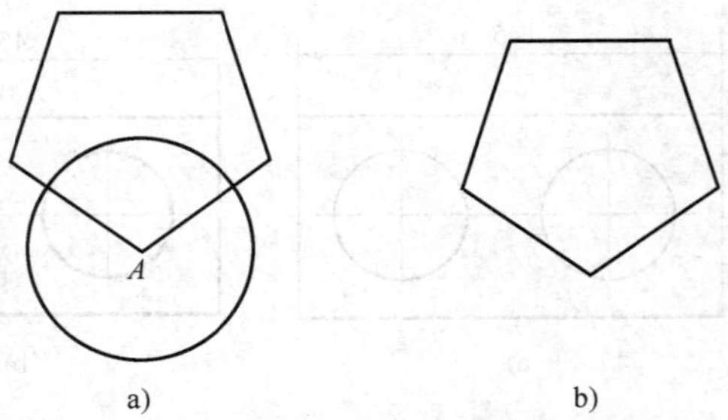

图 4-13　删除图形

2）用“删除”命令删除实体后，这些实体只是临时性被删除，只要不退出当前图形，可用“OOPS”或“UNDO”命令将删除的实体恢复。

4.5.2　打断

“打断”(BREAK）命令可将直线、弧、圆、多段线、椭圆、样条线、射线分成两个实体或删除某一部分。该命令可通过指定两点、选择物体后再指定两点这两种方式断开实体。

打断命令可通过以下几种方式调用：

➤ 单击“常用”选项卡→“修改”面板→打断命令。

➤ 单击下拉菜单“修改”→“打断”命令。

➤ 单击修改工具栏中的打断按钮。

➤ 在命令行输入“BREAK（BR)”。

【例 4-10】 用“打断”命令断开如图 4-14a 所示的 AB 和 AC 线，结果如图 4-14b 所示。其操作步骤如下：

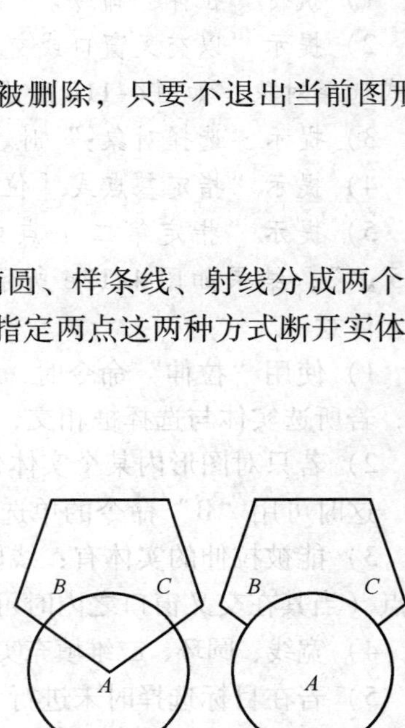

图 4-14　打断实体

1）执行“打断”命令。

2）提示“选择对象”时，指定待断开的目标。

3）提示“指定第二个打断点或［第一点（F)]:”时，选择选项“F↙”。

4）提示“指定第一个打断点:”时，输入断开的第一点 A。

5）提示“指定第二个打断点:”时，输入断开的第二点 B。

6）“打断” AC 方法同上。

注意：

1）若对“指定第二个打断点”选项输入@，则表示第二个断开点与第一个断开点是同一点，虽然看不见，实际上实体已被无缝隙断开。

2）“选择对象”选项，可以是默认情况下断开的第一点，也可以通过“F”选项，重新确定待断开目标第一个断开点与第二个断开点。

3）对圆或圆弧进行断开操作时，一定要按逆时针进行操作，即第二点应相对于第一点逆时针方向，否则可能会把不该剪掉的部分剪掉。

4.5.3　延伸

“延伸”(EXTEND) 命令用于把直线、弧和多段线等的端点延长到指定的边界，这些边界可以是直线、圆弧或多段线。

延伸命令可通过以下几种方式调用：

➢ 单击“常用”选项卡→“修改”面板→延伸命令。

➢ 单击下拉菜单“修改”→“延伸”命令。

➢ 单击修改工具栏中的延伸按钮。

➢ 在命令行输入“EXTEND（D）”。

命令行选项含义及功能如下：

- 选择边界对象：使用选定对象来定义对象延伸到的边界。
- 选择要延伸的对象：指定要延伸的对象。按 <Enter> 键结束命令。
- 栏选（F）：选择与选择栏相交的所有对象。选择栏是一系列临时线段，它们是用两个或多个栏选点指定的。选择栏不构成闭合环。
- 窗交（C）：选择矩形区域（由两点确定）内部或与之相交的对象。
- 投影（P）：指定延伸对象时使用的投影方法。
- 边（E）：将对象延伸到另一个对象的隐含边，或仅延伸到三维空间中与其实际相交的对象。
- 放弃（U）：放弃最近由“EXTEND”所做的更改。

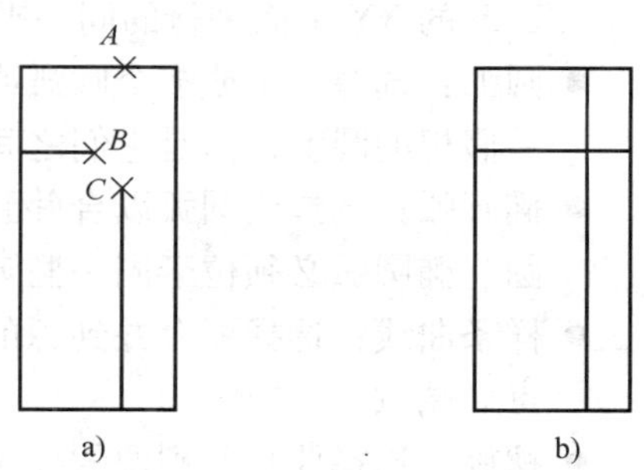

图 4-15　延伸线段

【例 4-11】 用“延伸”命令将图 4-15a 中两条线延伸到矩形边线上，结果如图 4-15b 所示。其操作步骤如下：

1）执行“打断”命令。

2）显示当前模式，提示“当前设置：投影 = UCS，边 = 无选择边界的边... 选择对象或 <全部选择>:”，矩形边界选择对象。

3）提示“选择对象或 <全部选择>：找到一个”。

4）提示“选择对象:”，按 <Enter> 键结束边界选择。

5）提示“选择要延伸的对象，或按住 <Shift> 键选择要修剪的对象，或 [栏选（F）/窗交（C）/投影（P）/边（E）/放弃（U）]:”，选择需延伸直线 B 点。

6）提示“选择要延伸的对象，或按住 <Shift> 键选择要修剪的对象，或 [栏选（F）/窗交（C）/投影（P）/边（E）/放弃（U）]:”，选择需延伸直线 *C* 点。

7）↙结束命令。

注意：

1）修剪和延伸之间切换的简便方法：按住 <Shift> 键选择要修剪的对象，将选定对象修剪到最近的边界而不是将其延伸。

2）延伸一个相关的线形尺寸标注时，延伸操作完成后，其尺寸值会自动修正。

3）有宽度的多段线以其中心作为延伸的边界线，以中心线为准延伸到边界。

4）延伸过程中，可随时使“UNDO”集合取消上一次的延伸操作。

5）使用此命令时，一次可选择多个实体作为边界，但每个延伸对象只能相对于一个延伸边界延伸。选择被延伸的实体时应单击靠近边界的一端，否则可能出错。

4.5.4 合并

“合并”(JOIN) 命令用于将选定对象合并以形成一个完整的对象。

合并命令可通过以下几种方式调用：

➢ 单击“常用”选项卡→“修改”面板→合并命令。

➢ 单击下拉菜单“修改”→“合并”命令。

➢ 单击修改工具栏中的合并按钮。

➢ 在命令行输入“JOIN”。

命令行选项含义及功能如下：

- 选择源对象：可以是直线、多段线、圆弧、椭圆弧、样条曲线或螺旋。
- 选择要合并到源的对象：对象可以是直线、多段线或圆弧、椭圆弧、样条曲线或螺旋。

根据选定的源对象，要合并到源的对象有所不同：

- 直线：可选择一条或多条直线合并到源，所选择直线对象必须共线（位于同一无限长的直线上），但是它们之间可以有间隙。
- 多段线：对象可以是直线、多段线或圆弧，对象之间不能有间隙，并且必须位于与UCS 的 XY 平面平行的同一平面上。
- 圆弧：选择一个或多个圆弧或输入 L 闭合将源圆弧转换成圆。圆弧对象必须位于同一假想的圆上，但是它们之间可以有间隙。
- 椭圆弧：选择椭圆弧以合并到源，或输入“闭合”选项将源椭圆弧闭合成完整的椭圆。椭圆弧必须位于同一椭圆上，但是它们之间可以有间隙。
- 样条曲线：选择要合并到源的样条曲线或螺旋。样条曲线和螺旋对象必须相接（端点对端点）。
- 螺旋：选择要合并到源的样条曲线或螺旋。螺旋对象必须相接（端点对端点）。

注意：

1）合并两条或多条圆弧时，将从源对象开始按逆时针方向合并圆弧。

2）注意合并两条或多条椭圆弧时，将从源对象开始按逆时针方向合并椭圆弧。

4.5.5 修剪

“修剪”(TRIM) 命令用于修剪目标，待修剪的目标沿一个或多个实体所限定的切割边处被剪掉，被修剪的对象可以是直线、圆、弧、多段线、样条曲线、射线等。使用时首先要选择切割边或边界，然后再选择要剪裁的对象。

修剪命令可通过以下几种方式调用：

➢ 单击“常用”选项卡→“修改”面板→修剪命令。

➢ 单击下拉菜单“修改”→“修剪”命令。

➢ 单击修改工具栏中的修剪按钮。

➢ 在命令行输入“TRIM（T)”。

命令提示及选项说明各项功能同“延伸”类似。

【例4-12】 修剪如图4-16a所示图形内的半圆，结果如图4-16b所示。其操作步骤如下：

1）执行“修剪”命令。

2）显示当前模式，提示“当前设置：投影=UCS，边=无选择剪切边...”，选择剪切边缘矩形上点。

3）提示“选择对象或<全部选择>：找到一个”。

4）提示“选择对象:”，按<Enter>键结束边界选择。

5）提示“选择要修剪的对象，或按住<Shift>键选择要延伸的对象，或[栏选（F）/窗交（C）/投影（P）/边（E）/放弃（U）]:”，切除矩形内圆点。

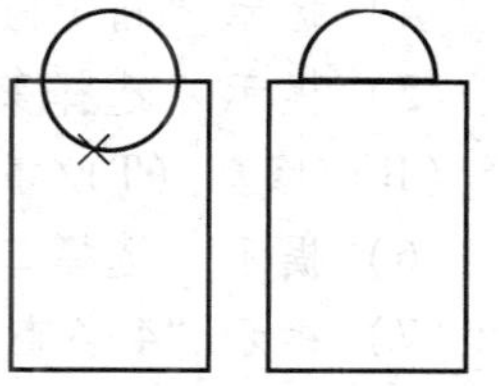

a) b)

图4-16 修剪图形

6）提示“选择要的修剪对象，或按住<Shift>键选择要延伸的对象，或[栏选（F）/窗交（C）/投影（P）/边（E）/放弃（U）]:”，按<Enter>键结束命令。

注意：

1）对直线相交的圆的修剪与选取点位置有关。该命令可以剪切尺寸标注线。

2）使用“修剪”命令修剪实体，第一次选择实体是选择剪切的边界。

3）“修剪”命令允许修剪同一边界内外侧的多个实体。

4.5.6 圆角

“圆角”(FILLET）命令用来对两个对象进行圆弧连接，它还能对多段线的多个顶点进行一次性倒圆。此命令应先指定圆弧半径，再进行倒圆。“FILLET”命令可以选择性地修剪或延伸所选对象，以便更好地圆滑过渡。

圆角命令可通过以下几种方式调用：

➢ 单击“常用”选项卡→“修改”面板→圆角命令。

➢ 单击下拉菜单“修改”→“圆角”命令。

➢ 单击修改工具栏中的圆角按钮。

➢ 在命令行输入“FILLET（F）”。

命令提示中选项说明如下：

- 多段线（P）：给二维多段线中的每个顶点处倒圆角。输入“P”，执行该选项后，可在“选择二维多段线”的提示下角点选的方法选中一条多段线，系统会在多段线的各个顶点处倒圆角，其倒角的半径可以使用默认值，也可用上面提示中的“半径（R）”选项进行设置。
- 半径（R）：指定倒圆角的半径。输入“R”，执行该选项后，系统将提示指定“圆角半径<10.0000>:”，这时可直接输入半径值。
- 修剪（T）：控制系统是否修剪选定的边使其延伸到圆角端点。执行该选项后的选项和操作与“倒角”命令相同。

【例4-13】 用“圆角”命令的“多段线”选项对如图4-17a所示的多段线倒圆角，半径 $R=10$，其结果是所有的角均被倒圆，如图4-17b所示。其操作步骤如下：

1）执行“圆角”命令。

2）提示默认裁剪模式：“当前设置：模式=修剪，半径=0.0000”。

3）提示“选择第一个对象或［放弃（U）/多段线（P）/半径（R）/修剪（T）/多个（M）］:”，输入“R↙”。

4）提示“指定圆角半径<0.0000>:”，输入“10↙”。

5）提示“选择第一个对象或［放弃（U）/多段线（P）/半径（R）/修剪（T）/多个（M）］:”，输入“P↙”。

6）提示“选择二维多段线:”，选择矩形。

7）提示“4 条直线已被圆角”，按<Enter>键结束命令。

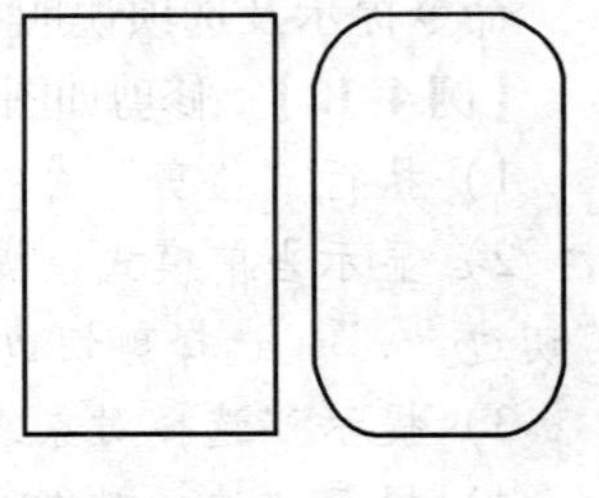
a)　b)

图 4-17　图形倒圆角

注意：

1）两条平行线可以倒圆，无论圆角半径多大，AutoCAD 将自动绘一个直径为两平行线垂直距离的一个半圆。

2）对多段线倒圆时，“多段线”选项设定的圆弧半径对多段线所有有效顶点倒圆。

3）圆角半径的大小决定圆角弧度的大小，如果圆角半径为“0”，可使两个实体相交。若圆角半径特别大，两实体不能容纳这么大的圆弧，AutoCAD 无法进行倒圆。太短而不可能形成圆角的线及在图形边界外才相交的线不可倒圆。

4）在多段线中，如果一条弧线段隔开两条相交的直线段，那么该弧线段在倒圆角时被删除而替代为一个圆角。

5）采用“闭合（C）”选项闭合多段线和用对象捕捉方式封闭多段线方式绘制的多段线倒圆后结果是不一样的。

4.5.7　倒角

“倒角”（CHAMFER）命令用于将两条非平行直线或多段线做出有斜度的倒角。使用时应先设定倒角距离，然后再指定倒角线。

倒角命令可通过以下几种方式调用：

- ➢ 单击“常用”选项卡→“修改”面板→倒角命令。
- ➢ 单击下拉菜单“修改”→“倒角”命令。
- ➢ 单击修改工具栏中的倒角按钮。
- ➢ 在命令行输入“CHAMFER（CHA）”。

执行“倒角”命令后，系统将提示：“选择第一条直线或［放弃（U）/多线段（P）/距离（D）/角度（A）/修剪（T）/方法（M）］:”，其各项功能如下：

- ● 多段线（P）：在二维多段线的所有顶点处倒角。
- ● 距离（D）：指定第一、第二倒角距离。
- ● 角度（A）：以指定一个角度和一段距离的方法来设置倒角的距离。
- ● 修剪（T）：被选择的对象或者在倒角线处被剪裁或者保留原来的样子。
- ● 方法（M）：在“距离”和“角度”两个选项之间选择一种方法。

【例 4-14】 用“倒角”命令将如图 4-18a 所示图形左下角进行 *C*5 的倒角，结果如图 4-18b 所示。其操作步骤如下：

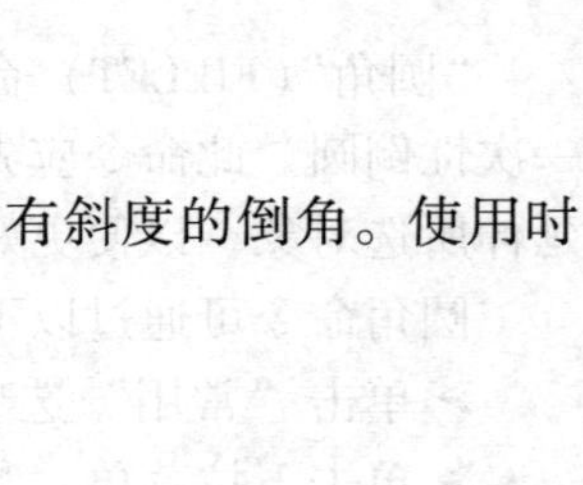

a)　b)

图 4-18　图形倒角

1）执行“倒角”命令。

2）提示默认裁剪模式：“当前倒角距离 1 = 0.0000，距离

2 = 0. 0000”。

3）提示“选择第一条直线或［放弃（U）/多线段（P）/距离（D）/角度（A）/修剪（T）/方法（M）］:”，设置倒角距离输入“D↙”。

4）提示“指定第一个倒角距离 < 0. 0000 > :”，输入第一倒角距离“5↙”。

5）提示“指定第二个倒角距离 < 5. 0000 > :”，直接按 <Enter> 键，默认第二倒角距离“5”。

6）提示“选择第一条直线或［多线段（P）/距离（D）/角度（A）/修剪（T）/方法（M）］:”，拾取 *A* 点。

7）提示“选择第二条直线:”，拾取 *B* 点。

注意：

1）若指定的两直线未相交，“倒角”命令将延长它们使其相交，然后再倒角。

2）若“修剪”选项设置为“修剪”时，则倒角生成，已存在的线段被剪切；若设置为“不修剪”时，则线段不会被剪切。

3）如倒角距离为“0”，对两直线倒角，它与“圆角”命令中半径为“0”时的效果相同。

4）用户必须提供从两线段的交点到倒角边端点的距离。

5）“倒角”命令只能对直线、多段线进行倒角，不能对弧、椭圆弧倒角。

4. 5. 8　比例缩放

“比例缩放”（SCALE）命令可以改变实体的尺寸大小。该命令可以把整个对象或者对象的一部分沿 X、Y、Z 方向以相同的比例放大或缩小，由于三个方向的缩放率相同，保证了缩放实体的形状不变。

比例缩放命令可通过以下几种方式调用：

➤ 单击“常用”选项卡→“修改”面板→比例命令。

➤ 单击下拉菜单“修改”→“比例”命令。

➤ 单击修改工具栏中的比例按钮。

➤ 在命令行输入“SCALE（SC）”。

命令提示中选择项说明如下：

- 基点：是指在比例缩放中的基准点（即缩放中心点）。一旦选定基点，拖动光标时图像将按移动光标的幅度（光标与基点的距离）放大或缩小，另外也可输入具体比例因子进行缩放。
- 比例因子：按指定的比例缩放选定对象。大于“1”的比例因子使对象放大，介于“0”和“1”之间的比例因子使对象缩小。
- 参照（R）：用参考值作为比例因子缩放操作对象。输入“R”，执行该选项后，系统将继续提示：“指定参考长度 < 1 > :”，其默认值是“1”。这时如果指定一点，系统提示“指定第二点”，则两点之间决定一个长度；系统又提示“指定新长度”，则由这新长度值与前一长度值之间的比值决定缩放的比例因子。此外，也可以在“指定参考长度 < 1 > :”的提示下输入参考长度值，系统将继续提示“指定新长度”，则由参考长度和新长度的比值决定缩放的比例因子。

【例 4-15】　用“比例缩放”命令将如图 4-19a 所示的图形分别放大 1.5 倍，结果如图 4-19b 所示。其操作步骤如下：

1）执行“比例缩放”命令。

2）提示“选择对象:”，选择矩形。

3）提示“选择对象:”，按 <Enter> 键结束目标选择。

4）提示“指定基点:”，拾取矩形左下角点为基点位置。

5）指定比例因子或［复制（C)/参照（R)］<1.0000>：输入“c↙”复制对象。

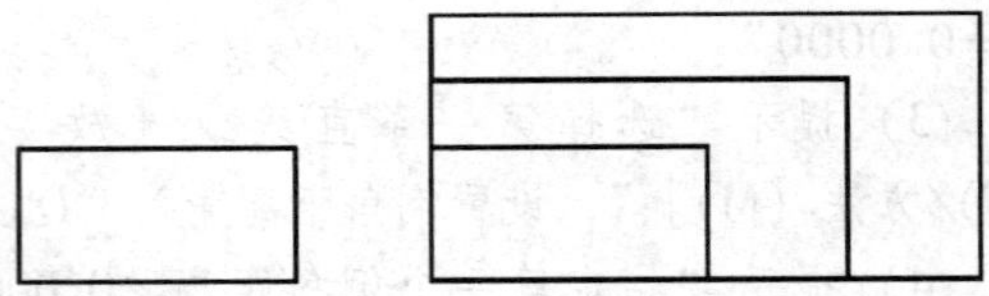

a)　　b)

图 4-19　图形缩放

6）指定比例因子或［复制（C)/参照（R)］<1.0000>：：输入“1.5↙”，即放大 1.5 倍。

7）重复以上操作，继续缩放并复制矩形。

注意：

1）比例因子大于“1”时，放大实体；大于“0”小于“1”时，缩小实体。比例因子可以用分数表示。

2）基点可选在图形上任何地方，当目标大小变化时，基点保持不动。基点的选择与缩放后的位置有关。最好选择在实体的几何中心或特殊点，这样缩放后，目标仍在附近位置。

3）夹点编辑方式和基点组合编辑“MOCORO”方式中的“比例”选项均可对同一实体在一次命令中进行多次缩放，而“比例缩放”命令只能对选定实体进行一次比例缩放。

4）在最后一行提示中，选择“R”项，可指定当前长度和要求的新长度。

4.5.9 分解

“分解”(EXPLODE）命令可以把多段线、尺寸和块等由多个对象组成的实体分解成单个对象。

分解命令可通过以下几种方式调用：

➢ 单击“常用”选项卡→“修改”面板→分解命令。

➢ 单击下拉菜单“修改”→“分解”命令。

➢ 单击修改工具栏中的分解按钮。

➢ 在命令行输入“EXPLODE（X)”。

任何分解对象的颜色、线型和线宽都可能会改变。其他结果将根据分解的合成对象类型的不同而有所不同。

4.6 夹点编辑

4.6.1 夹点的基本概念

1. 夹点的功能与启用

夹点是一种十分快捷的选择实体的方式，其操作不需单击菜单，不需输入命令字符。熟练地使用夹点功能，能大大提高绘图效率。

用夹点选择实体：在没有执行任何命令的时候用鼠标单击绘图区一个或多个实体，这些被选中的实体变为亮显图线并在图线上出现蓝色小方块。这些小方块称为夹点（按 <Esc> 键可以消除夹点）。

2. 夹点的形式

各种实体的夹点形式如图 4-20 所示。

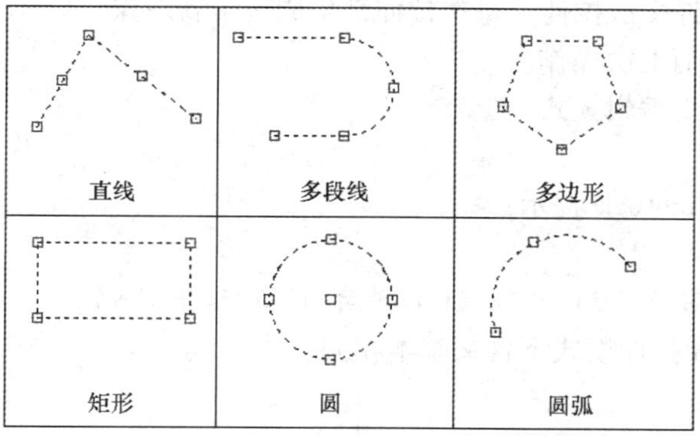

图 4-20　夹点的形式

3. 夹点的激活

前面提到的蓝色夹点叫“未选中夹点”或“未激活夹点”。用鼠标单击未激活夹点，这些夹点变为红色，成为“选中夹点”或“激活夹点”。

4. 夹点的设置

通过“选项”对话框的“选择”选项卡，设置夹点的相关特性：

- 启用夹点（E）：是否在实体上启用夹点，默认状态下该选项为打开。
- 在块中启用夹点（B）：是否在图块中使用夹点方式，默认为关闭。关闭时只在插入点显示一个夹点。
- 未选中夹点颜色（U）：选择未激活夹点的颜色，默认为蓝色。
- 选中夹点颜色（C）：选择激活夹点的颜色，默认为红色。
- 夹点大小（G）：用滑块改变夹点框的大小。

4.6.2　用夹点编辑对象

1. 用未激活夹点编辑对象

选中实体出现蓝色夹点，即可对该实体进行相应的编辑操作，如改变颜色、线型、线宽，或将其定义为块、复制、移动、镜像。还可以打开“特性”对话框对其进行相应操作。

2. 用激活夹点编辑对象

单击未激活夹点，将其激活为红色夹点，即可进行拉伸、移动、缩放、旋转、镜像五种操作。有关选项及操作方法说明如下：

激活夹点后，单击鼠标右键，在快捷菜单中，选择有关操作。另外，可用空格键或 <Enter> 键循环选择下述 5 种操作。

（1）拉伸对象

在拉伸模式下，AutoCAD 提示：

** 拉伸 **

指定拉伸点或［基点（B）/复制（C）/放弃（U）/退出（X）］：

如果直接选择一个新点，则将原点（即激活的夹点）拉伸到该点。其他选项说明如下。

- 基点（B）：重新指定一个基点，新基点可以不在夹点上。
- 复制（C）：允许多次拉伸，每次拉伸都生成一个新对象。
- 放弃（U）：取消上次操作。
- 退出（X）：退出编辑模式。

（2）移动对象

在移动模式下，AutoCAD 提示：

** 移动 **

指定移动点或［基点（B）/复制（C）/放弃（U）/退出（X）］：

这些选项的含义和拉伸模式下含义基本相同。

（3）旋转对象

在旋转模式下，AutoCAD 提示：

** 旋转 **

指定旋转角度或［基点（B）/复制（C）/放弃（U）/参照（R）/退出（X）］：

如果指定一个旋转角度，系统将以选中的夹点为基点来旋转对象。其他选项说明如下。

- 基点（B）：重新指定一个基点，新基点可以不在夹点上。
- 复制（C）：允许多次旋转，每次旋转后都生成一个新对象。
- 放弃（U）：取消上次操作。
- 参照（R）：使用参照方式确定旋转角度。
- 退出（X）：退出编辑模式。

（4）缩放对象

在缩放模式下，AutoCAD 提示：

** 比例缩放 **

指定比例因子或［基点（B）/复制（C）/放弃（U）/参照（R）/退出（X）］：

如果在此提示下直接输入一个数，图形对象将以该数为比例因子，进行缩放。其他选项同上。

（5）镜像对象

在镜像模式下，AutoCAD 提示：

** 镜像 **

指定第二点或［基点（B）/复制（C）/放弃（U）/退出（X）］：

如果此时指定一点，系统将用该点和基点（激活的夹点）确定镜像轴，执行镜像操作。其他选项同上。

【例 4-16】 未激活夹点的操作练习。使用夹点选取如图 4-21 所示的小圆，将其删除。

1）用未激活夹点选择实体。用光标单击小圆，使其出现蓝色夹点。

2）单击删除按钮，小圆被删除。

【例 4-17】 画出如图 4-22a 所示的图形，用激活夹点作镜像编辑，结果如图 4-22b 所示。

1）用光标分别单击两个小圆，使其出现蓝色夹点。

2）激活夹点。用光标单击蓝色夹点，使其变为红色。

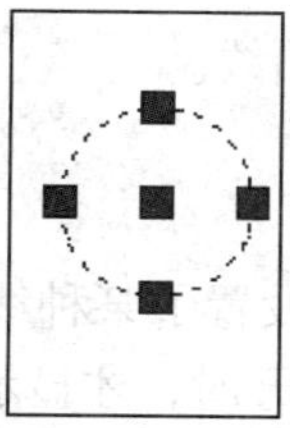

图 4-21　用夹点选择小圆

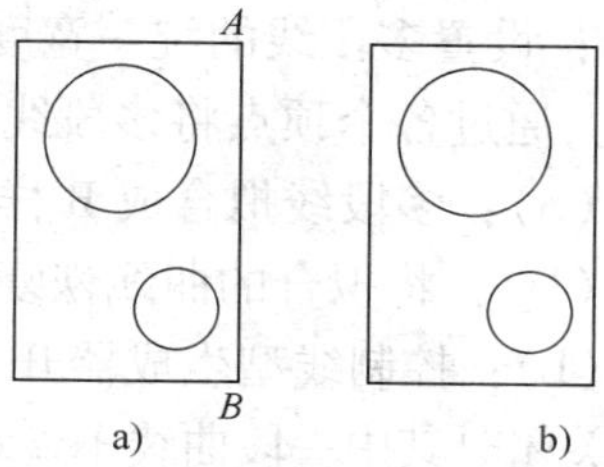

图 4-22　使用夹点镜像小圆

3）调用镜像命令。连续敲击空格键，使命令行为：** 镜像 **。

4）镜像复制。在命令行中输入“C”。

5）重设基点。在命令行中输入“B”。

6）取镜像轴线。用光标拾取 A、B 两点。

7）输入“X”退出。

8）单击 <Esc> 消除夹点。

注意：

1）夹点是某项编辑操作之前，用光标选取的对象。

2）夹点可用 <Esc> 键消除。

3）夹点可用于三维实体的选取。

4.7　线性编辑

4.7.1　编辑多段线

“编辑多段线”(PEDIT) 命令可以对多段线整体进行编辑（如改变线宽、拟合曲线等），还可以移动、删除顶点等。

1. 编辑单个多段线

编辑单个多段线命令可通过以下几种方式调用：

➢ 单击“常用”选项卡→“修改”面板→编辑多段线命令。

➢ 单击下拉菜单“修改”→“对象”→“多段线”命令。

➢ 单击“修改 Ⅱ”工具栏中的编辑多段线按钮。

➢ 在命令行输入“PEDIT”命令。

另外，直接双击要编辑的多段线，或选择多段线后，在右键快捷菜单选项中，都可“编辑多段线”。

各选项说明如下：

1）闭合（C）/打开（O）：将多段线端点闭合。如果多段线已经闭合选项为“打开（O）”执行后闭合的多段线被断开。

2）合并（J）：将与该多段线端点相连接的另一多段线、线段或圆弧合并为一条多段线，并继承该多段线的属性（图层、颜色、线型等）。如果其中有已经拟合的曲线，则合并后恢复原状。

3）宽度（W）：设置多段线的统一宽度。

4）拟合（F）：通过各个顶点将多段线拟合成一条光滑曲线。

5）样条曲线（S）：多段线拟合成 B 样条曲线。

6）非曲线化（D）：将拟合的曲线恢复原状。

7）线型生成（L）：控制线型生成器开/关。例如，已经设置了某种线型的多段线将其样条曲线化，当线型关闭时其中一段曲线不显示原线型。线型打开时，才显示原定义线型。

8）放弃（U）：取消上次操作。

9）编辑顶点（E）：进入该选项后，Auto CAD 将在多段线起点处显示一个“×”表示当前顶点，并在命令行列出有关选项。说明如下。

- 下一个（N）/上一个（P）：上下移动，改变当前点。
- 打断（B）：在当前点 *A* 选择该项后，移动顶点到 *B*，选择“执行（G）”则 *AB* 两点间所有的线段将被删除。如只在一点打断，选择“执行（G）”后，原多段线被分为两段。
- 插入（I）：在当前点 *A* 选择该项后，拾取一个新点，即在 *A* 点和上一点之间插入了这个新顶点。
- 移动（M）：移动当前顶点。
- 重生成（R）：重新生成多段线。
- 拉直（S）：在当前点 *A* 选择该项后，移动顶点到 *B*，选择“执行（G）”原 *AB* 间图线被拉直为 *AB* 直线。
- 切向（T）：作曲线拟合时，在当前点设置曲线的切线方向。可拾取一个点与当前点的连线即为切线，也可输入角度值。
- 宽度（W）：改变当前点到下一点线段的宽度。
- 退出（X）：退出顶点编辑状态。

【例 4-18】 绘制如图 4-23a 所示的多段线，然后做编辑练习，如图 4-23b 所示。

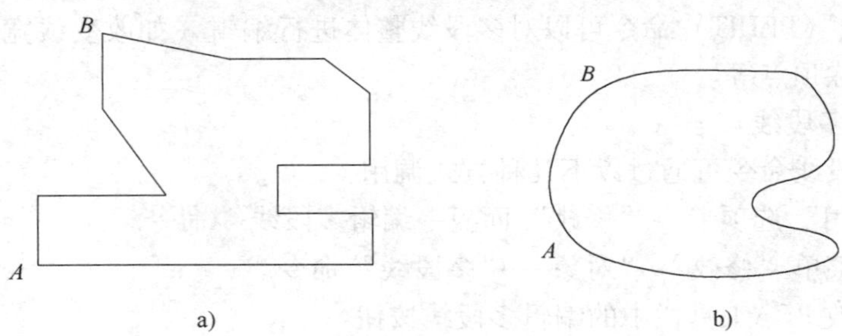

图 4-23　编辑多段线

操作一：编辑顶点。

1）执行“编辑多段线”命令。

2）输入“E↙”编辑顶点。

3）连续按 <Enter> 键，将当前顶点×号移至 *A* 处。

4）输入“S↙”，命令行提示“输入选项”。

5）连续按 <Enter> 键，将当前顶点×号移至 *B* 处。

7）输入“G↙”，完成拉直操作。

操作二：转换为样条曲线。

1）输入“X↙”，退出顶点编辑。

2）输入“S↙”，原多段线转换为样条曲线。

注意：

1）该命令可编辑矩形，还能将普通直线、圆弧转换成多段线进行编辑。

2）使用“合并（J）”选项时，两条线必须起点或终点相交，否则无效。

3）编辑顶点时，当前点不能用光标拾取，只能用键盘的方向键上、下移动取点。

4）顶点编辑要在命令行中，选择“执行（G）”才能完成操作。

2. 编辑多重多段线

“编辑多段线”命令还可以对多个多段线进行整体编辑。

激活 PEDIT 命令后，在命令行的提示中，选择“多条（M）”然后图形上拾取多个多段线，既可进行整体编辑。

选项说明如下：

1）模糊距离〈默认值〉：输入合并两个多段线的有效距离。

2）合并类型（J）：选择合并类型，有三个选项：

● 延伸（E）：在给定的模糊距离内，延伸或剪切图线，使两个多段线在端点的位置连线合并。

● 添加（A）：过两个多段线的端点添加一条直线，使其合并。

● 两者都（B）：先使用延伸方式，其次使用添加方式，使多段线合并。

【例4-19】 绘制如图4-24a 所示的两条多段线（*AB* 两点的距离要小于100），然后做编辑练习，如图4-24b 所示。

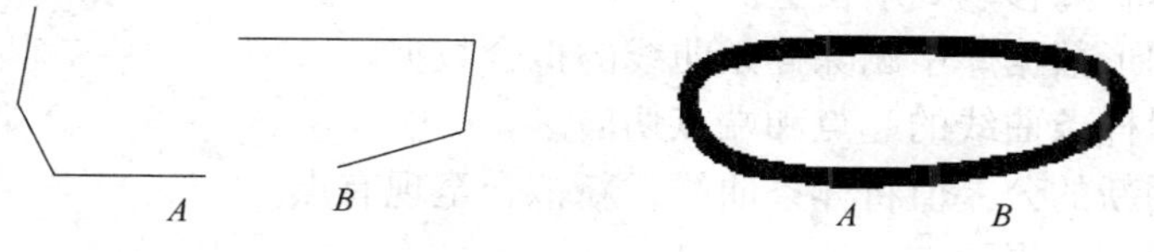

a)　　b)

图4-24　编辑合并两条多段线

1）执行“编辑多段线”命令。

2）输入“M↙”，编辑多条多段线。

3）用拾取框分别选取图中两条多段线。

4）输入“W↙”，改变线宽。

5）输入“1↙”，两条多段线的宽度同时改变为“1”。

6）输入“J↙”，调用“合并”命令。

7）输入“J↙”，设置合并类型。

8）输入“A↙”，选择添加型。

9）输入“100↙”，设置模糊距离。*AB* 间添加一条线段。

10）改变线宽为“2”。

11）输入“S↙”，拟合样条曲线。

12）按 <Enter> 键结束编辑。

注意：

1）模糊距离是指两个多段线要合并点的最小距离。

2）多重多段线编辑与多段线编辑的方法基本相同，主要区别只是编辑数量的多少。

3）合并时，只能在两条多段线的起始端点处合并，其他结点无效。

4.7.2 编辑样条曲线

“编辑样条曲线”(SPLINEDIT) 命令可以编辑样条曲线，或将样条曲线拟合为多段线。

编辑样条曲线命令可通过以下几种方式调用：

➢ 单击“常用”选项卡→“修改”面板→编辑样条曲线命令。

➢ 单击下拉菜单“修改”→“对象”→“样条曲线”命令。

➢ 单击“修改Ⅱ”工具栏中的编辑样条曲线按钮。

➢ 在命令行输入“SPLINEDIT”。

另外，直接双击要编辑的样条曲线，或选择多段线后，在右键快捷菜单选项中，都可“编辑样条曲线”。

选项说明如下：

1）拟合数据：使用下列选项编辑拟合数据。

● 添加：在样条曲线中增加拟合点。通过新点重新拟合样条曲线。
● 闭合/打开：闭合开放的样条曲线或打开闭合的样条曲线。如果选定的样条曲线为闭合，则“闭合”选项将由“打开”选项替换。
● 删除：从样条曲线中删除拟合点并且用其余点重新拟合样条曲线。
● 移动：把拟合点移动到新位置。
● 清理：从图形数据库中删除样条曲线的拟合数据。
● 相切：编辑样条曲线的起点和端点切向。
● 公差：使用新的公差值将样条曲线重新拟合至现有点。
● 退出：返回到主提示。

2）闭合/打开：闭合开放的样条曲线或打开闭合的样条曲线。

3）移动顶点：重新定位样条曲线的控制顶点并清理拟合点。

4）精度：精密调整样条曲线定义。

● 添加控制点：增加控制部分样条的控制点数。
● 提高阶数：增加样条曲线上控制点的数目。
● 权值：修改不同样条曲线控制点的权值。较大的权值将样条曲线拉近其控制点。
● 退出：返回到主提示。

5）反转：反转样条曲线的方向。此选项主要适用于第三方应用程序。

6）转换为多段线：将样条曲线转换为多段线。

● 指定精度：精度值决定结果多段线与源样条曲线拟合的精确程度。有效值为0~99之间的整数。

7）放弃：取消上一编辑操作。

【例4-20】 绘制如图4-25a所示的样条曲线，将其拟合公差修改为“30”，结果如图4-25b所示。

1）执行“样条曲线”命令，绘制样条曲线。

2）双击该样条曲线，编辑样条曲线。

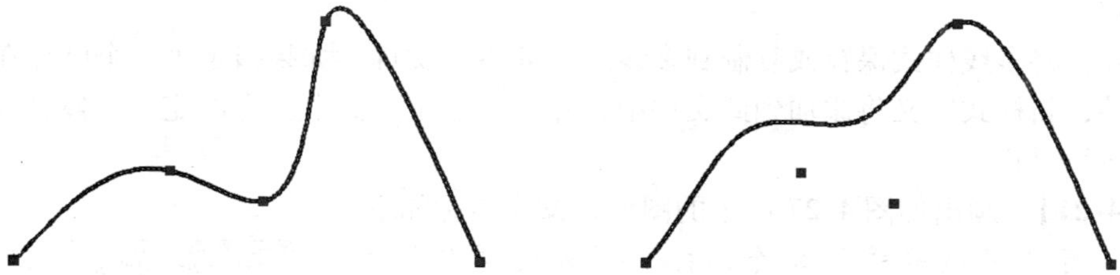

a)　　b)

图4-25　编辑样条曲线

3）在“特性”选项板中将“拟合公差”修改为“30”，完成编辑。

注意：

1）可以删除样条曲线的拟合点，也可增加拟合点以提高精度。

2）公差越小，样条曲线与拟合点越接近。

4.7.3　编辑多线

1. 多线设置

“多线”（MLSTYLE）是画一组平行的直线，其中每条直线的颜色、线型及各条直线之间的间距，背景颜色，两端的封闭形状都可以在“多线设置”命令中设置。

多线设置命令可通过以下几种方式调用：

➢ 单击下拉菜单“格式”→“多线样式”。

➢ 在命令行输入“MLSTYLE”。

“多线样式”对话框如图4-26所示。各选项说明如下：

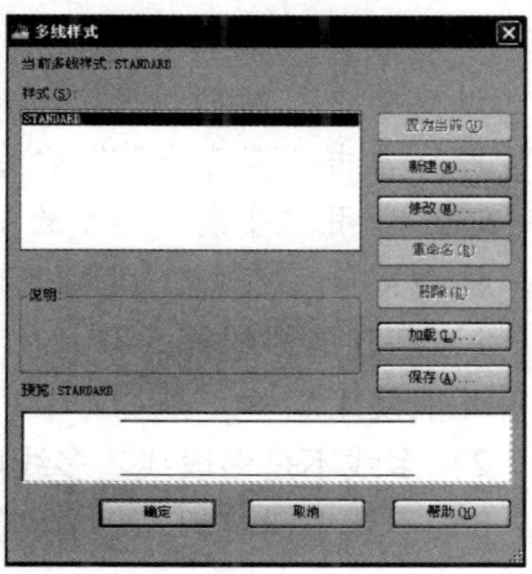

图4-26　“多线样式”对话框

- 当前多线样式：显示当前多线样式的名称，该样式将在后续创建的多线中用到。
- 样式：显示已加载到图形中的多线样式列表。
- 说明：显示选定多线样式的说明。
- 预览：显示选定多线样式的名称和图像。
- 置为当前：在样式文字框中选择当前要使用的多线样式名称。不能将外部参照中的多线样式设置为当前样式。
- 新建：显示“创建新的多线样式”对话框，从中可以创建新的多线样式。
- 修改：显示“修改多线样式”对话框，从中可以修改选定的多线样式。不能修改默认的“STANDARD”多线样式。
- 重命名：重命名当前选定的多线样式。不能重命名“STANDARD”多线样式。
- 删除：从“样式”列表中删除当前选定的多线样式。此操作并不会删除“MLN”文件中的样式。不能删除“STANDARD”多线样式、当前多线样式或正在使用的多线样式。

- 加载：显示“加载多线样式”对话框，从中可以从指定的“MLN”文件加载多线样式。
- 保存：将多线样式保存或复制到多线库（MLN）文件。如果指定了一个已存在的 MLN 文件，新样式定义将添加到此文件中，并且不会删除其中已有的定义。默认文件名是“acad. mln”。

【例 4-21】 画出如图 4-27 所示的图形，操作步骤如下：

1）执行“多线样式”命令，打开“多线样式”对话框。

2）单击“新建”命令，打开“创建新的多线样式”对话框。输入“栅条”为新定义的样式名称，单击“继续”，打开“新建多线样式”对话框。

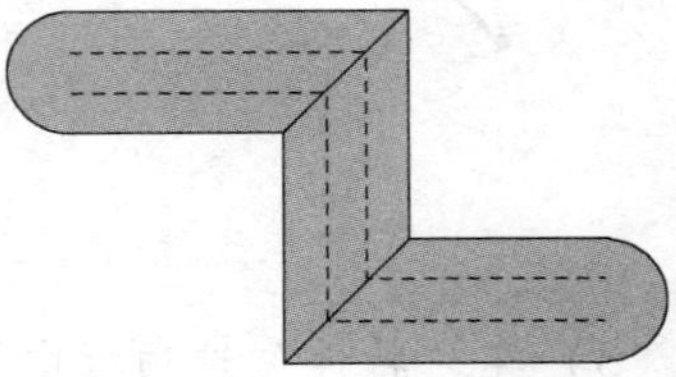

图 4-27 4 条元素的多线

3）可单击图元中的原有元素进行修改、删除，也可添加新的图元进行相应的设置。

4）设置第一条线：偏移设置为“0”，颜色设置为蓝，线型设置为实线。

5）设置第二条线：偏移设置为“10”，颜色设置为红，线型设置为虚线（这里要加载虚线线型）。

6）设置第三条线：偏移设置为“20”，颜色设置为红，线型设置为虚线。

7）设置第四条线：偏移设置为“30”，颜色设置为蓝，线型设置为实线。

8）选中起点“外弧”，勾选端点“外弧”，即设置起、终点形式。

9）设置填充颜色为“青色”。

10）选中“显示连接”，即显示交点处连线。

11）单击“确定”按钮，关闭“新建多线样式”对话框，返回“多线样式”对话框。

12）单击“置为当前”命令，单击“确定”按钮关闭“多线样式”对话框。

13）调用“多线”命令绘制图形。

注意：

1）新建的多线样式只能在当前文件中使用，只有将其保存在“ACAD. mln”中，其他文件才能使用。

2）多线不是多段线。多线可分解操作。

3）不能编辑“STANDARD”多线样式或图形中正在使用的任何多线样式的元素和多线特性。

4）要编辑现有多线样式，必须在使用该样式绘制任何多线之前进行。

5）“多线设置”命令产生的平行多线可以用“多线编辑”和其他编辑命令修改，但不能用“多段线编辑”命令编辑。

2. 编辑多线

编辑多线（MLEDIT）命令用于编辑两个多线相交处图线形状、结点添加与删除、多线剪切与结合。但不能对多线各元素本身属性（颜色、线型、间距）进行编辑。

编辑多线命令可通过以下几种方式调用：

➢ 单击下拉菜单“修改”→“对象”→“多线”命令。

➢ 在命令行输入“MLEDIT”。

“多线编辑工具”对话框，如图 4-28 所示。共有 12 个交点形状图标，单击某个图标，即可在图形上作相应的操作。

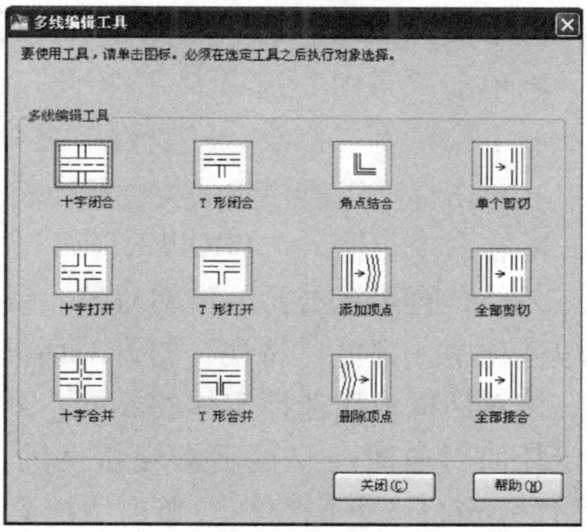

图 4-28　12 种多线交点编辑工具

- 十字闭合：对于两个相交的多线，先选择第一个多线，再选择第二个多线，则第一个多线的相交部分将消失。
- 十字打开：在两个相交的多线中，先选择第一个多线，再选择第二个多线，则第一个多线的相交部分将消失，第二个多线相交部分外侧直线将消失。
- 十字合并：分别选择两个多线后，最外侧直线两两相交，重合部分消失。次外侧直线也两两相交，内部图线消失，依此类推。
- T 形闭合：在相交的两个多线中单击第一个多线要保留的一侧，再选择第二个多线，则第一个多线的另一侧将消失，形成 T 形。
- T 形打开：操作同上，结果第二个多线相交部分外侧直线将消失。
- T 形合并：操作后两个多线呈 T 形，最外侧直线相交，重合部分消失，次外侧直线也两两相交，内部图线消失，依此类推。
- 角点结合：对相交的两个多线，分别选择要保留的一侧，其余部分消失，形成一个折角图形。
- 添加顶点：单击多线的任一位置，即在该点形成一个结点，虽然图形没有变化，但该点已把多线分成两段。可在该点作拉伸等操作。
- 删除顶点：单击多线上的某个顶点，该顶点消失，原折线变为直线。
- 单个剪切；在多线的一条元素上拾取两点，中间部分即被剪切掉。
- 全部剪切：在多线上任取两点，两点间的全部多线即被剪切掉。
- 全部接合：单击多线断开的两个断点，即可恢复被剪断的图线。

注意：

1）多线编辑（MLEDIT）不能对多线各元素本身属性（颜色、线型、间距）进行编辑。

2）T 形多线编辑也可用于十字交叉的多线。

3）执行操作时，选择多线先后顺序不同其结果也不同。

4）编辑填充的多线时，结果与上述情况有些不同。

4.8　对象特性编辑

4.8.1　特性

“特性”（PROPERTIES）命令是一个功能很强的综合编辑命令，用于修改各种实体的颜色、线型、线型比例、图层等。还可以对图形输出、视点设置、坐标系的特性进行修改。

特性命令可通过以下几种方式调用：

➢ 单击“视图”选项卡→“选项板”面板→特性命令。
➢ 单击“常用”选项卡→“特性”面板→特性命令。
➢ 下拉菜单“修改”→“特性”命令。
➢ 单击标准工具栏中的特性按钮。
➢ 在命令行输入“PROPERTIES”。

另外，直接双击要编辑的对象，或选择对象后，在右键快捷菜单选项中，都可“特性”打开对话框，如图 4-29 所示。

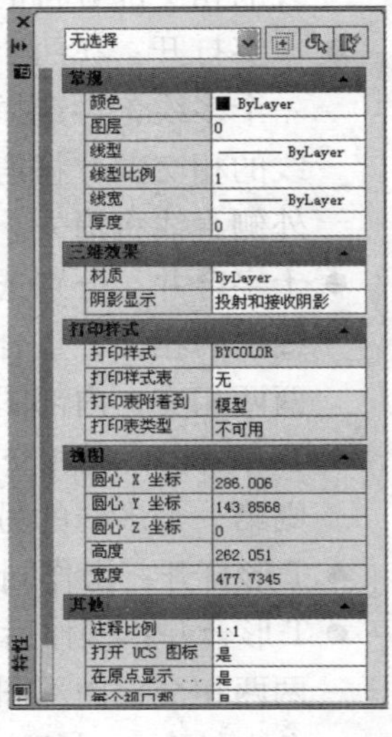

图 4-29 “特性”对话框

该对话框根据选择实体的不同，列出的特性内容也不同，未选定任何对象时，仅显示常规特性的当前设置。鼠标右键单击“特性”窗口蓝色标题栏，弹出快捷菜单。用来控制窗口的固定与浮动、隐藏等。

选项说明如下：

1. 顶部框格及选项

- 顶部框格：显示已选择的实体，单击下拉按钮后可选择其他已定义的选择集。未选定任何对象时，显示为“无选择”，表示没有选择任何要编辑的对象。此时列表窗口显示了当前图形的特性，如图层、颜色、线型等。
- 按钮：切换系统变量“PICKADD”的值，即新选择的实体是添加到原选择集，还是替换原选择集。
- 快速选择：用快速选择方式选择要编辑的选择集。
- 选择对象：用光标方式选择要编辑的实体。

2. 其他选项

- 常规：对象的普通特性，包括图层、颜色、线型、线型比例、线宽、三维图形的高度等。
- 打印样式：图形输出特性。
- 视图：显示特征。
- 其他：UCS 坐标系等特征。

【例 4-22】 绘制任意大小的一个圆，利用“特性”将其面积修改为 200，如图 4-30 所示。

1）绘制任意一圆。

2）打开“特性”对话框。

3）在“几何图形”的“面积”一栏输入“200”。

4）在绘图区空点一下，圆变为面积是 200 的圆。

5）按 <Esc> 键，取消夹点，结束操作。

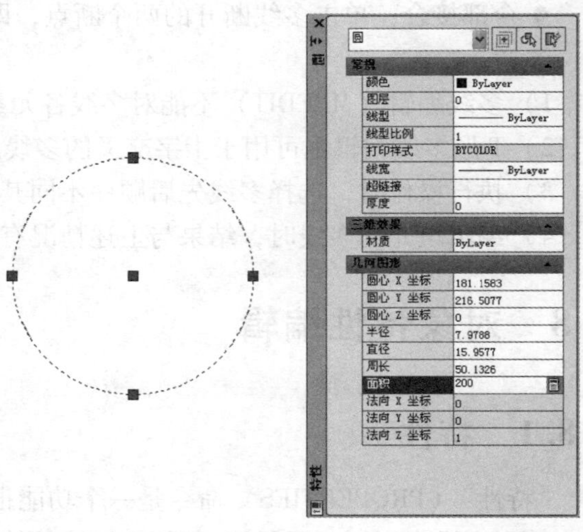

图 4-30 用“特性”编辑图形

注意：

1）可在以打开“特性”窗口之前选择对象，也可以在打开“特性”窗口之后，选择对象。

2）关闭“特性”窗口后，如果不显示编辑后的效果，可使用 < Esc > 键取消夹点，即可显示编辑后的效果。

4.8.2　特性匹配

“特性匹配”（MATCHPROP）命令用于将源实体的特性（如图层、颜色、线型等），复制给目标实体。

特性匹配命令可通过以下几种方式：

➢ 单击“常用”选项卡→“剪贴板”面板→特性匹配命令。

➢ 单击下拉菜单“修改”→“特性匹配”命令。

➢ 单击标准工具栏中的特性匹配按钮。

➢ 在命令行输入“MATCHPROP（MA）”。

选项说明如下：

1）选择源对象：提示拾取一个源对象。其特性可复制给目标对象。

2）选择目标对象：提示选择欲赋予特性的目标对象。

3）设置（S）：设置要复制的有关选项。选择该项后，弹出“特性设置”对话框，如图 4-31 所示。

● 基本特性：共有 7 个复选项，可勾选所需的选项。

● 特殊特性：是将标注样式、文字样式、填充图案、多段线、视口、表格、材质、阴影显示、多重引线等特性复制给相应的目标对象。

【例 4-23】　利用“特性匹配”，将如图 4-32a 所示的小圆定位线改成点画线圆，小圆轮廓线改为粗实线。编辑后的图形如图 4-32b 所示。

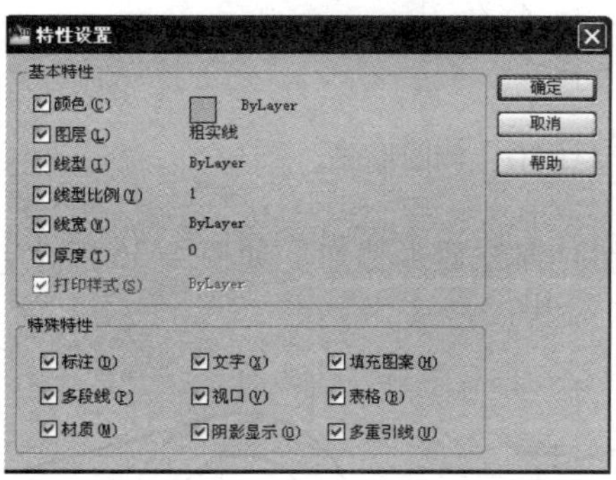

图 4-31　“特性设置”对话框

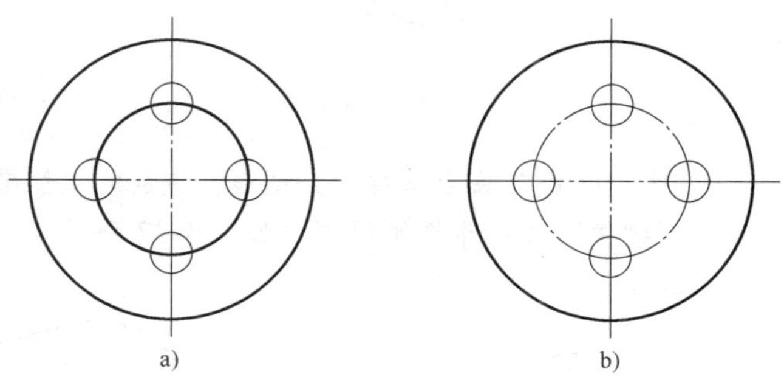

图 4-32　用“特性匹配”编辑图形

1）执行“特性匹配”命令。

2）拾取大圆点画线为源对象。

3）在“选择目标对象”提示下，拾取小圆的定位圆。

4）按 < Enter > 键结束操作。

5）用光标拾取大圆轮廓线为源对象。

6）在“选择目标对象”提示下，用光标拾取小圆轮廓线。

7）“↙”结束操作。

注意：

1）源目标只能单击，不能用框选。

2）“当前活动设置”默认设置是所有选项均打开。如果用户不需要某些选项，可在提示中重新设置。

4.9　实例解析

【例 4-24】　绘制如图 4-33 所示的“密封板”。

密封板为对称图形，所以只需绘制四分之一的图形，再用“镜像”命令完成全图。

其具体绘制步骤简述如下：

1）可设置“状态栏”中的“极轴”、“对象捕捉”、“对象捕捉”处于“开”状态。

2）用“圆”、“直线”命令绘制 $\phi40$ 和 $\phi25$ 的两圆及圆心定位线。再绘制右侧的 $\phi10$ 小圆。如图 4-34 所示。

3）用“直线”命令绘制右上侧图形，如图 4-35所示。

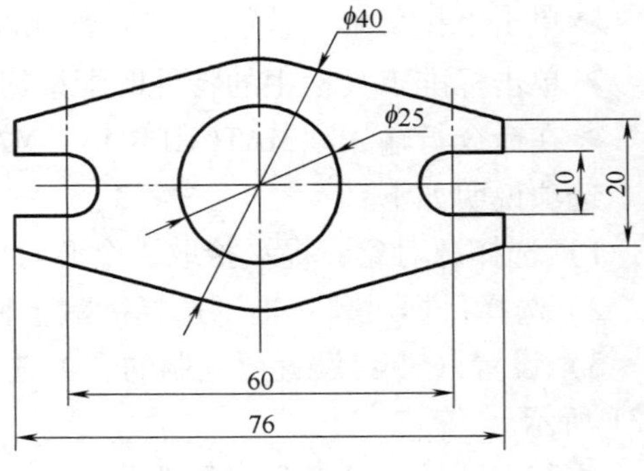

图 4-33　密封板

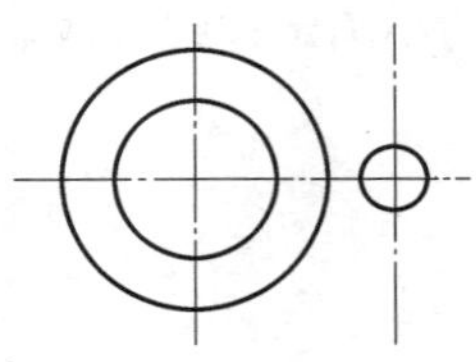

图 4-34　绘制圆

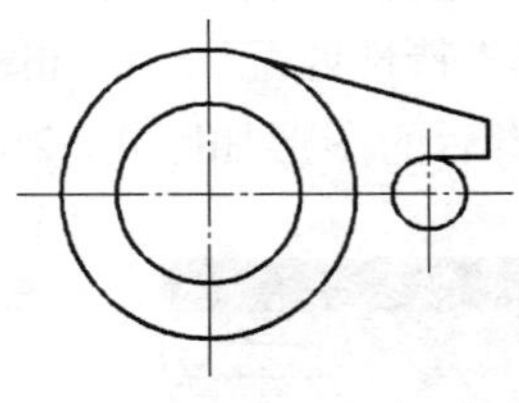

图 4-35　绘制右上侧图形图

4）用“修剪”命令剪掉多余图线，完成右上侧带切口部分图形剪切。如图 4-36 所示。

5）“镜像”成一半图形轮廓，如图 4-37 所示。

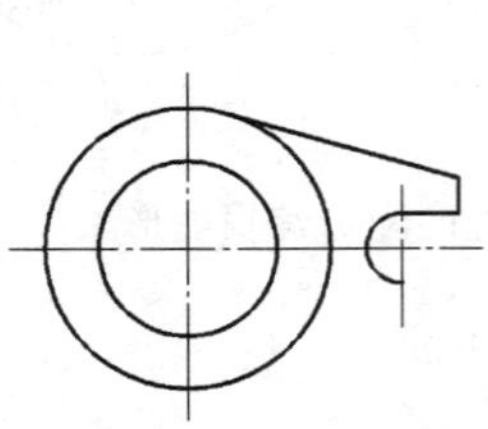

图 4-36　“修剪”完成切口图形

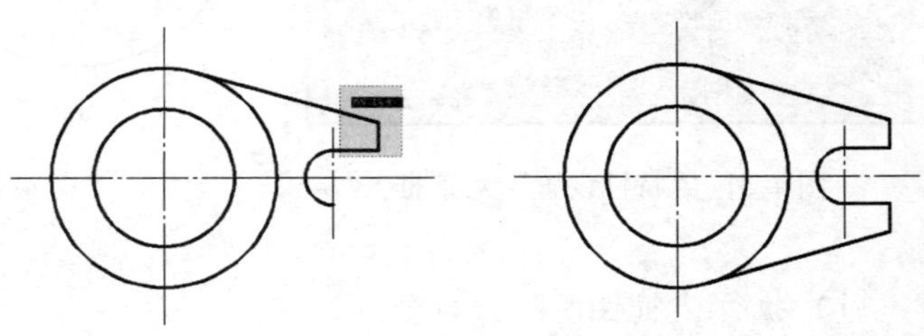

图 4-37　“镜像”成一半图形轮廓

6）“镜像”成全部图形轮廓，如图 4-38 所示。

7）“修剪”并完成全部图形。

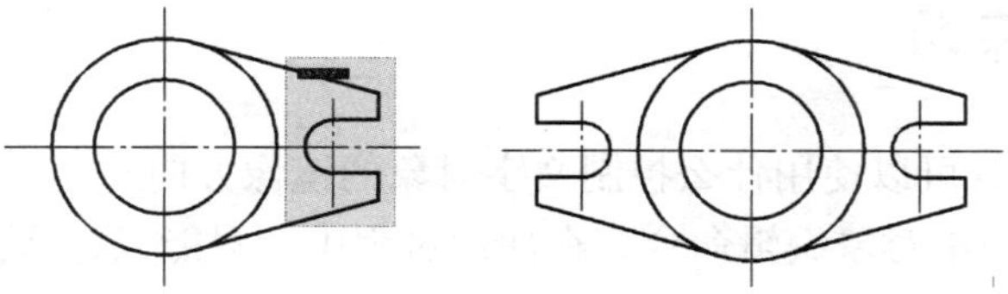

图 4-38　“镜像”成全部图形轮廓

【例 4-25】　绘制如图 4-39 所示的平面图形。

使用偏移、复制、镜像、修剪、圆角等命令绘制，步骤如下：

1）设置“状态栏”中的“极轴”、“对象捕捉”、“对象追踪”处于“开”状态。

2）绘制外侧圆角矩形（长 150、宽 80、圆角半径 3）及中心线。

3）绘制左侧半径为“8”和“15”的同心圆，如图 4-40 所示。

4）复制绘制另三处同心圆，结果如图 4-41 所示。

5）偏移绘制内侧矩形，偏移距离为“8”，倒圆角（圆角半径 3），如图 4-42 所示。

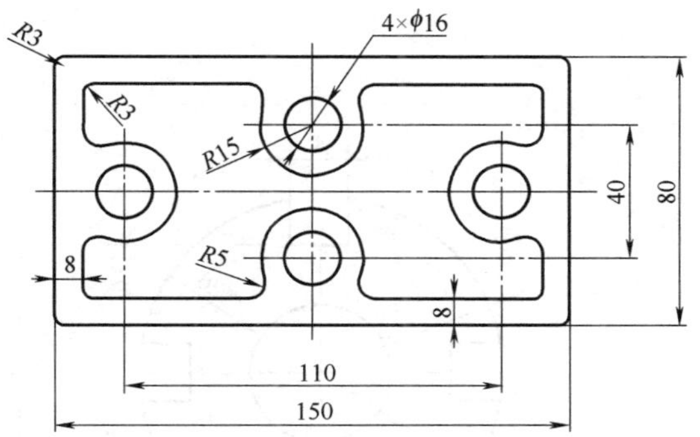

图 4-39　平面图形

6）修剪内侧矩形与同心圆相交处，如图 4-43 所示。

7）用圆角命令绘制各圆弧段，圆角半径为，完成全部图形。

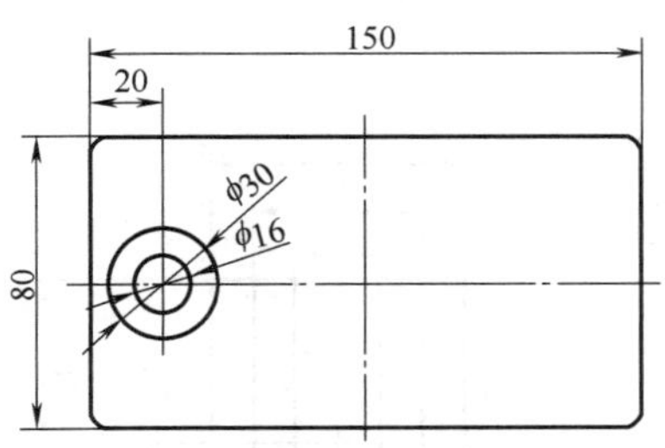

图 4-40　绘制左侧同心圆

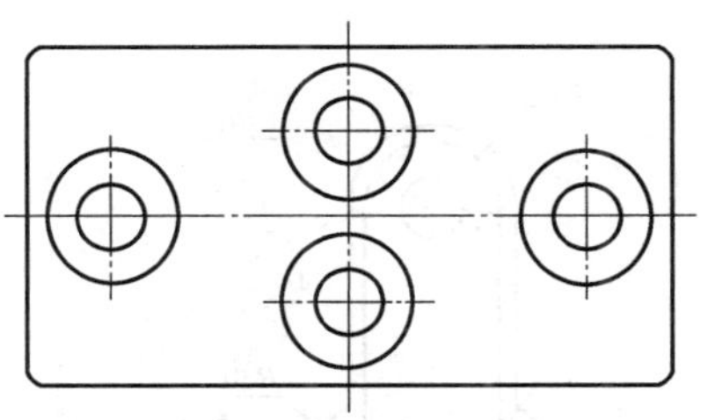

图 4-41　绘制其他同心圆

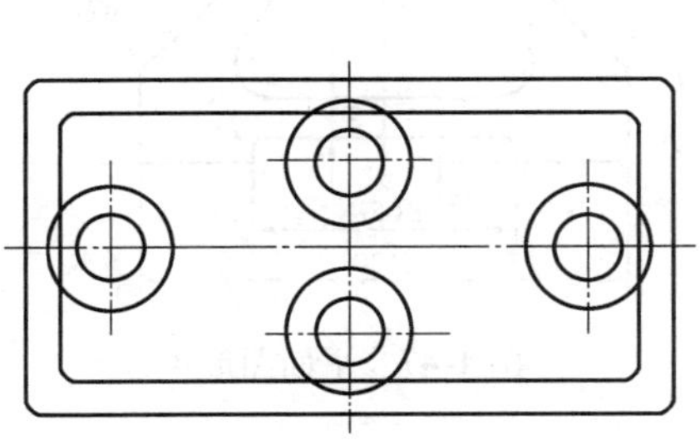

图 4-42　绘制内侧矩形

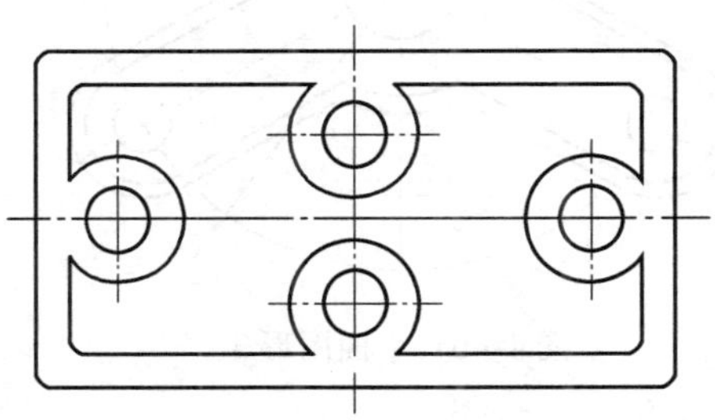

图 4-43　修剪内侧矩形

4.10 思考与练习

1. 在 AutoCAD 中，可以使用什么控制文字对象的镜像方向？

2. 偏移命令是一个单对象编辑命令，在使用过程中，只能以什么方式选择对象？

3. 如何将对象在一点处断开成两个对象？

4. 对于同一平面上的两条不平行且无交点的线段，可以仅通过什么命令来延长原线段使两条线段相交于一点？

5. 练习绘制如图 4-44 ~ 图 4-48 所示图形。

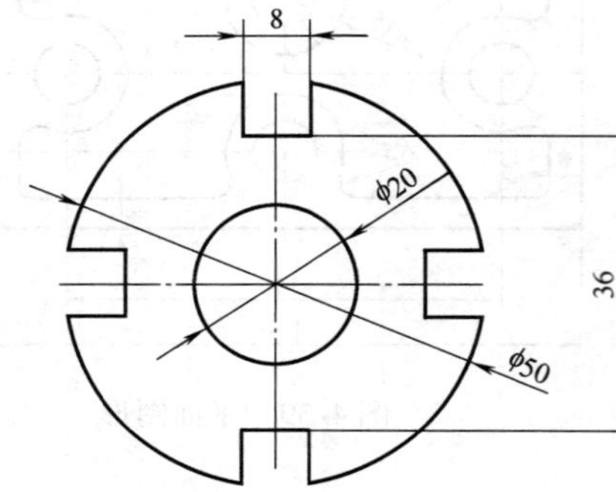

图 4-44　平面图形 1

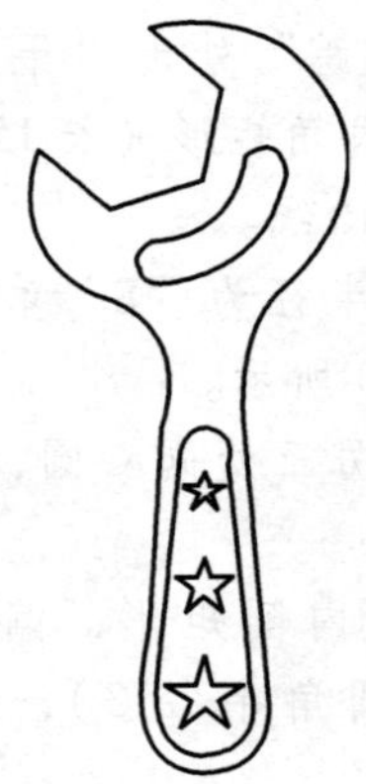

图 4-45　平面图形 2

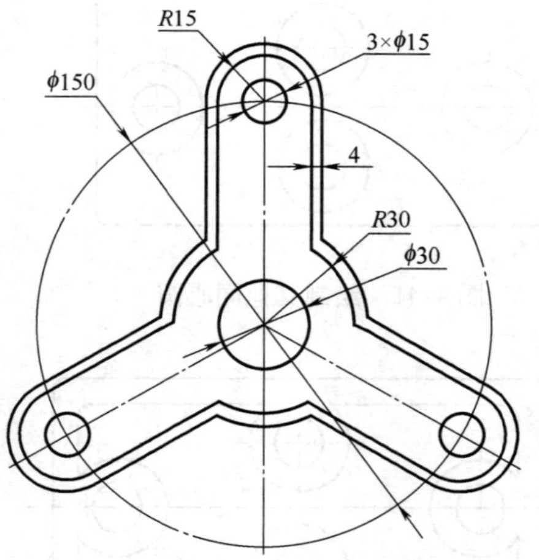

图 4-46　平面图形 3

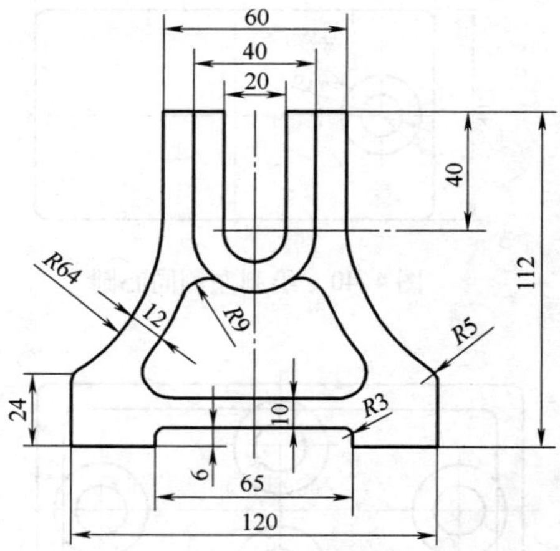

图 4-47　平面图形 4

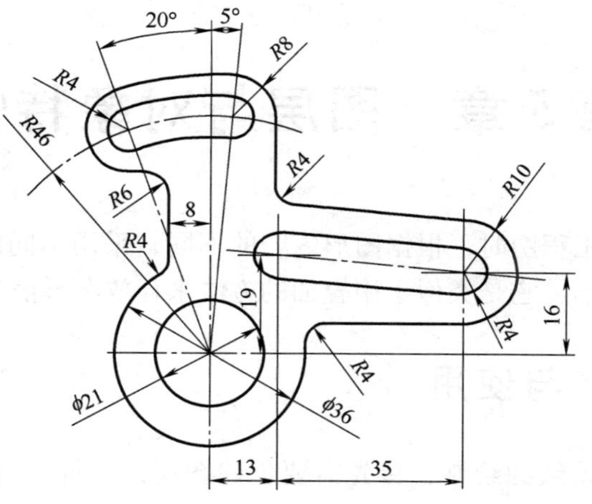

图 4-48　平面图形 5

第 5 章　图层与对象特性

按照国家标准绘制工程图时，根据图形内容的不同，采用不同的线型和线宽，AutoCAD 采用图层来管理组织图形，它是类似于用叠加的方法来存放图形信息的极为重要的工具。

5.1　图层的创建与使用

用户要想完成一幅图纸的绘制，首先需要创建图层，并设置每层上的颜色、线型和线宽，而在该层上创建的对象则默认地采用这些特性。通过“图层”面板及“图层”工具栏（见图 5-1），对图形进行分类管理，可以方便地对图形进行绘制和编辑。

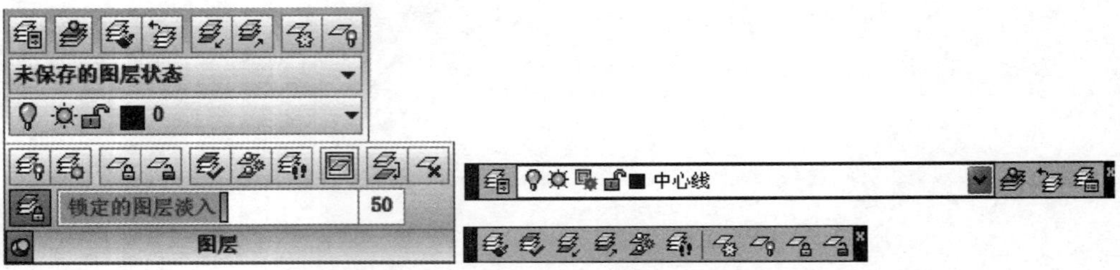

图 5-1　“图层”面板及“图层”工具栏

5.1.1　创建图层

图层的创建（LAYER）可利用“图层特性管理器”对话框来进行。利用此对话框，用户可以方便、快捷地设置图层的特性及控制图层的状态。

创建图层命令调用通过以下几种方式调用：

➢ 单击“常用”选项卡→“图层”面板→图层命令。

➢ 单击下拉菜单的“格式”→“图层”命令。

➢ 单击图层工具栏的图层特性管理器按钮。

➢ 在命令行输入“LAYER（LA）”。

执行“图层”命令后，将弹出“图层特性管理器”对话框，如图 5-2 所示。

当开始绘一幅新图时，系统自动生成名为“0”的图层，这是 AutoCAD 的默认图层，默认 0 层线型为连续线（Continuous），颜色为白色（7）。

对话框中各主要选项功能如下：

- “新特性过滤器” ：打开“图层过滤器特性”对话框。在过滤器定义列表中，可以设置过滤条件（如图层名称、状态和颜色等）。
- “新组过滤器”按钮：创建图层过滤器，显示对应的图层信息。

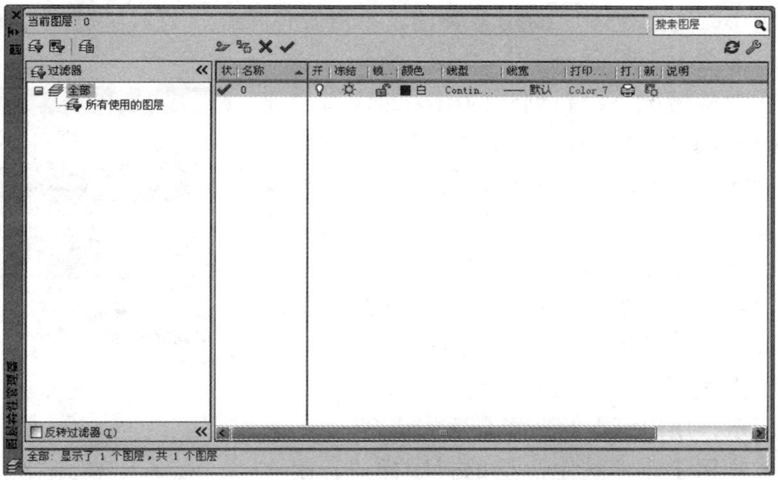

图 5-2 “图层特性管理器”对话框

- “图层状态管理器”：打开“图层状态管理器”对话框，可以将图层的当前特性设置保存到一个命名图层状态中，以后可以再恢复这些设置。
- 新建图层：在绘图过程中，用户可随时创建新图层。AutoCAD 会根据 0 层的特性来生成新层，新创建的图层默认为“图层 1”、“图层 2”等依次类推。如果在此之前已选择了某个层，则根据所选图层的特性来生成新图层。
- 在所有视口中都被冻结的新图层：AutoCAD 2008 版功能，创建新图层，并在所有现有布局视口中将其冻结。
- 删除图层：要删除不使用的图层，可先从列表框中选择一个或多个图层，AutoCAD 将从当前图形中删除所选的图层。在对话框中同时按住 <Shift> 键可选择连续排列的多个图层，若同时按住 <Ctrl> 键则可选择不连续排列的多个图层。删除包含对象的图层时，需要删除此图层中的所有对象，然后再删除此图层。
- 置为当前：选中一个图层，然后单击对话框上的，就可以将该层设置为当前层。当前层的图层名会出现在列表框的顶部。
- 状态：显示图层的状态。
- 名称：显示图层名。用户可以选择图层名，停顿后单击，输入新图层名，实现对图层的重命名。
- 开/关：用于打开或关闭图层。当图层打开时，灯泡为亮色，该层上的图形可见，可以进行打印；当图层关闭时，灯泡为暗色，该层上的图形不可见，不可进行编辑，不能进行打印。
- 冻结/解冻：图层被冻结，为雪花图标，该层上图形不可见，不能进行重生成、消隐及打印等操作；当图层解冻后，为太阳图标，该层上图形可见，可进行重生成、消隐和打印等操作。
- 锁定/解锁：图层被锁定时，锁被锁上，该层上的图形实体仍可以显示和绘图输出，但不能被编辑；当图层解锁后，锁被打开，该层上的图形可以编辑。

● 颜色：用于改变选定图层的线型颜色，单击颜色按钮，打开“选择颜色”对话框选择颜色，如图 5-3 所示。

● 线型：在默认情况下，新创建的图层的线型为连续（Continuous）线。用户可以根据需要为图层设置不同的线型；单击线型名称，将打开“选择线型”对话框，如图 5-4 所示。用户可在“已加载的线型”列表中指定线型。若该列表中没有需要的线型，可单击“加载”按钮，在打开的“加载或重载线型”对话框中选择，如图 5-5 所示。

● 线宽：单击线宽名称，打开“线宽”对话框，如图 5-6 所示，用户可在此选择合适的线宽。

● 打印样式：用于改变选定图层的打印样式，用户可根据自己的要求改变图层的打印样式。

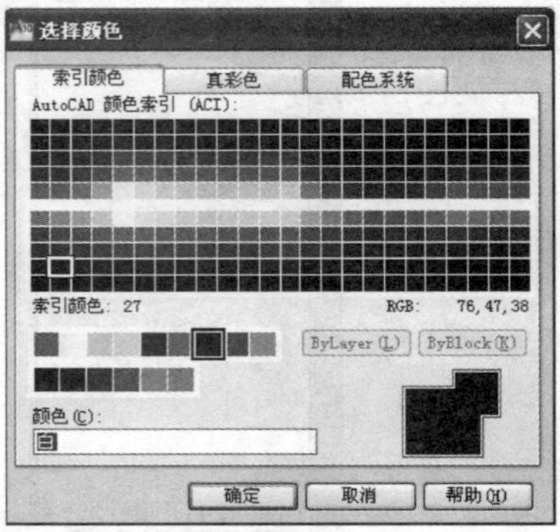

图 5-3　“选择颜色”对话框

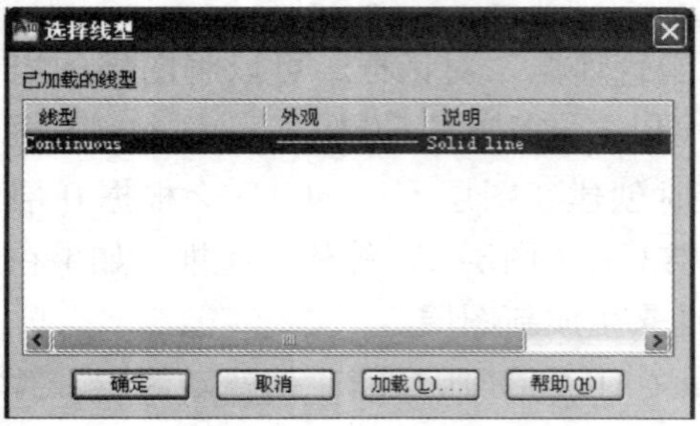

图 5-4　“选择线型”对话框

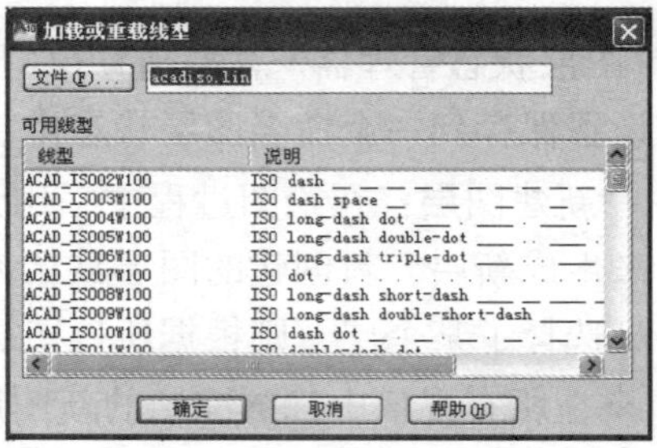

图 5-5　“加载或重载线型”对话框

● 打印：控制该层对象是否打印（打印、不打印），新建图层的默认为可打印。

图 5-6　“线宽”对话框

【例 5-1】　创建新图层，名称为“中心线”层，颜色为红色，线型为“CENTER2”，线宽为“0.25”，并将其设置为当前层。

其操作步骤如下：

1）执行“图层”命令，系统弹出“图层特性管理器”对话框。

2）单击“新建”按钮，在亮显的“图层 1”框中输入“中心线”。

3）单击“颜色”图标“□ 白色”，在“选择颜色”对话框中选取“红色”，单击“确定”按钮返回“图层特性管理器”对话框。

4）单击“线宽”图标“—— 默认”，在“线宽”对话框中选取“0.25”，单击“确定”按钮返回“图层特性管理器”对话框。

5）单击“线型”图标，在“线型”对话框中单击“加载”按钮，加载线型

“CENTER2”，“确定”后返回“选择线型”对话框中，选取线型“CENTER2”，再单击“确定”按钮返回“图层特性管理器”对话框。

6）单击置为当前图标 ✔，将其设置为当前层，完成设置，结果如图 5-7 所示。

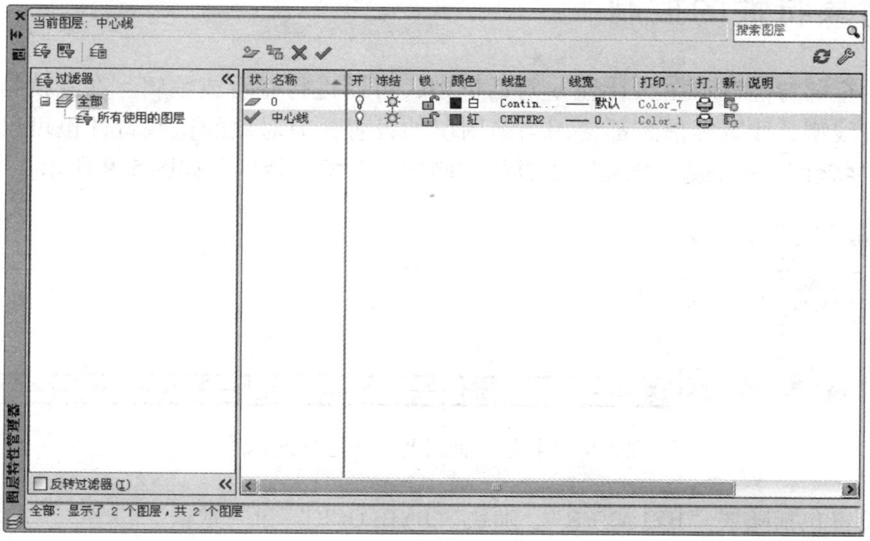

图 5-7　创建新图层

注意：

1）0 层不能被删除或重命名，但可以对其特性（线型、线宽、颜色等）进行编辑、修改。

2）不能冻结当前层，也不能将冻结层改为当前层。

3）不能锁定当前层、0 层。

4）可以只将需要进行操作的图层显示出来，而关闭或冻结暂时不操作的图层，这样可以加快图形的显示速度。

5.1.2　图层的使用

当前正在使用的图层称为当前层，绘制实体都是在当前图层中进行。

绘图时，可通过“图层”面板或工具栏中的“图层控制”下拉列表框，进行图层的切换，如图 5-8 所示。只需选择要置为当前层的图层名称即可，而不必打开“图层特性管理器”对话框再操作。

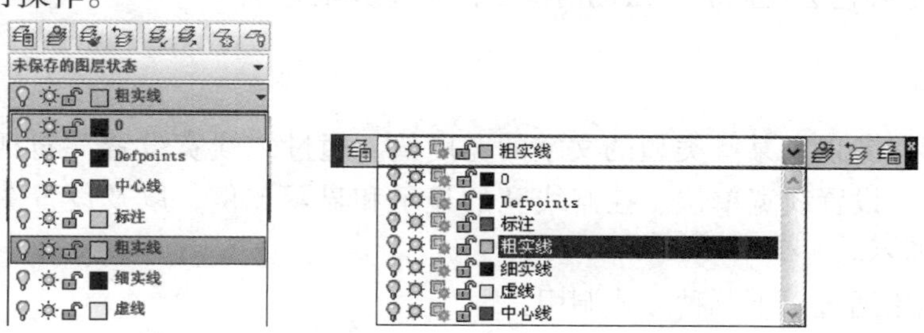

图 5-8　在“图层”面板或工具栏中控制图层

绘图中如想改变图层的状态（置为当前、打开/关闭、冻结/解冻、锁定/解锁等），可直接在下拉列表中点取图标进行相应的设置。

5.2 对象特性的控制

对象的全部特性显示在“特性”对话框中，可以进行查看或编辑。在默认情况下，对象的颜色、线型、线宽等信息都使用当前图层的设置，但对象的这些特性也可以不依赖图层，通过“特性”面板或“特性”工具栏明确指定对象的特性，如图 5-9 所示。

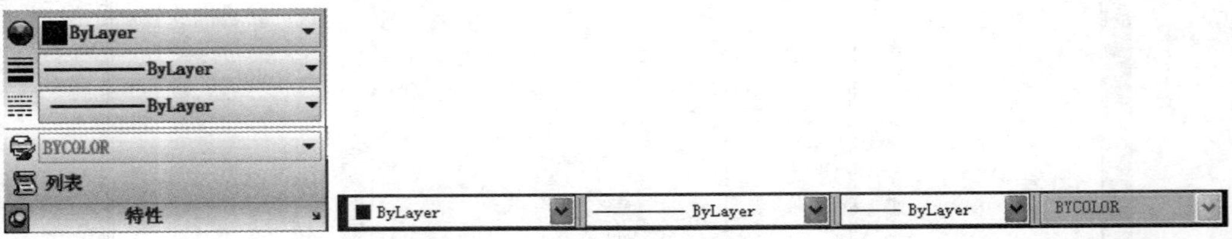

图 5-9 “特性”面板及“特性”工具栏

标准设置包括随层“BYLAYER”、随块“BYBLOCK”和“默认”设置。

- 随层“BYLAYER”：指对象的特性将随该图层设置的情况而绘制。
- 随块“BYBLOCK”：指绘制的对象如在被插入的图层上，则块中的对象将继承插入时的特性。
- 默认：由系统变量控制，所有新图层使用默认设置。

5.2.1 颜色

可以使用颜色（COLOR）帮助用户直观地标识对象。可以随图层指定对象的颜色，也可以不依赖图层明确指定对象的颜色。

颜色命令调用通过以下几种方式调用：

➢ 单击“常用”选项卡→“特性”面板→对象颜色命令。

➢ 单击下拉菜单的“格式”→“颜色”命令。

➢ 在命令行输入“COLOR”。通过“选择颜色”对话框可设置当前对象颜色。

注意：

1）随图层指定颜色可以使用户轻松识别图形中的每个图层。

2）明确指定颜色会使同一图层的对象之间产生其他差别。

5.2.2 线宽

指定给图形对象以及某些类型的文字的宽度值。通过“线宽设置”对话框设置当前线宽（LWEIGHT）、设置线宽单位、控制线宽的显示和显示比例，以及设置图层的默认线宽值，如图 5-10 所示。

线宽命令调用通过以下几种方式调用：

➢ 单击“常用”选项卡→“特性”面板→线宽命令。

➢ 单击下拉菜单的“格式”→“线宽”命令。

➢ 在命令行输入“LWEIGHT”。

另外，在状态栏上单击鼠标右键，选择“设置…”选项，也可调出“线宽设置”对话框。

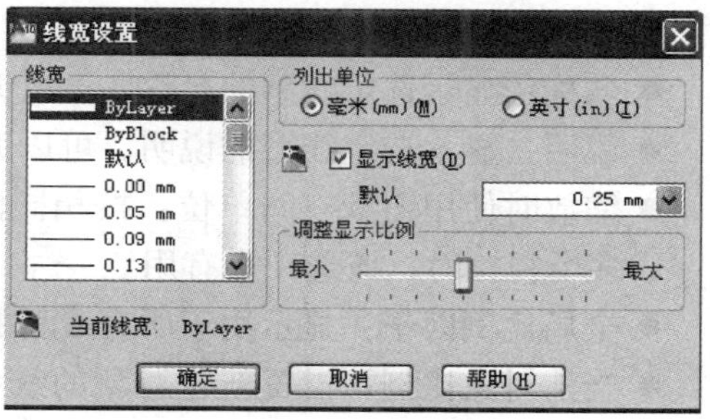

图5-10　“线宽设置”对话框

具有线宽的对象将以指定线宽值的精确宽度打印。这些值的标准设置包括“BYLAYER”、“BYBLOCK”和“默认”。它们可以以英寸或毫米为单位显示，默认单位为毫米。

注意：

1）所有图层初始设置为“0.25mm”，由“LWDEFAULT”系统变量控制。

2）除非选择了状态栏上的“显示/隐藏线宽”按钮，否则将不显示线宽。

5.2.3　线型

系统除提供了连续线型（LINETYPE）外，还提供了大量的非连续线型（如中心线、虚线等）。利用“线型管理器”对话框加载线型和设置当前线型，如图5-11所示。

线型命令调用通过以下几种方式调用：

➢ 单击“常用”选项卡→“特性”面板→线型命令。

➢ 单击下拉菜单的“格式”→“线型”命令。

➢ 在命令行输入“LINETYPE”。

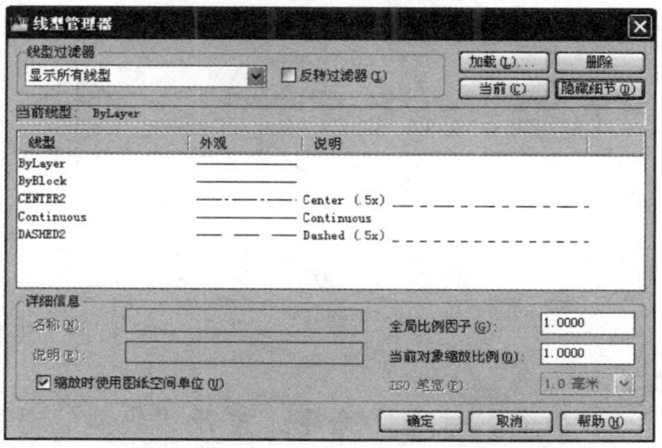

图5-11　“线型管理器”对话框

各选项功能如下：

● 线型过滤器：确定在线型列表中显示哪些线型。

● 反转过滤器：根据与选定的过滤条件相反的条件显示线型。

● 加载：显示“加载或重载线型”对话框，可以从中选定的线型加载到图形并将它们添加到线型列表。

● 当前：将选定线型设置为当前线型。

● 删除：从图形中删除选定的线型。只能删除未使用的线型。不能删除“BYLAYER”、“BYBLOCK”和“CONTINUOUS”线型。

● 显示细节或隐藏细节：控制是否显示线型管理器的“详细信息”部分。

● 当前线型：显示当前线型的名称。

● 线型列表：在“线型过滤器”中，根据指定的选项显示已加载的线型。要迅速选定或清除所有线型，可在线型列表中单击鼠标右键以显示快捷菜单。

● 线型：显示已加载的线型名称。

● 外观：显示选定线型的样例。

● 说明：显示线型的说明，可以在“详细信息”区中进行编辑。

“详细信息”各选项功能如下：

- 名称：显示选定线型的名称，可以编辑该名称。
- 说明：显示选定线型的说明，可以编辑该说明。
- 缩放时使用图纸空间单位：按相同的比例在图纸空间和模型空间缩放线型。当使用多个视口时，该选项很有用。
- 全局比例因子：显示用于所有线型的全局缩放比例因子。
- 当前对象比例：设置新建对象的线型比例。生成的比例是全局比例因子与该对象的比例因子的乘积。
- ISO 笔宽：将线型比例设置为标准 ISO 值列表中的一个。生成的比例是全局比例因子与该对象的比例因子的乘积。

非连续线型受图形尺寸的影响，要改变非连续线型的外观，可调整系统变量“全局线型比例”和“当前对象线型比例”。

【例 5-2】 绘制如图 5-12a 所示的图形，其中内侧圆设置为虚线，对称线设置为点画线，其余为实线。由于比例的原因，无法显示出虚线和点画线。修改线型比例，显示出线型效果。编辑结果如图 5-12b 所示。

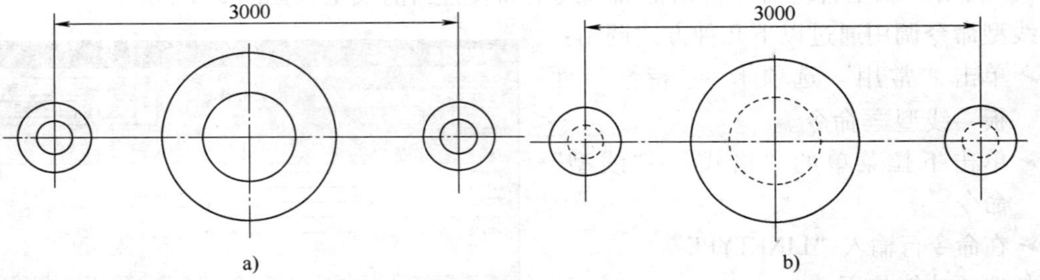

图 5-12　设置线型比例

1）执行“线型”命令，打开“线型管理器”对话框。

2）在“详细信息”（如对话框中没显示，单击“显示细节”按钮即可）的“全局比例因子”后输入“5”，即将图形中的所有非连续线型放大 5 倍。

3）关闭对话框，结束操作。

注意：

1）全局线型比例对图形中的所有非连续线型有效，其值的改变将影响所有已存在的对象及以后要绘制的新对象。

2）“当前对象线型比例”即局部线型比例，是指每个对象可具有不同的线型比例。每个对象最终的线型比例等于对象自身线型比例（CELTSCALE）与全局线型比例（LTSCALE）之积。

3）全局线型比例因子默认值为“1”，如果图中非连续线线型显示的间距较大，输入小于“1”的值，反之则输入大于“1”的值。

4）修改“当前对象线型比例”也可通过“特性”选项板来实现。

5.3 实例解析

【例 5-3】 创建如下图层，并设置“中心线”层为当前层，如图 5-13 所示。

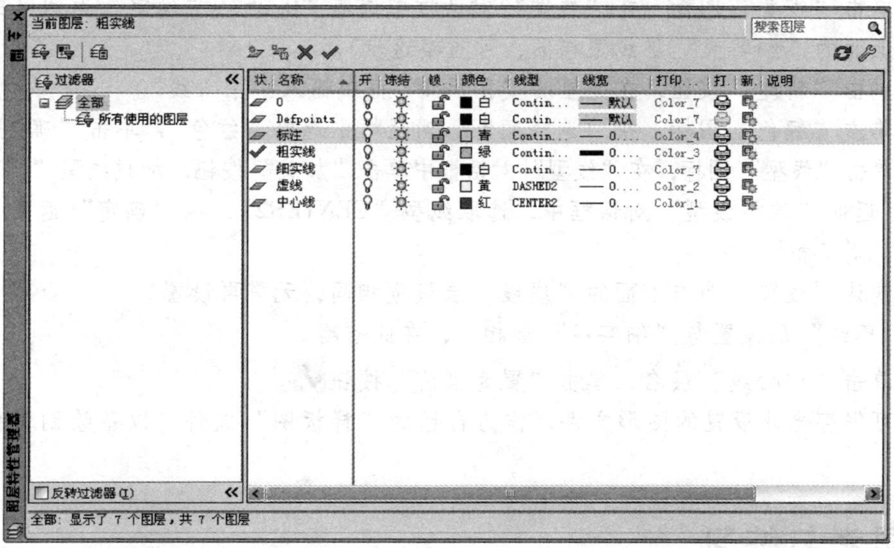

图 5-13　新建图层

粗实线：绿色、线型 Continuous、线宽 0.50；

细实线：白色、线型 Continuous、线宽 0.25；

虚线：黄色、线型 DASHED2、线宽 0.25；

中心线：红色、线型 CENTER2、线宽 0.25；

标注：青色、线型 Continuous、线宽 0.25。

其操作步骤如下：

1）执行“图层”命令，打开“图层特性管理器”对话框。

2）单击“新建”按钮，在亮显的“图层 1”文本框中输入“粗实线”。

3）单击“颜色”图标“□ 白色”，在“选择颜色”对话框中选取“绿色”，“确定”返回“图层特性管理器”对话框。

4）单击“线宽”图标“—— 默认”，在“线宽”对话框中选取 0.50，“确定”返回“图层特性管理器”对话框。

5）单击“新建”按钮，在亮显的“图层 2”框中输入“细实线”。

6）单击“颜色”图标“□ 白色”，在“选择颜色”对话框中选取“白色”，“确定”返回“图层特性管理器”对话框。

7）单击“线宽”图标“—— 默认”，在“线宽”对话框中选取“0.25”，“确定”返回“图层特性管理器”对话框。

8）再单击“新建”按钮，在亮显的“图层 3”框中输入“虚线”。

9）单击“颜色”图标“□ 白色”，在“选择颜色”对话框中选取“黄色”，“确定”返回“图层特性管理器”对话框。

10）单击“线型”图标，在“线型”对话框中单击“加载”按钮，选取线型“DASHED2”，“确定”后返回“选择线型”对话框中，选取线型“DASHED2”，再“确定”返回“图层特性管理器”对话框。

11）单击“线宽”图标，在“线宽”对话框中选取“0.25”，“确定”返回（默认“线宽”为与上面的“细实线”层线宽相同，可省略这步）。

12）单击“新建”按钮，在亮显的“图层4”框中输入“中心线”。

13）单击“颜色”图标，在“选择颜色”对话框中选取“红色”，单击“确定”按钮。

14）单击“线型”图标，在“线型”对话框中单击“加载”按钮，加载线型“CENTER2”，“确定”后返回“选择线型”对话框中，选取线型“CENTER2”，再“确定”返回“图层特性管理器”对话框。

15）默认“线宽”为与上面的“虚线”层线宽相同，无需再设置。

16）“标注”层设置与“细实线”层相似，在此省略。

17）单击“中心线”层名，单击“置为当前”按钮✔。

18）可保存含此设置的图形文件，作为自己的“样板图”文件，以备绘制其他图形时调用。

5.4　思考与练习

1. 图层都有哪些特性?
2. 一般情况下，用 AutoCAD 绘制的图形对象特性，设为“随层”还是“随块”?
3. 如何创建图层，如何设置图层的颜色、线型和线宽?
4. 如何修改非连续线型的线型比例?
5. 如何在屏幕上看到线宽设置效果?
6. 使用“图层特性管理器”对话框，新建三个图层：

“粗实线”层：颜色为绿色、线型为连续线、线宽为“0.5”；

“中心线”层：颜色为红色、线型为点画线、线宽为“0.25”；

“虚线”层：颜色为黄色、线型为虚线、线宽为“0.25”。

7. 在绘制图形时，如果发现某一图形对象没有绘制在预先设置的图层上，应如何纠正?

第 6 章　文字标注和表格

在进行设计工作时，不仅要绘出图形，而且还经常要标注文字，如填写标题栏内容、技术要求、明细表和对某些图形的注释等。AutoCAD 提供了强大的文字标注和表格功能，从创建文字样式、文字输入到文字的编辑、修改属性，及使用表格功能和创建、复制不同类型的表格，以满足制图设计中不同的需要，可以极大地提高工作效率。

6.1 文字样式

使用 AutoCAD 绘图时，文字标注需要创建几种新的文字样式，也就是说需要预先设定文字的字形（具有字体、字的大小、倾斜度、文字方向等特性的文字样式）。文字样式（STYLE）设置后，需要时从这些文字样式中进行选择即可。

创建和修改文字样式，命令调用可通过以下几种方式调用：

➢ 单击“常用”选项卡→“注释”面板→文字样式及“注释”选项卡→“文字”面板→文字样式（如图 6-1 所示）。

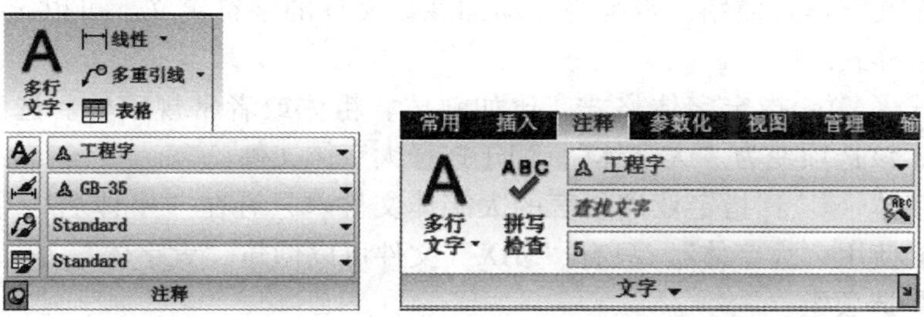

图 6-1　“常用”选项卡→“注释”面板及“注释”选项卡→“文字”面板

➢ 单击下拉菜单中的“格式”→“文字样式”命令。

➢ 单击样式工具栏（如图 6-2 所示）的文字样式按钮。

➢ 在命令行输入“STYLE”。

图 6-2　“样式”工具栏

执行“文字样式”命令，系统弹出“文字样式”对话框，如图 6-3 所示。该对话框各项功能如下：

1. “样式”选项组

框中列出了当前图形文件中所有曾定义过的字体样式，若用户还未定义过字体样式，则只有 Standard 一种样式。选中所需的样式，此文字样式设置成为当前的文字样式，并作为默认样式进行标注。

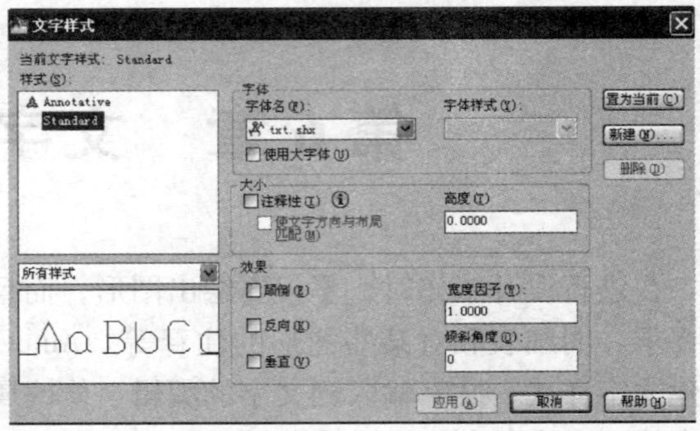

图 6-3　“文字样式”对话框

- 新建（N）：创建新的文字样式。点击该按钮，执行“新建文字样式”对话框，如图 6-4 所示。在该对话框的“样式名”编辑框中输入样式名称，然后单击“确定”按钮确认样式名称，否则单击“取消”按钮取消。
- 删除（D）：删除现有的文字样式。单击该按钮，系统将会提示是否要删除现有的文字样式。

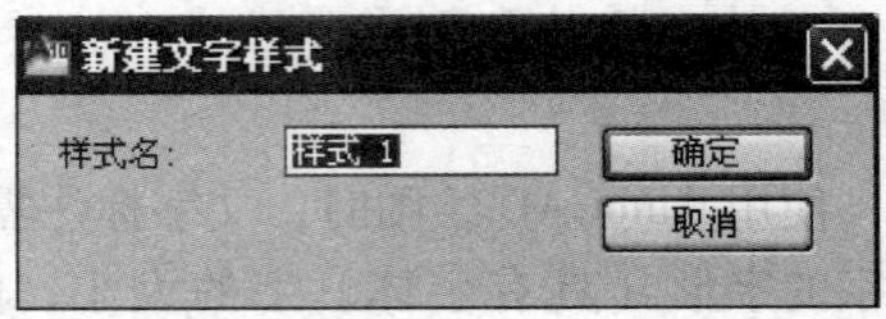

图 6-4　“新建文字样式”对话框

2. “字体”选项组

字体决定了文字最终显示的形式。每种字体都由一个字体文件控制。单击选项组中的下拉式列表框右边的“▼”箭头符号，可将其打开。字体文件分为两种：一种是普通字体文件，即 Windows 系列应用软件所提供的字体文件，为“TrueType”类型的字体；另一种是 AutoCAD 特有的字体文件，被称为大字体文件，这两种字体都可选用。

- 字体名（X）：从列表中选择名称后，该程序将读取指定字体的文件。除非文件已经由另一个文字样式使用，否则将自动加载该文件的字符定义。可以定义使用同样字体的多个样式。
- 字体样式（Y）：指定字体格式，比如斜体、粗体或者常规字体。选定“使用大字体”后，该选项变为“大字体”，用于选择大字体文件。
- 使用大字体（U）：指定亚洲语言的大字体文件。只有在“字体名”中指定 SHX 文件，才能使用“大字体”。只有“SHX”文件可以创建“大字体”。

3. “大小”选项组

- 注释性（I）：可以使用注释性文字样式创建注释性文字，为图形中的说明和选项卡使用“注释性”文字。
- 使文字方向与布局匹配（N）：可以指定图纸空间视口中的文字方向与布局方向匹配。
- 图纸文字高度（T）：设置文字的高度。若在此设置字高，则以后输入的文字高度均为此值。一般在此取默认值“0”，则将在命令过程中提示“指定高度：”，要求指定文字的高度时再输入所需高度。

4. “效果”选项组

可以设定字体的具体特征。

- 颠倒（E）：是否将文字旋转 180°来放置。
- 反向（K）：是否将文字以镜像方式标注。
- 垂直（V）：复选框确定文字是水平标注还是垂直标注。
- 宽度因子（W）：设定文字的宽度系数。
- 倾斜角度（O）：设定文字倾斜角度，输入一个“-85”和“85”之间的值将使文字倾斜。

5.“预览”选项组

通过预览窗口观察所设置的字体样式是否满足需要。字体样式定义完毕后，单击“应用”按钮将新字型加入当前图形，单击“关闭”按钮，关闭“文字样式”对话框，便可以进行文字标注了。

注意：

1）“删除”选项不可用于“Standard”样式。

2）“删除”按钮无法删除已经被使用的文字样式和默认的“Standard”样式。

3）根据国家标准，应当在工程图中使用长仿宋体，简体中文字。系统提供的字库中，中文是按照国家标准创建的“长仿宋”字体（gbcbig. shx），而西文创建了两个字库（gbenor. shx 和 gbeitc. shx），这样写出的文字比较符合中国的国家标准。如果使用 TTF 字体，除了字形不符合国标外，还有可能在符号上出错，如 AotoCAD 的直径描述符号“%%D”将成为“?”。

【例 6-1】 创建新的文字样式，名称为“工程字”，字体名为“gbeitc. shx”（或“gbenor. shx”），使用大字体，字体样式取“gbcbig. shx”。其操作步骤如下：

1）执行“文字样式”命令。

2）在弹出的“文字样式”对话框中点取“新建”按钮，在“新建文字样式”对话框的“样式名”编辑框中输入新样式名称“工程字”，然后单击“确定”按钮。

3）在“字体样式”下拉列表框中选择“gbeitc. shx”（斜体字），或选择“gbenor. shx”（字体不倾斜），从“预览”框中可看出两种文字样式的不同。

4）选择使用大字体☑使用大字体(U)，在“大字体”下拉列表框中选择“gbcbig. shx”。

5）单击“应用”、“关闭”按钮，完成新文字样式“工程字”的设置，如图 6-5 所示。

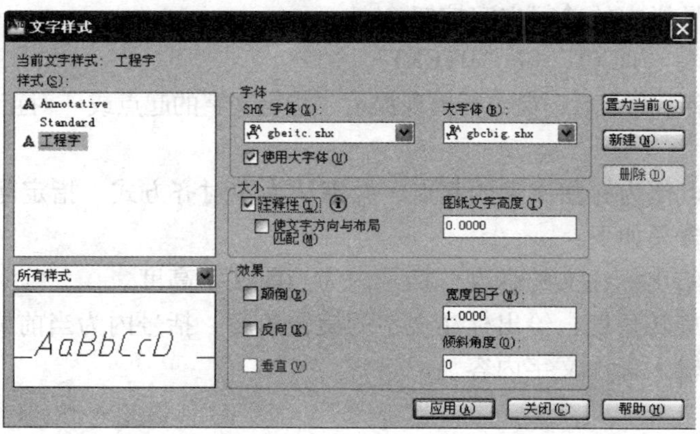

图 6-5　创建新的“文字样式”

6.2　标注控制码与特殊字符

在实际绘图中，经常需要标注一些特殊字符。AutoCAD 为输入这些字符提供了一些简捷的控制码，通过从键盘上直接输入这些控制码，可以达到输入特殊字符的目的。

AutoCAD 提供的控制码，均由两个百分号“%%”和一个字母组成。输入这些控制码后，屏幕上不会立即显示它们所代表的特殊符号，只有在回车结束本次标注命令之后，控制码才会变成相应的特殊字符。控制码及其对应的特殊字符如下所示：

%%D：标注符号“度”（°）。

%%P：标注“正负号”（±）。

%%C：标注“直径”（ϕ）。

%%%：标注“百分号”（%）。

%%nnn：产生由 nnn 的 ASCII 码对应的特殊字符。

%%O：打开或关闭文字上划线功能。

%%U：打开或关闭文字下划线功能。

6.3　单行文字和多行文字的标注

文字样式设置好以后，就可使用单行文字（TEXT）、多行文字（MTEXT）等命令对文字进行标注。

6.3.1　标注单行文字

可在图形中动态地标注一行或几行文字，即在命令行输入文字时，在屏幕上同步显示正在输入的每个字。

标注单行文字命令可通过以下几种方式调用：

➢ 单击“常用”选项卡→“注释”面板→多行文字→单行文字命令。

➢ 单击下拉菜单“绘图”→“文字”→“单行文字”命令。

➢ 单击文字工具栏中的单行文字按钮。

➢ 在命令行输入“TEXT”或“DTEXT”。

执行“单行文字”命令后，命令行出现提示“指定文字的起点或［对正（J）样式（S）］：”

1. 文字的起点

输入一个坐标点作为标注文字的起点，并默认为左对齐方式。指定起点后，命令行相继出现提示，各选项含义如下：

● 指定高度：给出标注文的高度，括号内为当前文字高度。

● 指定文字的旋转角度：给出标注文字的旋转角度，括号内为当前旋转角度。

● 输入文字：输入标注文字内容。

2. 对正

设置标注文字的对正方式，如图 6-6 所示。选择“对正”选项后，命令行出现提示：“［对齐（A）/调整（F）/中心（C）/中间（M）/右（R）/左上（TL）/中上（TC）/右上（TR）/左中（ML）/正中（MC）/右中（MR）/左下（BL）/中下（BC）/右下（BR）］：”，各选项含义如下：

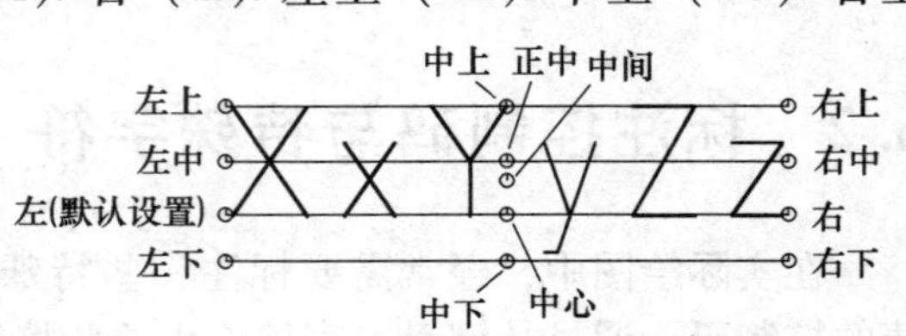

图 6-6　文字的对正方式

● 对齐（A）：选择该选项，可使生成的文字在指定的两点之间均匀分布。

● 调整（F）：文字充满在指定的两点之

间，并可控制其高度。

- 中心（C）：文字以插入点为中心向两边排列。
- 中间（M）：文字以插入点为中间向两边排列。
- 右（R）：文字以插入点为基点向右对齐。
- 左上（TL）：文字以插入点为字符串的左上角。
- 中上（TC）：文字以插入点为字符串顶线的中心点。
- 右上（TR）：文字以插入点为字符串的右上角。
- 左中（ML）：文字以插入点为字符串的左中点。
- 正中（MC）：文字以插入点为字符串的正中点。
- 右中（MR）：文字以插入点为字符串的右中点。
- 左下（BL）：文字以插入点为字符串的左下角。
- 中下（BC）：文字以插入点为字符串的底线的中点。
- 右下（BR）：文字以插入点为字符串的右下角。

在系统默认情况下，文字的对齐方式为左对齐。当选择其他对齐方式时，按回车键可改变对齐方式。

3. 样式

指定文字样式，选择“样式”选项后，命令行出现提示“输入样式名或［?］<Standard >:”可在提示后输入定义的样式名，根据命令行提示，依次操作。

【例6-2】 在标题栏中用“单行文字”标注“09.1.8”，采用调整（F）对齐方式，字高为“5”，如图6-7所示。其操作步骤如下：

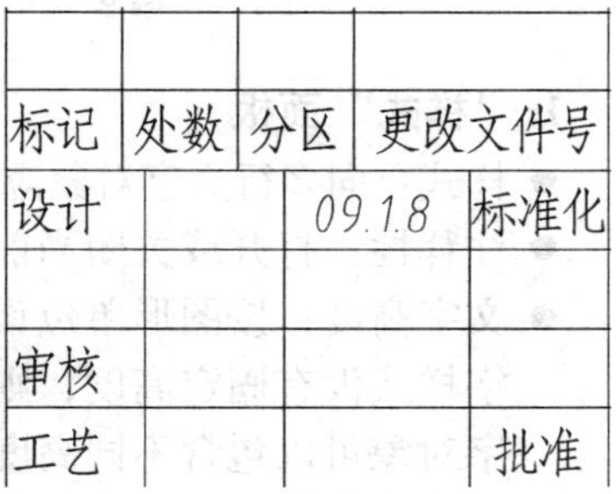

图6-7　标注“单行文字”

1）执行“单行文字”命令。

2）系统提示“当前文字样式：Standard 文字高度：2.5　指定文字的起点或［对正（J）/样式（S）］:”，输入“S↙”选择样式选项。

3）提示“输入样式名或［?］<standard >:”时，输入“工程字”（即例6-1中自己设置的新样式）。

4）提示“指定文字的起点或［对正（J）样式（S）］:”时，输入“J↙”，选择对正选项。

5）提示“［对齐（A）/调整（F）/中心（C）/中间（M）/右（R）/左上（TL）/中上（TC）/右上（TR）/左中（ML）/正中（MC）/右中（MR）/左下（BL）/中下（BC）/右下（BR）］:”时，输入“F↙”，选择调整（F）对齐方式。

6）提示“指定文字基线的第一个端点:”时，点取文字左下点。

7）提示“指定文字基线的第二个端点:”时，点取文字右下点。

8）提示“指定高度<2.5>:”时，输入“5↙”设定字高。

9）提示“指定文字的旋转角<0>:”时，↙，默认文字不旋转。

10）提示“输入文字:”时，输入文字“09.1.8”。

11）再提示“输入文字:”时，连续两次↙结束命令。

6.3.2　标注多行文字

虽然用“单行文字”命令也可以标注多行文字（MTEXT），但换行时定位及行列对齐比较困难，且标注结束后，每行文字都是一个单独的对象，不易编辑。为此 AutoCAD 提供了 MTEXT 命令，一次标注多行文字，并且各行文字作为一个段落、一个对象来处理，整个对象必须采用相同的样式、字体、颜色等特性。

“多行文字”命令可通过以下几种方式调用：

➢ 单击“常用”选项卡→“注释”面板→多行文字 →多行文字命令。

➢ 单击下拉菜单的“绘图”→“文字”→“多行文字”命令。

➢ 单击绘图工具栏中的多行文字按钮 A。

➢ 在命令行输入“MTEXT”。

执行“多行文字”命令，在绘图区指定一个区域后，系统将显示“文字编辑器”选项卡和“文字输入”窗口，如图 6-8 所示。各选项的含义如下：

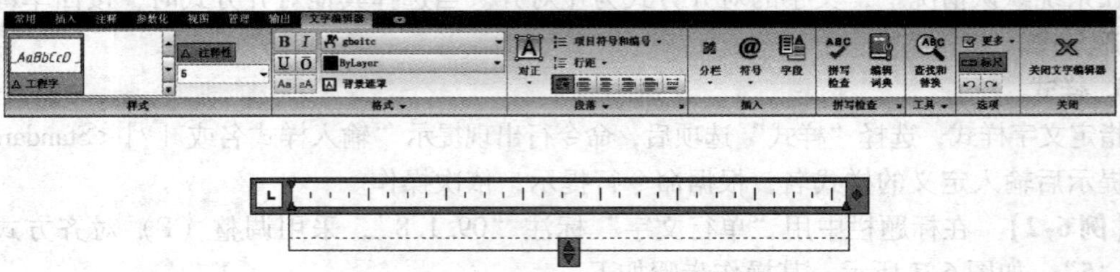

图 6-8　“文字编辑器”选项卡和“文字输入”窗口

1.“样式”面板

- 样式：向多行文字对象应用文字样式。默认情况下，“标准”文字样式处于活动状态。
- 注释性：打开或关闭当前多行文字对象的“注释性”。
- 文字高度：按图形单位设置新文字的字符高度或修改选定文字的高度。如果当前文字样式没有固定高度，则文字高度将为系统变量“TEXTSIZE”中存储的值。多行文字对象可以包含不同高度的字符。

2.“格式”面板

- B：将被选择的文字加粗。
- I：将被选择的文字设成斜体。
- U：将被选择的文字加下划线。
- O：将被选择的文字加上划线。
- 字体：为新输入的文字指定字体或改变选定文字的字体类型。
- 颜色：可以设置为输入文字指定颜色或修改选定文字的颜色。
- 大写、小写：改变文字中字符的大小写。
- 背景遮罩：显示“背景遮罩”对话框，可以设置是否使用背景遮罩、图形背景填充颜色等。

3.“段落”面板

- 对正：显示“多行文字对正”菜单，并且有九个对齐选项可用。“左上”为默认。

- 项目符号和编号：显示“项目符号和编号”菜单。
- 行距：显示建议的行距选项或“段落”对话框。在当前段落或选定段落中设置行距。
- 段落：显示“段落”对话框。
- 左对齐、居中、右对齐、两端对齐和分散对齐：设置当前段落或选定段落的左、中或右文字边界的对正和对齐方式。包含在一行的末尾输入的空格，并且这些空格会影响行的对正。

4. “插入”面板

- 分栏：显示“栏”弹出型菜单，该菜单提供三个栏选项：“不分栏”、“静态栏”和“动态栏”。
- 符号：在光标位置插入符号或不间断空格。也可以手动插入符号。如果选择“其他…”命令，将弹出“字符映射表”对话框，可以插入其他特殊字符。
- 字段：显示“字段”对话框，从中可以选择要插入到文字中的字段。关闭该对话框后，字段的当前值将显示在文字中。

5. “拼写检查”面板

- 拼写检查：确定“输入时”拼写检查为打开还是关闭状态。默认情况下此选项为开。
- 编辑词典：显示“词典”对话框。

6. “工具”面板

- 查找和替换：显示“查找和替换”对话框，搜索、替换指定的字符串等。

7. “选项”面板

- 更多：包括“字符集”、“文字编辑器”等设置。
- 标尺：在编辑器顶部显示标尺。拖动标尺末尾的箭头可更改多行文字对象的宽度。也可以从标尺中选择制表符。
- 放弃：即左箭头按钮，放弃在“多行文字”功能区上下文选项卡中执行的操作，包括对文字内容或文字格式的更改。也可以使用 <Ctrl + Z> 组合键。
- 重做：即右箭头按钮，重做在“多行文字”功能区上下文选项卡中执行的操作，包括对文字内容或文字格式所做的更改。也可以使用 <Ctrl + Y> 组合键。

8. “关闭”面板

- 关闭文字编辑器：结束“MTEXT”命令，关闭“多行文字”功能区上下文选项卡。

注意：

1）设置多行文字宽度的方法是，直接拖动标尺的◇、◁▷可动态调节多行文字的范围。

2）当在文字中选择带有“/”、“#”、和“^”的分隔符号的文字时，可以创建一种堆叠的文字或分数。选择这一部分文字（分子、分隔符号、分母）后，鼠标右键单击选择“堆叠”即可，如图 6-9 所示。

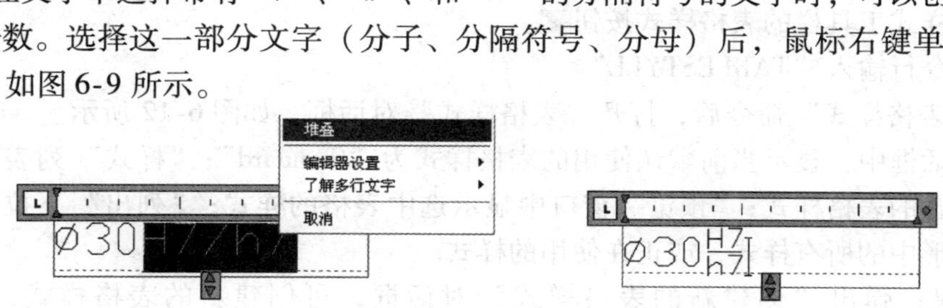

图 6-9　堆叠“文本”

【例 6-3】 使用“多行文字”命令标注如图 6-10 所示的段落文字。其操作步骤如下：

1）执行“多行文字”命令。

2）提示“当前文字样式：“工程字” 当前文字高度：3.5 指定第一角点：”时，可点取段落文字的第一角点。

3）提示“指定对角点或［高度（H）/对正（J）/行距（L）/旋转（R）/样式（S）/宽度（W）]：S”时，点取对角点，弹出“文字编辑器”选项卡和“文字输入”窗口，或输入“S↙”重新设定文字样式。

4）在“文字输入”窗口输入第一行文字“国家标准—技术制图”，按 <Enter> 键换行。

5）输入第二行文字“20H7/f8”，再选择 H7/f8 后鼠标右键单击，选择“堆叠”，按 <Enter> 键。

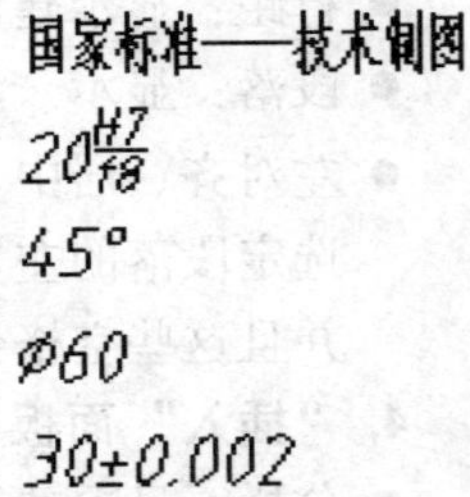

图 6-10　用“多行文字”标注段落文本

6）输入第三行文字“45%%D”（或先输入 45，再单击“文字编辑器”选项卡中的符号@，选择“度数　%%d”），按 <Enter> 键。

7）输入第四行文字“%%C60”，按 <Enter> 键。

8）输入第五行文字“30%%P0.002”，按 <Enter> 键。单击“确定”按钮，结束段落文字输入。

6.4　表格样式

在 AutoCAD 中，用户可以使用新增的创建表格命令自动生成数据表格。从而取代了以前利用绘制线段和文字来创建表格的方法。用户能从 Microsoft Excel 中直接复制表格，还可以输出表格数据到 Microsoft Excel 或其他应用程序。

表格允许用户将 AutoCAD 和 Microsoft Excel 列表信息整合到一个 AutoCAD 表格中，此表可以进行动态链接，这样在更新数据时，AutoCAD 和 Microsoft Excel 就会自动显示通知，然后，用户可以选中这些通知，对任何原文档的信息及时更新。

使用表格样式，可以保证字体、颜色、文字、高度等保持一致。可以使用默认的表格样式或者自定义的样式。

表格样式命令可通过以下几种方式调用：

➢ 单击“注释”选项卡→“表格”面板（见图 6-11）→表格样式命令。

➢ 单击下拉菜单“格式”→“表格样式”命令。

➢ 单击样式工具栏的表格样式按钮。

➢ 在命令行输入“TABLESTYLE”。

执行“表格样式”命令后，打开“表格样式”对话框，如图 6-12 所示。

在该对话框中，显示当前默认使用的表格样式为“Standard”；“样式”列表中显示了当前图形所包含的表格样式；“预览”窗口中显示选中表格的样式；“列出”下拉列表中，可选择显示图形中的所有样式，或正在使用的样式。

1）新建：弹出“创建新的表格样式”对话框，可创建新的表格样式，如图 6-13 所示。

图 6-11　“注释”选项卡→“表格”面板

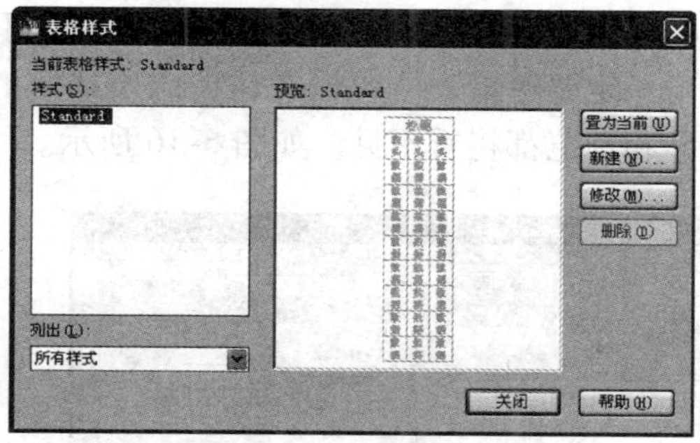

图 6-12　“表格样式”对话框

● “新样式名”：输入新的表格样式名。
● “基础样式”：选择表格样式，以此样式为基础样式创建新表格样式。
● “继续”：打开“新建表格样式”对话框，如图 6-14 所示。

图 6-13　“创建新的表格样式”对话框

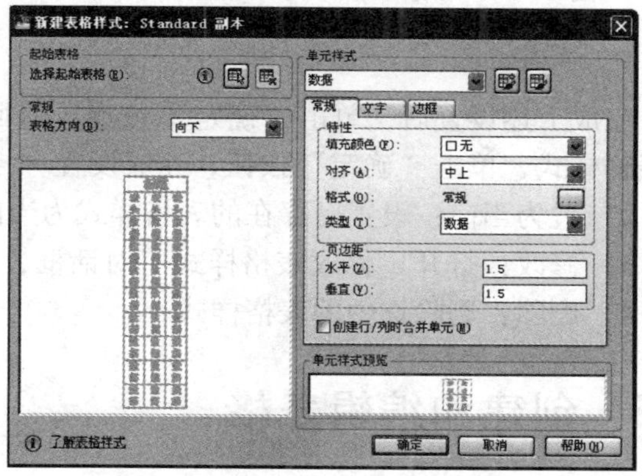

图 6-14　“新建表格样式”对话框的“基本”选项卡

● “起始表格”：起始表格是图形中用作设置新表格样式的样例表格。一旦选定表格，用户即可指定要从此表格复制到表格样式的结构和内容。创建新的表格样式时，可以指定一个起始表格，也可以从表格样式中删除起始表格。
● “常规”：可以完成对表格方向的设置。
● “单元样式”：包括数据、标题和表头三个单元，每个单元包括三个选项卡，可以进行“基本”设置、“文字”设置和“边框”设置。对于“数据”、“标题”和“表头”的单元样式应该分别设置，设置好后，还可以通过“单元样式与预览”查看设置效果。
● “常规”选项卡：包括表格的特性，如表格的填充颜色、表格内对象的对齐方式、表格单元数据格式及表格类型；表格水平、垂直边距的设置；选中“创建行/列时合并单元”复选框，可以在创建表格的同时合并单元格。
● “文字”选项卡：包括表格内文字样式、文字高度、文字颜色和文字角度的设置。如图 6-15 所示。
● “边框”选项卡：包括表格的线宽、线型和边框的颜色的设置，还可以将表格内的线设置成双线形式，单击表格边框按钮可以将选定的特性应用到边框。边框设置好后，一定要单击表格边框按钮，应用选定的特性，如不应用，表格中的边框线，在打印和预览都将看不见。如图 6-16 所示。

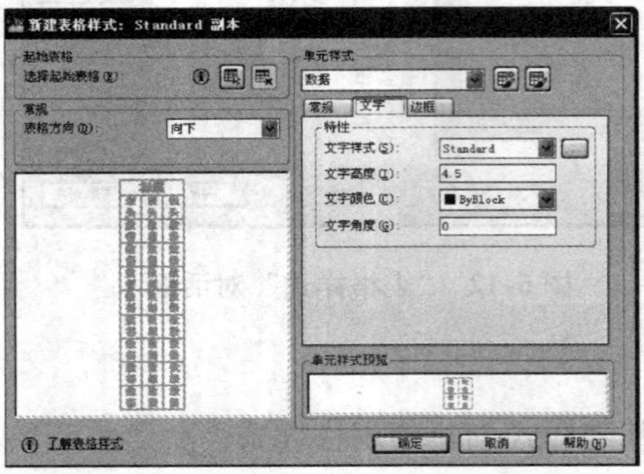

图 6-15 “新建表格样式”对话框的“文字”选项卡

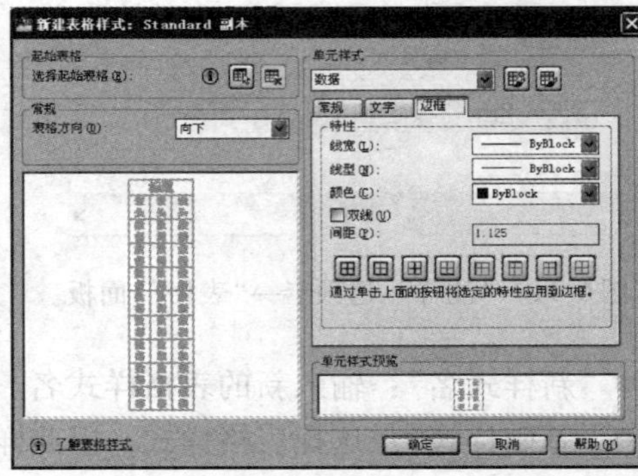

图 6-16 “新建表格样式”对话框的“边框”选项卡

完成上述设置后，单击“确定”按钮，返回到“表格样式”对话框。可以看到新创建的表格样式，单击“确定”按钮，完成设置。

2）置为当前：设置已存在的表格样式为当前表格样式。

3）修改：打开“修改表格样式”对话框，修改选中的表格样式。

4）删除：删除选中的表格样式。

6.5 创建和编辑表格

6.5.1 创建表格

使用表格样式，可以保证字体、颜色、文字、高度等保持一致。可以使用默认的表格样式或者自定义的样式。

创建表格（TABLE）命令可通过以下几种方式调用：

➢ 单击“常用”选项卡→“注释”面板→表格命令。
➢ 单击“注释”选项卡→“表格”面板→表格命令。
➢ 单击下拉菜单的“绘图”→“表格”命令。
➢ 单击绘图工具栏的表格按钮。
➢ 在命令行输入“TABLE（TB）”。

执行“表格”命令后，打开“插入表格”对话框，如图 6-17 所示。“插入表格”对话框中的各选项的功能如下：

1）“表格样式”下拉列表框：用来选择系统提供的，或者用户已经创建好的表格样式。

- 第一行单元样式：指定表格中第一行的单元样式。默认情况下，使用标题单元样式。
- 第二行单元样式：指定表格中第二行的单元样式。默认情况下，使用表头单元样式。
- 所有其他行单元样式：指定表格中所有其他行的单元样式。默认情况下，使用数据单元样式。

2）“插入方式”：选择表格插入的方式。“指定插入点”单选按钮，可以在绘图窗口中的某点插入固定大小的表格。“指定窗口”单选按钮，可以在绘图窗口中，通过拖动表格边框来创建任意大小的表格。

3）“插入选项”：选择从空表格开始。

4）“列和行设置”：通过输入“列”、“列宽”、“数据行”及“行高”文字框中的数值来改变表格的大小。

5）“设置单元样式”：创建新的单元样式。

6）“预览窗口”：显示表格的预览效果。

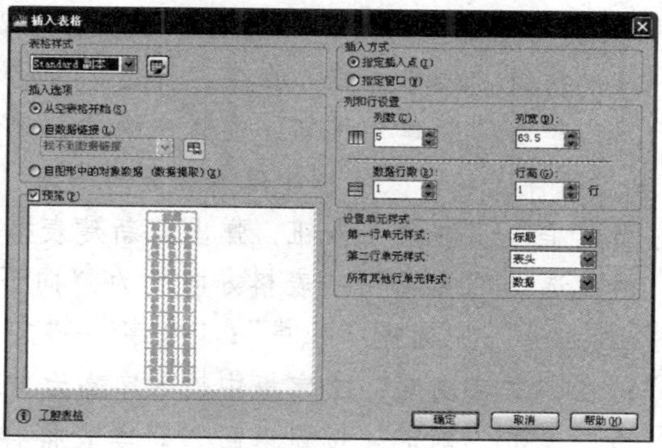

图6-17 “插入表格”对话框

6.5.2 编辑表格

通常在创建表格之后，需要对表格进行修改，可选择要编辑的单元格后，用“表格单元”选项卡的各选项进行编辑，“表格单元”选项卡如图6-18所示。

图6-18 “表格单元”选项卡各选项

1）行：插入或删除行。

2）列：插入或删除列。

3）合并：取消或合并选择的单元格，合并可选择按行、按列或全部。

4）单元样式：设置单元样式。

5）单元格式：包括单元锁定、数据格式。

6）插入：插入块、字段、公式等内容。选定表格单元后，可以从表格工具栏及快捷菜单中插入公式。也可以打开在位文字编辑器，然后在表格单元中手动输入公式。

7）数据：创建、编辑和管理数据链接。数据链接树状图将显示包含在图形中的链接。还提供用于创建新数据链接的选项。

注意：

1）双击单元格内容，即可编辑单元内容。

2）选择单元后，可通过拖动夹点来编辑表格。

3）选择单元后，也可以单击鼠标右键，然后使用快捷菜单上的选项来编辑表格。

6.6 实例解析

【例6-4】 绘制表格“啮合特性表”，表格中的文字字体为“工程字”，文字高度为5，对齐方式为正中。如图 6-19 所示。其操作步骤如下：

模数 *m*	1
齿数 *Z*	40
压力角α	20°

图 6-19　啮合特性表

1）执行“表格样式”命令，弹出“表格样式”对话框。

2）单击“新建”按钮，在弹出的“创建新的表格样式”对话框中“新样式名”文字框中输入新表样式名“啮合特性表”。

3）单击“继续”按钮，弹出“新建表格样式”对话框。

4）选择“常规”→“表格方向”为“向下”；在“常规”→“特性”→“对齐”中选择“正中”；“文字”→“文字样式”选择“工程字”；在“文字高度”文字框中输入字高为“5”；“边框”选择“所有边框”田。

5）单击“确定”按钮返回“新建表格样式”对话框，再单击“置为当前”按钮使用该样式创建表格，单击“关闭”按钮退出“表格样式”对话框。

6）执行“表格”命令，弹出“插入表格”对话框。

7）在“插入方式”选择“指定插入点”按钮，列和行设置里，选择“2”列，列宽“20”，数据行为“1”，行高选择“1”；在设置单元样式的三个框里，全部选择“数据”。

8）单击“确定”按钮，此时将在绘图窗口中插入一个 3 行 2 列的表格。

9）命令行提示：指定插入点：指定表格左上角的位置。可以使用定点设备，也可以在命令提示下输入坐标值。如果表格样式将表格的方向设置为由下而上读取，则插入点位于表格的左下角。

10）指定插入点后，分别在每个表格单元中输入相应文字。

6.7　思考与练习

1. 新建一个文字样式，样式名为“机械制图”，字体为“gbeitc. shx”，使用大字体，“gbcbig. shx”。

2. 使用设置好的标注样式，在 AutoCAD 中标注如图 6-20 所示的多行文字（其中“技术要求”字高为 5，其他文字字高为 3. 5）。

3. 用表格创建如图 6-21 所示的“啮合特性表”。

技术要求

1. 未注圆角R2~R3。

2. 铸件不得有气孔、裂纹等缺陷。

图 6-20　标注多行文字

模数 *m*	1.5
齿数 *Z*	34
压力角α	20°

图 6-21　用表格创建“啮合特性表”

第 7 章　尺寸标注

尺寸标注是工程图样的重要组成部分，是零件制造、工程施工和零部件装配的重要依据。不同的行业标注尺寸的方式有所不同，在对图形进行尺寸标注之前，首先必须了解行业的尺寸标注的要求，设置相应的尺寸标注的样式。

7.1　创建与设置尺寸标注样式

尺寸标注可以由尺寸界线、尺寸线、尺寸文字、箭头、指引线、中心标记等几部分组成，如图 7-1 所示。尺寸标注的样式设置，也就是分别对这几个组成部分进行设置，以控制标注的格式和外观。尺寸标注变量设置的全部集合作为一个整体并赋予一个名字就是尺寸标注样式，然后再用这个设置的样式对图形进行标注，以获得一个完整、清晰、正确的尺寸标注。

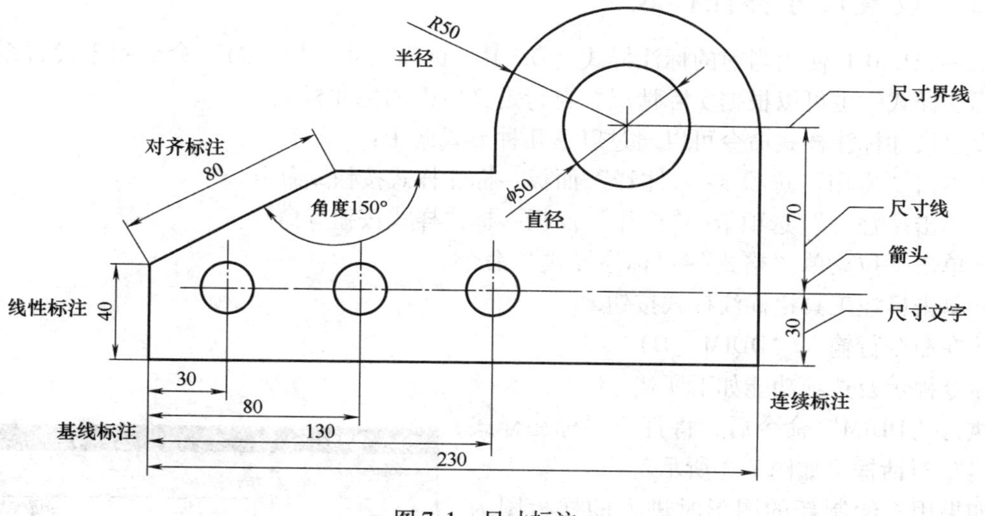

图 7-1　尺寸标注

AutoCAD 进行尺寸标注，应按照一定的步骤进行，才能更快、更好地完成标注工作。尺寸标注的方法及过程如下：

1）创建一个图层用于标注尺寸。

2）创建尺寸标注所需的文字样式。

3）创建尺寸标注样式。选用所建立的文字样式，并设置尺寸标注的比例因子、尺寸线、尺寸界线、箭头、尺寸文字、尺寸单位、尺寸精度、公差等内容。

4）保存所设的尺寸标注样式，以备使用。

5）使用所建立的标注样式，用尺寸标注命令标注图形的尺寸，并对不符合要求的标注，用尺寸标注编辑命令编辑修改。

AutoCAD 提供了自动测量的功能。标注尺寸时系统能自动测量出所标注图形的尺寸，所以用户绘图时应尽量准确，避免修改标注文字，以加快绘图的速度。

可利用标注面板或标注工具栏进行标注，如图 7-2 所示。

图 7-2 “注释”标签→“标注”面板及标注工具栏

AutoCAD 绘图系统提供了多种标注样式，在英制样板文件中，它提供了一个默认名为 STANDARD 的标注样式，在公制样板中，提供名为 ISO-25 的国际标准化组织设计的公制标注样式。ISO-25 标注样式与我国制图标准是有区别的，需要修改使之符合我国的制图标准。图形模板中提供的 GB 样式比较符合我国制图标准，但也必须对它们进行修改，建立完全符合我国制图标准的标注样式。

7.1.1 设置尺寸标注样式

AutoCAD2010 使用当前的标注样式（DDIM）标注尺寸。“DDIM” 命令用于设置系统提供的标注样式，也可以根据实际情况，自行定义所需的标注样式。

设置尺寸标注样式命令可以通过以下几种方式调用：

➢ 单击“常用”选项卡→“注释”面板→标注样式按钮命令。
➢ 单击“注释”选项卡→“标注”面板→标注样式按钮命令。
➢ 单击下拉菜单“格式”→“标注样式”命令。
➢ 单击标注工具栏标注样式按钮。
➢ 在命令行输入“DDIM（D）”。

命令提示及选项功能如下所述。

执行“DDIM”命令后，将打开“标注样式管理器”对话框，如图 7-3 所示。

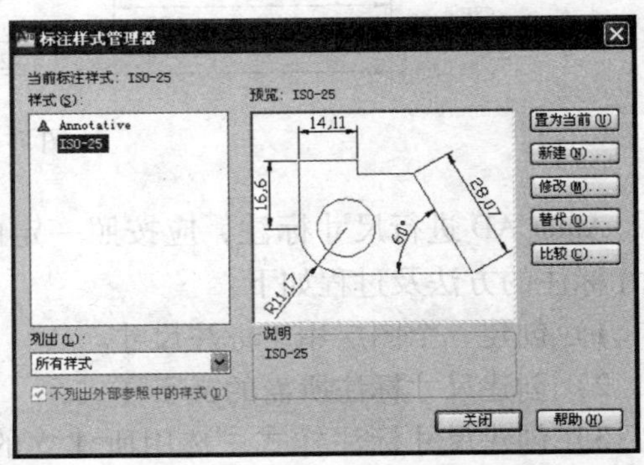

图 7-3 “标注样式管理器”对话框

如果用户绘制新的图形时进入的样板图为“GB”，则系统默认的格式为“GB-35”或“GB-5”。在“样式”列表中选定样式名称后单击鼠标右键弹出快捷菜单，用右键菜单可以设置当前标注样式、重命名标注样式和删除标注样式。

- 样式（S）：该区域用于显示当前图形所设置的所有标注样式的名称。
- 列出（L）：该下拉列表框提供了显示标注样式的选项。

● 置为当前（U）：当用户从“样式”区选择一种样式后，单击该按钮，则系统把所选定的标注样式设置为当前标注样式。
● 新建（N）：单击该按钮，将打开“创建新标注样式”对话框，用于指定新样式的名称或在某一样式的基础上进行修改。在用户设置好这些选项并单击“继续”之后，将打开“新建标注样式”对话框，用以定义新的标注样式。
● 修改（M）：单击该按钮，将打开“修改标注样式”对话框，使用此对话框可以对所选标注样式进行修改。
● 替代（O）：单击该按钮，将打开“替代标注样式”对话框，使用此对话框可以设置当前使用的标注样式的临时替代值。选择“替代”后，当前标注格式的替代格式将被应用到所有尺寸标注中，直到用户转换到其他样式或删除替代格式为止。
● 比较（C）：该按钮用于比较两种标注样式的特性或浏览一种标注样式的全部特性，并可将比较结果输出到 Windows 剪贴板上，然后再粘贴到 Windows 其他应用程序中。

7.1.2 创建标注样式

单击“标注样式管理器”对话框中的“新建”按钮，将打开“创建新标注样式”对话框。在打开的“创建新标注样式”对话框中输入新样式名，单击“继续”按钮，将打开如图7-4所示的“新建标注样式”对话框，用于设置所需的尺寸标注样式。

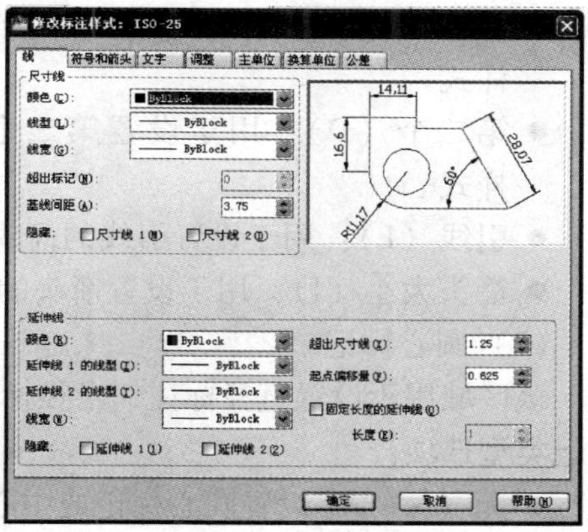

图7-4 “修改标注样式”对话框，“线”选项卡

1. “线”选项卡

单击“线”选项卡，将出现如图7-4所示的对话框，各选项功能如下：

1）尺寸线：该区域用于设置尺寸线的特性。

● 颜色（C）：用于显示并设置尺寸线的颜色。
● 线型（L）：用于设置尺寸线的线型。
● 线宽（G）：用于设置尺寸线的线宽。
● 超出标记（N）：用于指定尺寸线超过尺寸界线的长度。
● 基线间距（A）：用于设置基线标注的尺寸线之间的距离。
● 隐藏：该区域用于设置尺寸线是否隐藏。

选择复选框“尺寸线1”则隐藏第一条尺寸线；选择复选框“尺寸线2”则隐藏第二条尺寸线。

2）尺寸界线：该区域用于控制尺寸界线的外观。

● 颜色（R）：用于设置尺寸界线的颜色。
● 尺寸界线1的线型（I）：用于设置尺寸界线1的线型。
● 尺寸界线2的线型（T）：用于设置尺寸界线2的线型。
● 线宽（W）：用于设置尺寸界线的线宽。
● 隐藏：该区域用于抑制尺寸界线。

选择复选框“尺寸界线1”则隐藏第一条尺寸界线；选择复选框“尺寸界线2”则隐藏

第二条尺寸界线。

- 超出尺寸线（X）：用于设置尺寸界线超出尺寸线的长度。
- 起点偏移量（F）：用于设置尺寸界线到所指定的标注起点的偏移距离。根据我国制图标准，起点偏移量应设置为“0”。
- 固定长度的尺寸界线：选择该复选框，可以用一组固定长度的尺寸界线标注图形的尺寸。
- 长度（L）：在此可以输入尺寸界线长度的数值。

2. “符号和箭头”选项卡

单击“符号和箭头”选项卡，将出现如图 7-5 所示的对话框，各选项功能如下：

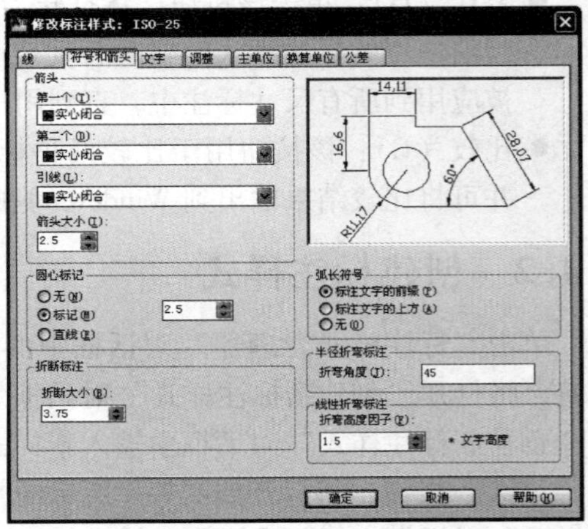

图 7-5 “符号和箭头”选项卡

(1) 箭头

该区域用于设置标注箭头和引线的类型和大小。系统提供了 20 多种箭头的样式供选用，用户也可以使用自定义箭头样式。

- 第一个（T）：用于设置第一个箭头的样式。
- 第二个（D）：用于设置第二个箭头的样式。
- 引线（L）：用于设置引线的箭头样式。
- 箭头大小（I）：用于设置箭头的大小。

(2) 圆心标记

该区域用于设置直径标注、半径标注的圆心标记和中心线的外观。系统提供了三种圆心标记类型选项：

- 无（N）：不设置圆心标记或中心线。
- 标记（M）：设置圆心标记。
- 直线（E）：设置中心线。
- 大小（S）：设置圆心标记或中心线的大小。

(3) 弧长符号

在该区域中，可以设置弧长符号显示的位置。

- 标注文字的前缀（P）：弧长符号作为标注文字的前缀。标在文字的前面。
- 标注文字的上方（A）：弧长符号标在文字上方。
- 无（O）：不标注弧长符号。

(4) 半径折弯标注

可以设置标注大圆弧半径的标注线的折弯角度。

(5) 线性折弯标注

可以设置标注的线性尺寸的标注线的折弯角度。

3. “文字”选项卡

单击“文字”选项卡，将出现如图 7-6 所示的对话框，用于设置标注文字的外观、放置的位置和文字的方向。各选项功能如下：

(1) 文字外观

用于设置标注文字的类型、颜色和大小。

- 文字样式（Y）：该下拉式列表框用于设置当前标注文字样式。
- 文字颜色（C）：该列表框用于设置标注文字样式的颜色。
- 填充颜色（C）：该列表框用于设置填充颜色。
- 文字高度（T）：用于设置当前标注文字样式的高度。

如果要使用“文字”选项卡上的“文字高度”设置，则必须将文字样式中的文字高度设为0。

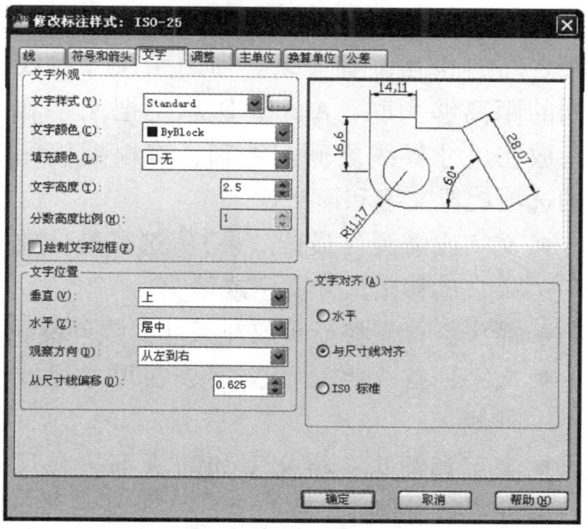

图7-6　“文字”选项卡

- 分数高度比例（H）：用于设置标注文字中分数相对于其他文字的比例，该比例与标注文字高度的乘积为分数文字的高度。
- 绘制文字边框（F）：选择该复选框，系统将在标注文字的周围绘制一个边框。

(2) 文字位置

该区域用于设置标注文字放置的位置。

- 垂直（V）：该列表框用于设置标注文字沿着尺寸线垂直对正。若选择“置中”选项，则系统把尺寸线分为两部分，并将标注文字放在尺寸线两部分的中间；若选择“上方”选项，则系统把标注文字放在尺寸线的上面；若选择“外部”选项，则系统把文字放在尺寸线外侧；若选择“JIS”选项，则系统按照日本工业标准（JIS）放置标注文字。
- 水平（Z）：设置水平方向文字所放位置，若选择“置中”选项，则系统把标注文字放在尺寸界线的中间；若选择“第一条尺寸界线”，则标注文字沿尺寸线与第一条尺寸界线左对正；若选择“第二条尺寸界线”，则标注文字沿尺寸线与第二条尺寸界线右对正；若选择“第一条尺寸界线上方”，则标注文字被放在第一条尺寸界线之上；若选择“第二条尺寸界线上方”，则标注文字被放在第二条尺寸界线之上。
- 从尺寸线偏移（O）：用于设置标注文字与尺寸线之间的距离。

(3) 文字对齐（A）

该区域用于设置标注文字是保持水平还是与尺寸线平行。

- 水平：系统将水平放置文字。
- 与尺寸线对齐：标注文字沿尺寸线方向放置。
- ISO 标准：当标注文字在尺寸界线内时，文字将与尺寸线对齐，当标注文字在尺寸界线外时，文字将水平排列。

4. “调整”选项卡

单击“调整”选项卡，出现如图7-7所示对话框，各选项功能如下：

(1) 调整选项（F）

该区域用于调整尺寸界线、尺寸文字与箭头之间的相互位置关系。当两条尺寸界线之间的距离够大时，AutoCAD 总是把文字和箭头放在尺寸界线之间。否则，将根据该区域的选项放置文字和箭头。

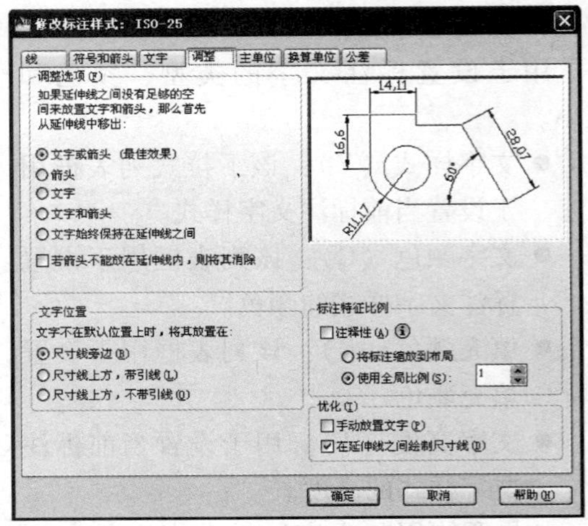

图 7-7 “调整”选项卡

- 文字或箭头（最佳效果）：选择最佳效果自动移出尺寸文字或箭头。
- 箭头：首先将箭头放在尺寸界线外侧。
- 文字：首先将尺寸文字放在尺寸界线外侧。
- 文字和箭头：将文字和箭头都放在尺寸界线外侧。
- 文字始终保持在尺寸界线之间：将标注文字始终放在尺寸界线之间。
- 若不能放在尺寸界线内，则消除箭头：选择此复选框，系统将隐藏箭头。

（2）文字位置

用于设置如果文本不在默认位置上时，尺寸文字的放置位置。

- 尺寸线旁边（B）：选择此单选框，则标注文字被放在尺寸线旁边。
- 尺寸线上方，带引线（L）：选择此单选框，则标注文字放在尺寸线上方，并用引出线将文字与尺寸线相连。
- 尺寸线上方，不带引线（O）：选择此单选框，则标注文字放在尺寸线上方，而且不用引出线将文字与尺寸线相连。

（3）标注特征比例

用于设置全局比例或图纸空间比例。

- “注释性”：这是 AutoCAD 2010 新增的选项，使用此特性，用户可以自动完成缩放注释的过程，从而使注释能够以正确的大小在图纸上打印或显示。
- “将标注缩放到布局”：选择此单选框，可以根据当前模型空间视口与图纸空间的缩放关系设置比例。
- 使用全局比例（S）：用于设置全局比例因子，在框中设置的比例因子将影响文字字高、箭头尺寸、偏移、间距等标注特性，但这个比例不改变标注测量值。

（4）优化（T）

该区域用于设置其他的一些调整选项。

- 手动放置文字（P）：选择此复选框，系统将忽略标注文字的水平对正设置，在标注时可将标注文字放置在用户指定的位置上。
- 在尺寸界线之间绘制尺寸线（D）：选择此复选框，则在尺寸界线之间始终会绘制尺寸线。

5. “主单位”选项卡

单击“主单位”选项卡，出现如图 7-8 所示的对话框，用于设置主标注单位的格式和精度以及标注文字的前缀和后缀。其中各选项功能如下：

(1) 线性标注

用于设置线性标注的格式和精度。

- 单位格式(U):该列表框用于设置所有标注类型的当前单位格式(除角度标注外)。
- 精度(P):该列表框用于设置标注文字的小数位数。
- 分数格式(M):该列表框用于设置分数的格式。
- 小数分隔符(C):该列表框用于设置十进制格式的分隔符。
- 舍入(R):该列表框用于设置所有标注类型的标注测量值的四舍五入规则(除角度标注外)。
- 前缀(X):该文本框用于设置标注文字的前缀。
- 后缀(S):该文本框用于设置标注文字的后缀。

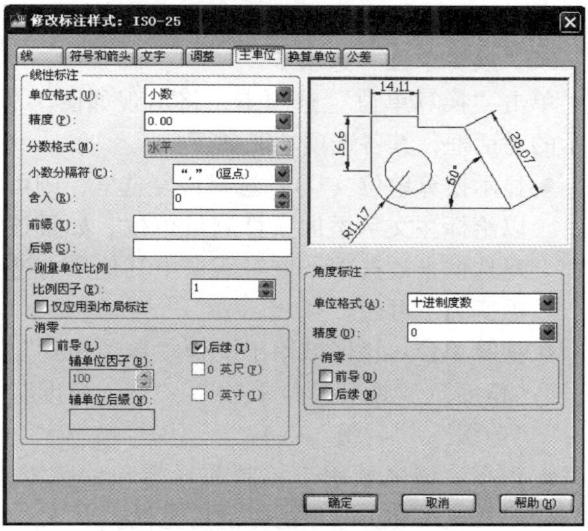

图7-8 “主单位”选项卡

如果用户使用了“前缀”、“后缀”这两个选项,则系统将给所有的尺寸文本都添加前缀或后缀,但实际上并不是所有的尺寸文字都需要相同的前缀或后缀。因此,一般情况下,不要使用这两个文本框,而采用在具体标注时加入的方法为需要的尺寸文本添加前缀或后缀。

(2) 测量单位比例

用于设置测量线性尺寸时所采用的比例。

- 比例因子(E):设置所有标注类型的线性标注测量值的比例因子(除角度标注外)。测量尺寸乘上这个比例因子,就是最后所标注的尺寸。例如:如果绘图时将尺寸缩小50%绘制,即绘图比例为“1:2”,那么在此设置比例因子为“2”,AutoCAD 2010就将把测量值扩大一倍,使用真实的尺寸值进行标注。
- 仅应用到布局标注:选择该复选框,则仅对在布局里创建的标注应用线性比例值。

(3) 消零

用于控制是否显示尺寸标注中的“前导”和“后续”零。

- 前导(L):选择该复选框,则不输出十进制尺寸的前导零。例如:选择此项后,测量值0.8000将被标注为“.8000”。
- 后续(T):选择该复选框,则不输出十进制尺寸的后续零。例如:选择此项后,测量值23.5000将被标注为“23.5”。

(4) 角度标注

该区域用于设置角度标注的当前标注格式。

- 单位格式(A):该列表框用于设置角度单位格式。
- 精度(O):该列表框用于设置角度标注的小数位数。

(5) 消零

该区域用于控制角度标注的前导零和后续零的可见性。

6. “换算单位”选项卡

单击“换算单位”选项卡，将出现如图7-9所示的对话框，其各选项功能如下：

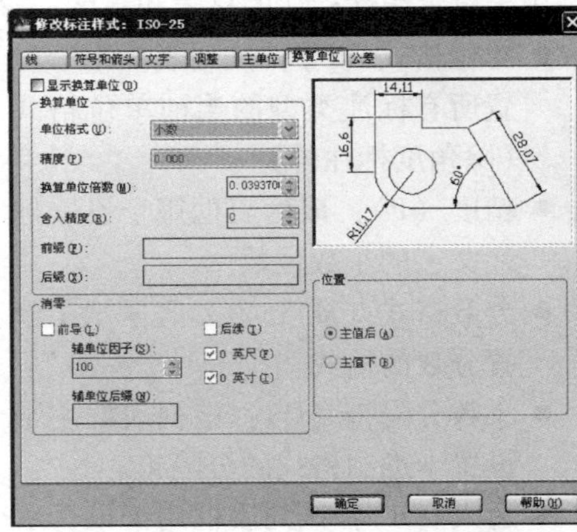

图7-9 “换算单位”选项卡

- 显示换算单位（D）：选择该复选框，则可以给标注文字添加换算测量单位。如果该复选框未被选中，该对话框中其他所有选项变为不可用。
- 换算单位：该区域用于设置“单位格式”、“精度”、“换算单位乘数”、“舍入精度”、“前缀”、“后缀”。
- 消零：该区域用于控制前导零和后续零，以及英尺和英寸里的零的可见性。
- 位置：该区域用于设置换算单位的放置位置。
- 主值后（A）：选择该单选框，则放置在基本尺寸之后。
- 主值下（B）：选择该单选框，则放置在基本尺寸下面。

7. “公差”选项卡

单击“公差”选项卡，将出现如图7-10所示的对话框，用于设置标注文字中公差的格式及显示。

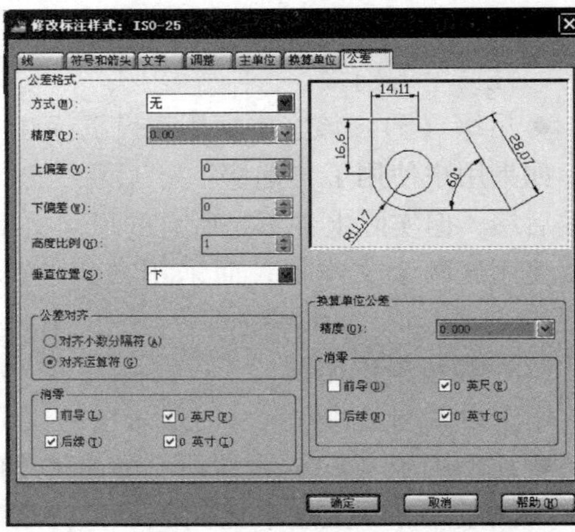

图7-10 “公差”选项卡

尺寸公差比较好的方法是选中基本尺寸，在特性窗口中去添加公差值。切记，不要将基本的标注样式设成带公差的，除非所有以这种样式标注的尺寸都具有相同的公差。而这种情况在实际应用中几乎是不存在的，所以该项功能不在此详述。

7.2 各类尺寸的标注

尺寸标注设置完成后，就可以使用线性标注、对齐标注、基准标注等标注尺寸方法对图形进行标注。

7.2.1 线性标注

“线性标注”（DIMLINEAR）命令可用于水平、垂直或旋转的尺寸标注，它需要指定两点来确定尺寸界线，也可以直接选取需标注的尺寸对象。一旦所选对象确定，系统则自动标注。

线性标注命令可通过以下几种方式调用：

➢ 单击“注释”选项卡→“标注”面板→标注→线性按钮命令。

➢ 单击下拉菜单“标注”→“线性”命令。

➢ 单击标注工具栏的线性按钮。

➢ 在命令行输入“DIMLINEAR（DIMLIN）”。

命令提示及选项说明如下。

执行“DIMLINEAR”命令后，系统将提示：“指定第一条尺寸界线起点或 <选择对象>:”，这时可使用目标捕捉方式准确指定第一条尺寸界线起点或按 <Enter> 键，选择“选择对象”选项。

1. 指定第一条尺寸界线起点

默认情况下，直接指定第一条尺寸界线起点，并在“指定第二条尺寸界线起点:”的提示下指定第二条尺寸界线起点，命令行显示如下提示：指定尺寸线位置或［多行文字(M)/文字（T)/角度（A)/水平（H)/垂直（V)/旋转（R)］:

默认情况下，指定了尺寸线位置后，系统自动测量出两条尺寸界线起始点间的相应距离标注出尺寸。命令行其余各选项含义如下：

- 多行文字（M)：选择该项后，用户可以在打开的“多行文字编辑器”对话框中编辑文字。
- 文字（T)：选择该项后，系统提示“输入标注文字 <当前值>:”，用户可在此后输入新的单行标注文字。
- 角度（A)：选择该项后，系统提示“指定标注文字角度:”，用户可输入新的标注文字角度以替代原有的角度。

“多行文字（M)”、“文字（T)”和“角度（A)”等选项在所有的尺寸标注命令里的含义及功能是一样的，因此在以后的命令中将不再赘述。

- 水平（H)：选择该项，系统将使尺寸文字水平放置。
- 垂直（V)：选择该项，系统将使尺寸文字垂直放置。
- 旋转（R)：选择该项可以创建旋转型尺寸标注。此时可在命令行的提示下输入所需的旋转角度。

对于“水平（H)”和“垂直（V)”选项，位置指定后，即可完成尺寸标注。而其他选项在指定后，都将重新回到“指定尺寸线位置.”提示，让用户指定尺寸线的位置。

2. 选择对象

如果在命令行提示“指定第一条尺寸界线起点或 <选择对象>:”下直接按 <Enter> 键，则要求选择要标注尺寸的对象。当选择了对象以后，AutoCAD 将该对象的两个端点作为两条尺寸界线的起点，并显示如下提示：“指定尺寸线位置或［多行文字（M)/文字(T)/角度（A)/水平（H)/垂直（V)/旋转（R)］:”。可使用前面介绍的方法标注对象。

【例 7-1】 用“线性标注”命令标注如图 7-11 所示图形中 AB 段的尺寸，其操作步骤如下：

1）执行“线性标注”命令。

2）提示“指定第一条尺寸界线起点或 <选择对象>:”时选择 A 点。

3）提示“指定第二条尺寸界线起点:”时选择 B 点。显示测量尺寸 28。

4）提示“指定尺寸线位置或［多行文字（M)/文字（T)/角度（A)］/水平（H)/垂直（V)/旋转（R):”时，拾取一点，确定尺寸线位置，完成标注。

注意：

1）在选择标注对象时，一般直接用单点选择法捕捉要标注的目标。

2）用户在选择尺寸界线定位点时可以采用目标捕捉方式，这样能准确、快速地标注尺寸。

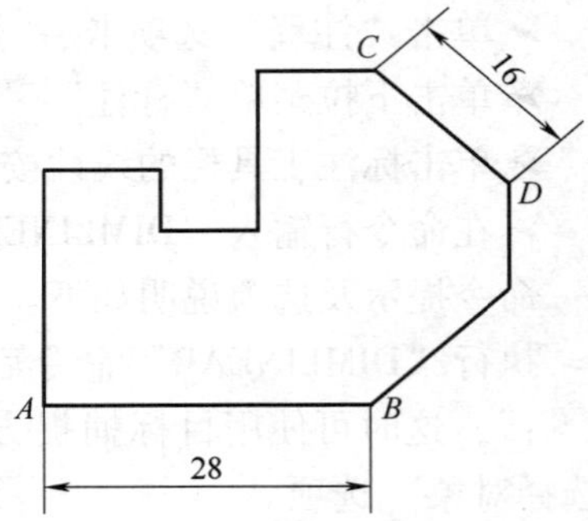

图 7-11　线性标注和对齐标注

7.2.2　对齐标注

“对齐尺寸”（DIMALIGNED）标注是指标注的尺寸线与尺寸界线原点的连线保持平行。

对齐标注命令可通过以下几种方式调用：

➢ 单击“注释”选项卡→“标注”面板→对齐标注按钮命令。

➢ 单击下拉菜单“标注”→“对齐”命令。

➢ 单击标注工具栏的对齐按钮。

➢ 在命令行输入“DIMALIGNED”。

【例 7-2】 用“对齐”命令标注如图 7-11 所示图形中 *CD* 段的尺寸。操作步骤如下：

1）执行“对齐”命令。

2）提示“指定第一条尺寸界线起点或 <选择对象>：”时，按 <Enter> 键选择自动标注方式。

3）在“选择标注对象：”提示下，用鼠标拾取线段 *CD*，显示标注文字 16。

4）提示“指定尺寸线位置或［多行文字（M）/文字（T）/角度（A）/水平（H）/垂直（V）/旋转（R）］：”下，选择一点，确定尺寸线位置。完成标注。

注意：

1）“对齐”命令一般用于倾斜对象的尺寸标注，系统能自动将尺寸线调整为与所标注线段平行。

2）选项“角度”可以改变尺寸文字的方向，如果不使用此选项，尺寸文字将按照尺寸样式设置方式摆放。

7.2.3　弧长标注

“弧长标注”（DIMARC）命令用于标注圆弧线段或多段线圆弧线段的长度。

弧长标注命令可通过以下几种方式调用：

➢ 单击“注释”选项卡→“标注”面板→弧长按钮命令。

➢ 单击下拉菜单“标注”→“弧长”命令。

➢ 单击标注工具栏的弧长按钮。

➢ 在命令行输入“DIMARC”。

【例 7-3】 用弧长命令标注圆弧线段的长度，操作步骤如下：

1）执行“弧长”命令。

2）在提示“选择弧线段或多段线弧线段：”选择需要标注的圆弧线段。

3）在提示“指定弧长标注位置或［多行文字（M）/文字（T）/角度（A）/部分（P）/引线（L）］：”下，指定尺寸线的位置。当指定了尺寸线的位置后，系统将按实际测量值标注出圆弧的长度，标注文字=41，如图7-12所示。

另外，如果选择“部分（P）”选项，可以标注选定圆弧的某一部分弧长。如图7-13所示。如果选择“引线（L）”选项，也可以用引线标注出圆弧的长度。

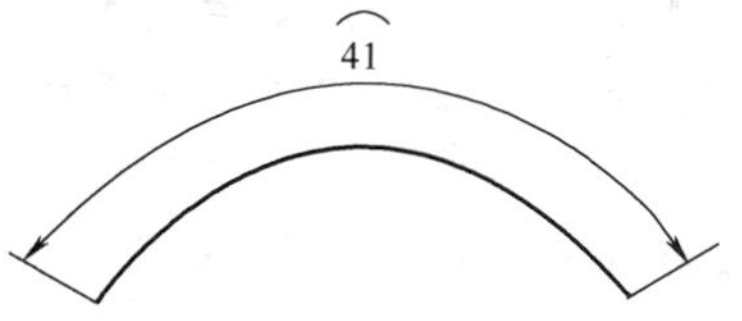

图7-12　标注圆弧的长度图

图7-13　标注部分圆弧长度

7.2.4　基线/连续标注

“基线”（DIMBASELINE）命令用于在图形中以第一尺寸界线为基线标注图形的几个尺寸，各尺寸线从同一尺寸界线处引出。“连续”（DIMCONTINUE）命令用于在同一尺寸线水平或垂直方向连续标注尺寸，相邻两尺寸线共用同一尺寸界线。

基线/连续标注命令可以通过以下几种方式调用：

- 单击“注释”选项卡→“标注”面板→基线按钮/连续按钮命令。
- 单击下拉菜单“标注”→“基线”/“连续”命令。
- 单击标注工具栏的基线按钮/连续按钮，或在命令行输入“DIMBASELINE（DIMBASE）/DIMCONTINUE”。

【例7-4】 用“基线”命令标注图7-14所示图形中的垂直方向尺寸和用“连续”命令标注图7-14所示图形中的水平方向尺寸。

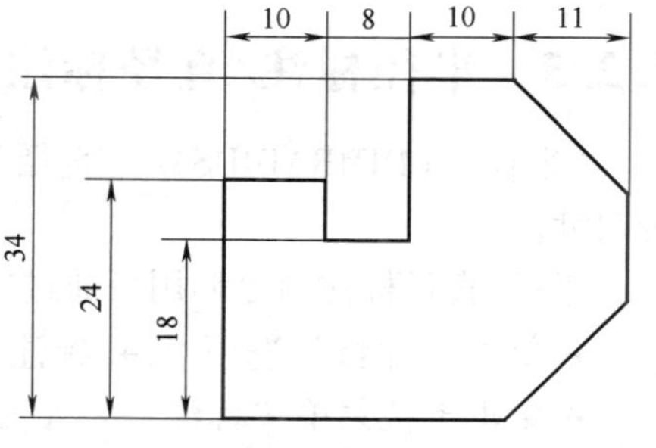

图7-14　基线标注和连续标注

（1）基线标注

1）执行“线性”命令。

2）提示“指定第一条尺寸界线起点或<选择对象>:”选择左下端点。

3）提示“指定第二条尺寸界线起点:”下，选择第二条尺寸界线起点，显示标注尺寸“18”。

4）提示“指定尺寸线位置或［多行文字（M）/文字（T）/角度（A）/水平（H）/垂直（V）/旋转（R）］:”下，用鼠标拾取一点，确定尺寸线位置，完成第一段尺寸标注。

5）执行“基线”命令。

6）提示“指定第二条尺寸界线原点或［放弃（U）/选择（S）］<选择>:”下捕捉左端第一个端点，显示标注尺寸“24”，并完成第二段基线标注。

7）提示“指定第二条尺寸界线原点或［放弃（U）/选择（S）］<选择>:”下，捕捉图形最高的端点，显示标注尺寸“34”，并完成第三段基线标注。

8）提示“指定第二条尺寸界线原点或［放弃（U）/选择（S）］<选择>:”下，按<Enter>键提示“选择基准标注:”再按<Enter>键，结束基准标注。

（2）连续标注

1）执行“线性”命令。

2）提示“指定第一条尺寸界线起点或 <选择对象>:”下，选择右上端点。

3）提示“指定第二条尺寸界线起点:”时选择右边最高的端点。显示标注尺寸“11”。

4）提示“指定尺寸线位置或［多行文字（M）/文字（T）/角度（A）/水平（H）/垂直（V）/旋转（R）］:”下，用鼠标拾取一点，确定尺寸线位置，完成第一段尺寸标注。

5）执行“连续”命令。

6）提示“指定第二条尺寸界线原点或［放弃（u）/选择（S）］<选择>:”时选择左边最高的端点，显示标注尺寸“10”，并完成第二段连续标注。

7）提示“指定第二条尺寸界线原点或［放弃（U）/选择（S）］<选择>:”时，选择端点，显示标注尺寸“8”。并完成第三段连续标注。

8）提示“指定第二条尺寸界线原点或［放弃（U）/选择（S）］<选择>:”时，选择端点，显示标注尺寸“10”。并完成第四段连续标注。

9）提示“指定第二条尺寸界线原点或［放弃（U）/选择（S）］<选择>:”，按 <Enter> 键，提示“选择连续标注:”按 <Enter> 键，结束连续标注。

注意:

1）在使用“连续”命令标注时，不能修改尺寸文字，所以绘图时必须准确，否则将会出现错误。

2）在使用“基线”和“连续”命令之前，应先用“线性”命令标注第一段尺寸。

3）在标注连续的角度尺寸时，也可以采用“基线”和“连续”命令标注，其操作方法与标注线性尺寸相同。

7.2.5 半径标注/直径标注

“半径”（DIMRADIUS）/“直径”（DIMDIAMETER）命令用于标注圆及圆弧的半径或直径尺寸。

半径/直径标注命令调用可通过以下几种方式调用:

- 单击“注释”选项卡→“标注”面板→半径按钮/直径按钮命令。
- 单击下拉菜单“标注”→“半径”/“直径”命令。
- 单击标注工具栏的半径按钮/直径按钮。
- 在命令行输入“DIMRADIUS（DIMRAD）/DIMDIAMETER（DIMDIA）”。

【例 7-5】 用“半径”命令标注图 7-15 所示图形中的圆弧半径，用“直径”命令标注图 7-15 所示图形中大圆的直径。其操作步骤如下:

（1）半径标注

1）执行“半径”命令。

2）提示“选择圆弧或圆:”时，选择圆弧段，显示标注尺寸“R10”。

3）提示“指定尺寸线位置或［多行文字（M）/文字（T）/角度（A）］:”时，确认尺寸线位置，完成半径标注。

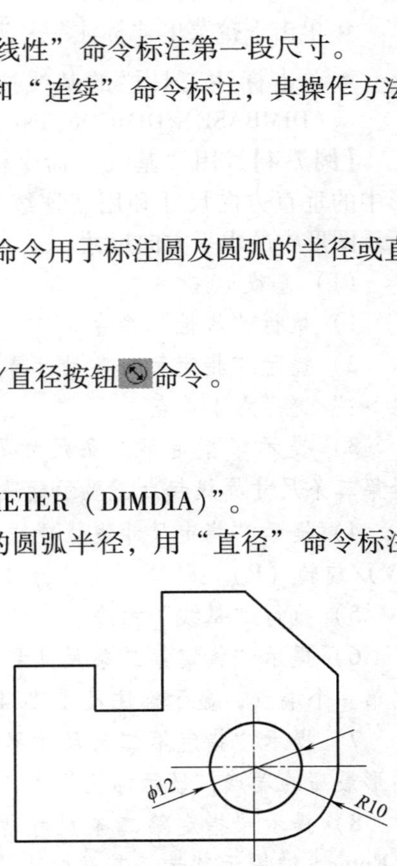

图 7-15 半径和直径标注

（2）直径标注

1）执行“直径”命令。

2）提示“选择圆弧或圆:”时，拾取圆上任何一点，确定标注对象，显示标注尺寸 $\phi12$。

3）提示“指定尺寸线位置或［多行文字（M）/文字（T）/角度（A）］:”时，单击一点，确认尺寸线位置。完成直径标注。

注意：

1）在“指定尺寸线位置”选项中，可直接拖动鼠标以确定尺寸线的位置，屏幕将显示其变化。

2）在尺寸样式设置时，可设置一个只用于圆弧尺寸标注的标注样式，以满足圆弧尺寸标注的要求。

7.2.6　折弯标注

“折弯”（DIMJOGGED）命令用于折弯标注圆或圆弧的半径。

折弯标注命令调用可通过以下几种方式调用：

➢ 单击“注释”选项卡→“标注”面板→折弯按钮命令。

➢ 单击下拉菜单“标注”→“折弯”命令。

➢ 单击标注工具栏的折弯按钮。

➢ 在命令行输入“DIMJOGGED”。

【例7-6】 使用“折弯”命令标注圆弧的半径，如图7-16所示。

1）执行“折弯”命令。

2）提示“选择圆弧或圆:”，选择圆弧。

3）提示“指定中心位置替代:”，在图幅内任意位置单击一下鼠标，确定替代中心的位置。

4）提示“指定尺寸线位置或［多行文字（M）/文字（T）/角度（A）］:”时在圆弧内任意位置单击鼠标，确定尺寸线位置。

5）提示“指定折弯位置:”，输入折弯位置，完成折弯标注。

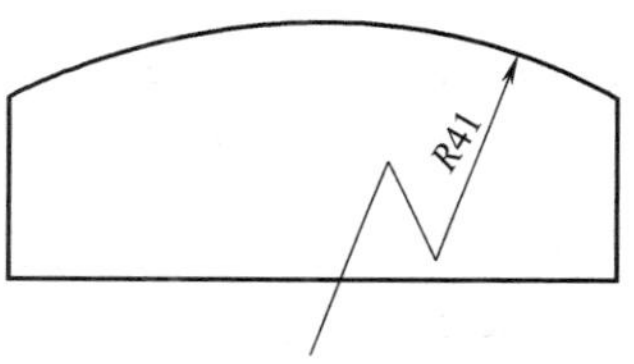

图7-16　折弯标注

7.2.7　角度标注

“角度标注”（DIMANGULAR）命令用于测量并标注被测对象之间的夹角。

角度标注命令调用可通过以下几种方式调用：

➢ 单击“注释”选项卡→“标注”面板→角度按钮命令。

➢ 单击下拉菜单“标注”→“角度”命令。

➢ 单击标注工具栏的角度按钮。

➢ 在命令行输入“DIMANGULAR”。

【例7-7】 用“角度（DIMANGULAR）”命令标注图7-17所示图形中的夹角。其操作步骤如下：

1）将“角度”标注样式“置为当前”。

2）执行“角度”命令。

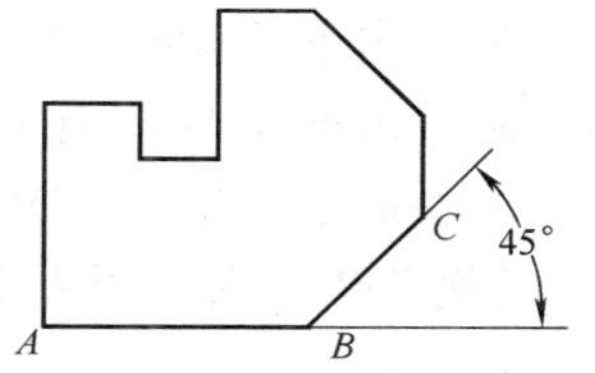

图7-17　角度标注

3）提示“选择圆弧、圆、直线或 <指定顶点>:”时，拾取 AB 边，确定标注对象。

4）提示“选择第二条直线:”时，拾取 BC 边，确定标注对象。显示标注尺寸“45°”。

5）提示“指定标注弧线位置或［多行文字（M）/文字（T）/角度（A）]:”时，拾取一点，确定尺寸线位置。完成角度标注。

注意:

1）若选择圆弧则系统自动计算并标注圆弧的角度，若选择圆、直线或按 <Enter> 键，则会继续提示“选择目标和尺寸线位置”。角度标注尺寸线为弧线。

2）角度尺寸文本的输入操作方法与 DIMLIN、DIMDIA、DIMRAD 等命令相似。

3）两条直线角度标注常置于两条直线或其延长线之间且小于 180°。其他三种方法确定的角，根据尺寸线的位置决定标注角是大于还是小于 180°。

7.2.8　圆心标记

“圆心标记”（DIMCENTER）命令用于标注圆或圆弧的中心。

圆心标记命令调用可通过以下几种方式调用:

- 单击注释“选项卡”→“标注”面板→圆心标记按钮命令。
- 单击下拉菜单“标注”→“圆心标记”命令。
- 单击标注工具栏的圆心标记按钮，或在命令行输入“DIMCENTER”。

【例 7-8】　用“圆心标记”命令标注图 7-18a 所示圆的中心，结果如图 7-18b 所示，其操作步骤如下:

1）进入到“点画线”图层，执行“圆心标记”命令。

2）提示“选择圆弧或圆:”时，选择圆上一点，完成标注。

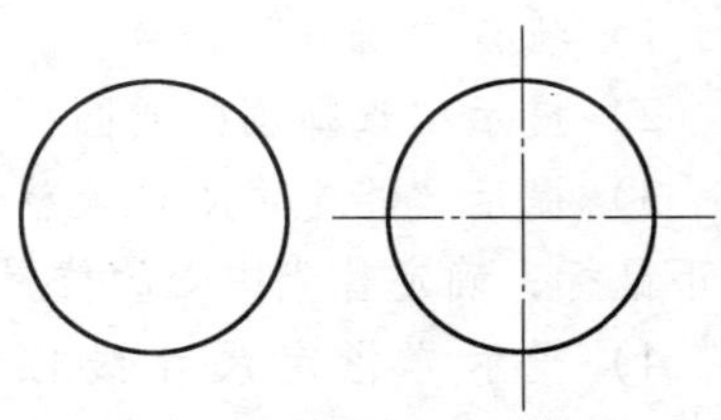

a)　　b)

图 7-18　圆心标记

注意:

1）“圆心标记”命令可自动标注圆或圆弧的中心，用户选择标注对象后，系统即自动进行中心标注，标注形式由尺寸样式设置的相关内容所决定。

2）“圆心标记”命令自动标注的圆或圆弧中心的标记并非为一个整体，如图 7-18b 中的“＋”字标记即为两条直线。

7.2.9　坐标标注

“坐标标注”（DIMORDINATE）命令用于自动测量和标注一些特殊点的坐标。

坐标标注命令调用可通过以下几种方式调用:

➢ 单击“注释”选项卡→“标注”面板→坐标按钮命令。

➢ 单击下拉菜单“标注”→“坐标”命令。

➢ 单击标注工具栏的坐标按钮。

➢ 在命令行输入“DIMORDINATE（DIMORD）”。

【例 7-9】　用“坐标标注”命令标注图 7-19 所示图形圆心的 X、Y 坐标。

1）执行“坐标标注”命令。

2）提示“指定点坐标:”时，捕捉圆心点。

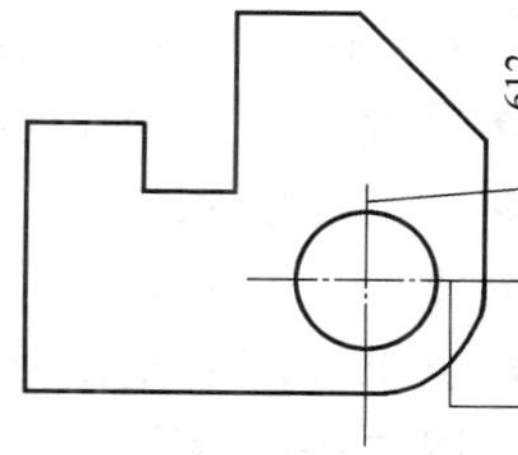

图7-19　坐标标注

3）提示“指定引线端点或［X 坐标（X）/Y 坐标（Y）/多行文字（M）/文字（T）/角度（A）］:”输入“X”并按 < Enter > 键，标注 X 方向坐标。

4）提示“指定引线端点或［X 坐标（X）/Y 坐标（Y）多行文字（M）/文字（T）/角度（A）］:”时，确定标注位置，完成标注 X 方向坐标。

5）再次执行“坐标标注”命令。

6）提示“指定点坐标:”时，捕捉圆心点。

7）提示“指定引线端点或［X 坐标（X）/Y 坐标（Y）/多行文字（M）/文字（T）/角度（A）］:”输入 Y 并按“ENTER”键，标注 Y 方向坐标。

8）提示“指定引线端点或［X 坐标（X）/Y 坐标（Y）多行文字（M）/文字（T）/角度（A）］:”时，确定标注位置，完成 Y 方向坐标标注。

注意:

1）“角度”选项用来修改标注文本的角度。

2）“DIMORDINATE”命令可根据引出线的方向，自动标注选定点的水平或垂直坐标。

3）打开正交模式可方便地输入基准型尺寸引线。正交模式关闭后，拖动并拾取端点，引线中间会自动绘制一正交断裂符号。

7.2.10　快速标注

“快速标注”（QDIM）命令可以快速创建成组的基线、连续和坐标尺寸标注，对所选中几何体进行一次性标注。

快速标注命令调用可通过以下几种方式调用:

➢ 单击“注释”选项卡→“标注”面板→快速标注按钮命令。

➢ 单击下拉菜单“标注”→“快速标注”命令。

➢ 单击标注工具栏的快速标注按钮。

➢ 在命令行输入“QDIM”。

执行“快速标注”（QDIM）命令后，系统提示：“选择要标注的几何图形:”这时选取需标注的对象实体，并按 < Enter > 键，结束选择。

系统提示“指定尺寸线位置或［连续（C）/并列（S）/基线（B）/坐标（O）/半径（R）/直径（D）/基准点（P）/编辑（E）］/设置（T）< 连续 >:”，这时可直接指定尺寸线位置或选取选项。各选项功能如下:

- 连续（C）：选择此项，即执行一系列连续标注。
- 并列（S）：选择此项，即执行一系列相交标注。
- 基线（B）：选择此项，即执行一系列基线标注。
- 坐标（O）：选择此项，即执行一系列坐标标注。
- 半径（R）：选择此项，即执行一系列半径标注。
- 直径（D）：选择此项，即执行一系列直径标注。
- 基准点（P）：选择此项，为基线和坐标标注设置新的基准点。
- 编辑（E）：选择此项，即编辑一系列标注。系统将提示用户从现有标注中添加或删除端点。执行该项后，系统提示“指定要删除的标注点或［添加（A）/退出（X）］<X>：”。

● 设置（T）：选择此项，指定关联标注优先级。
● 指定要删除的标注点：减少图形中的端点数目。
● 添加（A）：增加尺寸界线的端点数目。
● 退出（X）：退出此选项。

使用“快速标注”命令命令标注，系统可以自动查找所选几何体上的端点，并将它们作为尺寸界线的端点进行标注。用户可以根据需要增加或减少这些端点。

【例 7-10】 用“快速标注”命令，“连续”选项标注如图 7-20 所示图形。其操作步骤如下：

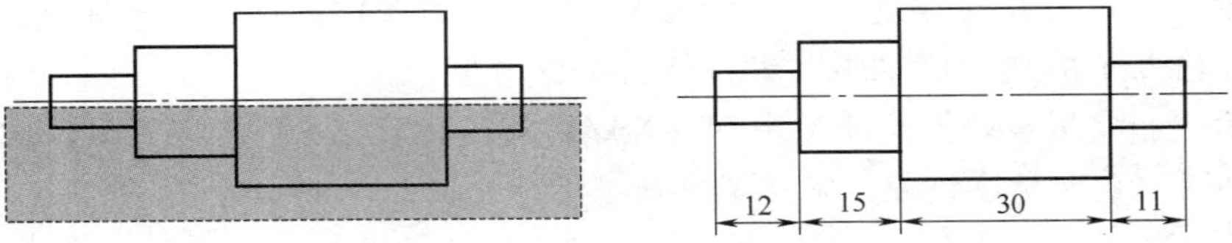

a) b)

图 7-20 快速标注

a）用窗口选择方式选中图形下面的全部图线 b）完成后的快速连续标注

1）执行“快速标注”命令。

2）提示“选择要标注的几何图形：”时，用窗口选择方式选中图形下面的全部图线。

3）提示“选择要标注的几何图形：”，按 <Enter> 键，结束对象选择。

4）提示“指定尺寸线位置或［连续（C）/并列（S）/基线（B）/坐标（O）/半径（R）/直径（D）/基准点（P）/编辑（E）］<连续>：”，选择连续标注选项，单击一点，确定尺寸线位置。完成标注。

注意：

1）使用“QDIM”命令标注时，系统可以自动查找所选几何体上的端点，并将它们作为尺寸界线的始末点进行标注。用户可以选择“编辑”项来增加或减少这些端点的数目。

2）选择圆或圆弧可以标注其半径、直径，但不能标注其圆心。

7.2.11 调整间距

“调整间距”（DIMPACE）命令可以自动调整图形中现有的平行线性标注和角度标注，以使其间距相等或在尺寸线处相互对齐。

调整间距命令调用可通过以下几种方式调用：

➢ 单击“注释”选项卡→“标注”面板→调整间距按钮命令。
➢ 单击下拉菜单“标注”→“调整间距”命令。
➢ 单击标注工具栏的调整间距按钮。
➢ 在命令行输入“DIMPACE”。

命令行提示“选择基准标注 选择要产生间距的标注 输入值或［自动（A）］<自动>：”其选项含义及功能如下：

● 输入值：输入间距的数值。

● 自动：默认状态是自动，即按照当前尺寸样式设定的间距。

注意："调整间距"（DIMPACE）命令，除了调整尺寸间距，还可以通过输入间距值为"0"，使尺寸相互对齐。

【例7-11】 用"调整间距"命令，调整如图7-21a所示图形，图7-21b是调整后的效果。其操作步骤如下：

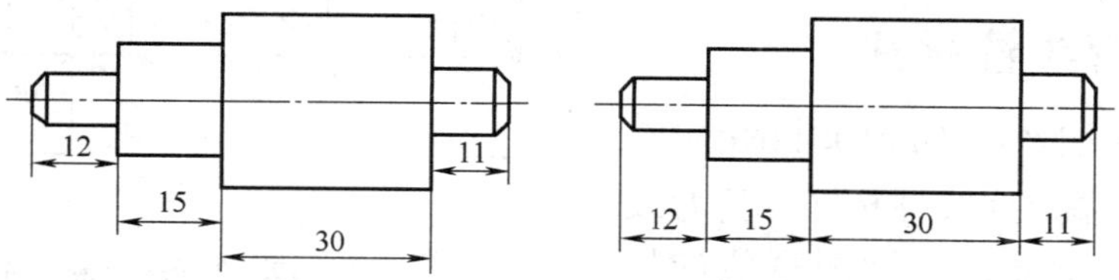

a)　　b)

图7-21 "调整间距"命令

1）执行"调整间距"命令。

2）选择基准标注：选择尺寸"15"。

3）选择要产生间距的标注：选择尺寸"12"。

4）选择要产生间距的标注：选择尺寸"30"。

5）选择要产生间距的标注：选择尺寸"11"。

6）选择要产生间距的标注：按 <Enter> 键。

7）提示"输入值或［自动（A）］<自动>："，输入"0↙"，结束命令。

7.2.12 标注打断

"标注打断"（DIMBREAK）命令可以使标注、尺寸延伸线或引线不显示。

标注打断命令调用可通过以下几种方式调用：

➢ 单击"注释"选项卡→"标注"面板→标注打断按钮命令。

➢ 单击下拉菜单"标注"→"标注打断"命令。

➢ 单击标注工具栏的标注打断按钮。

➢ 在命令行输入"DIMBREAK"。

命令行提示"选择标注或［多个（M）］：选择要打断的对象或［自动（A）/恢复（R）/手动（N）］〈自动〉："各选项的含义如下：

● 自动：自动将折断标注放置在与选定标注相交的对象的所有交点处，修改标注或相交对象时，会自动更新使用此选项创建的所有折断标注。

● 恢复：从选定标注中删除所有折断标注。

● 手动：为打断位置指定标注或尺寸界线上的两点。如果修改标注或相交的对象，则不会更新使用此选项创建的任何折断标注。使用此选项，一次仅可以放置一个手动折断标注。

【例7-12】 用"标注打断"命令，调整如图7-22a所示图形，图7-22b是调整后的效果。其操作步骤如下：

1）执行"标注打断"命令。

2）在命令行提示"选择标注或［多个（M）］："，选择尺寸"31"。

3）选择要打断标注的对象或“[自动(A)/恢复(R)/手动(M)]<自动>:”，输入“m↙”。

4）指定第一个打断点：“A”点。

5）指定第二个打断点：“B”点。

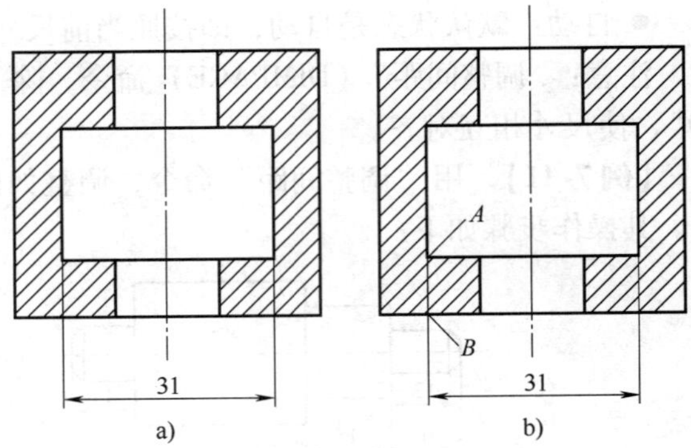

图 7-22　“标注打断”命令

7.2.13　折弯线性标注

“折弯线性标注”（DIMJOGLINE）命令可以将折弯线添加到线性标注，折弯线性标注用于表示不显示实际测量值的标注值。

折弯线性标注命令调用可通过以下几种方式调用：

➢ 单击“注释”选项卡→“标注”面板→折弯线性标注按钮命令。

➢ 单击下拉菜单“标注”→“折弯线性”命令。

➢ 单击标注工具栏的折弯线性标注按钮。

➢ 在命令行输入“DIMJOGLINE”。

【例 7-13】 用“折弯线性”命令，调整如图 7-23a 所示图形，图 7-23b 是调整后的效果。其操作步骤如下：

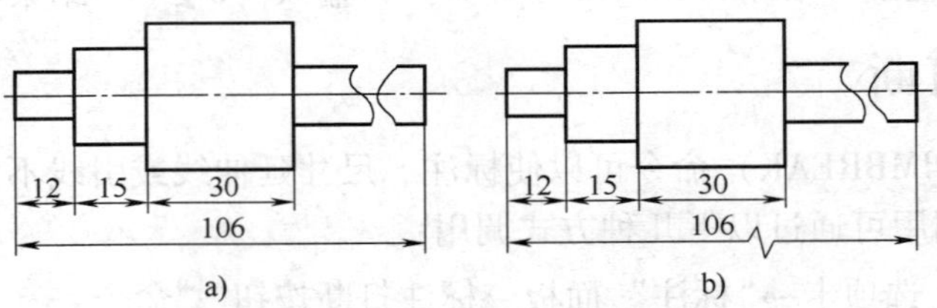

图 7-23　折弯线性标注

1）执行“折弯线性标注”命令。

2）在命令行提示：选择要添加折弯的标注或[删除(R)]：选择尺寸 106。

3）“指定折弯位置（或按<Enter>键）:”选择尺寸线上一点。

7.2.14　多重引线标注

多重引线标注（MLEADER）方式是使引线与说明的文字一起标注。引线对象是一条直线或样条曲线，其一端带有箭头，也可无箭头。另一端带有多行文字对象或块。在某些情况下，有一条短水平线（又称为基线）将文字或块和特征控制框连接到引线上。多重引线标注中的引线和文字是一个实体。

1. 创建新的多重引线标注样式

多重引线标注样式可以控制引线的外观，指定基线、引线、箭头和内容的格式。用户可以使用默认多重引线样式“STANDARD”，也可以创建自己的多重引线样式。

多重引线标注命令调用可通过以下几种方式调用：

➢ 单击“注释”选项卡→“引线”面板→多重引线样式按钮命令。

➢ 单击下拉菜单“格式”→“多重引线样式”命令。

➢ 单击样式工具栏多重引线样式按钮。

➢ 在命令行输入“MLEADERSTYLE。”

AutoCAD 自动弹出的“多重引线样式管理器”对话框，如图7-24所示。在该对话框中单击“新建”按钮，出现“创建新多重引线样式”对话框，如图7-25所示，可以设定新样式名。

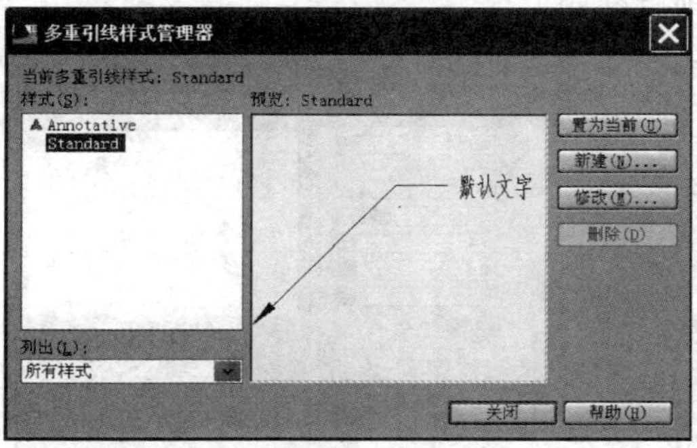

图7-24　“多重引线样式管理器”对话框

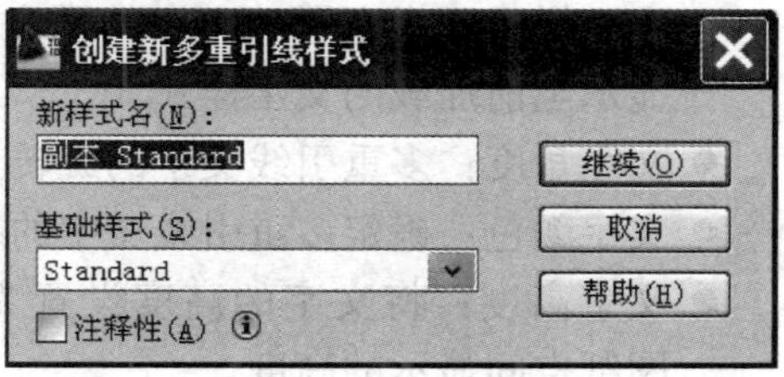

图7-25　“创建新多重引线样式”对话框

单击“继续”按钮，出现“修改多重引线样式”对话框，如图7-26所示。在其中设置不同的参数，单击“确定”按钮，保存修改的参数，即得到新的多重引线样式。

2. 修改多重引线标注样式

在“多重引线样式管理器”对话框中，单击“修改”按钮，出现“修改多重引线样式”对话框，如图7-26所示。该对话框下面有三个选项卡，分别是“引线样式”、“引线结构”、“内容”，下面分别介绍其含义：

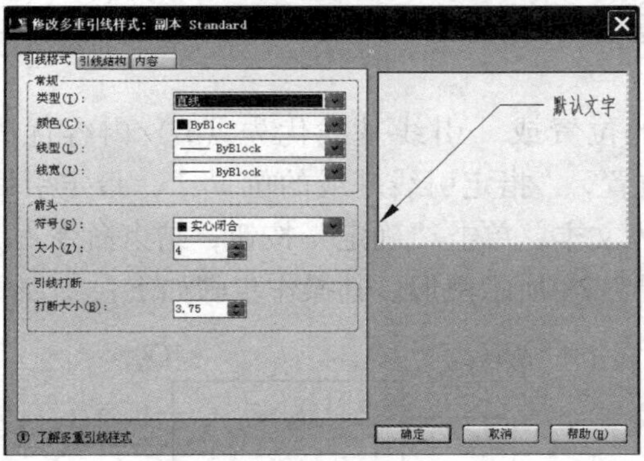

图7-26　“引线样式”选项卡

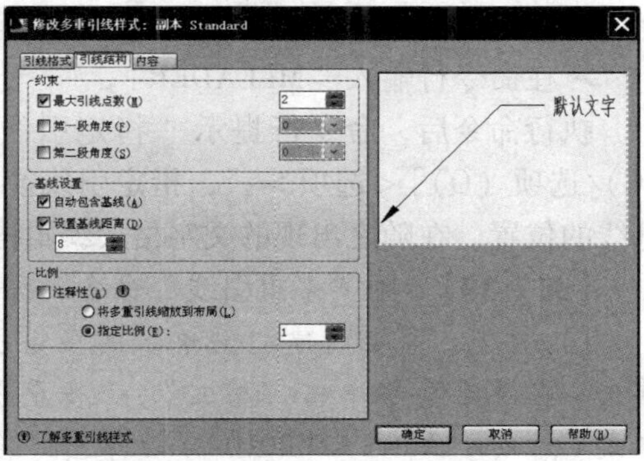

图7-27　“引线结构”选项卡

1）“引线格式”选项卡，各选项解释如下：

● 类型：确定基线的类型，可以选择直线基线、样条曲线基线或者无基线。

● 颜色：确定基线的颜色。

● 线型：确定基线的线型。

● 线宽：确定基线的线宽。

● 箭头：确定多重引线箭头的符号和尺寸。

2）“引线结构”选项卡，如图 7-27 所示，各选项解释如下：

● 最大引线点数：指定多重引线基线的点的最大数目。
● 第一段角度和第二段角度：指定基线中第一个点和第二个点的角度。
● 自动包含基线：将水平基线附着到多重引线内容。
● 设置基线距离：确定基线的固定距离。

3）“内容”选项卡，如图 7-28 所示，各选项解释如下：

● 默认文字：设置多重引线内容的默认文字，可以在此处插入字段。
● 文字样式：指定属性文字的预定样式，显示当前加载的文字样式。
● 文字角度：多重引线文字的旋转角度。
● 文字颜色：确定多重引线文字的颜色。
● 文字高度：将文字的高度设置为将在图纸空间显示的高度。
● 文字加框：使用文本框对多重引线文字的内容加框。
● 基线间距：指定基线和多重引线文字间的距离。

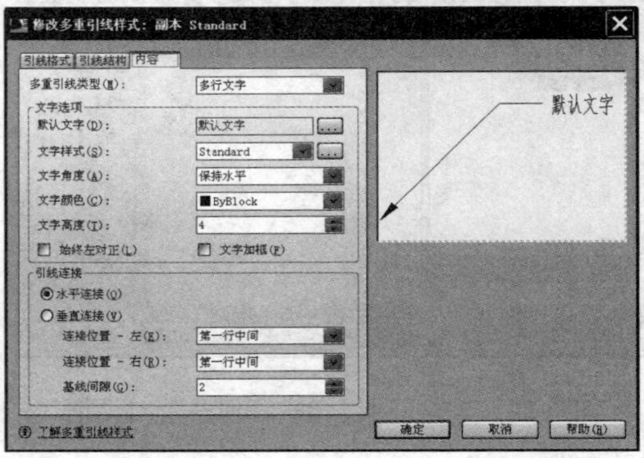

图 7-28　“内容”选项卡

3. 多重引线标注

多重引线标注命令调用可通过以下几种方式调用：

➢ 单击“注释”选项卡→“引线”面板→多重引线按钮命令。

➢ 单击下拉菜单“标注”→“多重引线”→多重引线工具栏按钮。

➢ 在命令行输入“MLEADER”。

执行命令后，命令行提示“指定引线箭头的位置或［引线基线优先（L）/内容优先（C）/选项（O）］<选项>:”，指定引线箭头的位置，“指定引线基线的位置:”，指定引线基线的位置。在随之出现的文字格式编辑框中输入文本，单击“确定”按钮，结束命令。

【例 7-14】 用“多重引线”命令，标注如图 7-29 所示图形。其操作步骤如下：

1）首先，需要创建“倒角”的多重引线样式。在下拉菜单单击“格式”→“多重引线样式”命令，AutoCAD 2010 自动弹出“多重引线样式管理器”对话框。

2）单击“新建”按钮，出现“创建多重引线样式”对话框，在新样式名里输入“倒角”，按“继续”按钮。

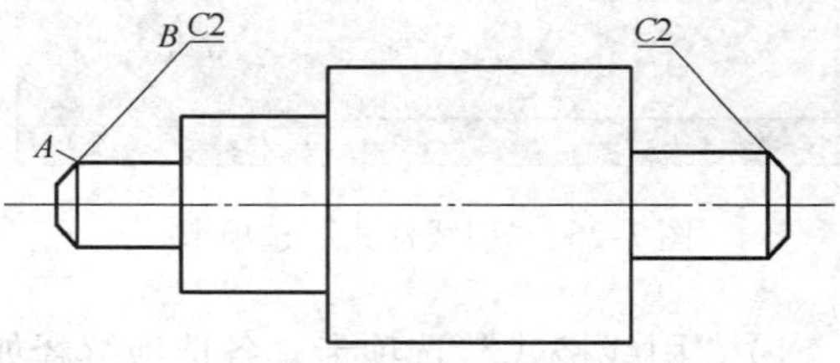

图 7-29　标注多重引线

3）出现“修改多重引线样式”对话框，在“引线格式”选项卡中，箭头符号选择“无”；大小选择“0”。在“引线结构”选项卡中，最大引线点数选择“2”；第一段角度选择“45”；第二段角度选择“0”。在“内容”选项卡中，多重引线类型选择多行文字；文字高度选择“3.5”；连接位置-左中选中“第一行加下划线”；连接位置-右中选中“第一行加下划线”。

4）单击“确定”按钮，退出对话框。回到“多重引线样式管理器”对话框，单击“置为当前”按钮，单击“关闭”按钮，然后保存该多重引线样式。

5）执行“多重引线”命令，开始标注多重引线。

6）此时命令行提示“指定引线箭头的位置或［引线基线优先（L）/内容优先（C）/选项（O）］<选项>:”指定“A”点。

7）“指定引线基线的位置:”指定“B”点。

8）出现“文字编辑”对话框，输入“C2”，单击“确定”按钮。结束标注。

7.3　公差标注

在机械图中，经常会用到带有尺寸公差和形位公差的标注。在AutoCAD中给出了解决这类问题的一些方法。

7.3.1　尺寸公差标注

如果在“标注样式管理器”的“公差”选项卡中设置尺寸公差，那么每个用这种样式标注的尺寸均会带有公差值，这不是标注需要的。

一般标注尺寸公差有两种方法：

1）采用“标注替代”方法，即在“标注样式管理器”中点击“替代”按钮，然后在“公差”选项卡中设置尺寸公差，然后为即将标注的图形进行尺寸公差标注，然后再回到通用的标注样式。由于替代样式只能使用一次，因此不会影响其他的尺寸标注。

2）采用尺寸标注的“特性选项板”的“公差”选择区域来修改已有尺寸标注的公差值，这种方法现已被广泛使用。

【例7-15】 利用“特性”选项卡，标注如图7-30所示的尺寸公差的标注。

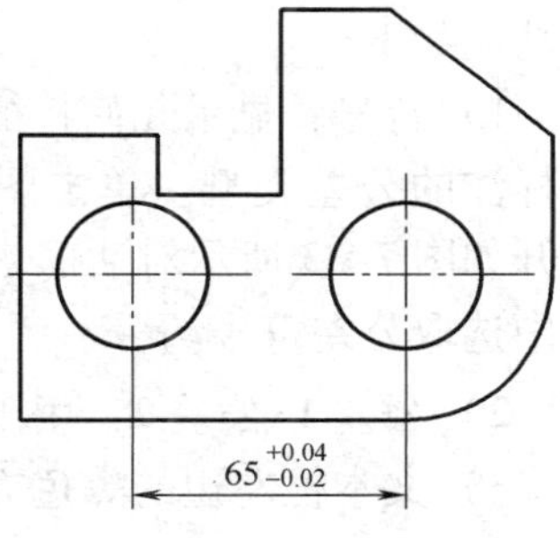

图7-30　尺寸极限偏差标注

其操作步骤如下：

1）执行“线性”命令。

2）提示“指定第一条尺寸界线起点或<选择对象>:”时，利用捕捉选择左边圆的圆心。

3）提示“指定第二条尺寸界线起点:”时，利用捕捉选择右边圆的圆心。显示测量尺寸“65”。

4）提示“指定尺寸线位置或［多行文字（M）/文字（T）/角度（A）］/水平（H）/垂直（V）/旋转（R）］:”时，拾取一点，确定尺寸线位置，完成标注。

5）在完成的线性标注“65”上双击鼠标左键，弹出“特性”选项板。

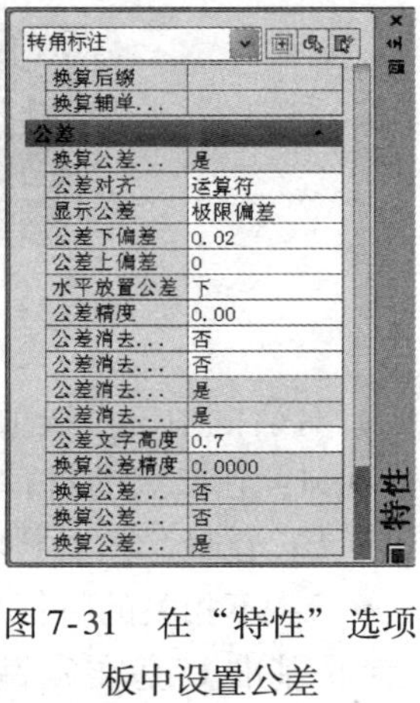

图7-31　在“特性”选项板中设置公差

6）将滑块拉到最下方的“公差”选择区域，如图7-31所示，在“显示公差”下拉列表中选择“极限偏差”，确认“精度”列表框中为“0.00”，在“公差上偏差”文本框中输入“0.04”，在“公差下偏差”文本框中输入“0.02”。

7）关闭“特性”选项板，按<Esc>键取消标注对象的选择，完成了为线性尺寸添加尺寸公差。

注意：用同样的方法还可以标注“对称”、“极限尺寸”、“基本尺寸”等形式的公差尺寸。用户可以在“显示公差”下拉列表中进行样式选择。

7.3.2 形位公差标注

形位公差标注（TOLERANCE）用于控制机械零件的实际尺寸（如位置、形状、方向和定位尺寸等）与零件理想尺寸之间的允许差值。形位公差的大小直接关系零件的使用性能，在机械图形中有非常重要的作用。

形位公差标注命令调用可通过以下几种方式调用：

➢ 单击“注释”选项卡→“标注”面板→公差按钮命令。

➢ 单击下拉菜单“标注”→“公差”命令。

➢ 单击标注工具栏公差按钮。

➢ 在命令行输入“TOLERANCE（TOL）”。

执行“TOLERANCE”命令后，将打开如图7-32所示对话框。该对话框各选项含义及功能如下：

1）符号：显示几何特征符号，用来区分所标注的公差类型。单击图中黑色方框，将打开如图7-33所示对话框，用户可在此对话框中选取公差符号。

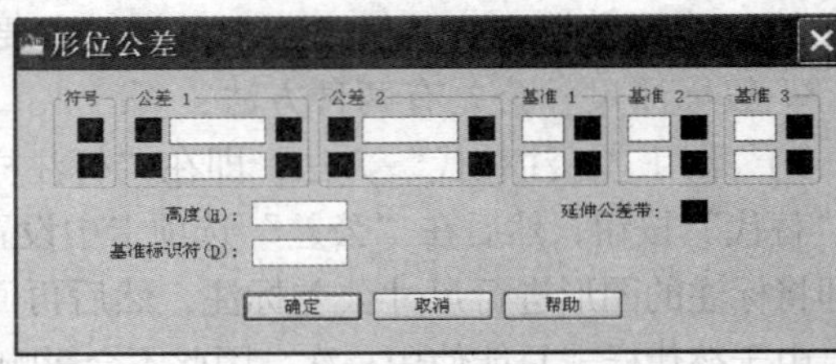

图7-32 “形位公差”对话框

2）公差1/公差2：用于输入具体的公差值。

3）文本框左边的黑色方框：用于选择直径符号。单击该方框，则方框中将出现直径符号。中间文本框用于输入具体的公差值。单击右边黑色方框，将出现如图7-34所示对话框，用于控制零件的材料状态。

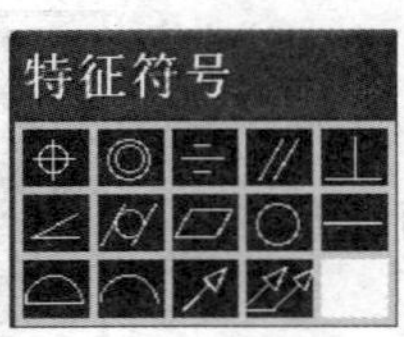

图7-33 “符号”对话框

图7-34 “包容条件”对话框

此对话框中三个选项的含义如下：

● M：在最大的材料状态。

● L：在最小的材料状态。

● S：不相关的特征尺寸

4）基准1/基准2/基准3：用于输入测量零件公差所依据的基准。在文本框中输入基准线或基准面的代号，在黑色方框中选择材料状态，选择方法与前面相同。

5）高度（H）：用于指定预定的公差范围值。

6）投影公差带：显示预定的公差范围符号与预定的公差范围值的配合，即预定的公差范围值后加上符号（P）。

7）基准标识符（D）：此文本框用于输入基准的标识符号，如A、B、C等。

【例7-16】 用“TOLERANCE”命令标注如图7-35中的公差。其操作步骤如下：

⊥	0.002	*A*

图7-35 公差标注

1）执行“公差”命令，打开如图7-20所示的“形位公差”对话框。

2）在“形位公差”对话框中，单击“符号”方框，打开“符号”对话框，在此对话框中，选择“垂直度”公差符号。

3）单击“形位公差”对话框中的“公差1”，在白色文本框中输入“0.002”。

4）在“公差2”栏中不执行任何操作。在基准1中，输入“A”字母，确定测量公差时所依据的基准。

5）单击“确定”按钮，指定一点，确定公差摆放的位置，完成标注。

注意：

1）如果要准确地指定形位公差在图中的位置，需要和引线标注联合使用。

2）公差标注中涉及的专业术语及符号比较多，读者可查阅有关资料。

7.4 编辑尺寸标注

标注完成后，对少数不符合要求的尺寸，可以通过修改图形对象来修改标注，也可以用尺寸编辑命令进行修改，以符合国家标准的规定。

7.4.1 重新关联标注

尺寸关联是指所标注尺寸与被标注对象有关联关系。如果标注的尺寸只是按自动测量值标注，且尺寸标注是按尺寸关联模式标注的，那么改变被标注对象的大小后，相应的标注尺寸也将发生改变。

“标注”→“重新关联标注”（DIMREASSOCIATE）命令可以对不是关联标注的尺寸标注进行关联。使标注与实体进行链接，当实体变动时标注随实体变动进行改变。

重新关联标注命令调用可以通过以下几种方式调用：

➢ 单击“注释”选项卡→“标注”面板→▼→重新关联按钮命令。

➢ 单击下拉菜单“标注”→“重新关联标注”。

➢ 在命令行输入“DIMREASSOCIATE”。

执行“重新关联标注”（DIMREASSOCIATE）命令后，命令行提示：“选择要重新关联的对象…”及“选择对象：”。选择了需要设定关联的标注尺寸后，提示“选择对象：”，按“ENTER”键结束选择。提示“指定第一个尺寸界线原点或选择对象（S）<下一个>：”时，可以选择关联的第一点或选择关联的实体。

● 若选择关联的第一点：系统提示“指定第二个尺寸界线原点<下一个>：”，选择了关联的第二点后，结束命令。

● 若选择对象：提示："选择关联实体" 选择了关联实体后，结束命令。

若选择"下一个"：在默认状态下，系统会用一个蓝色方框提示第一点，"下一个" 选项用于指定下一个点。

【例 7-17】 如图 7-36 所示，圆的直径由"23" 修改为"30" 时，AutoCAD 可以自动修改尺寸值。操作步骤：

1）在圆上单击鼠标左键，此时在圆上出现蓝色的夹点。

2）单击鼠标右键，选择"特性" 选项。

3）在"特性" 对话框中，将直径值"23" 修改为"30"，然后"关闭" 对话框。

4）按 Esc 键，完成编辑。

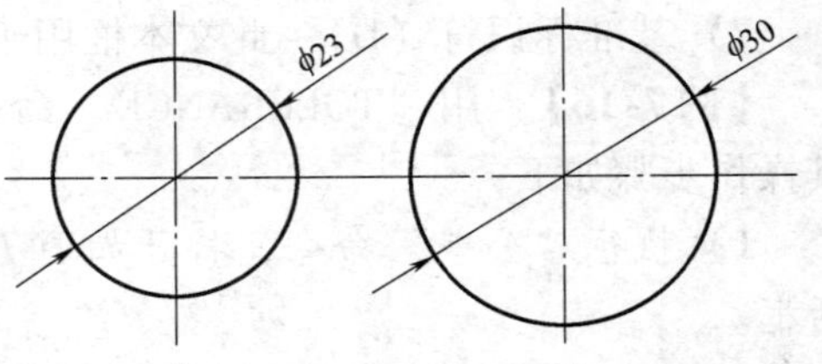

a)　　b)

图 7-36　编辑尺寸标注的关联

注意：

1）在系统提示："指定第一个尺寸界线原点或选择对象（S）" 时设定需要的关联点，或输入（S）来选择关联实体，当设定好关联后，编辑该实体时标注也会随之改变。

2）在中文版 AutoCAD 2010 中，用户可以通过"特性" 窗口的"关联" 特性值来查看尺寸标注是否为关联标注。

7.4.2　利用特性选项板编辑尺寸标注

对象特性选项板是非常有用的工具，除了利用"特性" 选项板标注尺寸公差外，还可以在它的"文字" 选择区域的"文字替代" 中对尺寸标注进行编辑。同时，在这里可以对标注文字的几乎全部设置进行编辑。

【例 7-18】 编辑如图 7-37a 所示的标注尺寸文字，结果如图 7-37b 所示。

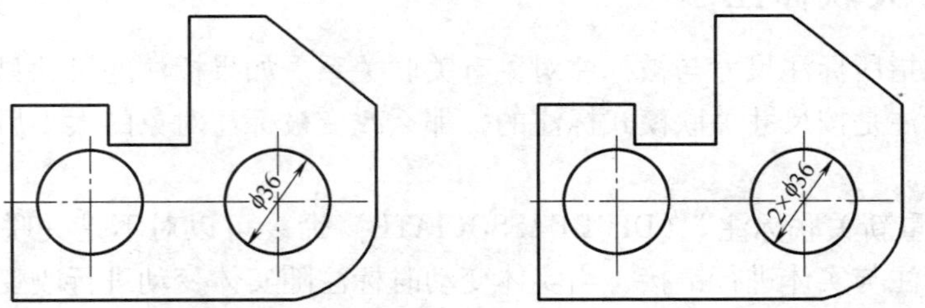

a)　　b)

图 7-37　利用"特性" 选项卡修改尺寸标注

1）双击直径尺寸 $\phi36$，弹出"特性" 选项卡。

2）将滑块拉到"文字" 选择区域，在"文字替代" 文本框中输入"2 – < >"，如图 7-38 所示。

3）关闭"特性" 选项板，按 <Esc> 键取消标注对象的选择，完成了尺寸文字的修改。

注意：在文字替代中输入的尖括号"< >" 代表的是系统测量值，如果自己输入其他数值会失去标注的关联性，这是我们不提倡的。

7.4.3　编辑尺寸标注的组成要素

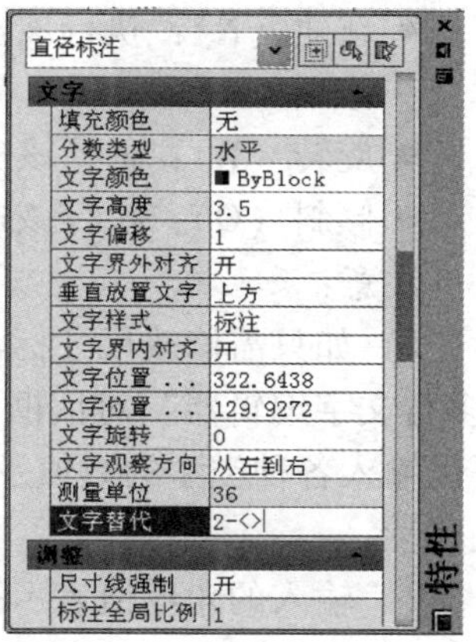

图7-38　利用“特性”选项板编辑标注

1. 编辑尺寸文字位置

“编辑标注文字”（DIMTEDIT）命令用于修改尺寸文本的位置和角度。

编辑尺寸文字位置命令调用可通过以下几种方式调用：

➢ 单击“注释”选项卡→“标注”面板→编辑标注文字按钮命令。

➢ 单击下拉菜单“标注”→“对齐文字”命令。

➢ 单击标注工具栏中的编辑标注文字按钮。

➢ 在命令行输入“DIMTEDIT”。

执行“编辑标注文字（DIMTEDIT）”命令后，如果用户选择了修改对象，命令行将出现如下提示：“指定标注文字的新位置或［左（L）/右（R）/中心（C）/默认（H）/角度（A）］:”。

各选项功能如下：

● 左对齐（L）：调整尺寸标注文字为左对齐

● 右对齐（R）：调整尺寸标注文字为右对齐。

● 居中（C）：将尺寸标注文字放在尺寸线中间。

● 默认（H）：将尺寸标注文字调整到尺寸样式设置的方向。

● 角度（A）：改变尺寸标注文字的角度。

注意：

1）在“DIMTEDIT”命令执行过程中，用户可以通过鼠标动态地移动尺寸线和尺寸文字的位置，单击鼠标可确定尺寸文字的位置。

2）如果“DIMSHO”系统变量是打开的，那么标注在拖动过程中将动态显示，用户可通过观察指定所需位置点。

2. 尺寸文本编辑

“编辑标注”（DIMEDIT）命令用来更改尺寸标注中的尺寸文字、尺寸界线的位置以及修改尺寸文字地摆放角度。在对尺寸标注进行修改时，如果对象的修改内容相同，则用户可选择多个对象一次性完成修改。在AutoCAD 2010的功能区默认的设置中只有该命令中的一个选项“倾斜”按钮。

尺寸文本编辑命令调用可通过以下几种方式调用：

➢ 单击“注释”选项卡→“标注”面板→编辑标注按钮命令。

➢ 单击下拉菜单“标注”→“倾斜”命令。

➢ 单击标注工具栏编辑标注按钮。

➢ 在命令行输入“DIMEDIT”。

执行“编辑标注”命令后，系统将提示：“输入标注编辑类型［默认（H）/新建（N）/旋转（R）/倾斜（O）］<默认>:”。

其各项功能如下：

● 默认（H）：选择该选项，系统将按默认位置及方向放置标注文字。

- 新建（N）：执行该选项后，将打开“多行文字编辑器”对话框，对标注文字进行修改。
- 旋转（R）：选择该选项后，系统将选中的标注文字按输入的角度放置。
- 倾斜（O）：执行该选项后，系统将按指定的角度调整线性标注尺寸界线的倾斜角度。

注意：

1）如只需修改尺寸标注文本值，用“DDEDIT”命令选择尺寸标注文本值后在弹出的“多行文字编辑器”对话框中修改、输入新值即可。在“多行文字编辑器”对话框中，用户可以输入各种类型的数值及文字。值得注意的是，这样修改后的结果是使得尺寸标注失去了关联性。

2）输入的角度值表示被选择标注对象的尺寸界线与水平线所夹的锐角，当角度输入值为“0”时，系统把标注文字按默认方向放置。

3）“旋转”选项与“编辑尺寸文字位置”（DIMTEDIT）命令中的“角度”选项效果相同。

【例 7-19】 用“编辑标注文字”命令将图 7-39a 中的标注文字调整为图 7-39b 中的效果。其操作步骤如下：

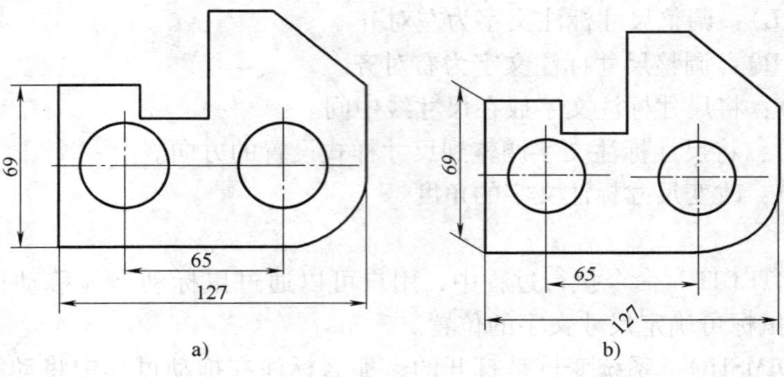

图 7-39　编辑标注

1）单击“注释”“选项卡”→“标注”面板→左对正按钮，执行“DIMTEDET”命令。

2）提示“选择标注:”，拾取尺寸值“65”。

3）完成尺寸值“65”的编辑。

4）单击“注释”选项卡→“标注”面板→文字角度按钮，执行“DIMTEDET”命令。

5）提示“选择标注:”，这时拾取左面的尺寸值“127”。

6）提示“指定标注文字的角度:”，输入“30”。

7）完成尺寸值“127”的编辑。

8）单击“注释”选项卡→“标注”面板→文字角度按钮，执行“DIMTEDET”命令。

9）提示“选择标注:”，拾取尺寸值“69”。

10）提示“输入倾斜角度（按 <Enter> 表示无）:”输入“-30”。

11）完成尺寸值“69”的编辑。

7.4.4　标注更新

“标注更新”（DIMSTYLE）命令用于将当前的标注样式保存起来，以供随时调用。也可以使用一种新的标注样式更换当前的标注样式。

标注更新命令调用可通过以下几种方式调用：

➢ 单击“注释”选项卡→“标注”面板→标注样式更新按钮命令。

➢ 单击下拉菜单“标注”→“更新”命令。

➢ 单击标注工具栏的标注样式更新按钮。

➢ 在命令行输入“DIMSTYLE”。

执行“标注更新（DIMSTYLE）”命令后，系统提示：“输入尺寸样式选项［保存（S）/恢复（R）/状态（ST）/变量（V）/应用（A）/?］<恢复>:”。

选项含义及功能如下：

- 保存（S）：选择该项后，系统提示“输入新标注样式名或［?］:”，用户可输入一个新样式名称，系统将按新样式名存储当前标注样式。
- 恢复（R）：选择该项后，用户在系统提示后输入已定义过的标注样式名称，即可用此标注样式更换当前的标注样式。
- 状态（ST）：选择该项后，系统将打开文本窗口，并在该窗口中显示当前标注样式的各设置数据。
- 变量（V）：选择该项后，命令行提示用户选择一个标注样式，选定后，系统打开文本窗口，并在窗口中显示所选样式的设置数据。
- 应用（A）：选择该项后，系统提示用户选择标注对象，选定后，所选择的标注对象将自动更换为当前标注格式。

7.5　实例解析

【例7-20】 在“GB-35”标注样式基础上（可调用“GB-A3”样板图，其标注样式为“GB-35”），创建“机械”标注样式及“角度”子样式，如图7-40所示。

“机械”标注样式具体要求为：尺寸界线与标注对象间的起点偏移量为“0”，尺寸界线超出尺寸线的距离为“2”，基线标注的尺寸线间距为“7”，长度标注和角度标注的单位精度为“0”，文字样式为工程字，文字位置从尺寸线偏移“1”。

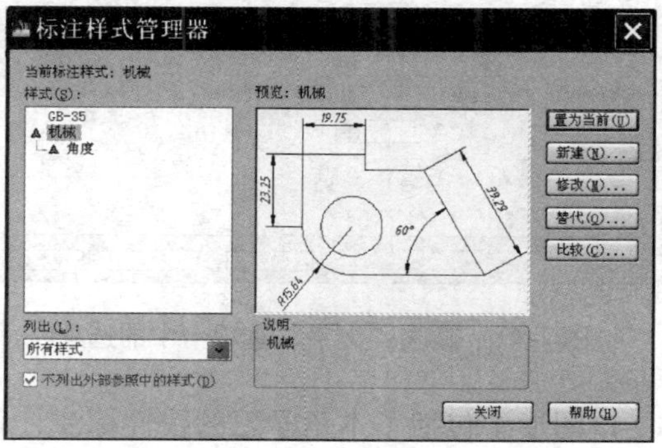

图7-40　新建“机械”标注样式及“角度”子样式

“角度”子样式的文字应为水平。

操作步骤如下：

1）选择“标注样式”命令，打开“标注样式管理器”对话框，单击对话框中的“新建”按钮，打开“创建新标注样式”对话框。

2）在打开的对话框中输入新样式名“机

械”，单击“继续”按钮，打开“新建标注样式”对话框，用于设置所需尺寸格式。

3）在“新建标注样式”对话框中设置标注样式，该样式用于标注图中的直径和线性尺寸。首先在“线”选项卡中，设置基线间距为“7”，尺寸界线超出尺寸线“2”，起点偏移量为“0”。

4）然后，在“符号和箭头”选项卡中，设置箭头的大小为“3.5”，圆心标记是直线，弧长符号标注文字上方。

5）在“文字”选项卡中，设置文字的样式为“工程字”，设置文字的大小为“3.5”，设置文字对齐方式为“与尺寸线对齐”。到此该样式设置完毕。

6）在“调整”选项卡中，设置⊙文字或箭头（最佳效果）。

7）在“主单位”选项卡中，设置单位格式是小数，精度是“0”，小数分隔符是句点，角度标注的单位格式是度/分/秒，精度是“0”，按“确定”按钮，返回“标注样式管理器”对话框，按“置为当前”按钮。

8）选择“机械”标注样式，单击“标注样式管理器”对话框中的“新建”按钮，在“用于”下拉列表框中选择“角度标注”。单击“继续”按钮，将创建基础样式为“机械”角度子样式。

9）单击“文字”选项卡，修改“文字位置”，在“垂直”的下拉列表中选择“外部”；“文字对齐”选择“水平”，如图7-41所示。

10）单击“确定”按钮，返回“标注样式管理器”对话框，单击“置为当前”按钮，完成设置。

“机械”标注样式的子样式“角度”仅仅控制角度标注的样式，其他的如线性标注、对齐标注、半径标注等均遵循基础标注样式“机械”的设置。

【例7-21】　标注图7-42所示图形。

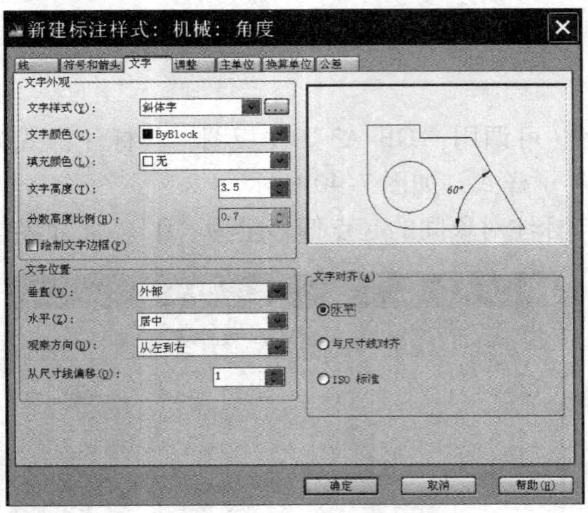

图7-41　修改“文字”选项卡中的选项

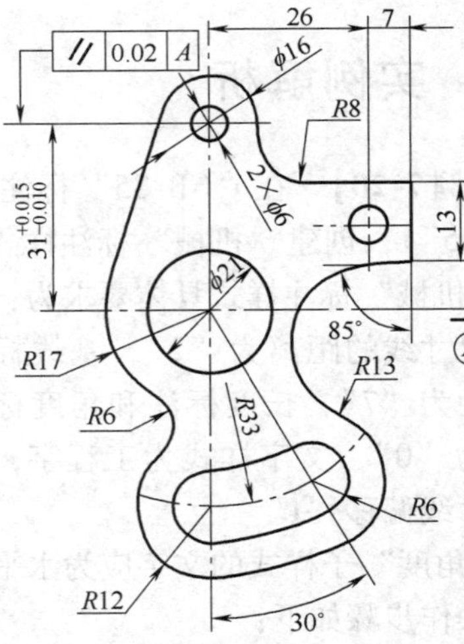

图7-42　尺寸标注综合练习

该图形中包括了本章学习的线性标注、角度标注、半径、直径标注和公差标注。本例题按照从上至下、从左至右，先标注线性尺寸，再标注半径、直径尺寸和角度尺寸，最后标注公差尺寸的顺序进行，基本的操作步骤如下：

1）将上例设置的“机械”标注样式置为当前。

2）执行“线性标注”命令，标注尺寸“26”。

3）执行“连续标注”命令，标注尺寸“7”。

4）执行“线性标注”命令，标注尺寸“31”、“13”和“7”。

5）执行“连续标注”命令，标注尺寸“14”。

6）执行“直径标注”命令，标注尺寸“ϕ6”、“ϕ16”和“ϕ21”。

7）选择尺寸值“ϕ6”，单击鼠标右键，选择“特性”。在“特性”选项板中，在“主单位”下拉列表框中选择“前缀”，在后面的活动窗口中输入“2×”，“关闭”对话框，完成编辑。

8）执行“角度标注”命令，标注角度尺寸“85°”和“30°”。

9）可新设置“半径水平”标注样式。

10）执行“半径标注”命令，标注半径尺寸*R*8、*R*17、*R*6、*R*13、*R*12和*R*6。

11）双击尺寸数字“31”，在打开的“特性”对话框中，选择“公差”选项，在“显示公差”下拉列表框中选择“极限偏差”。在“精度”下拉列表框中选择“0.000”。在“公差下偏差”的活动窗口中填入0.010。在“公差上偏差”的活动窗口中填入“0.015”。完成公差标注。

12）执行“多重引线样式”命令，修改“standard”样式，“引线结构”选项卡下的“最大引线点数”修改为“4”，“内容”选项卡下的“多重引线类型”下拉类表选择“无”。

13）执行“多重引线”命令，完成形位公差之前的引线绘制。

14）执行“公差”命令，“符号”选择“平行度”，“公差值”输入“0.02”，“基准”输入“*A*”。

其中基准符号可用“带属性的图块”的方式绘制和插入，这将在第8章中介绍。

7.6 思考与练习

1. 请叙述在中文版AutoCAD 2010中，对绘制的图形进行尺寸标注的基本步骤。

2. 在AutoCAD 2010中，尺寸标注类型有哪些，各有什么特点？

3. 在AutoCAD 2010中，如何进行多重引线标注？

4. 在AutoCAD 2010中，如何进行形位公差标注？

5. 按照机械绘图标准，在“GB-35”或“GB-5”样式基础上创建一标注样式，具体要求如下：

1）尺寸界线与标注对象的间距为0mm，超出尺寸线的距离为2mm。

2）基线标注的尺寸线间距为7mm。

3）长度标注单位的精度为“0”，角度标注单位使用度（°）/分（′）/秒（″），精度是“0”。

4）文字标注样式为工程字，文字位置从尺寸线偏移为1mm。

6. 绘制如图7-43和图7-44所示的图形，并标注尺寸。

7. 绘制如图7-45所示的泵盖，并标注尺寸。

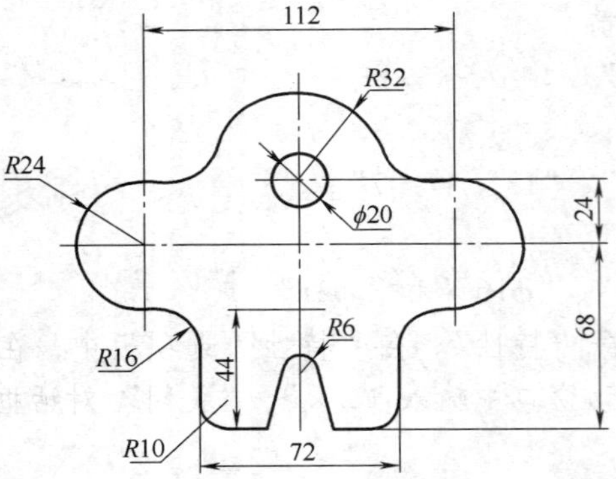

图 7-43 习题 6（一）

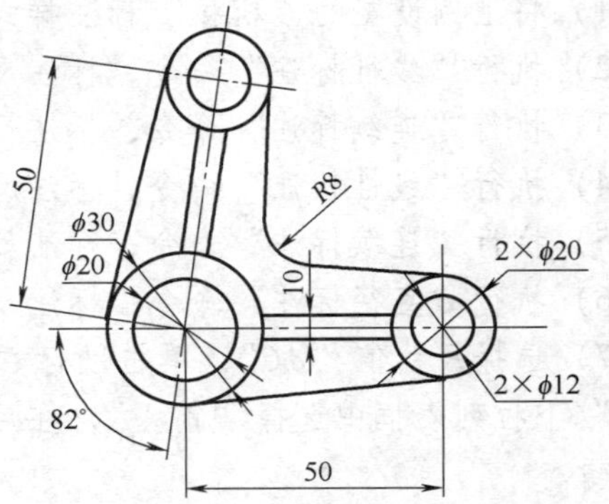

图 7-44 习题 6（二）

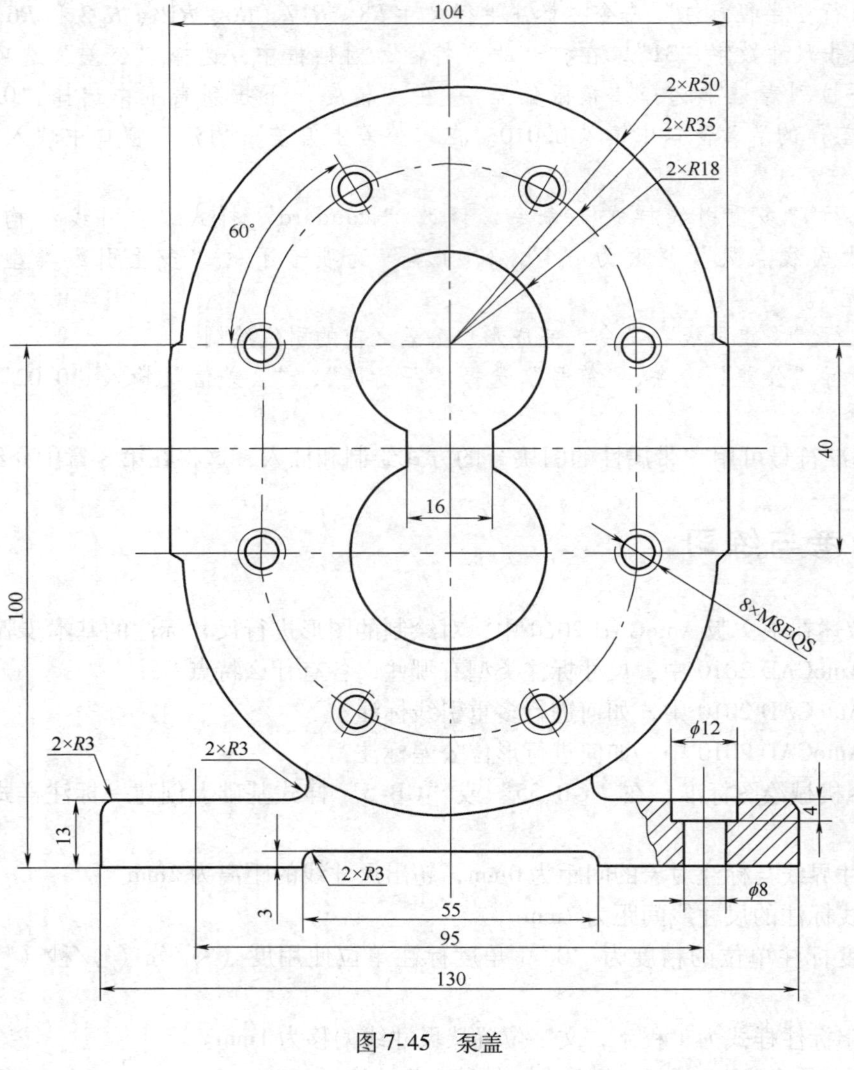

图 7-45 泵盖

第 8 章 创建和使用块

图块是由一组图形对象组成的一个集合。一个图块可以包含多条直线、圆、圆弧等对象，但它是作为一个整体进行操作的，并被赋予一个块名保存，需要时可将这个实体作为一个整体被调用，因此使操作更方便。可将常用的图形符号，如电子元器件、门窗构件、螺纹连接件、表面粗糙度符号、标题栏等定义成图块。

图块有如下几个优点：

1）创建图块库：把经常使用的图形定义成图块，并建立一个图库，需要时直接调出，节省重复绘图时间，提高工作效率。

2）节省磁盘空间：当一组图形多次出现时，会占用很多磁盘空间，但对块的插入，AutoCAD 仅记录块的插入点，从而减少图形文件大小，节省磁盘空间。

3）便于图形修改：利用图块的相同性，可将插入的图块进行同时修改。

4）携带属性：属性是块中的文本信息，这些文本信息可以在每次插入块时改变，也可以隐藏起来，用户还可以从图中将属性提取出来。

此外，自 AutoCAD 2006 版本以后就有了动态块的概念。这个功能解决了形状相似，规格、尺寸略有不同的块的插入问题。如图中需要不同长度的螺钉，仅需创建一个动态块，插入后简单地拖动几个变量就能实现块的修改，极大地提高绘图速度也减少了块图形库创建的工作量。同时，注释性特性也很好地解决了各种符号块在非 1:1 比例出图时的缩放问题。

8.1 块的创建与编辑

8.1.1 块的创建、插入与存储

1. 创建图块

创建图块（BLOCK）命令可通过以下几种方式调用：

➢ 单击“常用”选项卡→“块”面板→创建按钮命令。

➢ 单击下拉菜单中的“绘图”→“块”→“创建”命令。

➢ 单击绘图工具栏中的创建块按钮。

➢ 在命令行键入“BLOCK”命令。

执行命令后，将打开如图 8-1 所示的“块定义”对话框。

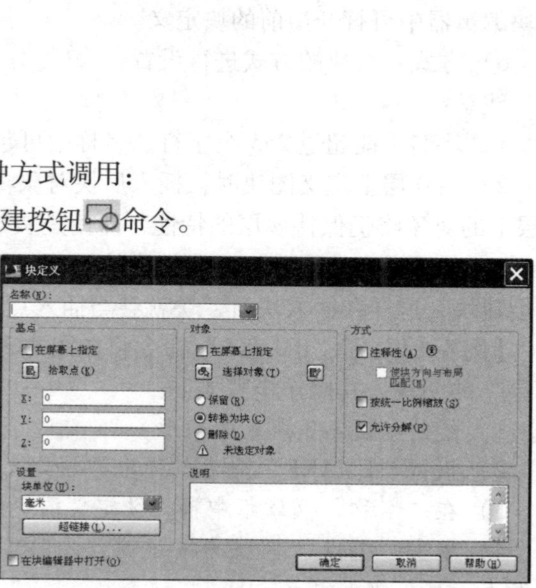

图 8-1 “块定义”对话框

各选项功能如下：

1）名称：在文本框中输入图块名。单击文本框右边的下拉按钮，将弹出下拉列表框，在该框中列出图形中已经定义的图

块名。

2）基点：用于指定图块的插入基点。其中各选项功能如下：

- 拾取点（K）：该按钮用于指定用鼠标在屏幕上拾取点作为图块的插入点（单击按钮后“块定义”对话框暂时消失，此时用户可在屏幕上拾取点作为插入点，拾取操作结束后，对话框重新弹出）。
- X、Y、Z：用于输入坐标以确定图块的插入基点。如果用户不使用“拾取点”按钮，则可在其中输入图块插入基点的坐标值来确定基点（若采用鼠标单击方式确定基点，则 X、Y、Z 框中将显示该基点的 X、Y、Z 坐标值）。

3）对象：用于确定组成图块的实体，其中各选项功能如下：

- 选择对象（T）：该按钮用于选择组成块的实体，单击此按钮后对话框暂时消失，等待用户在绘图区用目标选择方式选择组成块的实体。实体选择操作结束后，自动回到对话框状态。
- 保留（R）：在定义图块后，将继续保留构成图块的图形实体。
- 转换为块（C）：选择此选项后，将把所选的对象作为图形的一个块。
- 删除（D）：在创建块定义后，删除所选的原始对象。

4）设置：设置插入块时采取的形式。

- 块单位：用户可以指定当从设计中心拖放一个块到当前图形中时该块缩放的单位。
- 超链接（L）按钮：可打开“插入超链接”对话框，在该对话框中可以插入超级链接文档，如图 8-2 所示。

5）在编辑器中打开：选中该复选框后，在块编辑器中可打开当前的块定义。

6）方式：对块的方式进行设置。

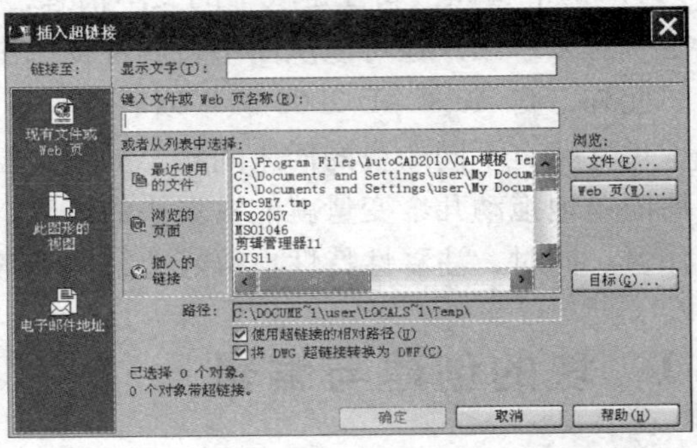

图 8-2 “插入超链接”对话框

注意：

1）块名不能超过 255 个字符，名称中可包含字符、数字、空格及特殊字符。

2）在 0 层上定义图块时，插入后块对象将与所插入到的图层的颜色和线型一致，在非 0 层上的对象将仍保持该层的特性，即使是块被插入到另外的层上的对象也不变。

3）如果没有拾取基点，块就会按照系统默认的世界坐标系原点（0，0，0）作为基点来创建块，这样在插入块时，块就会与插入点之间保持原来与原点之间的距离

【例 8-1】 用“BMAKE”命令将如图 8-3 所示的图形定义为“五角星”的图块，其操作步骤如下：

1）绘制如图 8-3 所示的图形。

2）执行“BMAKE”命令，弹出“块定义”对话框。

3）在“名称”文本框中输入欲定义图块的名称“五角星”。

4）单击“基点”区域的按钮输入，用鼠标在屏幕拾取图块插入的基点，可拾取上角点。

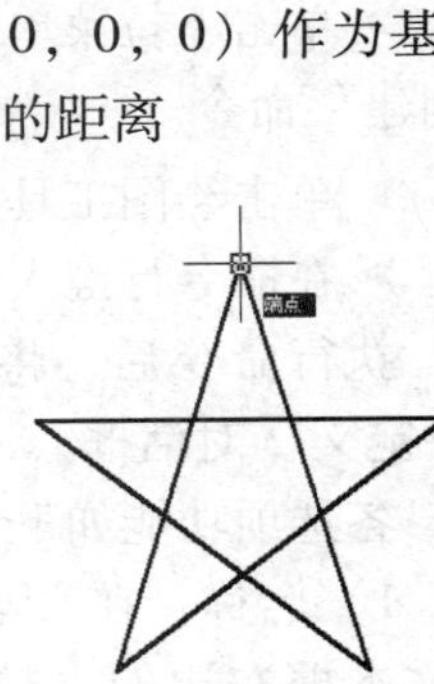

图 8-3 五角星

5）单击对话框中“选择对象”按钮，在屏幕上“框选”组成

块的实体，如图 8-3 所示。

6）单击“确定”按钮，完成块定义操作。

2. 插入块

将已定义的块插入到当前的图形文件中。在插入块（INSERT）时，需要确定插入的块名，插入点的位置，插入的比例系数以及图块的旋转角度。

插入块命令调用可通过以下几种方式调用：

➢ 单击“常用”选项卡→“块”面板→插入按钮命令。

➢ 单击下拉菜单中的“插入”→“块”命令。

➢ 单击绘图工具栏中的插入按钮。

➢ 在命令行输入“INSERT”。

命令输入后，将打开如图 8-4 所示的“插入”对话框。

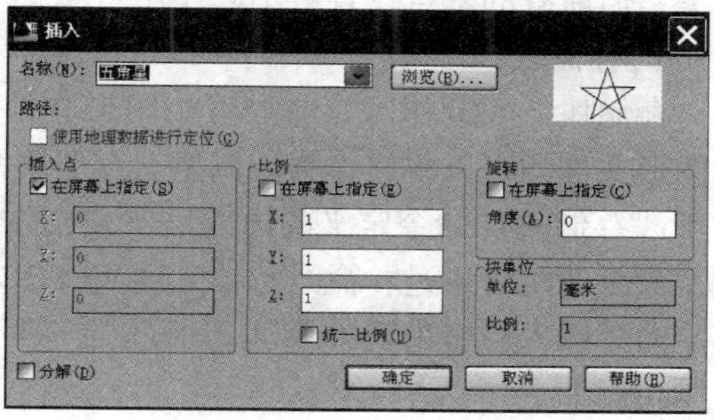

图 8-4　“插入”对话框

1）名称（N）：该文本框可输入或在下拉列表框中选择欲插入的块名。

2）浏览（B）：该按钮用于浏览文件，单击该按钮，将打开“选择图形文件”对话框，可从中选择欲插入的外部块文件名。

3）插入点：该区域用于选择图块基点在图形中的插入位置。

- 在屏幕上指定（S）：指定由鼠标在当前图形中拾取插入点。
- X、Y、Z：此三项文本框用于输入坐标值确定在图形中的插入点。当选用“在屏幕上指定”后，此三项不可用。

4）比例：图块在插入图形中时可任意改变其大小，用“缩放比例”区域可指定缩放比例。

- 在屏幕上指定（E）：指定在命令行输入 X、Y、Z 轴比例因子或由鼠标在图形中选择决定。
- X、Y、Z：此三项文本框用于预先输入图块在 X 轴、Y 轴、Z 轴方向上缩放的比例因子。这三个比例因子可相同，也可不相同。当选用“在屏幕上指定”后，此三项呈灰色，不可用。默认值为“1”。
- 统一比例（U）：该复选框用于统一三个轴向上的缩放比例。

5）旋转：图块在插入图形中时可任意改变其角度，用“旋转”区域确定图块的旋转角度。

- 在屏幕上指定（C）：选择该复选框表示在命令行输入旋转角度或由鼠标在图形中选择决定。
- 角度（A）：该文本框用于预先输入旋转角度值，默认值为“0”。

6）块单位：图块在插入图形中可时改变其单位。

7）分解：图块插入图形中可分解为所组成对象。

【例 8-2】　在图形中插入比例为“2”的上面存储的“五角星”图块。其操作步骤如下：

1）执行“INSERT”命令，系统弹出“插入”对话框。

2）在“插入点”区域选择“在屏幕上指定”复选框，在图形中用鼠标拾取插入点。

3）选择“比例”区域“统一比例”复选框，则 X、Y、Z 三轴向统一比例，在 X 文本框中输入 2。

4）接受插入图块的旋转角默认值“0”。

5）单击“确定”按钮，返回绘图区。

6）指定插入点完成图块的插入。

注意：

1）块还可以通过设计中心、工具选项板插入。

2）也可以由 Windows 的“复制”和“粘贴”来实现不同图形文件之间调用图块或图形对象，但原有的基点设置已不起作用。

3. 存储块

存储块“WBLOCK”命令可将图形文件中的整个图形写入一个新的图形文件中去，其他图形文件均可以将它作为块调用。存储块命令定义的图块是一个独立存在的图形文件，相对于“存储块”命令定义的内部块，它被称作外部块。

命令调用可通过：命令行输入“WBLOCK（W）”。

命令输入后将出现如图 8-5 所示的“写块”对话框。各项功能如下：

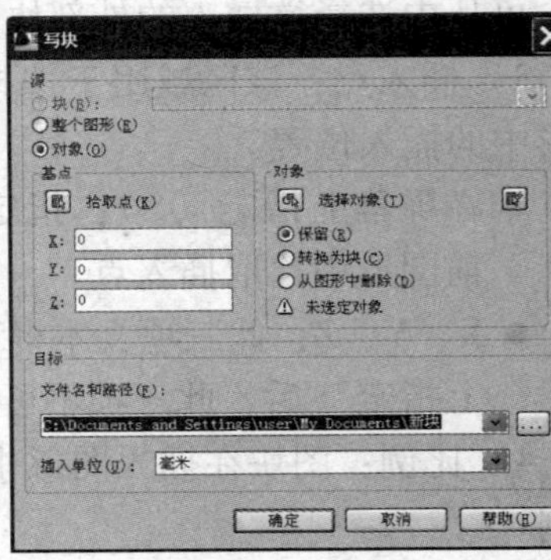

图 8-5 “写块”对话框

1）源：该区域用于定义写入外部块的源实体，它包括如下内容：

- 块（B）：该项指定将内部块写入外部块文件，可从“名称”下拉列表框中选择一个图块名称。
- 整个图形（E）：该单选框选择当前图形作为一个图块写入外部块文件。
- 对象（O）：指定要保存到文件中的对象写入外部块文件。

2）基点：该区域用于指定图块插入基点，该区域只对源实体为“对象”时有效。

3）对象：该区域用于指定组成外部块的实体，以及生成块后源实体是保留、消除或是转换成内部块。该区域只对源实体为“对象”时有效。

4）目标：该区域用于指定外部块文件的文件名、储存位置以及采用的单位制式。其包括如下内容：

- 文件名和路径：该文本框用于输入新建外部块的文件名，指定外部块文件在磁盘上的储存位置和路径。单击文本框后的下拉按钮，弹出下拉列表框供选择。还可单击右侧浏览按钮▭，弹出浏览文件夹对话框，选择更多的路径。
- 插入单位（U）：该文本框用于指定插入块时系统采用的单位制式，该项与“BMAKE”对话框的相应项相同。

【例 8-3】 用“WBLOCK”命令将“五角星”写入到“E：\”目录下的新建文件“五角星 . dwg”中，将其生成一个外部块，其操作步骤如下：

1）执行“WBLOCK”命令，系统弹出“写块”对话框。

2）单击“源”区域的“块”单选框，指定为“块”形式。

3）文件名文本框中显示“五角星”。

4）指定块文件的储存位置，即在“目标”区域“路径”文本框输入“E:\”，如图 8-6 所示。

5）单击“确定”按钮。

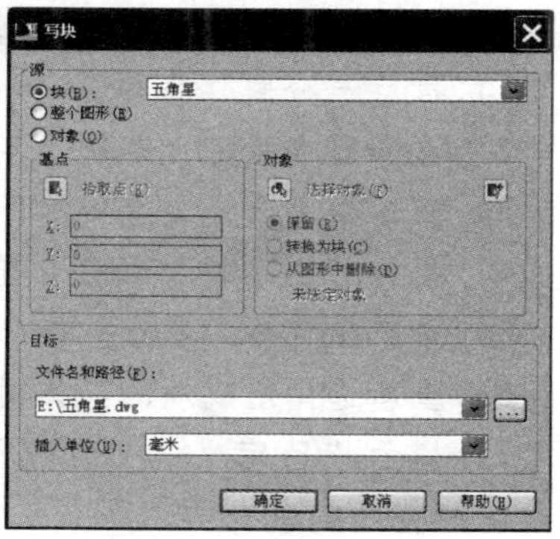

图 8-6　写入“外部块”

8.1.2　块的分解、重定义与删除

图块可以直接使用“复制”、“旋转”、“比例缩放”、“移动”、“阵列”等命令进行整体编辑，但是不能用如“修剪”、“偏移”、“拉伸”、“倒圆”、“倒角”等编辑。要对图块进行编辑，首先要分解图块。

1. 图块的分解（EXPLODE/XPLODE）

图块的分解（EXPLODE/XPLODE）命令调用可通过以下几种方式调用：

➢ 单击“常用”选项卡→“修改”面板→分解按钮命令。

➢ 单击下拉菜单中的“修改”→“分解”命令。

➢ 单击修改工具栏中的分解按钮。

➢ 在命令行输入“EXPLODE/XPLODE。”

执行“分解”命令后，系统将提示：“选择对象”，用户可以使用对象选择方式选择需要分解的图块对象。选定对象并按下“回车”键后即可对该对象进行分解。

注意：

1）图块分解后将失去其整体性，组成块的实体不再具有块的特性。但是块定义仍然存在当前图形中，可以再次插入。

2）图块分解后，可用“UNDO”命令恢复。

2. 图块的嵌套

AutoCAD 允许一个图块中包含别的图块，即图块的嵌套。当分解（Explode）一个嵌套图块时，嵌套在图块中的那个图块并未被分解，它还是一个单独的整体。要分解图块，使其成为独立的实体群，还必须用 Explode 命令再次将它分解开。

可以利用图块插入功能绘制有多个图块的图形，然后再将其定义为一个图块，这样该图块就成为一个嵌套图块，但每个块仍会保持各自的特性。

3. 图块的重定义

运用块的重新定义，将块统一做一些修改或换成另一个标准再重新存储，是一个非常方便高效的方法。

重新定义块的一般方法是将一个插入块分解后，加以修改编辑，再用“BLOCK”或“BMAKE”命名为同名的块，将原有的块定义覆盖，图形中引用的相同块将全部自动更正。另外，在命令行输入“-BLOCK”命令，在提示“输入块名［?］:”后输入与原有块相同的名称，命令结束后系统自动将所有的块替换。

【例 8-4】　用重新定义块的方法，将前面如图 8-3 所示的“五角星”图块分解编辑后，重新定义成名为“五角星”的图块，如图 8-7 所示。其操作步骤如下：

1）执行“分解”命令。

2）选择要重新定义的块。

3）回车结束选择，选中的图块已被分解。

4）执行“创建块”命令，重新定义块名为“五角星”。

5）重新指定插入基点。

6）重新选择组成块的实体对象。

7）提示“已定义‘五角星’，是否替换?”时，回答“是”，则新建的块将覆盖原有块。

图 8-7 图块的重定义

8.1.3 块的在位编辑

图块编辑还有一个“在位编辑”（REFEDIT）的方法，可以为用户提供直接修改块库中的块定义的工具，不需要分解原图块后再去定义块。“在位编辑”是在原来的图形位置上进行编辑，既快捷又方便。

在位编辑命令调用可通过以下几种方式调用：

➢ 单击“插入”选项卡→“参照”面板→▾→编辑参照按钮命令。

➢ 单击下拉菜单中的“工具”→“外部参照和块在位编辑”→“在位编辑参照”命令。

➢ 单击参照编辑工具栏中的在位编辑参照按钮。

➢ 在命令行输入“REFEDIT”。

另外还可利用快捷菜单：选择块，单击鼠标右键，在其快捷菜单中选择“在位编辑块”命令。

【例 8-5】 将如图 8-8 所示的图块进行在位编辑，完成后如图 8-11 所示。其操作步骤如下：

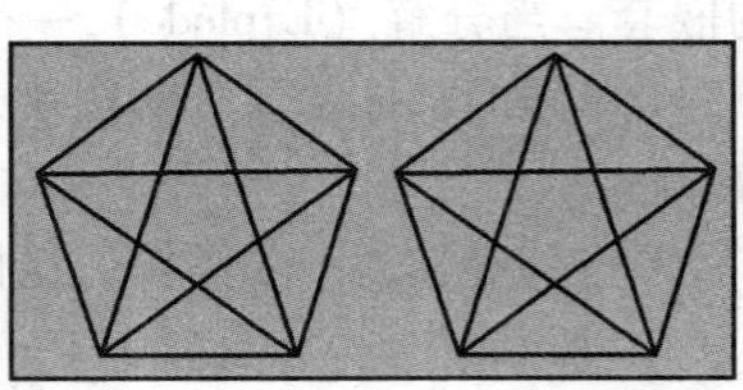

图 8-8 在位编辑的块

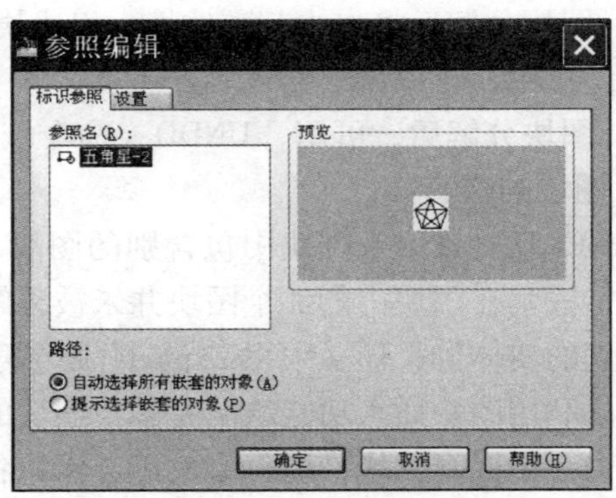

图 8-9 “参照编辑”对话框

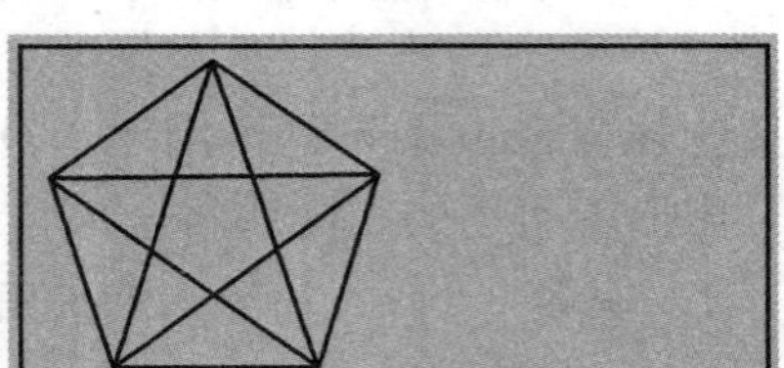

图 8-10 参照和块在位编辑的状态

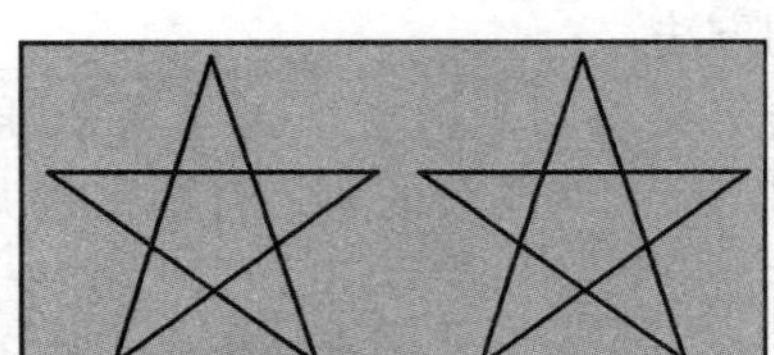

图 8-11 在位编辑完成后的块

1）选择图块，单击鼠标右键在其快捷菜单中选择“在位编辑”命令，打开“参照编辑”对话框，如图 8-9 所示。

2）单击“确定”按钮，此时 AutoCAD 进入参照和块编辑状态，除了所选择的块外，图形全部暗显，其他同名称的被插入的块消失，如图 8-10 所示。这时，功能区的“插入”选项卡下会增加一个“编辑参照”面板。

3）单击五角星外面的正五边形，使用 <Delete> 键将其删除。

4）单击“插入”面板→“参照编辑”→“保存修改”按钮，在弹出的警告对话框中单击“确定”按钮，完成在位编辑。

8.2　带属性块的创建与编辑

属性是图块的一个组成部分，它是块中的文本信息。图块的属性可以增加图块的功能，其中的文字信息又可以说明图块的类型、数目以及图形所不能表达的内容。当用户插入一个块时，其属性也跟着一起插入到了图形中，当用户对图块进行操作时，其属性也将随之改变，属性必须依赖于块而存在，没有块就没有属性。

8.2.1　创建带属性的块

块的属性由属性标记和属性值两部分组成，属性标记就是指一个项目，属性值就是指具体的项目情况。用户可以对块的属性进行定义、修改以及显示等操作。

当插入带有属性的块时，命令提示中将出现自行设置的属性提示，用户可根据需要输入相应的属性值。创建带属性的块可使图块增加其使用功能。

将定义好的属性连同相关图形一起，用“BLOCK”命令定义成块，即属性块，以后就可在当前图形中随意调用，其调用方式与一般图块的方法相同。

属性命令调用可通过以下几种方式调用：

- 单击“常用”选项卡→“块”面板→▼→定义属性按钮命令。
- 单击“插入”选项卡→“属性”面板→▼→定义属性按钮命令。
- 单击下拉菜单中的“绘图”→“块”→“定义属性”命令。
- 在命令行输入“ATTDEF（ATT）”。

执行命令后，将打开“属性定义”对话框，如图 8-12 所示。

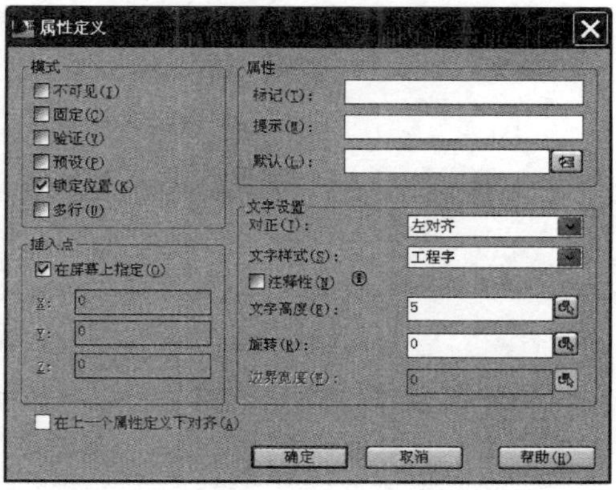

图 8-12　“属性定义”对话框

1）模式：设置属性的六个方面的内容。

- 不可见（I）：具有这种模式的属性，在图块被插入图中时，其属性是不可见的。
- 固定（C）：具有相同的属性值，这是在定义属性时就设置好的，该属性没有提示，无法进行编辑。
- 验证（V）：系统将提示两次输入属性值，以便在插入图块之前可以改变属性值，这也有助于减少输入属性值时的错误。

- 预置（P）：在插入属性时，具有相同的属性值，但不同于［固定］模式的是预置模式可以被更改和编辑。
- 锁定位置（K）：锁定块参照中属性的位置，解锁后，可以使用夹点编辑移动属性，还可以调整多行属性的大小。
- 多行（U）：指定的属性值可以是多行文字，可以指定属性的边界宽度。

2）属性：基本的属性是由属性标记、提示以及属性值组成。

- 标记（T）：用于输入属性的标记，用于对属性进行分类。
- 提示（M）：用于输入在插入属性块时将提示的内容。
- 默认（L）：该文本框用于设置属性的默认值。
- 插入字段：单击按钮，将弹出“字段”对话框，可以插入一个字段作为属性。

3）插入点：设定属性的插入点，或者直接在 X、Y、Z 坐标栏中输入插入点的坐标。

4）文字设置：控制属性文字的对齐方式、文字样式、文字的高度、旋转角度。

- 对正（J）：该文本框用于输入文本的对齐方式，单击该文本框右边的下拉按钮可弹出一下拉列表，该下拉列表中列出所有的文本对齐方式，用户可任意选一种。
- 文字样式（S）：该文本框用于输入文本的字体，单击该文本框右边的下拉按钮，可弹出下拉列表框，用户可选择文字的字体格式。
- 文字高度（E）：在屏幕指定文本的高度，或在文本框中输入高度值。

5）旋转（R）：在屏幕上指定文本的旋转角度，也可在文本框中输入旋转角度值。

6）在上一个属性定义下对齐（A）：选择是否将该属性设置为与上一个属性的字体、字高和旋转角度相同，并且与上一个属性对齐。

【例 8-6】 绘制如图 8-13a 所示的图形（圆半径约为 20）；给其定义一个名为“标志”的属性，如图 8-13b 所示；然后将其生成一个带属性的图块，如图 8-13c 所示；再用新属性名称“PEA”插入到当前图形中，结果如图 8-13d 所示。

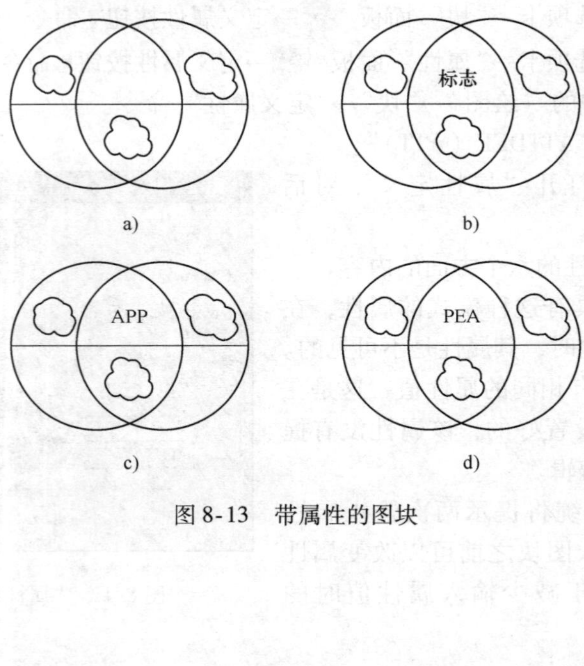

图 8-13　带属性的图块

其操作步骤如下：

(1) 定义属性

1) 执行“定义属性”命令(),打开“属性定义”对话框,如图8-14所示。

2) 在“标记”文本框输入“标志”作为属性标志。

3) 在“提示”文本框输入“名称”作为提示标志。

4) 在“默认”值文本框中输入“APP”。

5) 文字“对正”选择“正中”,字高为“3.5”,样式选择“工程字”。

6) 单击“拾取点”按钮在屏幕上拾取属性的插入点,可拾取标志所处的正中点。

7) 单击“确定”按钮,完成属性的定义,如图8-13b所示。

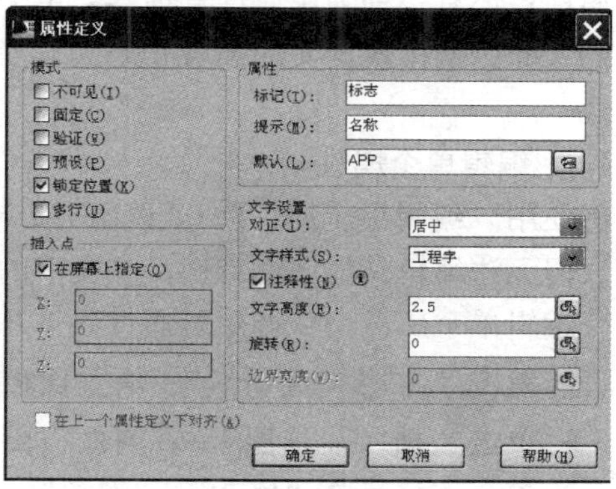

图8-14　定义属性

(2) 创建属性块

1) 执行“创建块”命令(),打开“块定义”对话框,如图8-15所示。

2) 在“名称”文本框中输入欲定义的块名“标志”。

3) 单击拾取按钮,在屏幕上指定属性块的插入基点,可选取直线中间位置。

4) 单击“对象”区域的按钮在屏幕上选择相关的选择组成块的实体。

5) 单击“确定”按钮,结束属性块定义,如图8-13c所示。

(3) 插入属性块

1) 执行“插入”命令(),打开“块插入”对话框,如图8-16所示。

图8-15　创建属性块

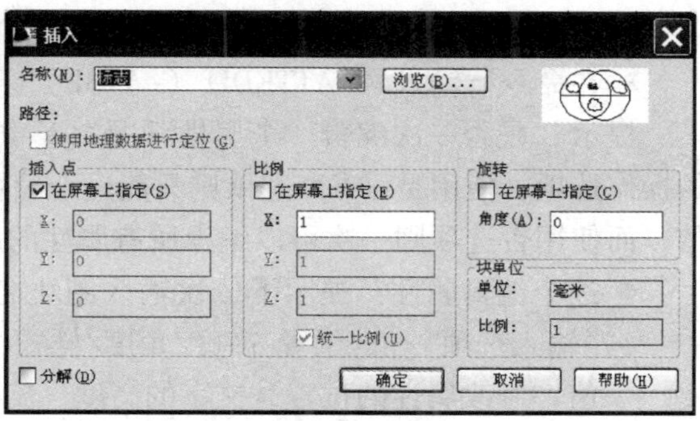

图8-16　插入属性块

2) 接受轴向比例因子默认值,接受图块旋转角度默认值。

3) 在屏幕上指定属性块的插入点。

4) 在提示输入“名称:”后输入新名称“PEA”,则完成带属性块的插入,结果如图8-9d所示。

8.2.2　属性的编辑

编辑属性(ATTEDIT/-ATTEDIT)就是改变属性的值以及位置、方向等属性。当属性被定义成为图块，并在图中插入后，可以使用 ATTEDIT 命令对图块的属性进行编辑修改。

AutoCAD 提供的编辑属性的方式有以下方式：一种为编辑单个属性；另一种为编辑总体属性；还有一种为块属性管理器。单个编辑方式一次只能编辑一个与某个图块相关的、单独的、非固定模式定义的属性值。总体编辑方式可以编辑独立于图块之外的属性值及属性特性。

1. 编辑单个属性

使用“编辑单个属性”（ATTEDIT）命令可以编辑选定图块中的所有非固定模式的属性值，但无法编辑其他属性特性，如文字的高度、位置等。

编辑单个属性命令调用可通过以下几种方式调用：

➢ 单击“常用”选项卡→“块”面板→▾→编辑属性→单个按钮命令。

➢ 单击“插入”选项卡→“属性”面板→▾→属性→单个按钮命令。

➢ 单击下拉菜单“修改”→“对象”→“属性”→“单个”命令。

➢ 单击修改Ⅱ工具栏中的编辑属性按钮。

➢ 在命令行输入“ATTEDIT”。

2. 编辑总体属性

使用编辑总体属性命令（-ATTEDIT）可以独立于图块之外，编辑当前图形文件中的所有属性值及属性的特性。

编辑总体属性命令调用可通过以下几种方式调用：

➢ 单击“常用”选项卡→“块”面板→▾→编辑属性→多个按钮命令。

➢ 单击“插入”选项卡→“属性”面板→▾→属性→多个按钮命令。

➢ 单击下拉菜单“修改”→“对象”→“属性”→“全局”命令。

➢ 单击修改Ⅱ工具栏中的编辑属性按钮。

➢ 在命令行输入“-ATTEDIT（-ATTE）”。

提示“是否一次编辑一个属性［是（Y）/否］<Y>:”，选择是（Y）或否将影响以下的操作选项，使用是（Y）选项则只能逐个编辑选择的属性，且所能编辑的属性必须是可见的，而使用否选项则一次可以编辑所有属性的属性值。

- 逐个编辑属性：提示下依次输入图块名、属性选项名、属性值，选择属性后，提示“输入选项［值/位置/高度/角度/样式/图层/颜色/下一个］<下一个>:”，修改属性值，修改属性的位置，文字的高度、旋转角度、文字样式等。
- 编辑所有属性：使用是否选项一次可以编辑所有属性的属性值，将对于属性值的编辑和修改应用到所有可见及不可见的属性上。在提示下依次输入欲编辑的块名或直接回车以选择所有的块；输入欲编辑的属性选项或直接回车，选择所有的属性选项；当提示“是否只编辑屏幕上可见的属性”时，用户输入“N”则屏幕弹出文字框，输入新的属性值，经过上述操作后，相应的属性值被新输入的内容所替代。

【例 8-7】 用“增强属性编辑器”对话框编辑属性。

1）双击其块属性或拾取属性块后，选择右键菜单的“编辑属性”，弹出“增强编辑属性编辑器”对话框，如图 8-17 所示。

2）在“属性”选项卡的“值”一栏输入新的属性值。

3）在“文字选项”中可修改属性文字的文字样式和、对正方式、字高和旋转角度等。

4）在“特性”选项卡中可修改文字图层、颜色等。

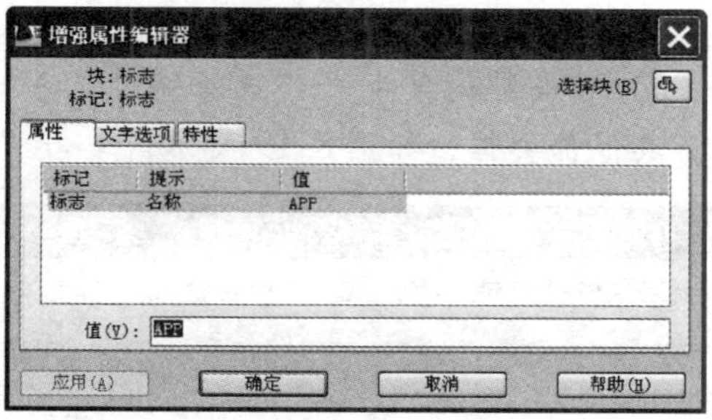

图 8-17 修改属性值

8.2.3 属性的显示控制

属性的显示控制（ATTDISP）就是控制属性显示的可见性。AutoCAD 2010 提供了 ATTDISP 命令以控制属性在图形中的显示状态。

属性的显示控制命令调用可通过以下几种方式调用：

➢ 单击“常用”选项卡→“块”面板→▾→保留显示命令。

➢ 单击“插入”选项卡→“属性”面板→▾→属性→保留显示命令。

➢ 单击下拉菜单“视图”→“显示”→“属性显示”→“开”命令。

➢ 在命令行输入“ATTDISP”。

启动命令后，系统将提示：“输入属性的可见性设置［普通（N）/开（ON）/关（OFF）］〈Normal >:”。

● 普通（N）：默认显示状态，表示按属性定义规定的可见性格式来显示各属性。

● 开（ON）：表示将所有属性均设置为可见。

● 关（OFF）：表示将所有属性均设置为不可见。

注意：用户修改可见性设置后，屏幕将自动重新生成。

8.2.4 属性的提取

AutoCAD 的块及其属性中含有大量的数据。例如，块的名字、块的插入点坐标、插入比例、各个属性的值等。可以根据需要将这些数据提取出来，并将它们写入到文件中作为数据文件保存起来，以供其他高级语言程序分析使用，也可以传送给数据库。如在机械装配图中，通过属性提取可以建立设备表、明细表，然后作为统计之用。

属性的提取（EATTEXT）命令调用可通过以下几种方式调用：

● 单击“插入”选项卡→“链接和提取”面板→▾→属性→提取数据命令。

● 单击下拉菜单“工具”→“数据提取”，或在命令输入“EATTEXT”。

【例 8-8】 打开本书电子课件“练习文件\CH8-.dwg”，提取图形中图块的属性。操作步骤如下：

1）启动“提取数据”命令，系统弹出“数据提取-开始”向导。如图 8-18 所示，确定是否选取“创建新的数据提取”选项，单击“下一步”按钮。

2）在下一个窗口中提示“将数据提取另存为”某个“*.dxe”文件时，输入文件名为“数据提取”。

3）单击“保存”按钮进入到第 2 页“定义数据源”窗口，确保选取“数据源”选项区域的“图形/图纸集”选项，并选中了“包括当前图形”复选框，单击“下一步”按钮。

4）在向导的第 3 页“选取对象”窗口，去掉“显示所有对象类型”复选框，选中“仅显示具有属性的块”，确保选择“仅显示块”选项，然后单击“下一步”按钮。

5）在向导的第 4 页“选择特性”窗口，在类别过滤器列表中只保留“属性”的复选框，其他都去掉，如图 8-19 所示，单击“下一步”按钮。

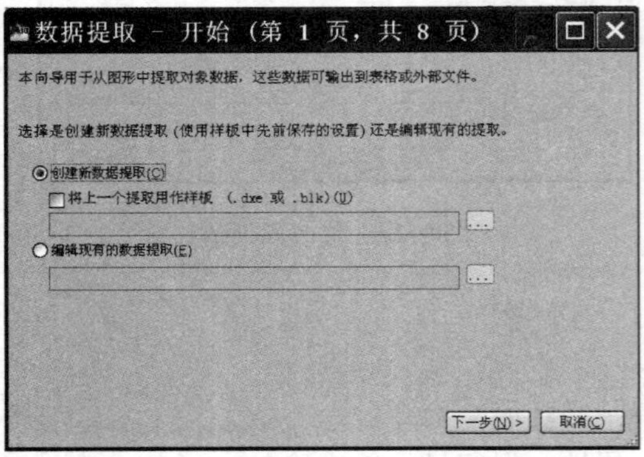

图 8-18 “数据提取-开始”窗口

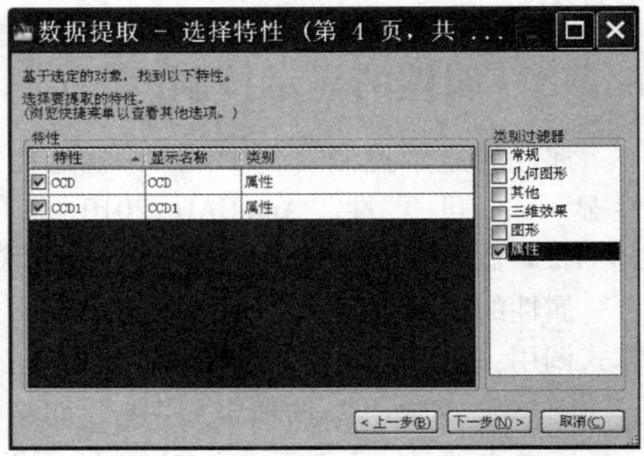

图 8-19 “数据提取-选择特性”窗口

6）在向导的第 5 页“优化数据”窗口，如图 8-20 所示。显示出属性的查询结果，数据的顺序可以重新调整，只需鼠标左键点击标题，左右拖动即可。单击“下一步”按钮。

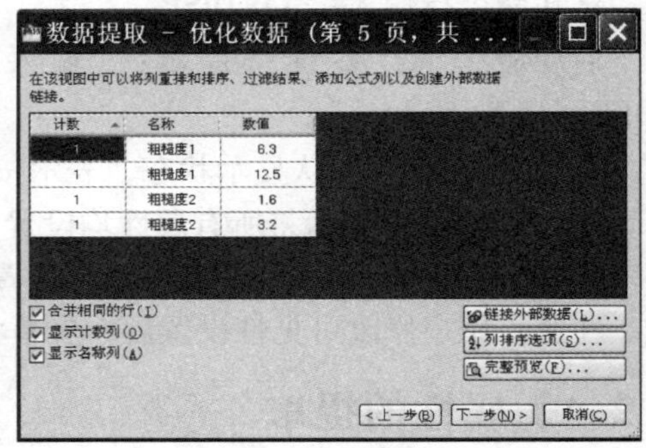

图 8-20 “数据提取-优化数据”窗口

7）在向导的第 6 页“选择输出”窗口，选择“将数据提取处理表插入图形”复选框，可已经属性提取到 AutoCAD 的表中，再选择“将数据输出值外部文件”复选框，同时将属性提取到其他的外部文件中，如 Excel 文件。单击[...]按钮，在弹出的“另存为”对话框的“文件类型”下拉列表中选择“*.xls”，在“文件名”文本框中输入保存的路径和文件名，单击“保存”按钮回到“选择输出”窗口，然后单击“下一步”按钮。

8）在向导的“表格样式”窗口的“输入表的标题”文本框中输入“粗糙度数值”然后选择表样式，然后单击“下一步”按钮。

9）在向导的“完成”窗口中，单击“完成”按钮，结束属性提取的操作。

10）在提示插入表时，单击“是”按钮，然后选择图中的插入位置，如图 8-21 所示。

11）属性提取完成后，将刚刚输出的 Excel 文件按保存路径的位置找到并打开，如图 8-22所示。

注意：

1）属性提取出来的 Excel 文件中的数据为文本类型，如果对其中的数值进行统计，需要将数据前面的单引号去掉变成数值类型。

2）AutoCAD 的属性提取功能不仅可以从当前图形文件中提取，还可以在其他打开的文件中提取属性值。

粗糙度数值		
计数	名称	数值
1	粗糙度2	1.6
1	粗糙度2	3.2
1	粗糙度1	6.3
1	粗糙度1	12.5

图 8-21　属性提取后生成的 AutoCAD 表格

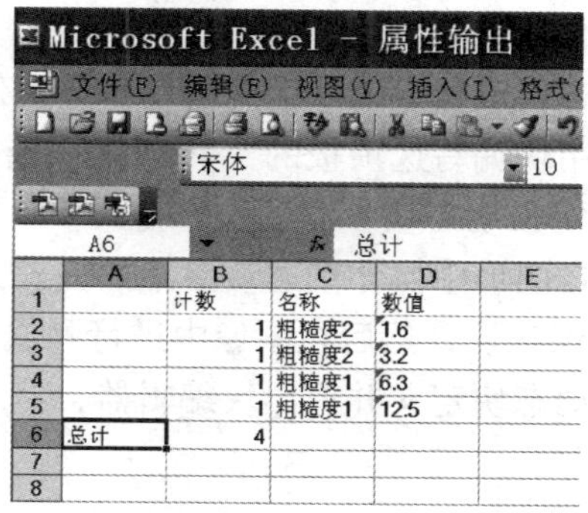

图 8-22　属性提取后生成的 Excel 表格

8.3　动态块

所谓动态块是指将一般图块创建成可以自由调整其属性参数的图块，动态块具有智能性和灵活性，在操作时用户可以自定义夹点或自定义特性来操作动态块。

在 AutoCAD 中，可以使用块编辑器创建动态块，用户可以从头创建动态块，也可以向现有的块定义中添加动态行为，还可以像在绘图区域中一样创建几何图形。

8.3.1　创建动态块

动态块使用起来方便、灵活，创建也比较简单。为了创建高质量的动态块，以达到预期效果，首先需要了解创建动态块的准备及操作过程：

（1）规划动态块的使用方式

在创建动态块之前，应当了解其外观以及在图形中的使用方式。确定当操作动态块参照时，块中的哪些对象会变动，还要确定这些对象将如何变动，如拉伸、阵列或移动等。这决定了添加到块定义中参数和动作的类型，以及如何使参数、动作和几何图形共同作用。

（2）绘制几何图形

用户既可以在绘图区域或块编辑器中绘制动态块中的几何图形，也可以直接使用图形中的现有几何图形或现有的块定义。

（3）了解块元素如何共同作用

在向块定义中添加参数和动作之前，应了解它们相互之间以及它们与块中的几何图形的相关性。在向块定义添加动作时，需要将动作与参数以及几何图形的选择集相关联。

例如，要创建一个包含若干对象的动态块，其中一些对象关联了拉伸动作，同时还希望所有对象围绕同一基点旋转。在这种情况下，应当在添加其他所有参数和动作之后添加旋转动作。如果旋转动作没有与块定义中的其他所有对象（几何图形、参数和动作）相关联，那么块参照的某些部分就可能不会旋转，或者操作块参照时可能会造成意外结果。

（4）添加参数

按照命令行上的提示向动态块定义中添加适当的参数，比如线性、旋转或对齐、翻转等参数。

（5）添加动作

向动态块定义中添加适当的动作。确保将动作与正确的参数和几何图形相关联。要注意的是，使用块编写选项板的“参数集”选项卡可以同时添加参数和关联动作。

（6）定义动态块参照的操作方式

指定在图形中操作动态块参照的方式。

（7）保存块，然后在图像中进行测试

保存动态块定义并退出块编辑器，然后将动态块参照插入到一个图形中，并测试该块的功能。

8.3.2 动态块编辑器

可以使用块编辑器（BEDIT）定义块定义的动态行为。可以在块编辑器中添加参数和动作，以定义自定义特性和动态行为。块编辑器包含一个特殊的编写区域，在该区域中，可以像在绘图区域中一样绘制和编辑几何图形。

动态块编辑器命令可通过以下几种方式调用：

➢ 单击“常用”选项卡→“块”面板→编辑命令。

➢ 单击“插入”标签→“块”面板→编辑命令。

➢ 单击下拉菜单“工具”→“块编辑器”命令。

➢ 单击标准工具栏的块编辑器按钮。

➢ 在命令输入“BEDIT”。

另外，可利用快捷菜单：选择一个块参照，在绘图区域中单击鼠标右键，选择“块编辑器”命令。

1）添加到动态块定义的参数类型有：

● 点：在图形中定义一个 X 和 Y 位置。

● 线性：显示两个固定点之间的距离。约束夹点沿预置角度的移动。

● 极轴：显示两个固定点之间的距离并显示角度值。

● XY：显示距参数基点的 X 距离和 Y 距离。

● 旋转：可定义角度。

● 翻转：显示为一条投射线，可以围绕这条投射线翻转对象。

● 对齐：定义 X 和 Y 位置以及一个角度。

● 可见性：可控制对象在块中的可见性。

● 查寻：定义一个可以指定或设置为计算用户定义的列表或表中的值的自定义特性。

● 基点：相对于该块中的几何图形定义一个基点。

2）在动态块中使用的动作类型及与每种动作类型相关联的参数：

● 移动：与点、线性、极轴、XY 参数相关联。

● 缩放：与线性、极轴、XY 参数相关联。

● 拉伸：与点、线性、极轴、XY 参数相关联。

● 极轴拉伸：与极轴参数相关联。

● 旋转：与旋转参数相关联。

● 翻转：与翻转参数相关联。

- 阵列：与线性、极轴、XY 参数相关联。
- 查寻：与查寻参数相关联。

注意：

1）可以将多个动作指定给同一参数和几何图形。

2）黄色警告图标表明用户应该将动作与刚添加的参数相关联。

3）动作位置不会影响块参照的外观或功能。

8.4　实例解析

【例 8-9】　表面粗糙度是机械工程图中经常反复标注的符号，将其制作成属性块，以提高绘图效率。创建表面粗糙度符号为属性块。

操作步骤如下：

1）在 0 层绘制如图 8-23a 所示的图形（启用极轴追踪功能），具体尺寸如图 8-23b 所示。

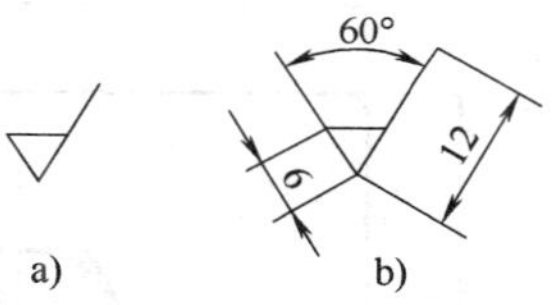

图 8-23　粗糙度符号及尺寸

2）执行“定义属性”命令，打开“属性定义”对话框，在“属性”设置区，设置属性的标记（如粗糙度）、属性提示（如请输入粗糙度值）和默认值（如 3.2），单击“拾取点”按钮，选择如图 8-23a 所示的粗糙度符号的横线左端点上约 1mm 处，作为标记的插入位置。返回到“属性定义”对话框，设置文字高度为“3.5”。单击对话框中的“确定”按钮。结束定义属性。

3）执行“创建块”命令，打开“块定义”对话框，在块“名称”编辑框中输入“粗糙度”，单击“拾取点”按钮，然后粗糙度符号的最下面的尖端点为基点（启用对象捕捉功能），单击“选择对象”按钮，用窗口方式选择整个图形和属性，回车返回到“块定义”对话框，单击选中“保留”单选钮。单击对话框中的“确定”按钮。结束属性块的创建。

4）执行“插入块”命令，打开“插入”对话框，选择定义的“粗糙度”块，设置插入点、缩放比例和旋转角度，单击对话框中的“确定”按钮。然后根据命令行提示，输入粗糙度的值。

5）插入的粗糙度标注如图 8-24 所示。

6）插入如图 8-25a 所示的粗糙度符号，其属性数字方向不符合国家标准，需要对属性进行编辑。

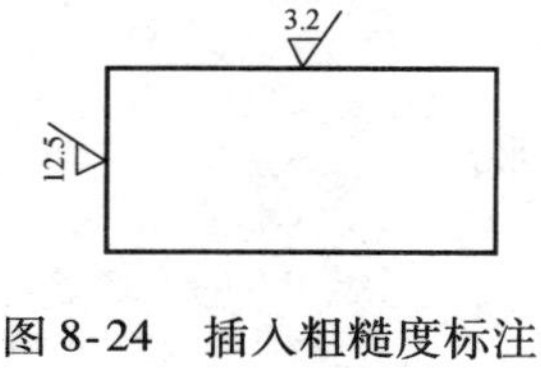

图 8-24　插入粗糙度标注

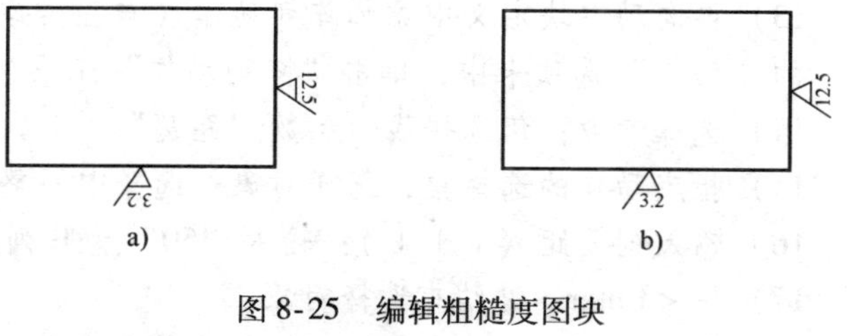

图 8-25　编辑粗糙度图块

7）用鼠标双击属性值，打开“增强属性编辑器”，选择“文字选项”卡，在“旋转”文本框内分别输入属性文字的角度（0 和 90），结果如图 8-25b 所示。

【例 8-10】 绘制如图 8-26 所示的图形，并将其存为“螺钉”的图块。向块中添加参数和动作使其成为拉伸矩形后每相距 50mm 螺钉便自动增加一个的动态块。

1）选择“螺钉”图块，从其右键菜单中选择“块编辑器”，调出“块编写选项板”。

2）先向动态块定义中添加线性参数：在“块编写选项板”窗口的“参数”选项卡中，单击“线性参数”工具。

3）提示“指定参数的基点：”点取矩形左上角点。

4）提示“指定参数的端点：”点取矩形右上角点。

5）提示“指定参数选项的位置：”点取合适位置，添加线性参数完成，如图 8-27 所示。

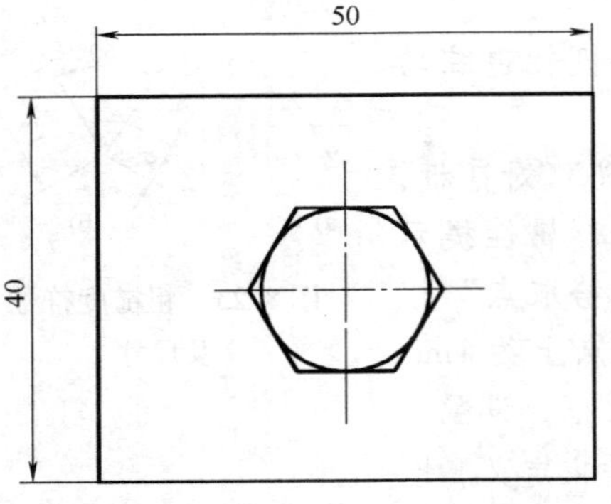

图 8-26　图块“螺钉”

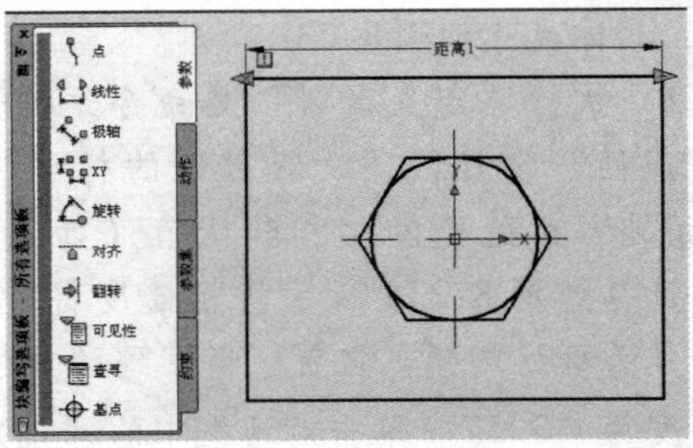

图 8-27　添加“距离”参数

6）向动态块定义中添加拉伸动作：在“块编写选项板”窗口的“动作”选项卡中，单击“拉伸动作”工具。

7）提示“在块编辑器绘图区域选择一个要与动作相关联的线性参数：”选择刚添加的线性参数“距离”。

8）提示“选择要与动作相关联的参数点：”选取矩形右上角点。

9）提示“指定拉伸框的第一个角点”和“指定拉伸框的对角点：”选取两角点来确定一拉伸框区域。

10）提示“为选择集选择对象：”选取矩形右边框。

11）按 <Enter> 键结束选择对象。

12）提示“指定动作的位置：”选取合适位置，完成拉伸动作设置。

13）再向动态块定义中添加阵列动作（与拉伸动作的添加类似）：在“块编写选项板”窗口的“动作”选项卡中，单击“阵列动作”工具。

14）选择参数：仍选择线性参数“距离”。

15）指定动作的选择集，选择对象：选择中间整个螺钉图形。

16）输入列间距（|||）：输入“50”为阵列间距。

17）按 <Enter> 键结束选择对象。

18）指定动作位置：选取合适位置，完成阵列动作设置，如图 8-28 所示。

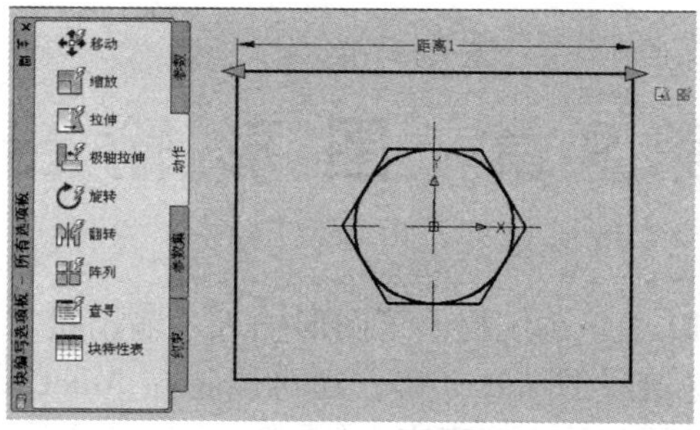

图 8-28　添加“拉伸”、“阵列”动作

19）在“块编辑器”工具栏上单击“保存块定义”。

20）单击“关闭块编辑器”。

21）回到绘图区，拉伸右夹点后，如图 8-29 所示。

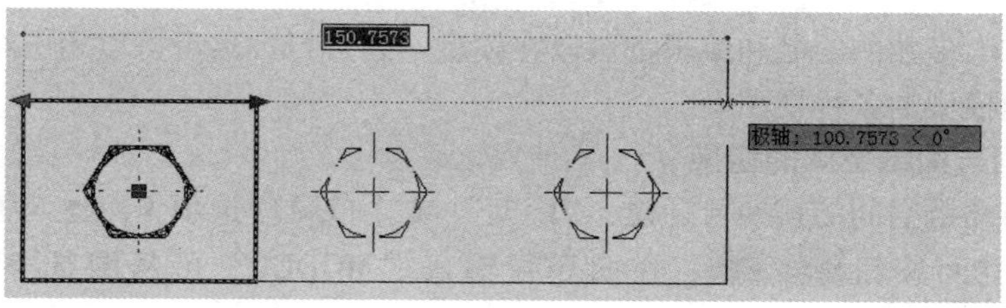

图 8-29　拉伸矩形后螺钉自动阵列

8.5　思考与练习

1. 说明属性块的作用与优点？

2. 说明创建属性块的方法和步骤？

3. 要使插入图块的特性随当前层，需要在哪个层上创建属性块？

4. 如图 8-30 所示，要求把图中左侧的窗户图形做成图块，插入到右侧的房屋图形文件中。

5. 如图 8-31 所示，绘制表面粗糙度符号并定义属性“CCD”，将属性块插入到指定位置，并对属性进行编辑。

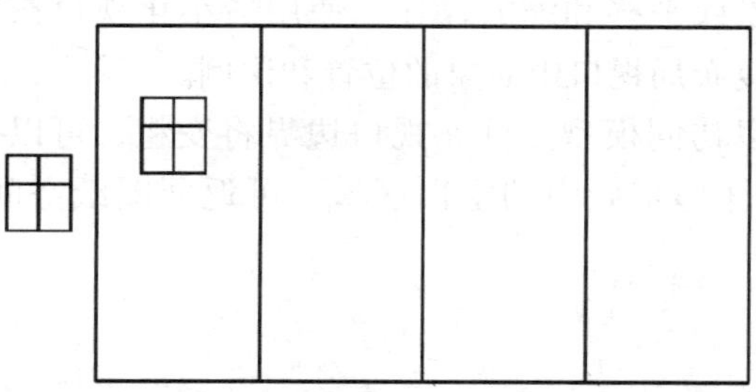

图 8-30　图块的插入

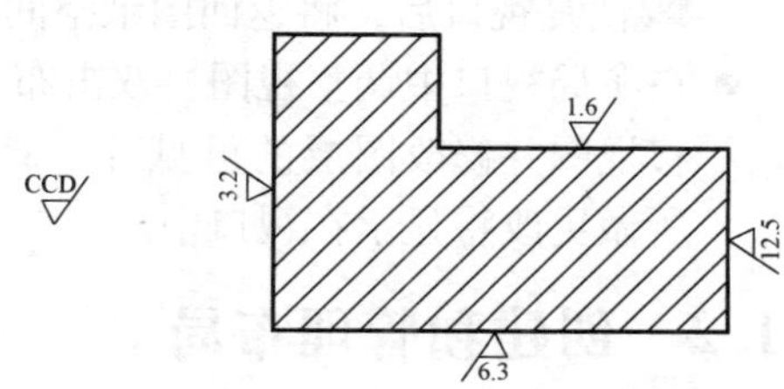

图 8-31　定义并插入属性块

第 9 章　图 形 输 出

在中文版 AutoCAD 2010 中，系统提供了图形输入、输出接口。用户不仅可以将其他应用程序中处理好的数据传送给绘图 AutoCAD，还可以将在 AutoCAD 中绘制好的图形打印出来，或者把他们的信息传送给其他应用程序。

9.1　模型空间与布局

9.1.1　模型空间与图纸空间

一般来讲，大多数的绘制和编辑都可以在模型空间进行，然后可以用图纸空间来布置图形，注释及绘制模型的各种视图。

1. 模型空间与图纸空间的切换

模型空间与图纸空间的切换可通过：“模型”或“布局”选项卡，状态栏的模型/图纸空间按钮。在命令行输入“MODEL”可从图纸空间切换到模型空间。

（1）“模型”选项卡

“模型”选项卡提供了一个无限的绘图区域，称为模型空间，即绘图空间。在模型空间中，可以按“1∶1”的比例绘制模型，并可查看和编辑模型。

（2）“布局”选项卡

“布局”选项卡提供了一个图纸空间的区域。在图纸空间中，可以放置标题栏、创建用于显示视图的布局视口、标注图形以及添加注释。

默认情况下，新图形最开始有两个布局选项卡，即“布局 1”和“布局 2”。如果使用图形样板或打开现有图形，图形中布局选项卡可能以不同名称命名。

2. 从布局视口访问模型空间

可以从布局视口访问模型空间，以编辑对象、冻结和解冻图层以及调整视图。

- 在布局视口创建或修改对象：使用状态栏上的最大化视口按钮，将布局视口扩展布满整个绘图区域，可以创建和修改对象或平移和缩放操作。使用最小化视口按钮恢复视口后，将返回图纸空间，且恢复布局视口中对象的位置和比例。
- 在布局视口中调整视图：双击布局视口以访问模型空间，视口边界将变粗，可以平移视图并修改图层的可见性。双击视口外部布局中的空白区域，可返回图纸空间，所做更改将显示在视口中。

9.1.2　创建和管理布局

AutoCAD 提供了打印布局设置，用户可以创建多种布局，每个布局选项卡都提供了一个图纸空间绘图环境，从中可以创建浮动视口，指定布局的页面设置时，可以保存并命名某个布局的页面设置，然后将命名的页面设置应用到其他布局中。此外也可以根据现有的布局样板文件（.dwt 或 .dwg）创建新布局。

该命令调用可通过以下几种方式调用：

➢ 单击下拉菜单中的“插入”→“布局（L）…”命令。

➢ 单击布局工具栏中的布局按钮。

➢ 在命令行输入“LAYOUT”。

另外，可通过快捷菜单插入或编辑布局：在布局选项卡上单击鼠标右键，选择适当选项，如图 9-1 所示。

● 新建布局（N）：选择该选项可以直接在选项卡栏上新增一个布局。

● 来自样板的布局（T）：该选项表示从一个布局样板来创建新的布局，如选择“Gb A3 标题栏”为符合我国国家标准的图纸格式，如图 9-2 所示。

● 创建布局向导（W）：可以指定打印设备，确定相应的图纸尺寸和图形的打印方向，选择布局中使用的标题栏或确定视口设置。按照提示设置相关选项完成布局创建。“创建布局-开始”对话框，如图 9-3 所示。

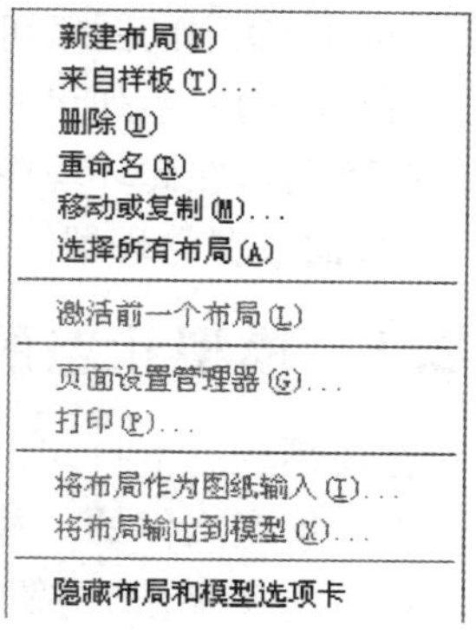

图 9-1　布局选项卡的右键快捷菜单

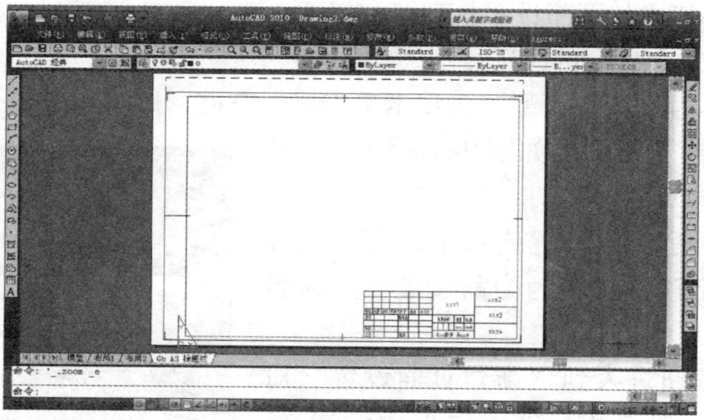

图 9-2　“Gb A3 标题栏”样板布局

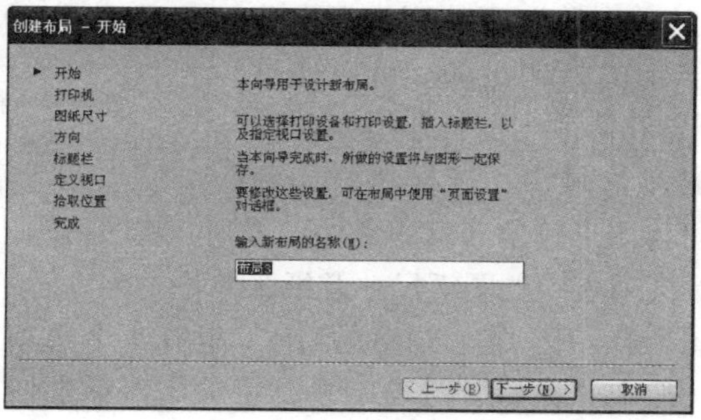

图 9-3　“创建布局”向导

注意：可以直接双击布局选项卡修改其名称。

9.2 图形输出设置

图纸的输出是靠绘图仪或打印机等输出设备完成的。在将图纸输出到选定的输出设备之前，需要正确配置该输出设备。输出设备包括显示器、绘图仪、打印机等。在正确配置了输出设备后，AutoCAD 可以在模型空间、图纸空间、布局空间打印输出图形。

AutoCAD 中的图纸可以在“模型”选项卡或“布局”选项卡中打印。在图纸打印前要先进行打印的一系列设置，这些设置分为模型设置和布局设置。布局选项提供了更强的功能，推荐图形在此环境中打印。

“页面设置管理器”是对打印前的一系列设置进行管理的菜单。

9.2.1 模型状态的打印

在模型状态下打印，必须先对“页面设置-模型”进行设置。

首先确定文件的“模型”选项卡被选中，命令调用可通过以下几种方式调用：

➢ 单击“输出”选项卡→“打印”面板→页面设置管理器命令。

➢ 单击应用程序菜单“打印”→“页面设置”命令。

➢ 单击下拉菜单“文件”→“页面设置管理器”命令。

➢ 单击布局工具栏中的页面设置管理器按钮。

➢ 在命令行输入“PAGESETUP”。

另外，快捷菜单为：在“模型”选项卡单击鼠标右键，然后单击“页面设置管理器”。

“页面设置管理器”对话框如图 9-4 所示，根据向导进行模型打印的页面设置。

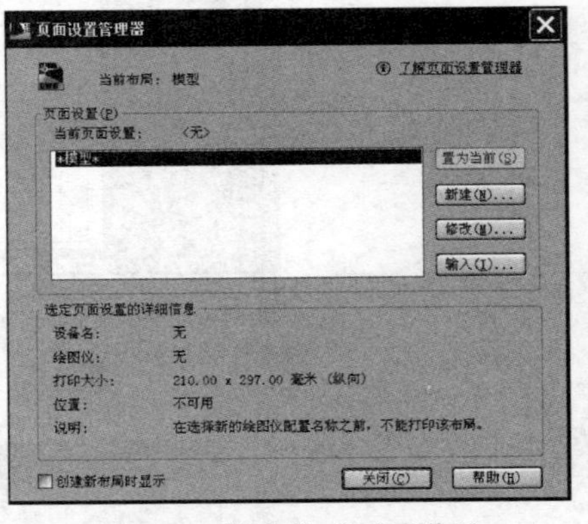

图 9-4 模型的“页面设置管理器”对话框

在对话框中可新建页面设置或选中已有的设置通过右键菜单可以把该设置定为当前设置、重命名或者删除该设置。

单击“新建”按钮进入到“新建页面设置”对话框，输入新页面设置名称，进入“页面设置-模型”对话框进行设置，如图 9-5 所示。

- 打印机/绘图仪：从“名称”下拉列表框中选择某一设备作为当前的打印设备。可以通过“特性”按钮，浏览和修改当前打印设备的配置和属性。在该选项区域中，选择“打印到文件”复选框，可将图形输出到打印文件，否则，将图形输出到打印机或绘图仪。
- 图纸尺寸：指定标准列表中的图纸尺寸及纸张单位。
- 打印区域：选择图形打印区域。“打印范围”里有 4 个选项：窗口、范围、图形界限、显示。其中，选中“窗口”选项，系统将关闭对话框回到绘图区，指定一个矩形打印区域之后再返回对话框；“范围”选项表示将打印整个图形上的所有对象；“图形界限”选项表示将打印位于由“LIMITS”命令设置的绘图界限内的全部图形；“显示”选项表示将打印当前显示的图形对象。

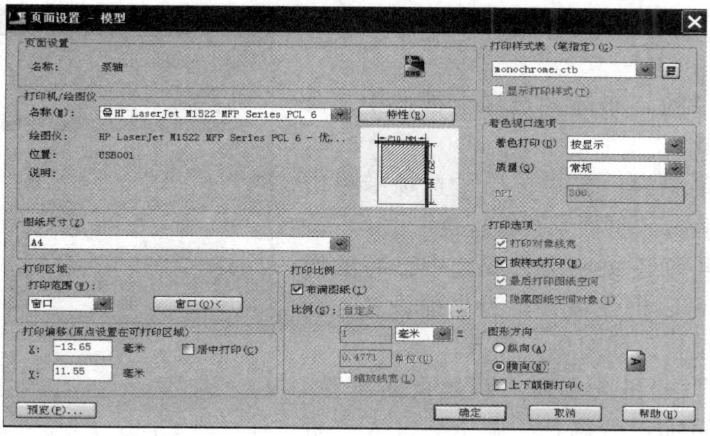

图 9-5 “页面设置-模型”对话框

- 图形方向：用于确定所绘图形在图纸上的输出方向。“纵向”单选框表示图形按所绘方向输出；“横向”单选框表示将图形按所绘方向旋转90°输出；“反向打印”复选框用于确定是否将所绘图形按反方向打印。
- 打印偏移：用户在X和Y文本框中输入偏移量，以指定相对于可打印区域左下角的偏移，如果选择“居中打印”复选框，则可以自动计算输入的偏移值，以便居中打印。
- 打印比例：用户在下拉列表框中选择标准缩放比例，或者输入自定义值，布局空间的默认比例为“1:1”。如果要按打印比例缩放线宽，可选择“缩放线宽”复选框。
- 打印样式表（笔指定）：用于设置或新建打印样式表。打印样式用来控制图形的具体打印效果，包括图形对象的打印颜色，线型、线宽、封口、灰度等内容，打印样式表以文件的形式存在。如果要编辑打印样式表，选择“编辑”按钮弹出“打印样式表编辑器”对话框编辑打印样式，如图9-6所示。
- 着色视口：选择视口的打印方式并指定分辨率级别。使用着色打印选项，用户可以选择按显示或在线框中、按隐藏模式、按视觉样式还是按渲染来打印着色对象集。着色和渲染视口包括打印预览、打印、打印到文件和包含全着色和渲染的发布。
- 打印选项：确定线宽、打印样式、打印样式表等相关属性。
- 打印预览：显示打印预览画面，若希望退出打印预览、打印图形或缩放打印预览画面，可单击鼠标右键，从弹出的快捷菜单中选择适当选项。

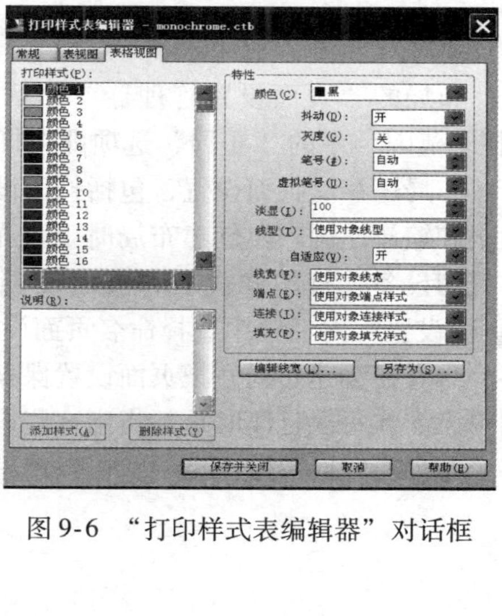

图 9-6 “打印样式表编辑器”对话框

9.2.2 布局中的打印

布局是指在图纸的可打印区域显示图形视图，模拟在纸面上绘图的情形。布局选项卡中显示实际的打印内容，在布局中打印可以节约检查打印结果所耗的时间。

首先确定文件的“布局”选项卡被选中，命令调用同 9. 2. 1 节。

另外，快捷菜单为：在“布局”选项卡单击鼠标右键，然后单击“页面设置管理器”。

在对话框中可新建页面设置或选中已有的设置通过右键菜单可以把该设置定为当前设置、重命名或者删除该设置，如图 9-7 所示。

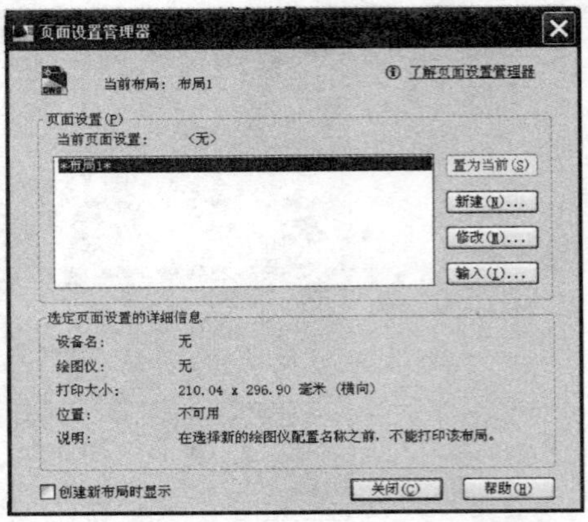

图 9-7　布局的“页面设置管理器”对话框

单击“新建”按钮进入到“新建页面设置”对话框，输入新页面设置名称，确定后进入“页面设置-布局”对话框进行布局打印的设置，如图 9-8 所示。

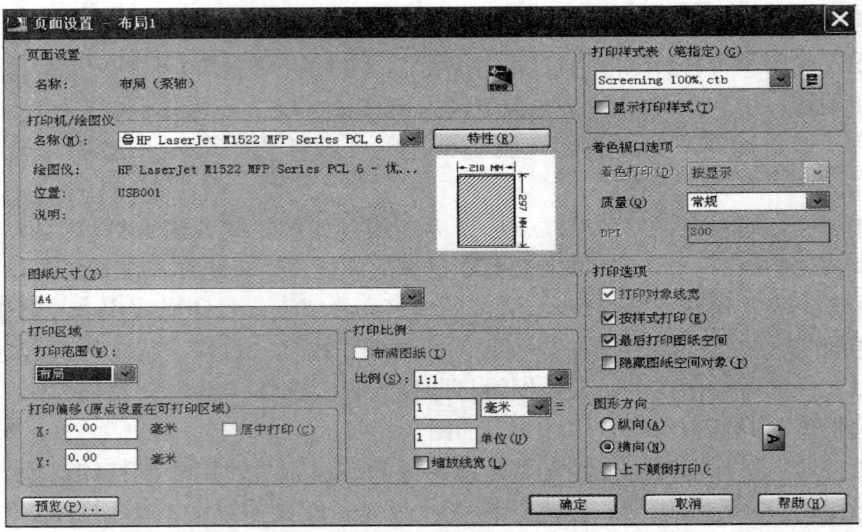

图 9-8 “页面设置-布局”对话框

布局的“页面设置管理器”对话框与模型的“页面设置管理器”对话框相似。使用“打印范围”中的“布局”选项即将打印当前布局中显示的图形对象。

布局还存储页面设置，包括打印设备、打印样式表、打印区域、旋转、打印偏移、图纸大小和缩放比例。在创建布局时。可在“页面设置”对话框中指定这些设置。用户也可以将打印设备、打印样式表和页面设置保存为命名页面设置。准备好打印机之后，可以在“页面设置”对话框中选择命名页面设置以替换当前设置。

只有在创建布局并把页面设置保存在图形中的时候才可以为布局指定页面设置，从而使用户无需在每次打印时重新指定这些设置。如果需要以不同的方式打印同一布局，或者希望多个布局指定同一输出选项，可以使用命名页面设置。

9.3 图纸集

9.3.1 图纸集的创建

图纸集的生成有两种方法：使用图纸集样例作为样板进行创建和基于现有图形从头开始创建图纸集。

该命令调用可通过以下几种方式调用：

➢ 单击“视图”选项卡→“选项板”面板→图纸集管理器→“图纸集”控件→“新建图纸集”。

➢ 单击下拉菜单“文件”→“创建图纸集”。

➢ 在命令行输入“NEWSHEETSET”。

“创建图纸集”向导如图 9-9 所示，开始创建一个图纸集。

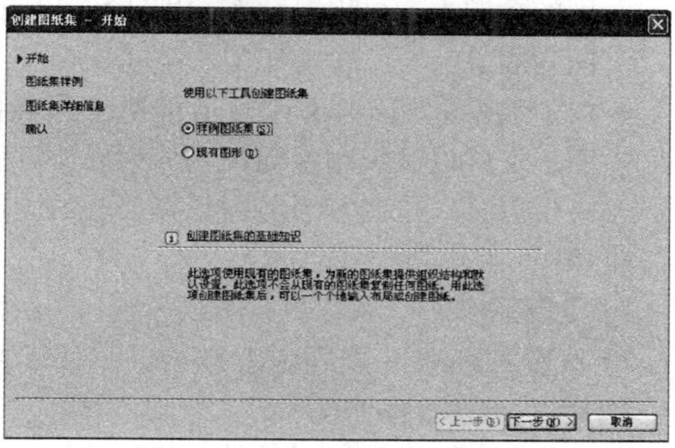

图 9-9 “创建图纸集”向导

- 样例图纸集（S）：该样例将提供新图纸集的组织结构和默认设置。指定根据图纸集的子集存储路径创建文件夹。使用此选项创建空图纸集后，可以单独地输入布局或创建图纸。“ManufacturingMetricSheetSet”图纸集样例表示使用公制制造图纸集来创建新的图纸集。
- 现有图形（D）：从现有图形文件创建图纸集时，需指定一个或多个包含图形文件的文件夹。使用此选项，可以指定让图纸集的子集组织复制图形文件的文件夹结构。这些图形的布局可自动输入到图纸集中。通过单击每个附加文件夹的“浏览”按钮可以添加更多包含图形的文件夹。

在“图纸集特性”中可以看到图纸集的特性，可添加自定义特性，输入自定义特性名称、所有者等，完成新图纸集的创建。

在使用“创建图纸集”向导创建新的图纸集时，创建图纸集后相应的图形文件的布局将输入到图纸集中。用于定义图纸集的关联和信息存储在图纸集数据（DST）文件中。系统将创建新的文件夹作为图纸集的默认存储位置，新文件夹名为“AutoCAD Sheet Sets”，位于“我的文档”文件夹中。

注意：最好将 DST 文件和图纸图形文件存储在同一个文件夹中，这样如果移动整个图纸集，或者文件夹的名称，DST 文件仍然可以使用相对路径信息找到图纸。

9.3.2 图纸集的管理

图纸集创建后可在“图纸集管理器”中进行管理、修改图纸。图纸集中的每张图纸都与图形文件中的一个布局相对应。

该命令调用可通过以下几种方式调用：

➢ 单击“视图”选项卡→“选项板”面板→图纸集管理器命令。

➢ 单击下拉菜单“工具”→“选项板”→“图纸集管理器”命令。

➢ 单击标准工具栏的图纸集管理器按钮。

➢ 命令行输入“SHEETSET”。

“图纸集管理器”窗口如图 9-10 所示，包括三个选项卡：“图纸列表”、“图纸视图”、“模型视图”。在树状图中的项目上单击鼠标右键，显示出相关快捷菜单访问相应命令。

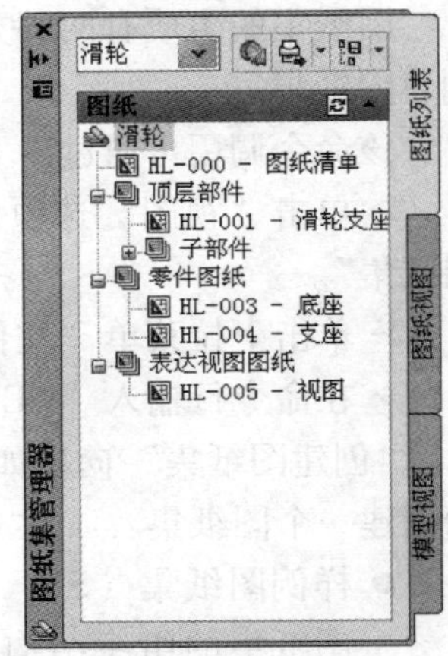

图 9-10 “图纸集管理器”窗口

● “图纸列表”选项卡：显示按顺序排列的图纸列表，可以将图纸组织到用户创建的名为子集的标题下。

● “图纸视图”选项卡：显示当前图纸集使用的、按顺序排列的视图列表。可以将这些视图组织到用户创建的名为类别的标题下。可以显示按类别或按其所在的图纸组织的视图列表。

● “模型视图”选项卡：显示可用于当前图纸集的文件夹、图形文件以及模型空间视图的列表。可以添加和删除文件夹位置，以控制与当前图纸集关联的图形文件。

注意：

1）创建图纸后，可以更改图纸标题和图纸编号。也可以指定与图纸关联的其他图形文件。

2）“图纸列表”选项卡上双击某一张图纸，以从图纸集中打开图形。使用“SHIFT”或“CTRL”可选择多张图纸。

3）要查看图纸，可以使用快捷菜单以只读方式打开图形。

4）如果要修改某张图纸，就应该先在图纸集管理器中打开相应的图纸集。这可确保所有与图纸关联的数据均被更新。

5）从图纸集中删除图纸将断开该图纸与图纸集的关联，但并不会删除图形文件或布局。

9.4　实例解析

【例 9-1】　绘制一个“平面图形”，将其布局到“国标 A4 样板图”中，并用 A4 纸 1:1 打印输出此布局。

1）绘制完成“平面图形”。

2）右键单击“布局”选项卡，选择“来自样板（T）...”。

3）在“从文件选择样板”对话框中选择“Gb_ a4- Named Plot Styles”，单击“打开”按钮。

4）在“插入布局”对话框中单击“确定”按钮，则布局选项卡中已插入国标样板布局，名称为“Gb A4 标题栏”。

5）选中“Gb A4 标题栏”选项卡，将图形按视口比例为“1:1”布置。

6）填写标题栏相应属性，完成图形在国标 A4 样板的布局。

7）鼠标右键单击“Gb A4 标题栏”选项卡，选择“页面设置管理器（G）…”，系统弹出“页面设置管理器”对话框。

8）可新建一名为“布局（平面图形）”的页面设置。进入“页面设置—布局（平面图形）”对话框进行设置，如图9-11所示。

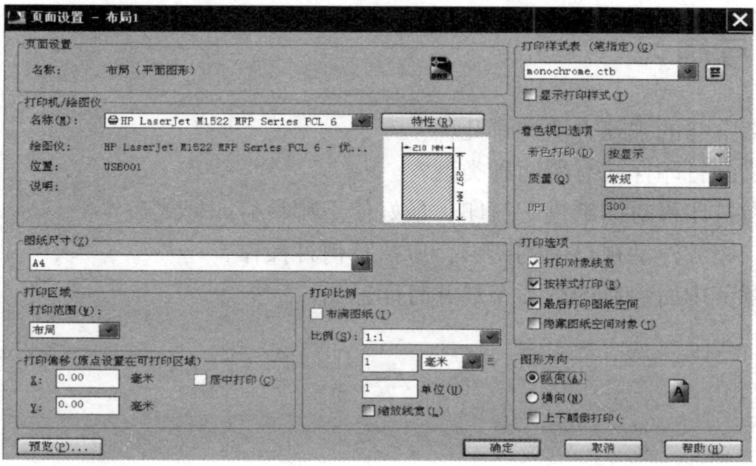

图9-11 “页面设置-布局（平面图形）”对话框

9）在“打印机/绘图仪”名称中选择相应打印设备名称。

10）在“打印样式表”中选择“monochrome. ctb”，将所有颜色打印为黑色。

11）在“打印区域”中选择“布局”。

12）在“打印比例”中设置为“1:1”。

13）在“图形方向”中选择“纵横向”。

14）单击“预览”按钮预览打印效果，如图9-12所示，保存该布局设置。

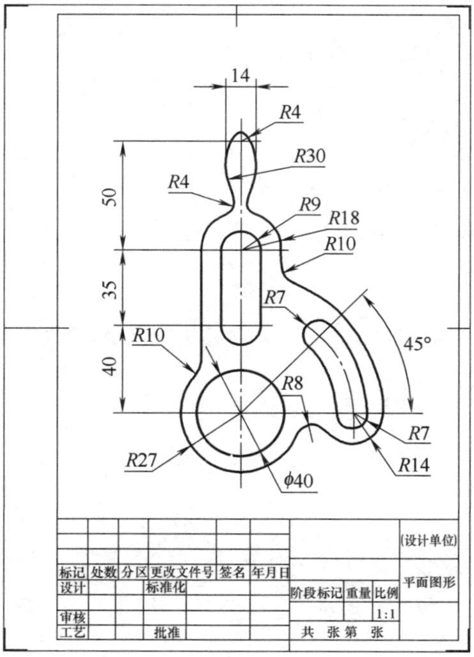

图9-12 “预览”打印效果

15）选择“打印”命令进入“打印—布局”界面，选择“页面设置”名称中刚才的布局设置“布局（平面图形)”，单击“确定”按钮进行打印。

9.5 思考与练习

1. 进入图纸空间的主要方法有哪几种？
2. 系统提供的打印样式有哪两种类型？
3. 使用黑白打印机对图纸进行打印，最好使用哪种打印样式表？
4. 要移动、缩放浮动视口中的图形，应执行何种操作？
5. 将前面章节中所绘制的图形布局并打印输出。

第 10 章　AutoCAD 2010 的其他功能

10.1　查询对象特性和图形信息

通过“实用工具”面板、或下拉菜单的“工具”→“查询”子菜单，或使用“查询”工具栏来查询对象特性和图形信息，如图 10-1 所示。可获得对象的图层、颜色、线型等特性，获取对象的点坐标、距离、面积等数据库信息，也可获得图形文件和当前系统状态的相关信息。

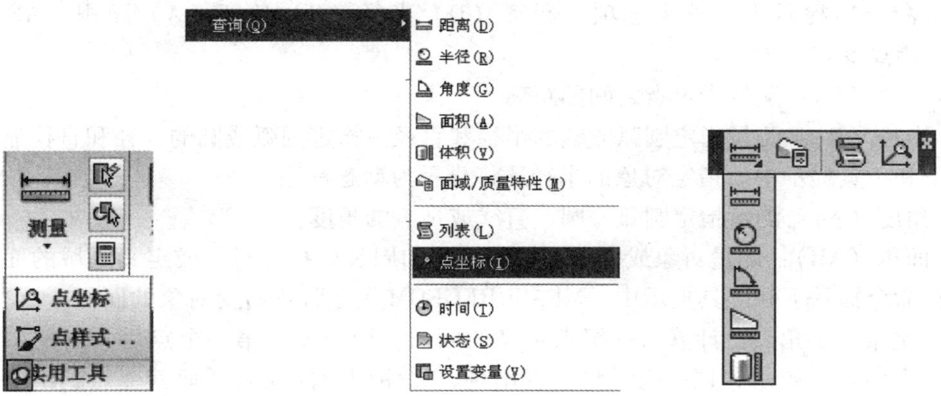

图 10-1　“实用工具”面板、“查询”子菜单及“查询”工具栏

10.1.1　查询点坐标

点坐标（ID）命令可在绘图过程中查询点的坐标值，有利于精确定位图形，常和目标捕捉方式配合使用。

点坐标命令可通过以下几种方法：

➢ 单击“常用”选项卡→“实用工具”面板→→点坐标。

➢ 单击下拉菜单中的“工具”→“查询”→“点坐标”命令。

➢ 单击查询工具栏的点定位按钮。

➢ 在命令行输入“ID”。

【例 10-1】　用“ID”命令查询图 10-2 中 *A* 点坐标，其操作步骤如下：

1）执行“ID”命令。

2）当命令行提示“指定点：”时，用对象捕捉方式捕捉需查询的交点 *A*。

3）命令行显示“指定点：X = 100.0000　Y = 100.0000　Z = 0.0000”，即 *A* 点的坐标。

10.1.2 测量

测量（MEASUREGEOM）命令可测量选定对象或点序列的距离、半径、角度、面积和体积。

测量命令可通过以下几种方式调用：

➢ 单击“常用”选项卡→“实用工具”面板→测量命令。

➢ 单击下拉菜单的“工具”→“查询”子菜单。

➢ 单击查询工具栏的下拉按钮。

➢ 在命令行输入“MEASUREGEOM”。

使用“MEASUREGEOM”命令，可以获取有关选定对象和点序列的几何信息，而无需使用多个命令。“MEASUREGEOM”命令可执行多种与“AREA”、“DIST”、“MASSPROP”命令相同的计算。

执行命令后提示为“输入选项［距离（D)/半径（R)/角度（A)/面积（AR)/体积（V)/］<距离>:”。

1）距离（D）：测量指定点之间的距离。

2）半径（R）：测量指定圆弧或圆的半径和直径。指定圆弧或圆的半径和直径显示在命令提示下和工具提示中。指定对象的半径还将显示为动态标注。

3）角度（A）：测量指定圆弧、圆、直线或顶点的角度。

4）面积（AR）：测量对象或定义区域的面积和周长。指定对象或定义区域的面积和周长显示在命令提示下和工具提示中。MEASUREGEOM 无法计算自交对象的面积。

- 指定第一个角点：计算由一组点定义的面积。用户输入第一个点后，出现“指定下一个角点”提示，这一提示将重复出现，以便用户能输入任何其他点到组中。当输入所有点后，按<Enter>键结束选取过程。
- 对象（O）：选取的多义线、多边形、椭圆或圆来定义要计算的区域边界。
- 增加面积（A）：将选取的多义线、多边形、椭圆、圆或点组定义区域的总面积加入到前一部分对象的面积中。
- 减少面积（S）：将选取的多义线、多边形、椭圆、圆或定义点围住的区域面积从总面积中减去。

5）体积（V）：测量对象或定义区域的体积。

【例 10-2】 用“MEASUREGEOM”命令测量图 10-2 中 *AB* 间距离，A 点坐标为（100，100）。其操作步骤如下：

1）执行“MEASUREGEOM”命令。

2）命令行提示“输入选项［距离（D)/半径（R)/角度（A)/面积（AR)/体积（V)］<距离>：时，回车选择“距离”选项。

3）在命令行提示“指定第一点：”时，用对象捕捉方式捕捉需测量距离的第一点 A。

4）在命令行提示“指定第二点：”时，用对象捕

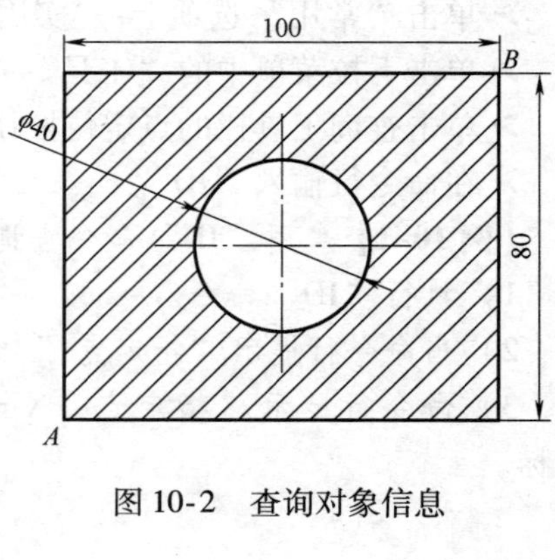

图 10-2 查询对象信息

捉方式捕捉需测量距离的第二点 B。

5）命令行显示结果：距离 = 128.0625，XY 平面中的倾角 = 39，与 XY 平面的夹角 = 0 X 增量 = 100.0000，Y 增量 = 80.0000，Z 增量 = 0.0000

【例 10-3】 用“MEASUREGEOM”命令计算出如图 10-2 所示阴影的面积。操作步骤如下：

1）执行“MEASUREGEOM”命令。

2）提示“输入选项［距离（D）/半径（R）/角度（A）/面积（AR）/体积（V）］<距离>:”时，_ area 选择“面积”选项。

3）提示“指定第一个角点或［对象（O）/增加面积（A）/减少面积（S）/退出（X）］<对象（O）>:”时，输入“A”进入“加”模式。

4）提示“指定第一个角点或［对象（O）/减少面积（S）/退出（X）］”时，输入“O”。

5）提示“（‘加’模式）选择对象:”时，选择图中的矩形。

6）命令行显示“面积 = 8000.0000，周长 = 360.0000 总面积 = 8000.0000”。

7）提示“指定第一个角点或［对象（O）/减少面积（S）/退出（X）］:”时，输入 S，进入“减”模式。

8）提示“指定第一个角点或［对象（O）/增加面积（A）/退出（X）］:”时，输入“O”。

9）提示“（‘减’模式）选择对象:”时，选择图中的圆。

10）命令行显示“面积 = 1256.6371，圆周长 = 125.6637 总面积 = 6743.3629”。

11）提示“指定第一个角点或［对象（O）/增加面积（A）/退出（X）］:”时，输入“X”退出命令。

10.1.3　查询绘图状态、系统变量及绘图时间

1. 查询绘图状态“STATUS”命令

用于透明使用，可显示图形的统计信息、模式和范围，如图 10-3 所示。显示当前图形中对象的数目，包括图形对象、非图形对象和块定义。在“DIM”提示下使用时，将显示所有标注系统变量的值和说明。

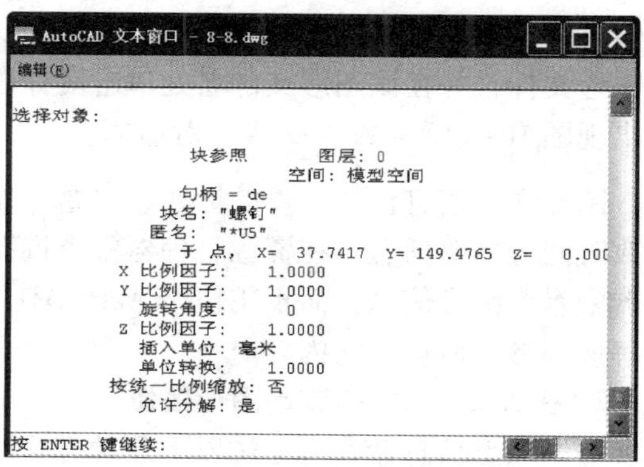

图 10-3　执行“STATUS”命令后的部分状态列表

STATUS 命令可通过以下几种方式调用：

- 单击应用程序菜单→“图形实用工具”→“状态”命令。
- 单击下拉菜单的“工具”→“查询”→“状态”命令。
- 在命令行输入“STATUS”。

另外，“STATUS”还显示图形界限和范围、栅格间距、捕捉模式、当前空间、布局、图层、颜色、线型，还有图形磁盘空间、内存等信息。

2. 查询系统变量“SETVAR”命令

用于透明使用，列出或修改系统变量值，如图 10-4 所示。

SETVAR 命令可通过以下几种方式调用：

➢ 单击下拉菜单的“工具”→“查询”→“设置变量”命令。

➢ 在命令行输入“SETVAR”。

可以在命令提示下输入变量的名称及其新值来更改系统变量的值。但只读系统变量只能提供信息，不能被修改。

图 10-4　执行“SETVAR”命令后的部分系统变量列表

3. 查询时间“TIME”命令

用于查询绘图各项时间的统计列表，如图 10-5 所示。

TIME 命令可通过以下几种方式调用：

➢ 单击下拉菜单的“工具”→“查询”→“时间”命令。

➢ 在命令行输入“TIME”。

可显示包括当前时间、创建时间、上次更新时间、累计编辑时间、消耗时间计时器、下次自动保存时间等信息。

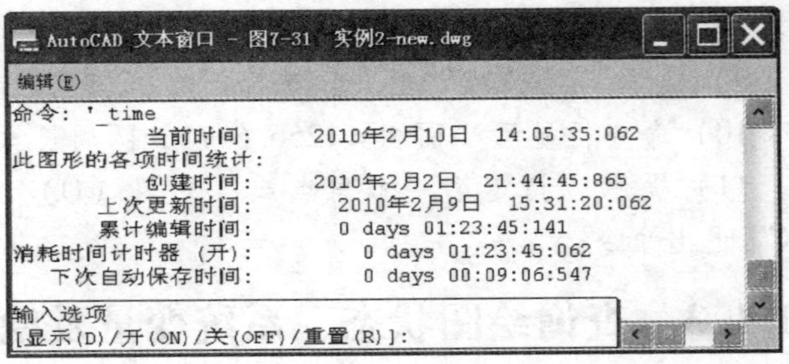

图 10-5　执行“TIME”命令后的时间列表

10.1.4　查询图形识别信息

1. 在资源管理器中查询图形信息

在 Windows 资源管理器中查询图形信息可通过：在资源管理器中找到该图形文件，并在该图形文件名处单击鼠标右键，从弹出的快捷菜单中选择“属性”选项，将出现图 10-6 所示的“属性”对话框。

图形文件信息包括文件的标题、主题、作者、关键字、注释以及文件的创建时间、最后修改时间等概要信息。在资源管理器中查询图形信息的优点是，可以直接在 Windows 资源管理器中查询图形信息，而不用执行 AutoCAD，这样我们就可以在不打开图形文件的条件下，了解该图形中所包含的内容。

2. 在 AutoCAD 中查询图形信息

查询图形信息命令可通过以下几种方式调用：

➢ 单击应用程序菜单→“图形实用工具”→“图形特性”命令。

➢ 单击下拉菜单的“文件”→“图形特性”。

➢ 在命令行输入“DWGPROPS”。

执行“图形特性”命令后，将显示图 10-7 所示的“属性”对话框。

其中，在“概要”选项卡中可输入图形标题、主题、作者、关键字、注释和图形中超链接数据的默认地址。“自定义”选项卡中，单击“添加”进入“添加自定义特性”对话

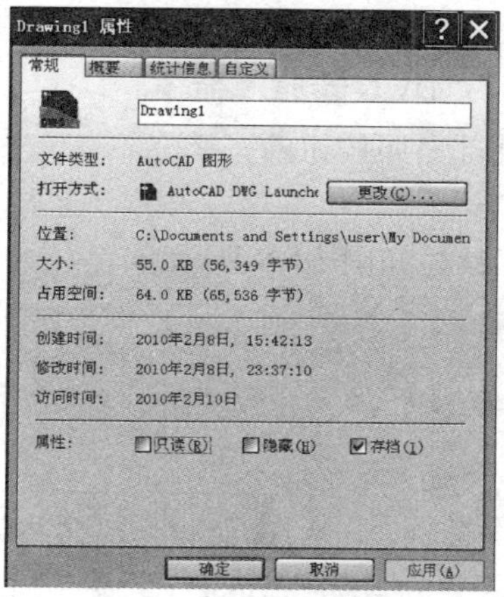

图 10-6　资源管理器中的“属性”对话框

框中输入自定义特性的名称和值，单击“确定”后新的自定义特性及其值将显示在“自定义”选项卡中。此信息可用于在设计中心进行高级搜索。

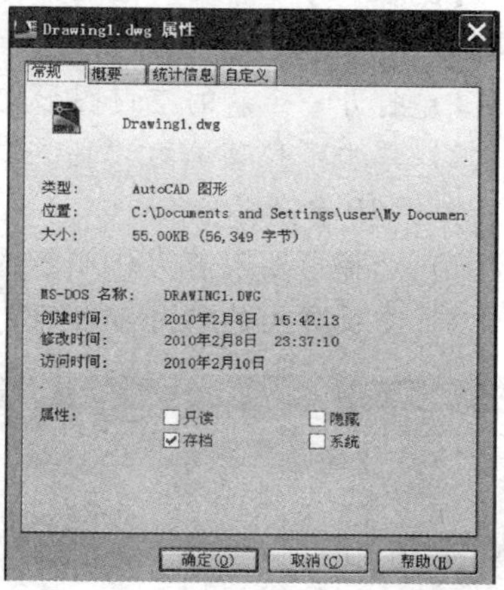

图 10-7　AutoCAD 中“属性”对话框

10.2　外部参照

外部参照不同于图块插入，外部参照是把已有的图形文件像块一样插入到图形中。被插入的图形文件信息并不直接加到当前的图形文件，当前图形只是记录了引用关系（被插入文件的路径记录）。插入的参照图形与外部的原参照图保持着一种“链接”关系，即外部的原参照图形如果发生了变化，被插入到当前图形中的参照图形也将发生相应的变化。

在插入图块时，插入的块对象与原来的图形文件无关联性，作为一个独立的部分存在于当前图形中。使用外部参照的过程中，被插入的图形文件的信息并不直接加入到当前的图形文件中，而只是引用的关系，对当前图形的操作也不会改变外部引用的图形文件的内容。

如对于参照图形与当前图形的图层处理，假设 AutoCAD 的图形文件 1. DWG 有一个 A 层，而当 1. DWG 被作外部引用文件加以引用。那么在主图形文件中，A 层被命名为 1/A 层，即系统将把这个新名字自动加入到主图形中的依赖符列表中。这种自动更新外部引用依赖符名字的功能可看出目标来源，且主图形文件与外部引用文件中相同名字的依赖不会被混淆。

10.2.1　引用外部参照

附着外部参照（XATTACH）的目的是帮助用户利用其他图形来补充当前图形。

外部参照命令可通过以下几种方式调用：

➢ 单击"插入"选项卡→"参照"面板→附着命令。
➢ 单击下拉菜单的"插入"→"DWG 参照"命令。
➢ 单击参照工具栏的附着外部参照按钮。
➢ 在命令行输入"XATTACH"。

"参照"面板及"参照"工具栏如图 10-8 所示。

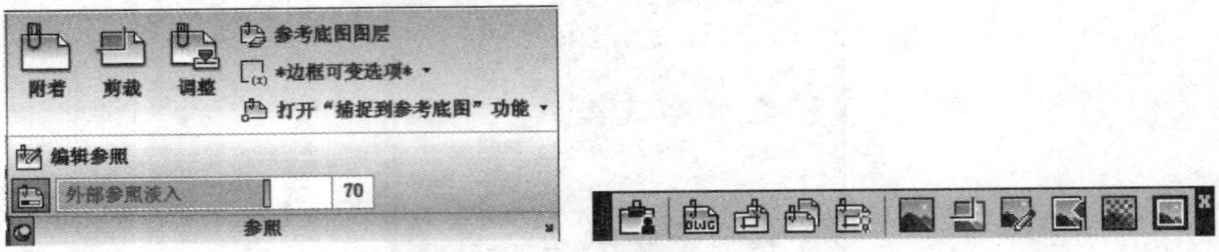

图 10-8　"参照"面板及"参照"工具栏

【例 10-4】 将某一幅图形作为外部参照附着到当前图形中，就可以使用下面的操作步骤：

1）打开一个新的空白图形文件。

2）单击下拉菜单的"插入"→"DWG 参照"命令，系统弹出"选择参照文件"对话框，如图 10-9 所示。

3）选择所要附着为外部参照的图形文件，单击"打开"按钮。

4）系统弹出的"外部参照"对话框，如图 10-10 所示。

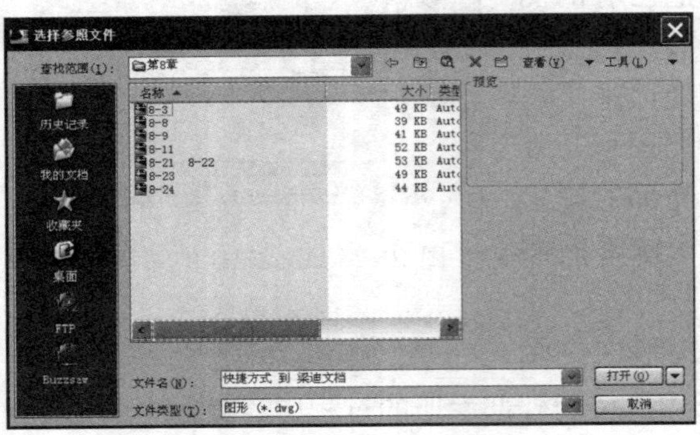

图 10-9　"选择参照文件"对话框

图 10-10　"外部参照"对话框

5）选择"附加型"，其他的选项设置可参考插入图块的设置方式。

6）单击"确定"按钮，在绘图区指定外部参照的插入点等设置，完成外部参照的附着。

10.2.2　管理外部参照

外部参照涉及图形信息的关联，一个图形中可能会存在多个外部参照（EXTERNAL-REFERENCES）图形，所以了解外部参照的各种信息，才能对含有外部参照的图形进行有效的管理。系统的"外部参照"选项板可以组织、显示并管理参照文件。

外部参照命令可通过以下几种方式调用：

➢ 单击“插入”选项卡→“参照”面板→附着命令。
➢ 单击下拉菜单的“插入”→“外部参照”命令。
➢ 单击参照工具栏的外部参照按钮。
➢ 在命令行输入“EXTERNALREFERENCES”。

系统弹出“外部参照”选项板，如图 10-11 所示，系统会列出包括外部参照名称、当前状态、文件大小、参照类型、创建日期和保存路径等当前图形中存在的外部参照的相关信息。另外，用户还可以进行外部参照的打开、附着、卸载、重载、拆离和绑定等操作。

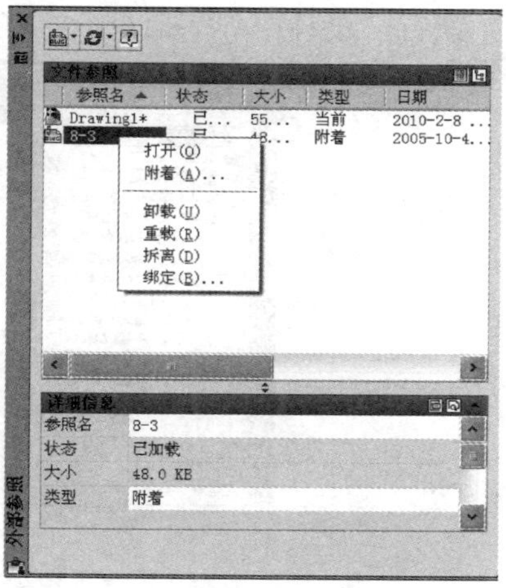

图 10-11　“外部参照”选项板

- 打开：在新建窗口中打开选定的外部参照进行编辑。
- 附着：将参照图形链接到当前图形。打开或重载外部参照时，对参照图形所做的任何修改都会显示在当前图形中。一个图形可以作为外部参照同时附着到多个图形中，也可以将多个图形作为参照图形附着到单个图形。
- 卸载：卸载选定的 DWG 参照，在外部参照所在的位置将保留一个标记，以便将来可以重载这个外部参照。即暂时不显示外部参照，可随时“重载”。
- 重载：重载一个或多个 DWG 参照。这个选项重载并显示最近保存的图形。
- 拆离：从图形中拆离一个或多个 DWG 参照，删除指定外部参照的所有文件，并将这个外部参照定义删除。只能拆离直接附着或覆盖到当前图形中的外部参照，而不能拆离嵌套的外部参照。永久地删除外部参照。
- 绑定：将指定的 DWG 参照转换为图形的永久组成部分，不再是外部参照文件。

在依赖外部参照的命名对象（如图层名）中，其中的“|”替换为两个“$”和其中的一个数字（通常为 0）。如果当前图形中存在同名对象，该数字会增加。

- 覆盖：显示“输入要覆盖的文件名”对话框，选择要将其作为外部参照覆盖附着到图形的文件。不同于块和附着型外部参照，覆盖型外部参照不能被嵌套。如果当前另一个用户正在编辑此外部参照文件，程序将覆盖最近保存的版本。

10.3　设计中心

10.3.1　设计中心

通过设计中心（ADCENTER），用户可以组织对图形、块、图案填充和其他图形内容的访问。如果打开了多个图形，可以通过设计中心在图形之间复制和粘贴其他内容，如图层、布局和文字样式等。可以将源图形中的内容拖动到当前图形中，源图形可以位于用户的计算机上、网络位置或网站上。可以将图形、块和填充等内容拖动到工具选项板上。

设计中心命令可通过以下几种方式调用：

➢ 单击“视图”选项卡→“选项板”面板→设计中心命令。
➢ 单击下拉菜单“工具”→“选项板”→“设计中心”命令。
➢ 单击标准工具栏的按钮。
➢ 在命令行输入“ADCENTER”。

执行“设计中心”命令，将打开“设计中心”窗口，如图 10-12 所示。

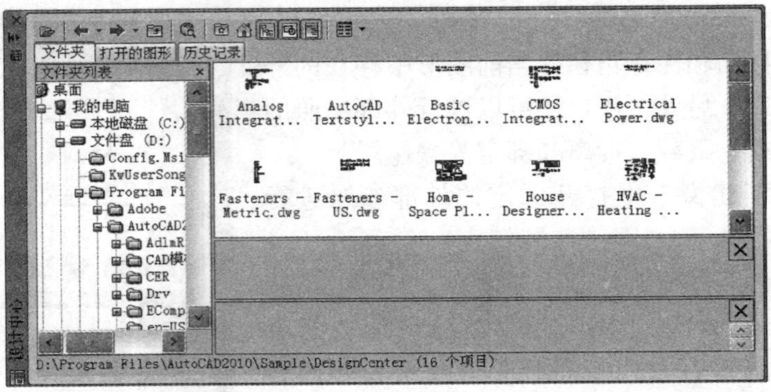

图 10-12 “设计中心”窗口

“设计中心”窗口左边的树状视图窗口用层次结构方式列出了本地和网络驱动器上的图形、自定义内容、文件及文件夹等内容。右边控制板则可查看选定的树状层次结构中的项目内容。

- 文件夹：显示设计中心资源。包括计算机或网络驱动器中文件和文件夹的层次结构。
- 打开的图形：显示当前环境下打开的所有图形列表，包括最小化的图形。
- 历史记录：显示在设计中心最近打开的文件的列表。显示历史记录后，在一个文件上单击鼠标右键显示此文件信息或从“历史记录”列表中删除此文件。
- 联机设计中心：访问联机设计中心网页，可显示包含符号库、制造商站点和其他内容库等信息。

10.3.2 设计中心的功能与控制

1. 设计中心的功能

1）浏览不同的图形文件，包括当前打开的图形和 Web 站点上的图形库。

2）创建指向频繁访问的图形、文件夹和 Web 站点上的快捷方式。

3）在本地和网络驱动器上搜索和加载图形文件。可将图形文件从设计中心拖动到绘图区并打开图形。

4）察看图形的块和图层定义，并将这些图形定义插入、复制或粘贴到当前图形文件中。

用户可通过控制显示方式来控制设计中心控制板的显示效果，还可在控制板中显示与图形文件相关的描述信息和预览图像。

2. 设计中心的控制

可以控制设计中心的大小、位置和外观。其中许多选项可通过单击鼠标右键并在快捷菜单中选择选项来设置。

1）调整设计中心的大小：拖动内容区与树状图之间的滚动条，或拖动窗口的一边。

2）固定设计中心：可将其拖至应用程序窗口右侧或左侧的固定区域，直至捕捉到固定位置。也可以通过双击“设计中心”窗口标题栏将其固定。

3）浮动设计中心：拖动工具栏上方的区域，使设计中心远离固定区域。拖动时按住 <Ctrl> 键可防止窗口固定。

4）锚定设计中心：可从快捷菜单中选择“锚点居右”或“锚点居左”。当光标移至被锚定的“设计中心”窗口时，窗口将展开，移开时则会隐藏。

5）浮动设计中心：使用自动隐藏将其设置为随光标移至和移开而展开和隐藏。

10.3.3　使用设计中心

1. 向图形中添加内容

使用设计中心可在图形中插入块、引用光栅图像及外部参照等内容。

1）将某个项目拖动到某个图形的图形区，按照默认设置将其插入。

2）在内容区中的某个项目上单击鼠标右键，将显示包含多个选项的右键快捷菜单。

3）双击块将显示“插入”对话框，双击图案填充将显示“边界图案填充”对话框。

4）可以预览图形内容，还可以显示文字说明等。

2. 通过设计中心打开图形

在设计中心中，可以通过以两种下方式在内容区中打开图形：

1）使用快捷菜单、拖动图形同时按住 <Ctrl> 键。

2）按住左键将图形图标拖至绘图区域的图形区外的任意位置（如工具栏或命令区）。图形名将被添加到设计中心历史记录表中，以便在将来的任务中快速访问。

3. 通过设计中心更新块定义

在内容区中的块或图形文件上单击鼠标右键，选择快捷菜单中的“仅重定义”或“插入并重定义”，可以更新选定的块。

与外部参照不同，当更改块定义的源文件时，包含此块的图形的块定义并不会自动更新。通过设计中心，可以决定是否更新当前图形中的块定义。

4. 使用工具选项板

可以从设计中心中的内容区中选择图形、块或图案填充并将它们添加到工具选项板中。向工具选项板中添加图形时，如果将它们拖动到当前图形中，那么被拖动的图形将作为块被插入。

1）在设计中心的内容区，可以将一个或多个项目拖动到当前的工具选项板中。

2）在设计中心树状图中，可以单击鼠标右键并从快捷菜单中创建当前文件夹、图形文件或块图标的新的工具选项板。

10.4　数据共享

AutoCAD 拥有开放式的数据结构，它采用多种方式和其他应用程序实现数据共享。例如，AutoCAD 可以与 Word 交换图形和文本，和 Photoshop 交换图形，可以处理光栅图像等。

10.4.1 运用 Windows 剪贴板

Windows 剪贴板是 Windows 应用程序实现数据交换的内存结构。用户可以把来自其他 AutoCAD 图形文件的对象，或者其他应用程序所创建的对象，剪切或者复制到剪贴板，然后再将剪贴板中的内容粘贴到图形或者文档中。

1. 剪切到剪贴板

指将选择的对象存储到剪贴板中，而在原文件中删除所选择的对象。

剪切到剪贴板命令可通过以下几种方式调用：

➢ 单击“常用”选项卡→“剪贴板”面板→剪切命令。

➢ 单击下拉菜单的“编辑”→“剪切”命令。

➢ 单击标准工具栏的。

➢ 在命令行输入“CUTCLIP”。

另外，快捷菜单为：终止所有活动命令，在绘图区域中单击鼠标右键，然后选择“剪切”。

2. 复制到剪贴板

指将选择的对象存储剪贴板中，而在原文件中不删除所选择的对象。

复制到剪贴板命令可通过以下几种方式调用：

➢ 单击“常用”选项卡→“剪贴板”面板→复制剪裁命令。

➢ 单击下拉菜单的“编辑”→“复制”命令。

➢ 单击标准工具栏的。

➢ 在命令行输入“COPYCLIP”。

另外，快捷菜单为：终止所有活动命令，在绘图区域中单击鼠标右键，然后选择“复制”。也可以使用 <CTRL + C> 代替“COPYCLIP”。

3. 从剪贴板粘贴对象

剪贴板中可以含有不同类型的对象，如 AutoCAD 图形对象、Windows 源文件、位图以及多媒体文件等。如果是 AutoCAD 图形对象，则如同插入块的操作，插入到当前文件中；如果是 ASCII 文件，则使用“MTEXT”命令的默认值将文本插入到图形的左上角。

从剪贴板粘贴对象命令可通过以下几种方式调用：

➢ 单击“常用”选项卡→“剪贴板”面板→粘贴下拉式命令。

➢ 单击下拉菜单的“编辑”→“粘贴”命令。

➢ 单击标准工具栏的。

➢ 在命令行输入“PASTECLIP”。

另外，快捷菜单为：终止所有活动命令，在绘图区域中单击鼠标右键，然后选择“粘贴”。也可以使用 <CTRL + V> 代替“PASTECLIP”。

10.4.2 以多种格式输入、输出数据

AutoCAD 提供了多种格式与其他应用程序共享数据。调用输入命令，用户可以打开来自其他应用程序的文件，供 AutoCAD 中使用；调用输出命令，可以把 AutoCAD 的数据转换

为其他应用程序能够使用的格式。

1. 输入数据

输入数据的方法可通过以下几种方式调用：

➢ 单击“插入”选项卡→“输入”面板→输入命令。

➢ 单击下拉菜单“插入”→“3Dstudio（3）”命令。

➢ 单击“ACIS 文件（A）”命令。

➢ 单击二进制图形交换（E）命令。

➢ 单击“Windows 图元文件（W）”。

➢ 在命令行输入“IMPORT”。

系统将打开一个对话框，在其中的“文件类型”下拉列表框中，可以看到系统允许输入的“图元文件”、ACIS 以及 3Dstudio 图形格式文件等，如图 10-13 所示。在文件名中可以直接输入文件名称。

图 10-13　“选择图像文件”对话框

2. 输出数据

输出数据的方法可通过：在下拉菜单的“文件”→“输出”命令，或在命令行输入“EXPORT”命令。

将打开“文件输出”对话框，在弹出的对话框中指定输出的文件名称和类型。

10.4.3　对象的链接与嵌入

对象的链接与嵌入（OLE）技术，是指把图形、文字、声音等对象在 Windows 不同的应用程序间复制或移动。用户可以使用 OLE 技术创建包含几个不同应用程序数据的符合文件。

使用 OLE 进行数据交换时，通常将源应用程序称为服务器（Server），提供被链接或嵌入的 OLE 对象。而将目标应用程序称为容器（Container），创建包含 OLE 对象的复合文件。AutoCAD 既可以作为服务器，又可作为容器。

1. 链接与嵌入

链接与嵌入都是将文件中的数据插入到其他目标文件中。其不同在于：如果是链接对象，当源文件中的数据改变时，复制文件中的数据自动更新；如果是嵌入对象，当源文件中的数据改变时，对复合文件不发生影响。

2. AutoCAD 作为服务器

将当前视图复制到剪贴板中以便链接到其他 OLE 应用程序。

命令调用可通过：下拉菜单的“编辑”|“复制链接”，或在命令行输入“COPYLINK”。

嵌入对象到其他 Windows 应用程序的命令是“COPYCLIP”或“CUTCLIP”命令，然后，可以将剪贴板中的内容作为 OLE 对象粘贴到目标程序中，创建复合文件。

3. AutoCAD 作为容器

在 AutoCAD 中，可从其他应用程序链接或嵌入对象。

该命令调用可通过以下几种方式调用：

➢ 单击“插入”选项卡→“数据”面板→OLE 对象命令。

➢ 单击下拉菜单的“插入”→“OLE 对象”命令。

➢ 单击插入工具栏中的。

➢ 在命令行输入“INSERTOBJ”。

10.5 参数化绘图

参数化特性是 AutoCAD 2010 中新增的功能，这个功能能够使 AutoCAD 对象变得比以往更加智能。参数化绘图的两个重要组成部分——几何约束和尺寸约束，现在都已经集成在 AutoCAD 中。

10.5.1 几何约束

几何约束（GEOMCONSTRAINT）支持对象或关键点之间建立关联，约束被永久保存在对象中，以能够更加精确地实现设计意图。

几何约束命令可以通过以下几种方式调用：

➢ 单击“参数化”选项卡→“几何”面板命令。

➢ 单击下拉菜单“参数”→“几何约束”命令。

➢ 单击“参数化”工具栏按钮。

➢ 在命令行输入“GEOMCONSTRAINT”。

“参数化”选项卡→“几何”面板及几何约束工具栏如图 10-14 所示，“几何约束”子菜单如图 10-15 所示。

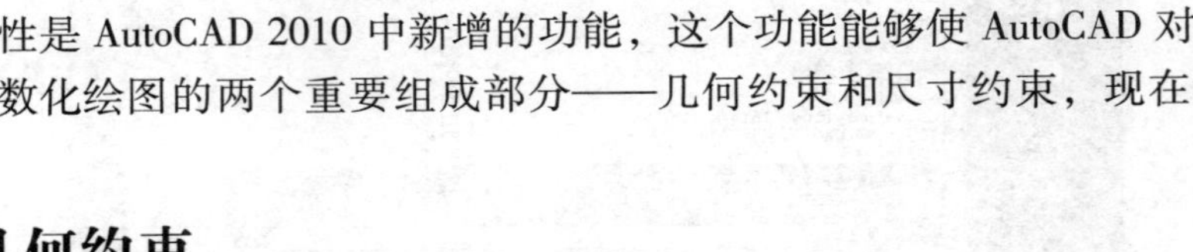

图 10-14 “参数化”选项卡→“几何”面板及几何约束工具栏

1. 几何约束类型

执行“几何约束”命令行后，命令行提示选项为：“输入约束类型［水平（H）/竖直（V）/垂直（P）/平行（PA）/相切（T）/平滑（SM）/重合（C）/同心（CON）/共线（COL）/

对称（S）/相等（E）/固定（F）]＜重合＞:”，可应用相应约束类型对所选对象进行约束。

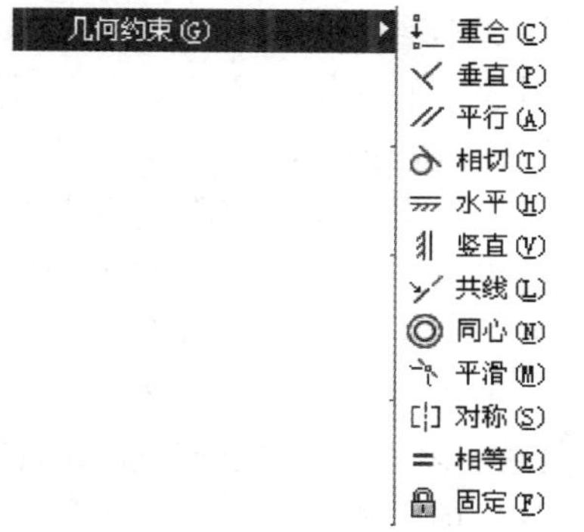

图 10-15　“几何约束”子菜单

1）水平：使直线或点对位于与当前坐标系的 X 轴平行的位置。

● 两点：选择两个约束点使它们处于水平。

2）竖直：使直线或点对位于与当前坐标系的 Y 轴平行的位置。

● 两点：选择两个约束点使它们处于垂直水平。

3）垂直：使选定的直线位于彼此垂直的位置。可以选择直线对象，也可以选择多段线子对象。第二个对象将置为与第一个对象垂直。

4）平行：使选定的直线位于彼此平行的位置。平行约束在两个对象之间应用。

5）相切：将两条曲线约束为保持彼此相切或其延长线保持彼此相切。相切约束在两个对象之间应用。圆可以与直线相切，即使该圆与该直线不相交。

6）平滑：将样条曲线约束为连续，并与其他样条曲线、直线、圆弧或多段线保持连续性。注意应用了平滑约束的曲线的端点将设为重合。

7）重合：约束两个点使其重合，或者约束一个点使其位于曲线（或曲线的延长线）上。可以使对象上的约束点与某个对象重合，也可以使其与另一对象上的约束点重合。

● 对象：选择对象而非约束点。指定第一个点时将在第一个提示下显示此选项。如果某个点在第一个提示下指定，则它将仅显示在第二个提示下。

● 多选：拾取连续点以与第一个对象重合。使用“对象”选项选择第一个对象时，将显示“多个”选项。

● 自动约束：选择多个对象。重合约束将通过未受约束的相互重合点应用于选定对象。应用的约束数显示在命令提示下。

8）同心：将两个圆弧、圆或椭圆约束到同一个中心点。结果与将重合约束应用于曲线的中心点所产生的结果相同。

9）共线：使两条或多条直线段沿同一直线方向。

● 多选：拾取连续点或对象以使其与第一个对象共线。

10）对称：使选定对象受对称约束，相对于选定直线对称。

● 两点：选择两个点和一条对称直线。选定点将相对于该轴（对称直线）对称。注意必须具有一个轴，从而将对象或点约束为相对于此轴对称。该轴即为对称线。对于直线，将直线的角度设为对称（而非使其端点对称）。对于圆弧和圆，将其圆心和半径设为对称（而非使圆弧的端点对称）。

11）相等：将选定圆弧和圆的尺寸重新调整为半径相同，或将选定直线的尺寸重新调整为长度相同。

● 多选：拾取连续对象以使其与第一个对象相等。

12）固定：将图形锁定到固定位置。将固定约束应用于对象上的点时，会将节点锁定在位。可以移动该对象。将固定约束应用于对象时，该对象将被锁定且无法移动。

2. 几何约束的显示与隐藏

对象上的几何约束图标表示所附加的约束。可以将这些约束栏拖动到屏幕的任意位置，也可以通过选择功能区界面上显示与隐藏。

几何约束的显示与隐藏命令可以通过以下几种方式调用：

➢ 单击“参数化”选项卡→“几何”面板→“显示”命令。

➢ 单击主菜单“参数”→“约束栏”→“选择对象”命令。

➢ 单击工具栏参数化按钮。

在命令行输入“CONSTRAINTBAR”。

各选项功能如下：

● “显示”：选择希望显示约束栏的对象显示对象上的可用几何约束。

● “全部显示”：为所有对象显示约束栏，以及应用于它们的几何约束。

● “全部隐藏”：为所有对象隐藏约束栏，以及应用于它们的几何约束。

在约束标记上单击鼠标右键，会出现右键快捷菜单，可根据提供的选项进行操作，包括删除约束，如图 10-16 所示。

另外，还可以利用“约束设置”对话框的“几何”选项卡对多个约束栏选项进行管理，如图 10-17 所示。

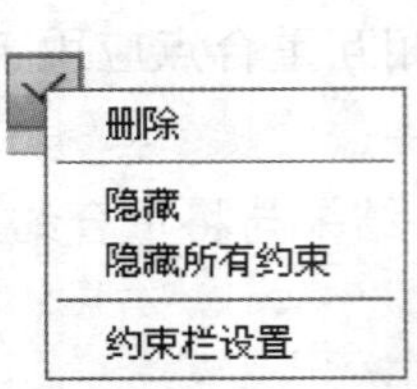

图 10-16 “约束”右键快捷菜单

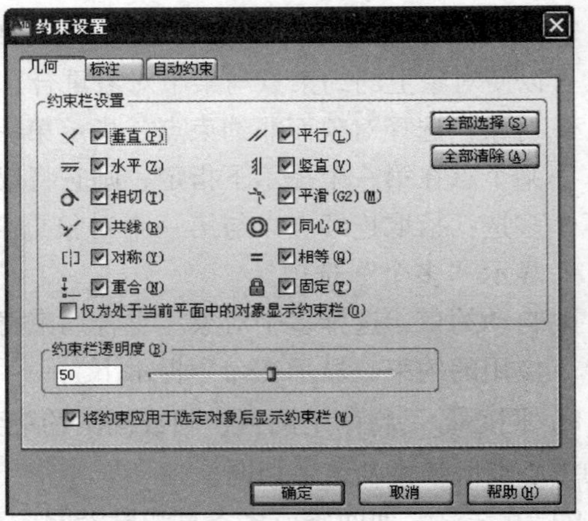

图 10-17 “约束设置”对话框“几何”选项卡

● 约束栏设置：控制图形编辑器中是否为对象显示约束栏或约束点标记。

● 全部选择：选择几何约束类型。

● 全部清除：清除选定的几何约束类型。

● 仅为处于当前平面中的对象显示约束栏：仅为当前平面上受几何约束的对象显示约束栏。

● 约束栏透明度：设置图形中约束栏的透明度。

● 将约束应用于选定对象后显示约束栏：手动应用约束后或使用“AUTOCONSTRAIN”命令时显示相关约束栏。

3. 自动约束

“自动约束”控制应用于选择集的约束，以及使用“AUTOCONSTRAIN”命令时约束的应用顺序。

自动约束命令可以通过以下几种方式调用：

- ➢ 单击“参数化”选项卡→“几何”面板→自动约束命令。
- ➢ 单击下拉菜单“参数”→“约束栏”→“选择对象”命令。
- ➢ 单击参数化工具栏按钮。
- ➢ 在命令行输入“AUTOCONSTRAIN”。

命令行提示为：“选择对象或［设置］<设置>:”，选择要自动约束的对象，或使用“约束设置”对话框中的“自动约束”选项卡，如图 10-18 所示，能够设置优先级和容限等参数。

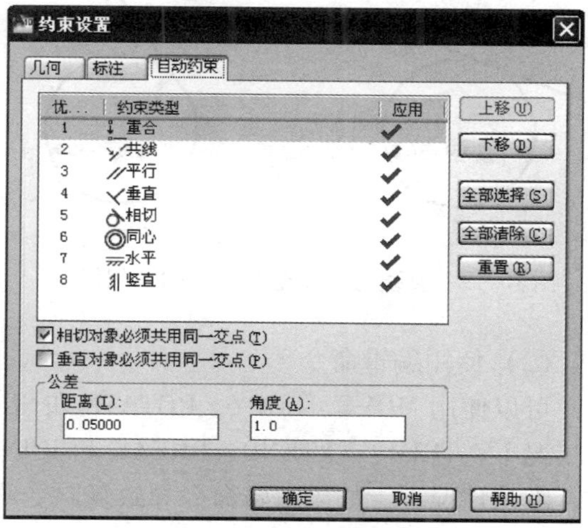

图 10-18 “约束设置”对话框“自动约束”选项卡

- 自动约束标题：包括优先级、约束类型、应用。
- 上移：通过在列表中上移选定项目来更改其顺序。
- 下移：通过在列表中下移选定项目来更改其顺序。
- 全部选择：选择所有几何约束类型以进行自动约束。
- 全部清除：清除所有几何约束类型以进行自动约束。
- 重置：将自动约束设置重置为默认值。
- 相切对象必须共用同一交点：指定两条曲线必须共用一个点（在距离公差内指定）以便应用相切约束。
- 垂直对象必须共用同一交点：指定直线必须相交或者一条直线的端点必须与另一条直线或直线的端点重合（在距离公差内指定）。
- 公差：设置可接受的公差值以确定是否可以应用约束。
- 距离：确定是否可应用约束的距离公差。
- 角度：确定是否可应用约束的角度公差。

4. 修改几何约束对象

可以通过使用夹点、编辑命令，或释放（应用）几何约束的方法编辑受约束的几何对象。

（1）使用夹点

可以使用夹点编辑模式修改受约束的几何图形，几何图形会保留应用的所有约束。

如将直线对象被约束为与某个圆保持相切，用户可以旋转该直线，并通过“夹点编辑”更改其长度和端点，结果该直线或其延长线会保持与该圆相切，如图 10-19 所示。

但是，如修改欠约束对象最终产生的结果取决于已应用的约束以及涉及的对象类型。如果图中的圆尚未应用半径约束，则会修改圆的半径，而不修改直线的切点，如图 10-20 所示。

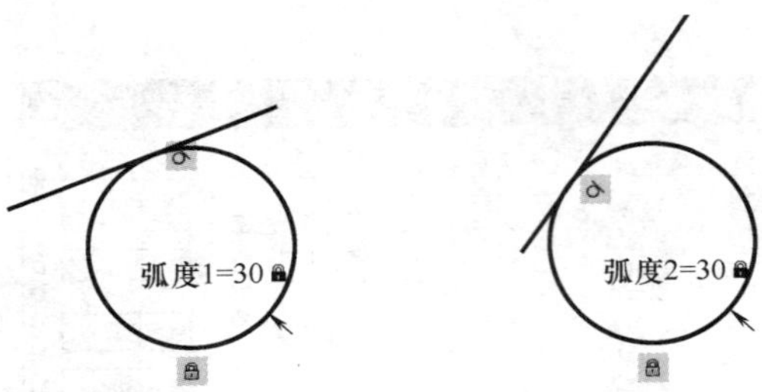

图 10-19　直线与“完全约束”的圆相切

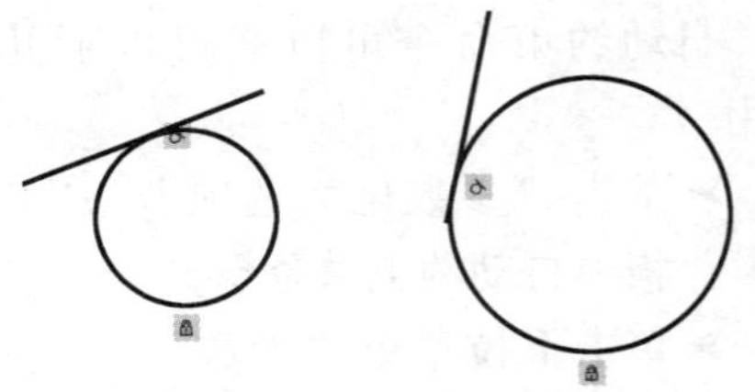

图 10-20　直线与“欠约束”的圆相切

（2）使用编辑命令

可以使用 MOVE、COPY、ROTATE 和 SCALE 等编辑命令修改几何约束的图形。但在某些情况下，TRIM、EXTEND、BREAK 和 JOIN 命令可以删除约束。

默认情况下，如果编辑命令导致复制受约束对象，则也会复制应用于原始对象的约束，由系统变量“PARAMETERCOPYMODE”控制。

10.5.2　标注约束

标注约束（DIMCONSTRAINT）是使 AutoCAD 中的几何体和尺寸参数之间始终保持一种驱动的关系。标注约束控制对象的距离、长度、角度和半径值。根据尺寸对几何体进行驱动意味着当改变尺寸参数值时，几何体将自动进行相应更新。

标注约束命令可以通过以下几种方式调用：

➢ 单击“参数化”选项卡→“标注”面板命令。

➢ 单击下拉菜单“参数”→“标注约束”命令。

➢ 单击参数化工具栏按钮。

➢ 在命令行输入“DIMCONSTRAINT”。

“参数化”选项卡→“标注”面板及参数化工具栏如图 10-21 所示，“标注约束”子菜单如图 10-22 所示。

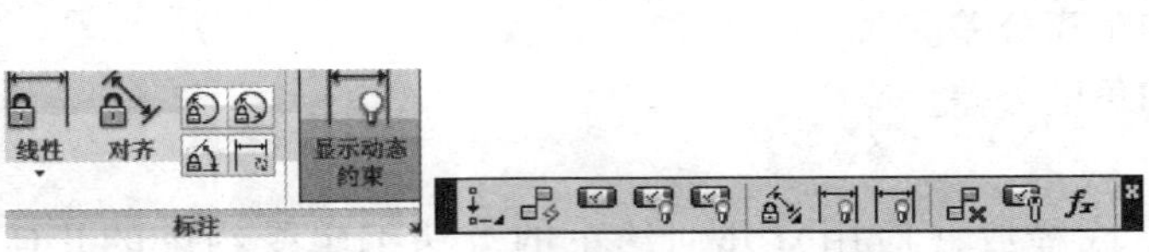

图 10-21　“参数化”选项卡→“标注”面板及参数化工具栏

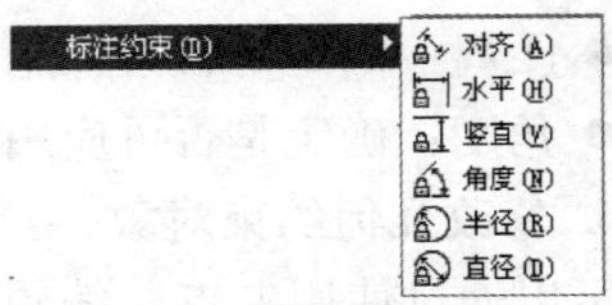

图 10-22　“标注约束”子菜单

1. 标注约束的类型

执行“标注约束”命令后，将显示以下提示：“选择标注或［线性（LI）//水平（H）/垂直（V）/对齐（A）/角度（AN）/半径（R）/直径（D）/形状（F）］<对齐>:”。各选项功能如下：

● 线性：根据延伸线原点和尺寸线的位置创建水平、垂直或旋转约束。

● 水平：约束对象上的点或不同对象上两个点之间的 X 距离。

● 垂直：约束对象上的点或不同对象上两个点之间的 Y 距离。

● 对齐：约束对象上的两个点或不同对象上两个点之间的距离。在两条直线之间应用对齐约束时，这两条直线将设为平行，约束可控制平行线之间的距离。

● 角度：约束直线段或多段线段之间的角度、由圆弧或多段线圆弧段扫掠得到的角度，或对象上三个点之间的角度。

● 半径：约束圆或圆弧的半径。

● 直径：约束圆或圆弧的直径。

● 形状：指定创建的标注约束是动态约束还是注释性约束。设置此命令的值将设置对象的“约束形式”特性。

● 转换：将标注转换为标注约束。

“锁定”图标能有效区分约束尺寸和传统尺寸。它们的尺寸是恒定缩放的（始终保持同一尺寸），标注约束的尺寸不可变更。每个图标都指定一个名称，例如“直径 1”或“角度 1”，如图 10-23 所示。

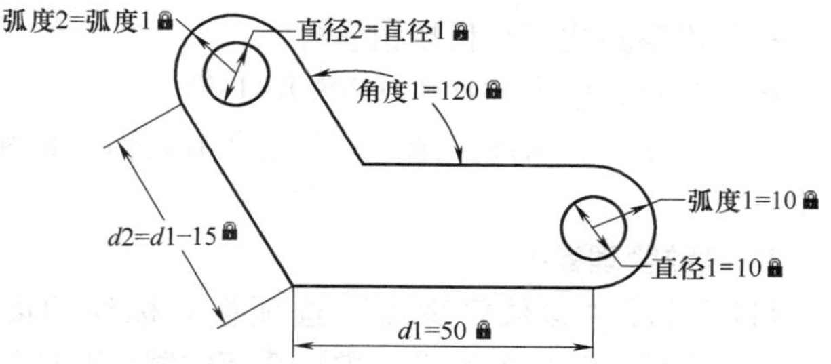

图 10-23 “标注约束”

2. 标注约束的显示与隐藏

标注约束可以显示或隐藏，其命令可以通过以下几种方式调用：

➢ 单击“参数化”选项卡→“标注”面板→命令。

➢ 单击主菜单“参数”→“显示所有动态标注约束”命令。

➢ 单击参数化工具栏按钮。

标注约束的显示或隐藏由系统变量“DYNCONSTRAINTDISPLAY”控制，值为“1”时，将显示所有动态标注约束，值为“0”时，将隐藏所有动态标注约束。

另外，可通过“约束设置”对话框的“标注”选项卡，如图 10-24 所示，显示标注约束时的系统配置。

● 显示所有动态约束：默认情况下显示所有动态标注约束。

● 标注约束格式：设置标注名称格式和锁定图标的显示。

● 标注名称格式：为应用标注约束时显示的文字指定格式。将名称格式设置为显示名称、值或名称和表达式。可以利用其只显示参数值而不显示表达式。

● 为注释性约束显示锁定图标：针对已应用注释性约束的对象显示锁定图标。是否选中该复选框取决于“DIMCONSTRAINTICON”系统变量的值。

● 为选定对象显示隐藏的动态约束：显示选

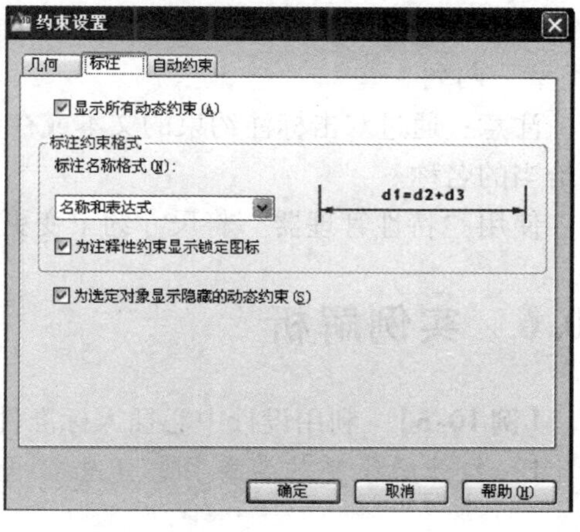

图 10-24 “约束设置”对话框“标注”选项卡

定时已设置为隐藏的动态约束。

10.5.3 约束的管理

1. 删除约束

标注约束无法修改，但可以删除或应用其他约束。

删除约束命令可以通过以下几种方式调用：

➢ 单击“参数化”选项卡→“管理”面板→ 命令。

➢ 单击下拉菜单“参数”→“删除约束”命令。

➢ 单击参数化工具栏按钮 。

➢ 在命令行输入“DELCONSTRAINT”。

执行命令后，将删除选定对象的所有几何约束和标注约束，删除的约束数将显示在命令行中。

2. 参数管理器

可以通过“参数管理器”选项板对标注约束的名称（如“直径1”或“角度1”）进行全面定制。此外，还能创建用户参数，根据其他参数值对表达式进行设置。“参数管理器”可以控制图形中使用的关联参数，即显示图形中可以使用的所有关联变量，包括标注约束变量和用户定义变量，可以创建、编辑、重命名和删除关联变量。

“参数管理器”可以通过以下几种方式调用：

➢ 单击“参数化”选项卡→“管理”面板→ 命令。

➢ 单击下拉菜单“参数”→“参数管理器”命令。

➢ 单击参数化工具栏按钮 。

➢ 在命令行输入“PARAMETERS”。

默认情况下，“参数管理器”包括一个三列控件，如图10-25所示。也可以使用右键快捷菜单添加“说明”和“类型”两列。

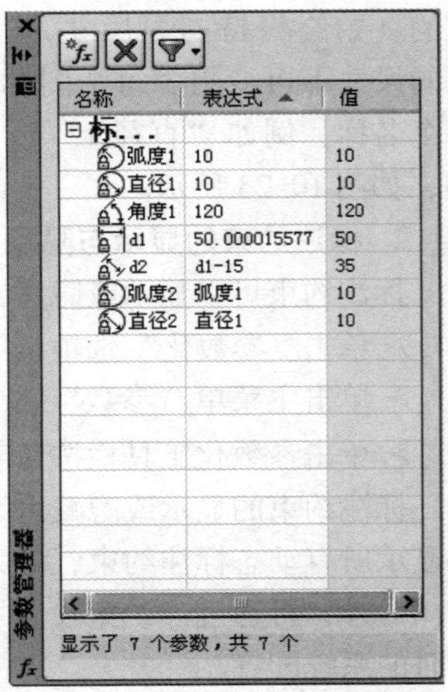

图10-25 “参数管理器”选项板

注意：通过双击标注约束的文本或在参数管理器中可改变参数值。还可以将约束更名为更恰当的名称。

使用“特性管理器”将尺寸约束变更为标注尺寸即可打印，还可以控制样式和大小。

10.6 实例解析

【例10-5】 利用设计中心插入标准件块“六角头螺钉”。

1）打开所绘制的装配图，单击“设计中心”，出现“设计中心”窗口，如图10-26所示。

2）在“设计中心”窗口中，单击“文件夹”。在“文件夹列表”中，单击“AutoCAD 2010”文件夹前面的“+”。

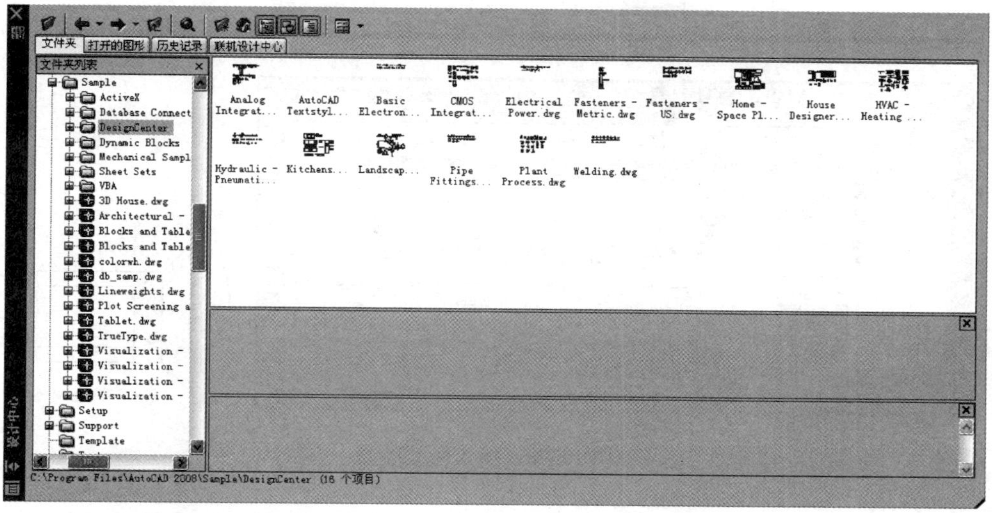

图 10-26　“设计中心”窗口

3）在打开的下一级文件夹列表中，选择“Sample”文件夹，单击“Sample”文件夹前面的“+”。

4）在打开的下一级文件夹和文件列表中，选择“Design Center”文件夹，单击“Design Center”文件夹前面的“+”。

5）在打开的文件列表中，选择“Fasteners-Metric. dwg”文件。

6）双击“块”，右侧出现如图 10-27 所示的窗口。

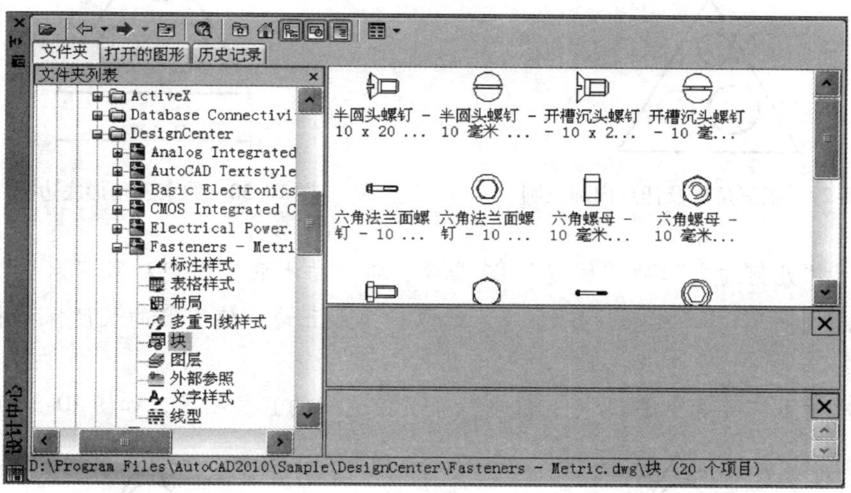

图 10-27　“Fasteners – Metric. dwg”文件

7）选择所需要的标准件，“六角头螺钉 – 10 × 20 毫米（侧视）”，按住鼠标左键，将该图拖带到合适的位置，如图 10-28 所示。

8）关闭“设计中心”窗口。

如果需要修改该图，可利用“分解”命令，先分解该块，然后再修改。

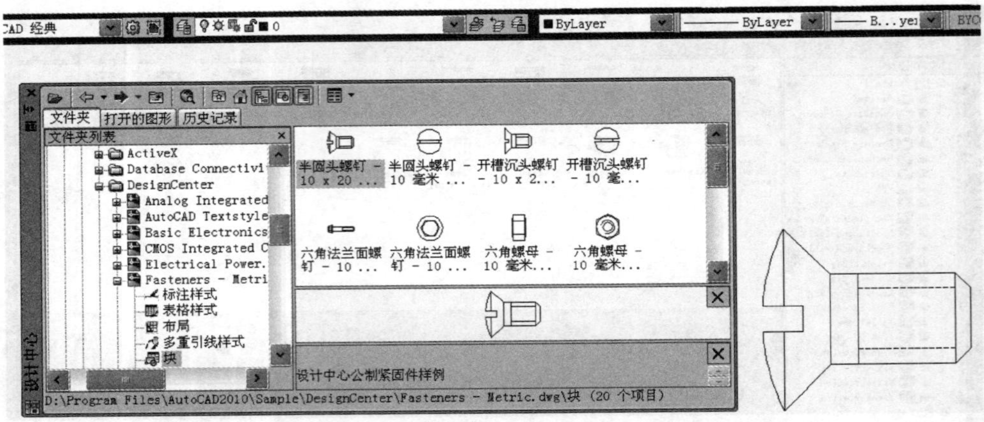

图 10-28　插入标准件

【例 10-6】 应用“几何约束”和“标注约束”功能绘制边长为 100 的正三角形，中间放置三个互相相切的圆。其操作步骤如下：

1）执行“多边形”命令，利用“边（E）”选项绘制一边长为 100 的正三角形。

2）执行“圆”命令，在正三角形内部绘制任意大小三个圆，如图 10-29 所示。

3）执行“线性动态标注约束”命令，将三角形底边标注为动态标注约束，如图 10-30 所示。

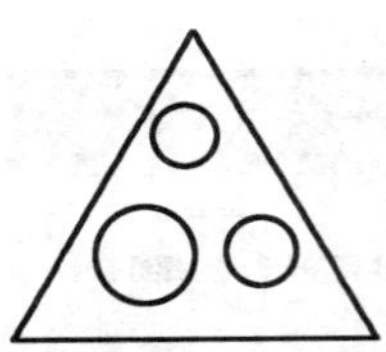

图 10-29　正三角形及任意内部三圆

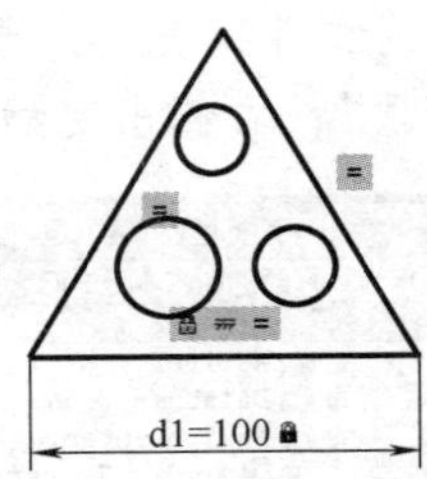

图 10-30　约束三角形底边标注

4）使用“几何约束”的“固定”命令，将三角形底边固定。用“水平”命令，使三角形底边水平。用“相等”命令，选取三角形三边，使它们的长度保持相等，如图 10-31 所示。

5）再次使用“相等”命令，选取三个圆使它们的直径相等，如图 10-32 所示。

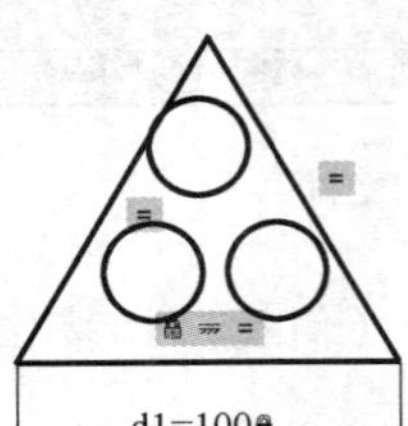

图 10-31　固定三角形底边且三边相等

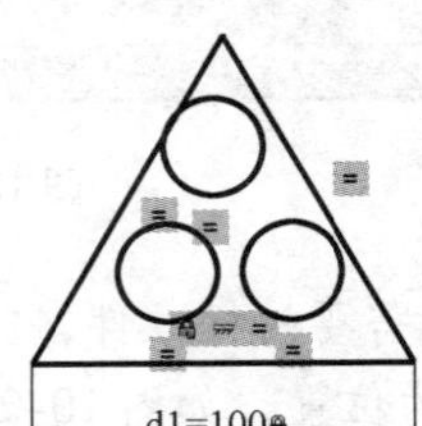

图 10-32　约束三个圆直径相等

6）使用“几何约束”的“相切”命令，将左侧圆分别与三角形的底边和左侧边相切。用同样的方式，右侧圆分别与三角形的底边和右侧边相切，上面的圆分别与三角形的左侧边和右侧边相切，如图 10-33 所示。

7）继续使用“几何约束”的“相切”命令，将左侧圆与右侧圆相切，完成全图，如图 10-34 所示。

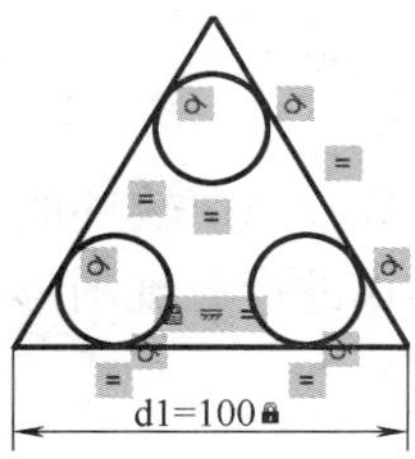

图 10-33　约束三个圆分别与两边相切

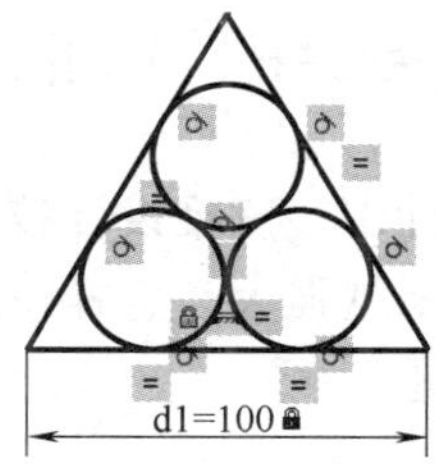

图 10-34　约束相邻两圆相切

10.7　思考与练习

1. 绘制如图 10-35 所示的图形，查询该图各个图形的面积、周长以及各种统计信息。
2. 附着和覆盖外部参照有什么区别？
3. 拆离和卸载外部参照有什么区别？
4. 如何使用设计中心打开图形文件？
5. 在 AutoCAD 2010 中，几何约束有哪几种类型？标注约束有哪几种类型？
6. 使用参数化绘图功能绘制如图 10-36 所示的图形。

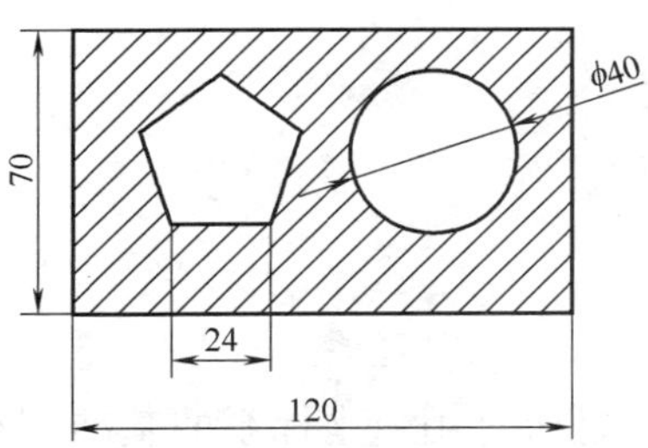

图 10-35　查询图形信息练习

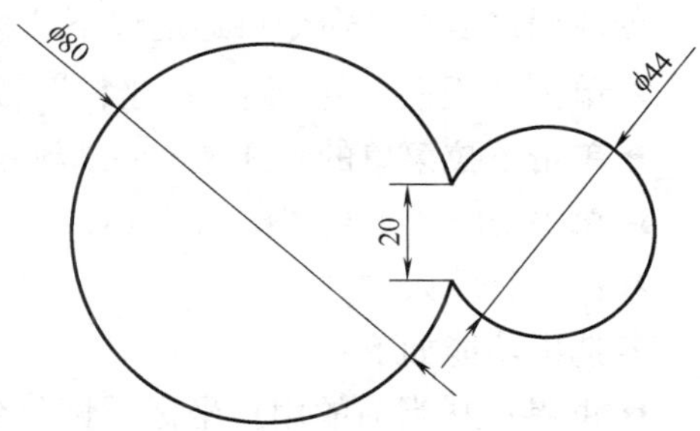

图 10-36　参数化绘图练习

第 11 章　三 维 绘 图

11.1　三维绘图基础

在工程设计中，三维设计技术应用越来越广泛，随着 AutoCAD 软件的不断升级，其三维绘图功能越来越强大。怎样快速高效地利用 AutoCAD 2010 进行三维图形的绘制，是本章将要解决的问题。

11.1.1　建立用户坐标系

在 AutoCAD 2010 中，要快速创建三维图形，就要正确使用三维坐标系。前面我们已经了解了用户坐标系的概念和坐标的输入方法，下面来学习怎样使用“视图”选项卡→“坐标”面板或 UCSII 工具栏如图 11-1 所示，在三维空间建立用户坐标系（UCS）。

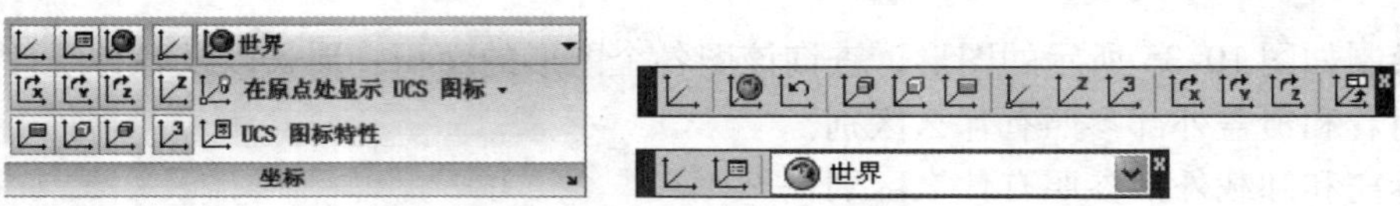

图 11-1　“视图”选项卡→“坐标”面板或 UCSII 工具栏

1. 新建 UCS

创建用户坐标系命令可通过以下几种方式调用：

➢ 单击“视图”选项卡→“坐标”面板→UCS 命令。

➢ 单击下拉菜单的“工具”→“新建 UCS”命令。

➢ 单击 UCSII 工具栏的新建 UCS 按钮。

在命令行输入“UCS”。

各选项功能如下：

● 世界：从当前的用户坐标系恢复到世界坐标系，WCS 是所有用户坐标系的基准，不能被重新定义。

● 对象：根据选取的对象建立 UCS，使对象位于当前的 XY 平面上，其中，X 轴和 Y 轴的方向取决于用户选择的对象类型。

● 面：将 UCS 与实体对象的选定面对齐。要选择一个面，可在该面的边界内或面的边上单击，被选中的面将高亮显示，UCS 的 X 轴将与找到的第一个面上的最近的边对齐。

● 视图：以垂直于观察方向（平行于屏幕）的平面为 XY 平面，建立新的坐标系，UCS 原点保持不变。

● 原点：通过移动当前 UCS 的原点，保持其 X、Y 和 Z 轴方向不变，从而定义新的 UCS。

- Z 轴矢量：定义 UCS 时需要选择两点，第一点作为新的坐标系原点，第二点确定 Z 轴的正向，UCS 的坐标平面（XY 平面）垂直于新的 Z 轴。
- 三点：在三维空间任意指定三点位置，来确定新 UCS 原点及其 X 和 Y 轴的正方向，Z 轴方向用右手定则确定。其中第一点定义了坐标系原点，第二点定义了 X 轴正向，第三点定义了 Y 轴正向。
- X/Y/Z：旋转当前的 UCS 轴来建立新的 UCS。AutoCAD 用右手定则来确定绕该轴旋转的正方向，逆时针角度方向为正，顺时针角度方向为负。
- 应用：当窗口中包含多个视口时，可以将当前坐标系应用于其他视口。

2. 命名 UCS

UCS 命令可通过以下几种方式调用：

➢ 单击“视图”选项卡→“坐标”面板→命名 UCS 命令。

➢ 单击下拉菜单的“工具”→“命名 UCS”→命令。

➢ 单击 UCS 工具栏的命名 UCS 按钮。

在命令行键入“UCSMAN”。

打开 UCS 对话框，如图 11-2 所示。在“命名 UCS”选项卡的“当前 UCS”列表中，用户鼠标右键单击“未命名”命令，从弹出的快捷菜单中通过“重命名”命令对其进行命名；若在“当前 UCS”列表中选中“世界”、“上一个”或某个 UCS 后单击“置为当前”按钮，则可恢复这些坐标系；其中，当前 UCS 前面有一个“▶”标记。用户也可在选择坐标系后单击“详细信息”按钮，在“UCS 详细信息”对话框中查看坐标系的详细信息。

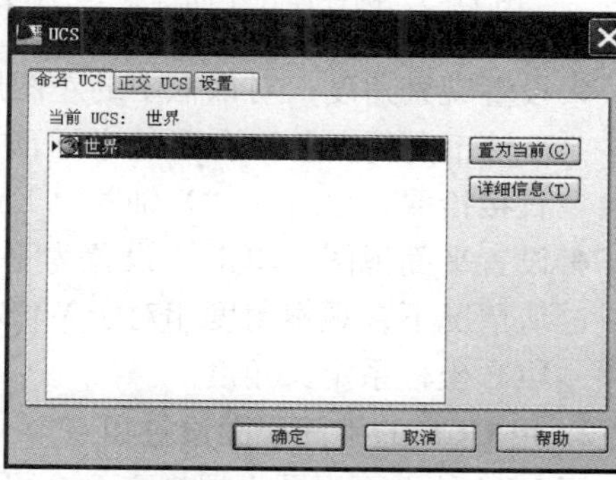

图 11-2　“UCS”对话框

3. 正交

选择“正交 UCS”选项卡，可以设置相对于 WCS 的正交 UCS，如俯视、仰视、左视、右视、主视和后视等。在“正交 UCS”选项卡中的“当前 UCS”列表中选择需要使用的正交坐标系后，单击“置为当前”按钮，来设置当前的正交用户坐标系。

4. 设置 UCS 图标的显示方式

通过“设置”选项卡，可以设置 UCS 图标的显示方式。

11.1.2　设置三维视点

在前面的章节中，所绘制的图形都是二维图形，是在 WCS 的坐标平面（即 XY 平面）中进行的，观察图形的视点不需要改变。但在绘制三维图形时，用户则需要经常变化视点，从不同的角度来观察三维模型，所谓视点就是指用户观察图形的方向。例如，绘制圆柱体时，如果视点的方向垂直于屏幕（即 Z 轴方向），此时仅能看到物体在 XY 平面上的投影（圆）。如果调整视点至当前坐标系的左上方，将看到一个三维物体，如图 11-3 所示。

1. 用对话框设置视点

用对话框设置视点命令可通过以下方式调用：

➢ 单击菜单“视图”→“三维视图”→“视点预设”命令。

➢ 在命令行输入“DDVPOINT”。

打开“视点预设”对话框，为当前视口设置视点，如图 11-4 所示。

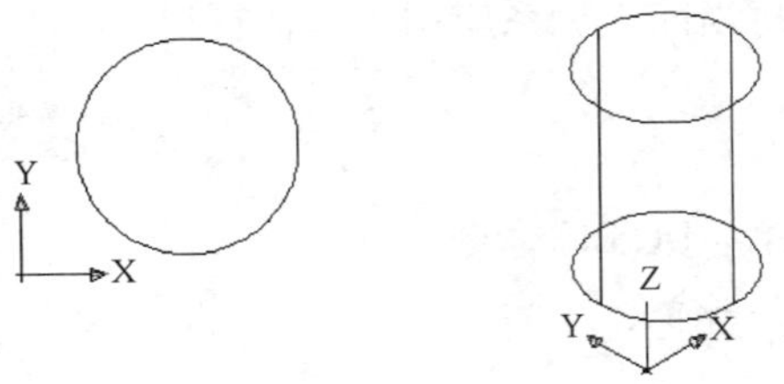

图 11-3 圆柱体在不同视点下的显示效果

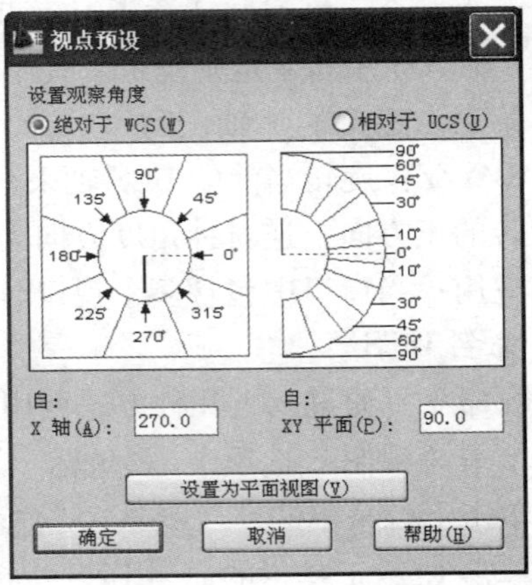

图 11-4 “视点预设”对话框

- 设置观察角度：对话框中的左图用于设置原点和视点之间的连线在 XY 平面的投影与 X 轴正向的夹角；右面的半圆形图用于设置该连线与投射线之间的夹角，可在图上直接拾取，也可在“X 轴”、“XY 平面”两个文本框内输入相应的角度。
- 设置平面视图：单击“设置为平面视图”按钮，可以将坐标系设置为平面视图。默认情况下，观察角度相对于 WCS 坐标系。通过“相对于 UCS”单选按钮，可相对于 UCS 坐标系定义角度。

2. 用 UCS 的平面视图设置视点

用 UCS 的平面视图设置视点命令可通过以下几种方式调用：

➢ 单击下拉菜单“视图”→“三维视图”→“平面视图”→“当前 UCS”命令。

➢ 单击“世界 UCS”或“命名 UCS”命令，可以生成相对于当前 UCS、WCS 或命名 UCS 的平面视图。

3. 设置预定的三维视点

设置预定的三维视点命令可通过以下几种方式调用：

➢ 单击“视图”选项卡→“视图”面板。

➢ 单击下拉菜单“视图”→“三维视图”→子菜单中的“俯视”、“仰视”、“左视”、“右视”、“主视”、“后视”、“西南等轴测”、“东南等轴测”、“东北等轴测”和“西北等轴测”命令，从多个预定的方向来观察图形。

4. 动态观察

动态观察命令可通过以下几种方式调用：

➢ 单击“视图”选项卡→“导航”面板→“动态观察”命令。

➢ 单击下拉菜单“视图”→“动态观察”，有三种动态观察方式，即“受约束的动态观察”、“自由动态观察”和“连续动态观察”命令，用户可通过单击和拖动的方式，在三维空间动态观察对象，如图 11-5 所示。

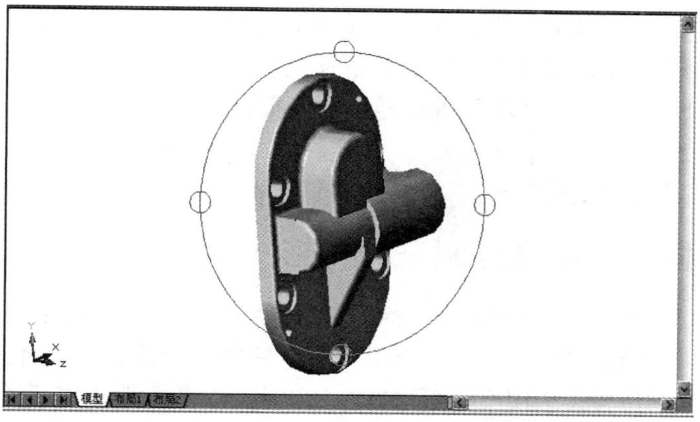

图 11-5　使用三维动态观察器观察三维模型

11.2　简单三维图形的绘制

AutoCAD 2010 可以利用三种方式来创建三维图形，即线框模型方式、曲面模型方式和实体模型方式。

线框模型方式是一种用二维线条来描述三维模型轮廓的方法，它由直线和曲线组成，没有面和体的特征，不能进行消隐和着色处理；表面模型是用面描述三维对象，它不仅定义了三维对象的边界，而且还具有表面的特征，可进行消隐和着色，但不能进行渲染处理；实体模型不仅具有线和面的特征，而且还具有体的特征，可进行消隐、着色和渲染处理，各实体对象间还能进行布尔运算操作，从而可创建复杂的三维实体模型。本章重点介绍三维实体造型方法。

11.2.1　绘制三维多段线

三维多段线（3DPOLY）是二维多段线的推广，因此绘制三维多线段的方法和二维多段线的方法基本相同。但也有不同，如三维多线段中没有圆弧；不能使用圆角和倒角命令进行编辑；三维多线段没有线宽等。

三维多段线命令可通过以下几种方式调用：

➢ 单击“常用”选项卡→“绘图”面板→▾→三维多段线命令。

➢ 单击下拉菜单“绘图”菜单→“三维多段线”命令。

➢ 在命令行输入“3DPOLY”。

图 11-6 为绘制三维多段线的实例，图中的立方体用来帮助确定三维多线段的顶点。

如果要编辑三维多段线，可通过“修改”→“对象”→“多段线”命令，并选择需要编辑的三维多段线，此时命令行显示如下提示信息：“输入选项［闭合(c)/编辑顶点（E)/样条曲线(S)/非曲线化（D)/放弃(U)］:”，各选项的含义如下：

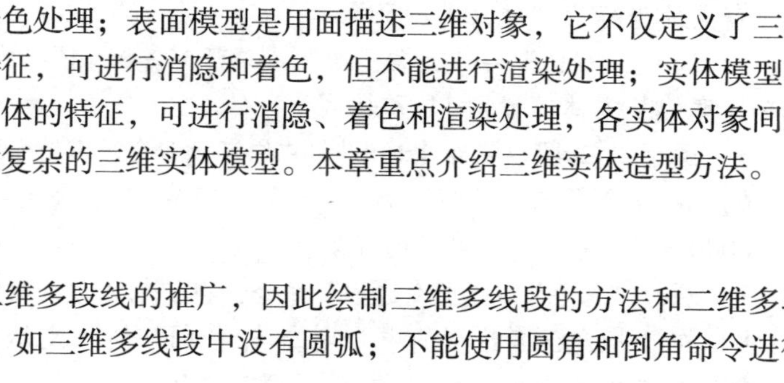

图 11-6　三维多段线的绘制

- 闭合（C）：封闭三维多段线，如果多段线是封闭的，该项则变为“打开（O）”。
- 编辑顶点（E）：编辑三维多段线上的各顶点。
- 样条曲线（S）：对三维多段线进行样条曲线拟合。
- 非曲线化（D）：为反拟合为折线。
- 放弃（U）：放弃上次的操作。

11.2.2 根据标高和厚度绘制三维图形

在 AutoCAD 2010 中，可以为对象设置标高和厚度（ELEV），如同用二维绘图方法得到三维图形一样的方便。当绘制二维图形时，绘图平面应是当前 UCS 的 XY 面或与其平行的平面。标高用来确定基准面的位置，它用绘图面与当前 UCS 的 XY 面的距离表示。厚度则是所绘二维图形沿当前 UCS 的 Z 轴方向延伸的距离。默认情况下，当前 UCS 的 XY 面的标高为“0”，沿 Z 轴正方向的标高为正，沿反方向为负，沿 Z 轴正向延伸的厚度为正，反之则为负。

【例 11-1】 绘制如图 11-8 所示的图形，其操作步骤如下：

1）通过“矩形”命令：在“指定第一个角点或［倒角（C）标高（E）/圆角（F）/厚度（T）/宽度（W）］：”提示下输入“T”，用来设置厚度。

2）在“指定矩形的厚度：”提示下，指定矩形厚度为“30”。

3）在“指定另一个角点或［面积（A）/标注（D）/旋转（R）］：”提示下，指定矩形另一角点的坐标为“@200，150”。

4）通过“视图”→“三维视图”→“西南等轴侧”命令，这时将看到绘制的矩形是一个有厚度的长方体，如图 11-7 所示。

5）通过“工具”→“新建 UCS”→“原点”命令，将坐标系移到长方体顶面上的一个角点处。

6）在命令行输入“ELEV”命令，指定基面高为“0”，在“指定新的默认厚度 <0.0000>：”提示下设置新的厚度为“80”。

7）通过“绘图”→“正多边形”命令：在“输入边的数目 <4>：”提示下输入边数为“6”。

8）在“指定正多边形的中心点或［边（E）］：”提示下，用对象追踪捕捉矩形中点。

9）在“指定圆的半径：”提示下输入“40”。

10）通过“视图”→“消隐”命令，得到如图 11-8 所示的三维图形效果。

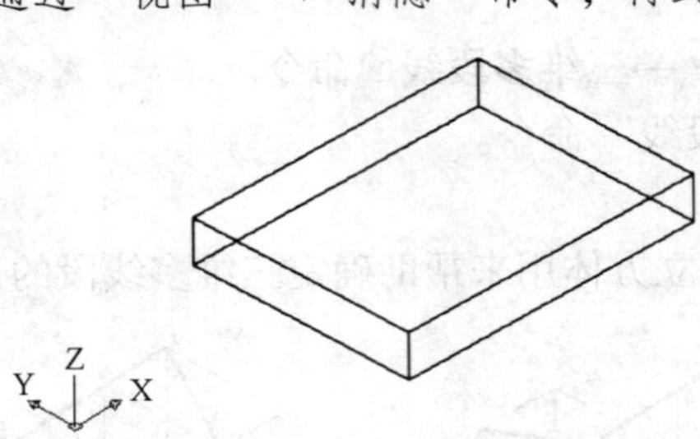

图 11-7 长方体

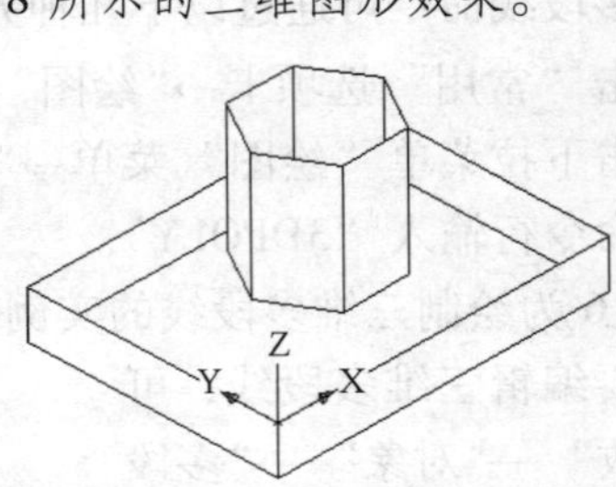

图 11-8 三维图形

11.3 三维实体造型

三维实体是具有体积、质量、回转半径、惯性矩等特征的三维对象，更能表达物体的结构特征，是比线框模型和表面模型更进一步的建模技术。在 AutoCAD 2010 中用户既可直接创建各种基本实体，也可以通过拉伸和旋转二维对象生成三维实体，还可对实体进行布尔运算以创建复杂实体。

11.3.1　绘制基本三维实体

绘制基本三维实体命令可通过以下几种方式调用：

➢ 单击下拉菜单“绘图”→“建模”子菜单中的命令。

➢ 使用“建模”工具栏，或在命令行输入相应命令。

可以绘制长方体、球体、圆柱体、圆锥体、楔体、圆环体、棱锥体等基本实体。

1. 绘制长方体

通过“长方体”（BOX）命令可以绘制长方体，此时命令行显示如下提示“指定长方体的角点或［中心点（CE）］ <0，0，0 >：”。

1）默认情况下，可以根据长方体一角点位置创建长方体。当在绘图窗口中指定了一角点后，命令行将显示如下提示“指定角点或［立方体（C）/长度（L）］：”。

各选项功能如下：

- 指定角点：默认情况下，用户可以根据另一角点创建长方体，如果该角点与第一个角点的 Z 坐标不一样，系统将以这两个角点作为长方体的对角点创建出长方体。如果第二个角点与第一个角点位于同一高度，则命令行将提示指定高度。
- 立方体（C）：创建立方体，此时需要在“指定长度：”提示下指定立方体的边长即可创建立方体。
- 长度（L）：可以根据长、宽、高创建长方体，此时，用户需要在命令提示行下依次输入长方体的长度、宽度和高度值。

2）若在命令提示下通过“中心点（CE）”选项，则选项功能如下：

- 指定长方体的中心点：输入中心点的位置。
- 指定角点或［立方体（C）/长度（L）］：功能同上。

【例 11-2】 绘制一个 100 × 80 × 50 的长方体，如图 11-9 所示。

1）通过“长方体”命令。

2）在“指定长方体的角点或［中心点（CE）］<0，0，0 >：”提示信息下直接回车，通过指定角点来绘制长方体。

3）在“指定角点或［立方体（C）/长度（L）］：”提示信息下输入“L”，根据长、宽、高来绘制长方体。

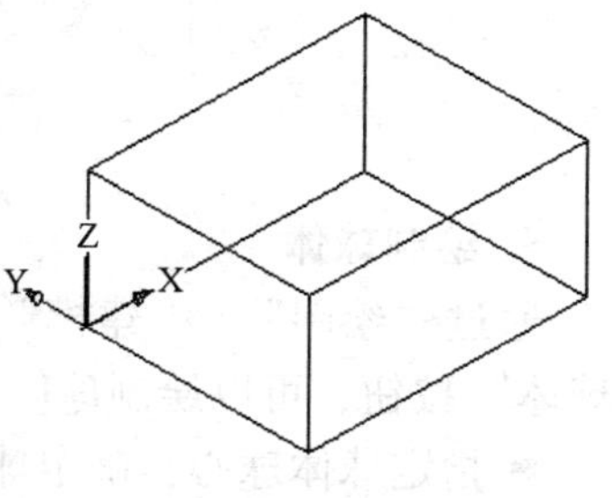

图 11-9　绘制长方体

2. 绘制楔体

由于楔体（WEDGE）是长方体沿对角线切成两半后的结果，所以创建“楔体”的方法与创建“长方体”的方法基本相同。

3. 绘制圆柱体：

通过“圆柱体”（CYLINDER）命令，命令行将显示如下提示：

“指定圆柱体底面的中心点或［椭圆（E）］ <0，0，0 >：”

各选项功能如下：

- 指定圆柱体基面的中心点：指定中心点位置后，则在命令行中指定圆柱体基面的半径或直径，“指定圆柱体高度或［另一个圆心（C）］：”可以直接指定圆柱体的高度，根据高度创建圆柱体；也可以通过“另一个圆心（C）”选项，根据圆柱体另一底面的中心位置创建圆柱体，此时两中心点位置的连线方向为圆柱体的轴线方向，可绘制任意放置的圆柱体。
- 椭圆（E）：可以绘制椭圆柱体。此时在命令行中指定圆柱体底面椭圆的轴端点或中心点（C）绘制椭圆，再指定圆柱体高度或另一个圆心。

其结果见图 11-10 所示。

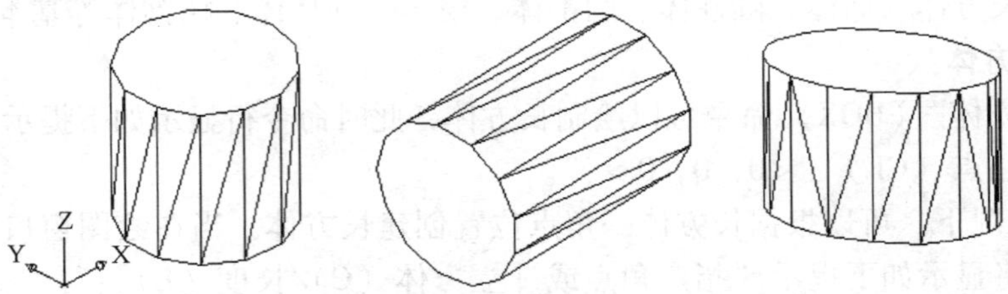

图 11-10　绘制圆柱体和椭圆柱体

4. 绘制圆锥体

通过“圆锥体”（CONE）命令可绘制圆锥体或椭圆锥体。此时，命令行显示如下提示“指定圆锥体底面的中心点或［椭圆（E）］<0，0，0>：”，各选项功能如下：

- 指定圆锥体底面的中心点：给出底面中心点后，输入圆锥体底面的半径或直径，再输入圆锥体的高度或圆锥体的锥顶点位置，即可绘制圆锥体。
- 椭圆（E）：可以绘制椭圆锥体，选择圆锥体底面椭圆的轴端点或［中心点（C）］，确定圆锥体底面椭圆的形状，再确定圆锥体的高度或顶点位置。

结果如图 11-11 所示。

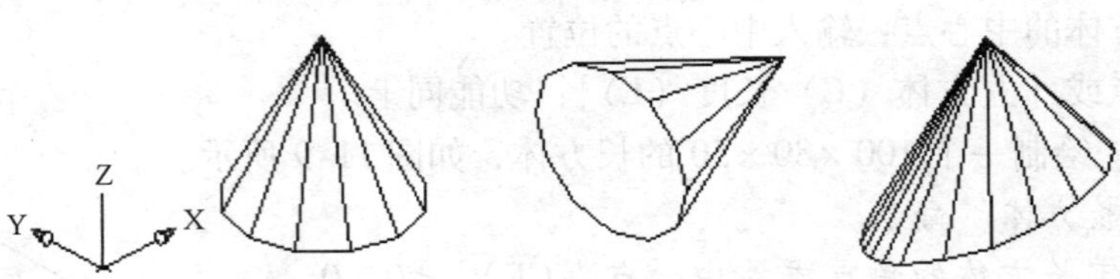

图 11-11　绘制圆锥体和椭圆锥体

5. 绘制球体

通过“绘图”→“建模”→“球体”（SPHERE）命令，或在“建模”工具栏中单击“球体”按钮，可以绘制球体，此时各选项功能如下：

- 指定球体球心：确定球心位置。
- 指定球体半径或直径：确定球体的半径或直径。

用系统变量“ISOLINES”来确定球面上的线框网格密度，如图 11-12 所示。

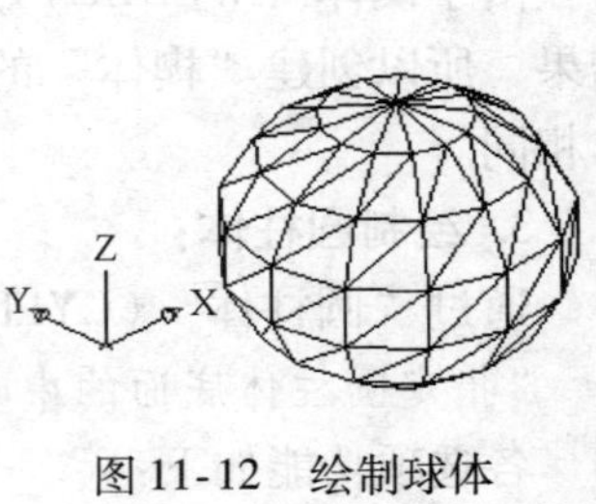

图 11-12　绘制球体

6. 绘制圆环体

通过“绘图”→“建模”→“圆环体”（TORUS）命令，或在“实体”工具栏中单击“圆环体”按钮，可以绘制圆环实体，此时各选项功能如下：

- 指定圆环体中心：确定圆环体的中心位置。
- 指定圆环体半径或直径：确定圆环体的半径或直径。
- 指定圆管半径或直径：确定圆管的半径或直径。

【例 11-3】 绘制一个圆环半径为“50”，圆管半径为“10”的圆环体，如图 11-13 所示。

1）执行“圆环体”命令。

2）在命令行提示信息下，按 <Enter> 键，使用默认圆环的中心位置。

3）指定圆环体半径为“50”。

4）指定圆管半径为“10”。

5）通过“视图”→“三维视图”→“西南等轴测”命令。

图 11-13　绘制圆环体

11.3.2　由二维图形生成三维实体

在 AutoCAD 2010 中，可通过拉伸二维图形或者通过旋转二维图形，来创建三维实体。

1. 由二维图形拉伸实体

通过“绘图”→“建模”→“拉伸”命令，或在“建模”工具栏中单击“拉伸”按钮，可将二维图形沿 Z 轴或某个方向拉伸成实体。拉伸对象被称为断面，可以是任何封闭平面多段线、圆、椭圆、封闭样条曲线和面域。通过该命令后，命令行提示“指定拉伸高度或[路径（P）]:”，各选项功能如下：

- 指定拉伸高度：指沿 Z 轴方向拉伸对象，这时需要指定拉伸的高度和倾斜角度。拉伸高度可正可负，拉伸斜角也可正可负，如果拉伸角度为正，则实体沿拉伸方向收缩；如果拉伸为负，则实体沿拉伸方向扩大。如图 11-14 所示。
- 路径（P）：按指定路径拉伸，其拉伸路径可以是直线、圆、圆弧、椭圆、椭圆弧、多段线（二维或三维）或样条曲线，所定义的路径可以是开放的，也可以是封闭的，但路径与被拉伸对象不能共面，其形状也不能太复杂。

【例 11-4】 绘制如图 11-15 所示的管路图形，其操作步骤如下：

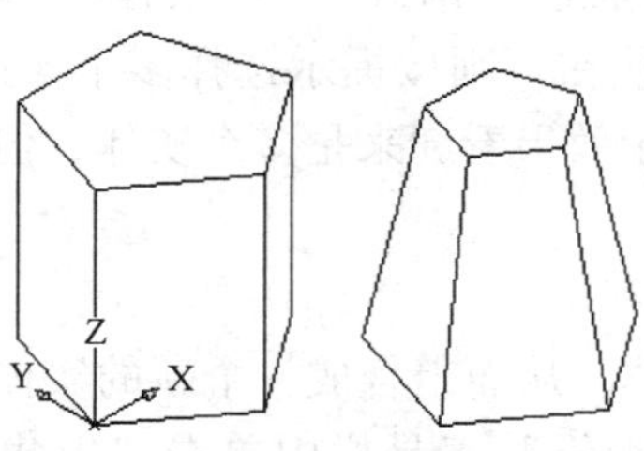

图 11-14　沿 Z 轴方向拉伸

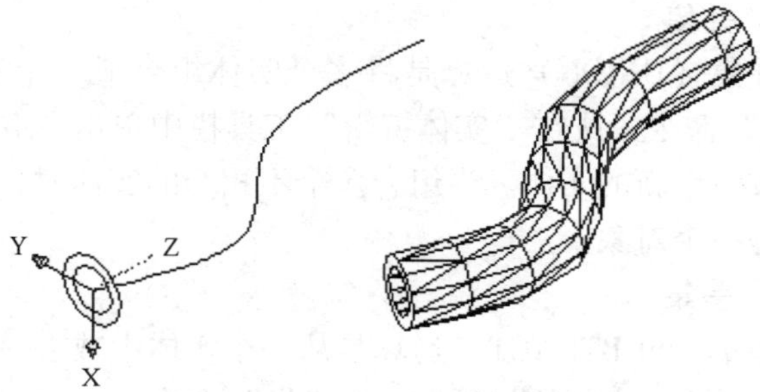

图 11-15　指定路径拉伸

1）执行“绘图”→“样条曲线”命令，绘制路径曲线。

2）执行“工具”→“新建 UCS”→“原点”命令，将坐标原点移至路径曲线原点。

3）执行“工具”→“新建 UCS”→“Y”命令，将坐标系统 Y 轴旋转 90°。

4）执行“绘图”→“圆”→“圆心、半径”命令，绘制拉伸对象。

5）执行“绘图”→“面域”→命令，将两同心圆变为两个面域。

6）执行“修改”→“实体编辑”→“差集”命令，将两个面域进行差运算。

7）执行“绘图”→“建模”→“拉伸”命令，先选择面域作为拉伸对象，再选择拉伸路径（P），选择倾斜角为零后，进行沿路径拉伸。

8）执行“视图”→“消隐”命令，将拉伸实体进行消隐，其结果如图 11-15 所示。

2. 由二维图形旋转实体

用于旋转的二维对象可以是封闭多段线、多边形、圆、椭圆、封闭样条曲线、圆环及封闭区域，且每次只能旋转一个对象。

通过“绘图”→“建模”→“旋转”命令，或在“建模”工具栏中单击“旋转”按钮，则命令行出现如下提示“选择对象：(选择用于旋转的二维对象)　指定旋转轴的起点或定义轴依照［对象（O）/X 轴（X）/Y 轴（Y）］:”。

各选项功能如下：

- 指定旋转轴的起点或定义轴依照：默认情况下，可以通过指定两个端点来确定旋转轴。
- 对象（O）：绕指定的对象旋转，此时只能选择直线或多段线。
- X 轴（X）/Y 轴（Y）：分别绕 X 轴和 Y 轴进行旋转。

如图 11-16 所示图形为二维图形绕直线段旋转 360°的实体效果。

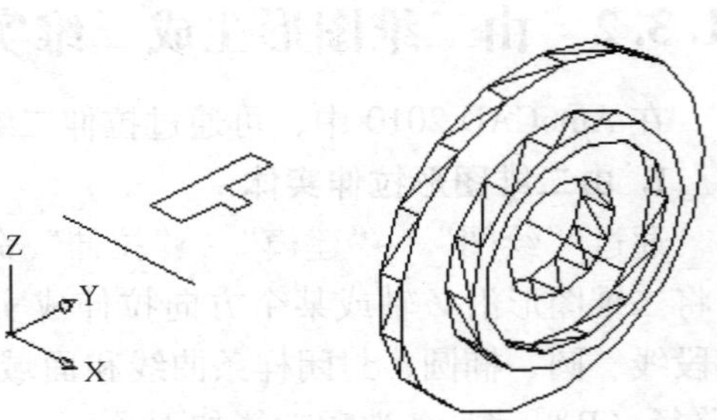

图 11-16　旋转实体

11.3.3　生成复杂三维实体

在 AutoCAD 2010 中，可通过对基本实体、拉伸实体、旋转实体进行并集、差集和交集的布尔运算，来生成复杂的三维实体。布尔运算是一种实心体的逻辑运算，就像实际加工零件一样，通过增添或去除材料，得到复杂的零件模型。

1. 并集

并集（UNION）运算是将多个实体组合成一个实体。通过“修改”→“实体编辑”→“并集”命令，或在“实体编辑”工具栏中单击“并集”按钮，则按提示选择多个实体后，将组成一个新的实体。当组合多个不相交的实体时，其显示效果看起来是多个实体，但实际上却是一个对象。

2. 差集

差集（SUBTRACT）运算是从一个实体中减去一些实体，从而组合成一个新的实体。通过“修改”→“实体编辑”→“差集”命令，或在“实体编辑”工具栏中单击“差集”按钮，按提示首先要选择要进行差集的母体，再选择要减去的子体。

3. 交集

交集（INTERSECT）运算是求各实体的公共部分。通过“修改”→“实体编辑”→“交集”命令，或在“实体编辑”工具栏中单击“交集”按钮，依次选择要进行交集的实体，按提示进行操作后，可把各个实体的公共部分作为一个新的实体，如图 11-17 所示。

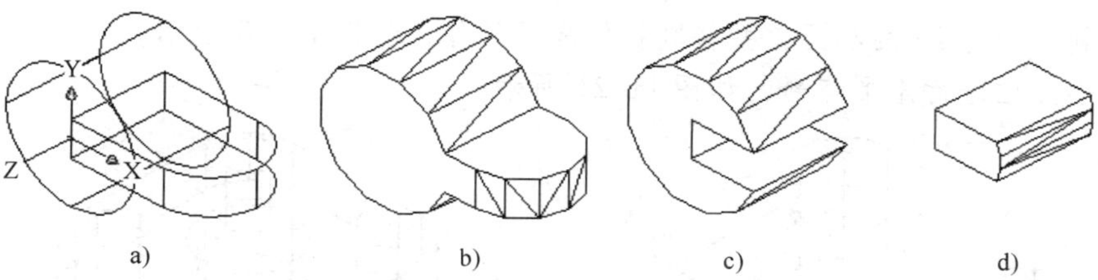

图11-17　三维实体的布尔运算

a）布尔运算前　b）并集　c）差集　d）交集

11.4　三维实体编辑

在三维实体编辑中，二维对象的许多编辑命令（如复制、移动、倒角、切角等）同样适用于三维图形，但也有一些专用于三维编辑的命令（如三维阵列、三维镜像、三维旋转、对齐等）。用“修改”菜单中的“三维操作”子菜单中的命令，可对三维实体进行编辑。

11.4.1　三维阵列

三维阵列（3DARRAY）是将对象以矩形阵列或环形阵列的方式在三维空间中复制对象。通过“修改”→“三维操作”→“三维阵列”命令，通过该命令后，命令行显示如下信息：

选择对象：(选择要阵列的对象)

输入阵列类型“矩形（R)/环形（P）＜矩形＞:”(选择阵列类型)

1. 矩形阵列

通过“矩形（R)”选项或直接回车，可以进行矩形阵列，此时各提示含义如下：

- 输入行数：输入要阵列的行数。
- 输入列数：输入要阵列的列数。
- 输入层数：输入要阵列的层数。
- 指定行间距：输入行间距。
- 指定列间距：输入列间距。
- 指定层间距：输入层间距。

【例11-5】　绘制如图11-23所示的底板图形，其操作步骤如下：

1）绘制如图11-18所示的平面图形。

2）将平面图形生成两个面域，并进行差运算。

3）将面域进行拉伸，如图11-19所示。

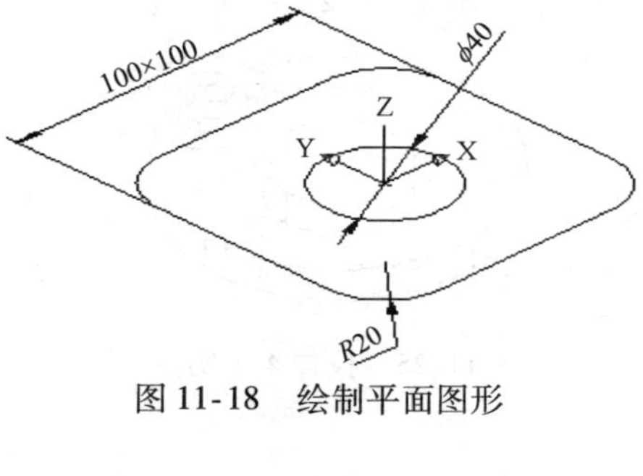

图11-18　绘制平面图形

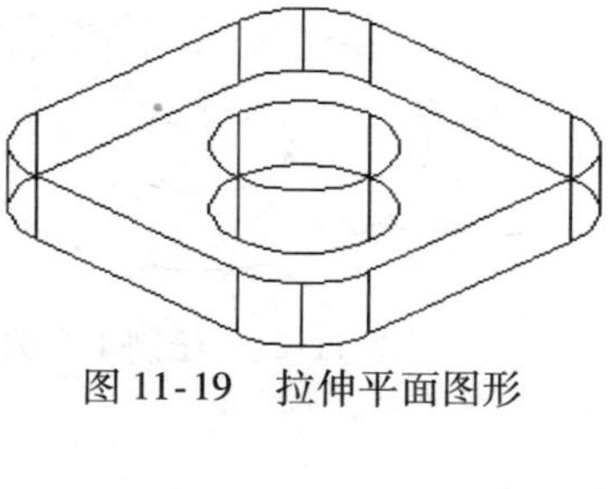

图11-19　拉伸平面图形

4）绘制半径为 10 的小圆，并将其拉伸成圆柱体，如图 11-20 所示。

5）将小圆柱进行矩形阵列，如图 11-21 所示。

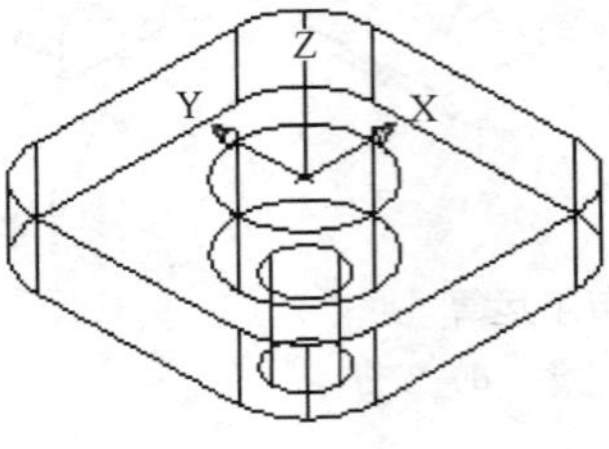

图 11-20 绘制小圆柱

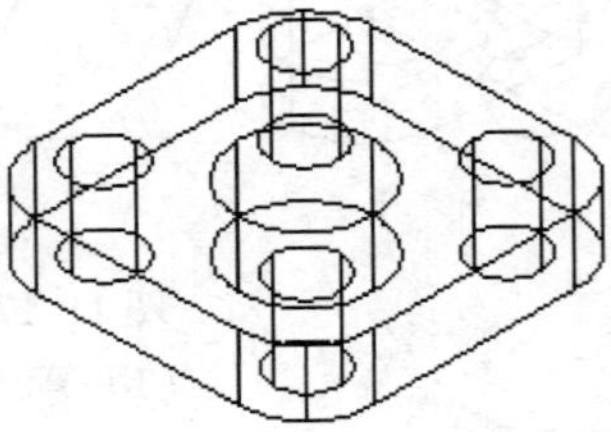

图 11-21 阵列小圆柱

6）将平板与小圆柱进行差运算，如图 11-22 所示。

7）将生成的实体进行消隐，如图 11-23 所示。

通过“视图”→“消隐”命令：重生成模型。

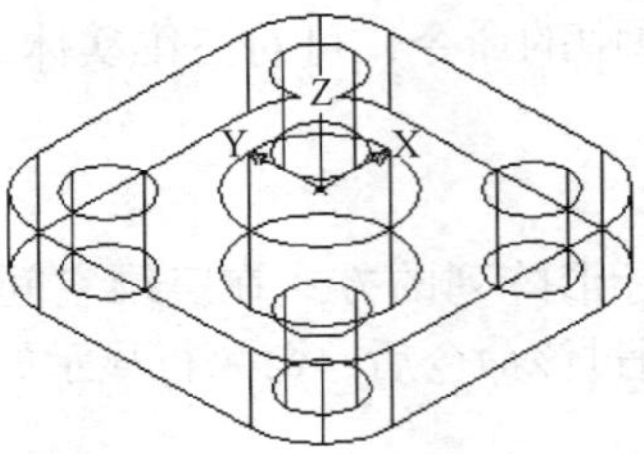

图 11-22 布尔差运算

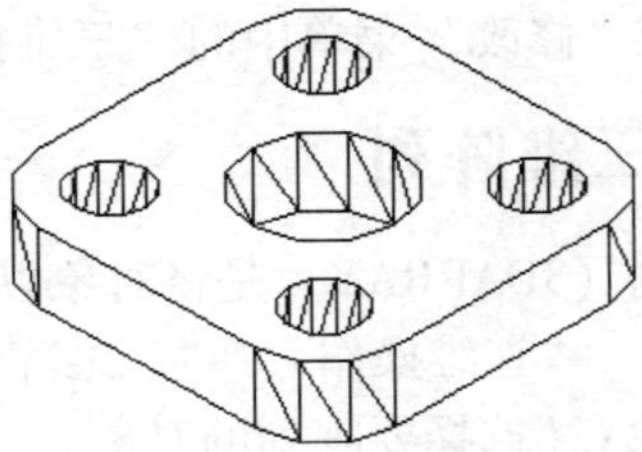

图 11-23 消隐后结果

2. 环形阵列

通过“环形（P）”选项，此时各提示含义如下：

- 输入阵列中的项目数目：输入环形阵列的项目总数。
- 指定要填充的角度：输入环形阵列的填充角度。
- 旋转阵列对象：是否将对象绕阵列中心轴旋转相应的角度。
- 指定阵列的中心点：指定旋转轴上的第一点或中心点。
- 指定旋转轴上的第二点：指定旋转轴上的第二点。

【例 11-6】 绘制如图 11-29 所示的法兰图形，其操作步骤如下：

1）绘制如图 11-24 所示的平面图形。

- 通过“圆”命令：分别绘制半径为 50 和 20 的同心圆。
- 再绘制圆心在大圆圆周上的半径为 15 和 7.5 的两小圆。

2）分别将这 4 个圆拉伸成厚度为 10 的 4 个圆柱，如图 11-25 所示。

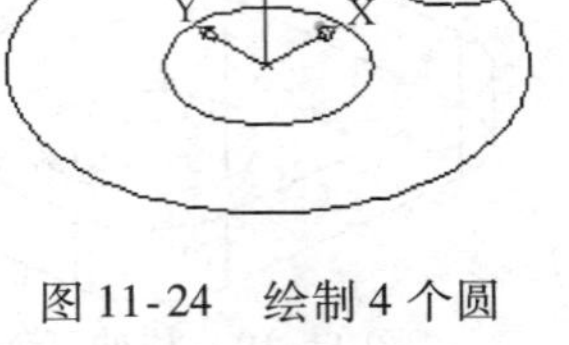

图 11-24 绘制 4 个圆

图 11-25 拉伸 4 个实体

3）将其中两个小圆柱体进行环形阵列，如图11-26所示。

4）进行布尔运算，先并集（见图11-27），后差集（见图11-28）。

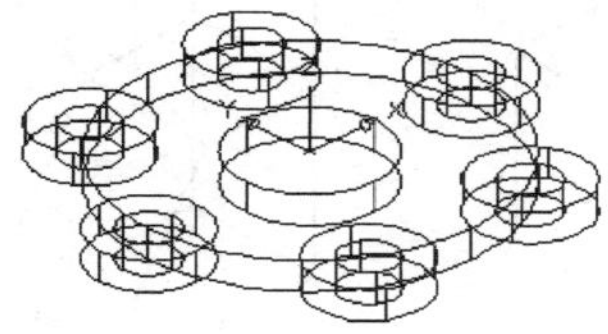

图11-26　环形阵列

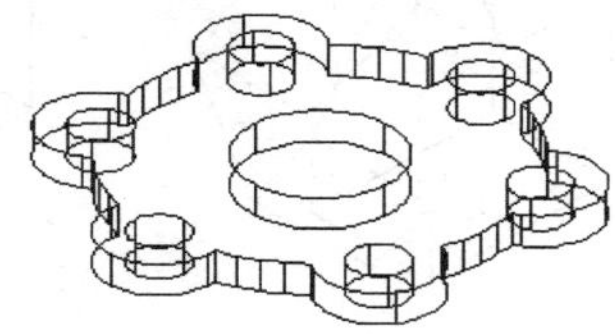

图11-27　并运算

5）消隐（见图11-29）。

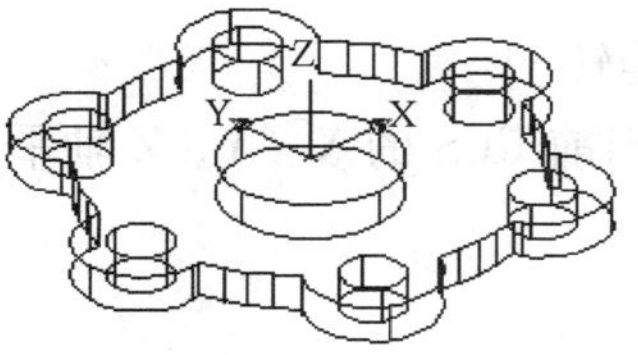

图11-28　差运算

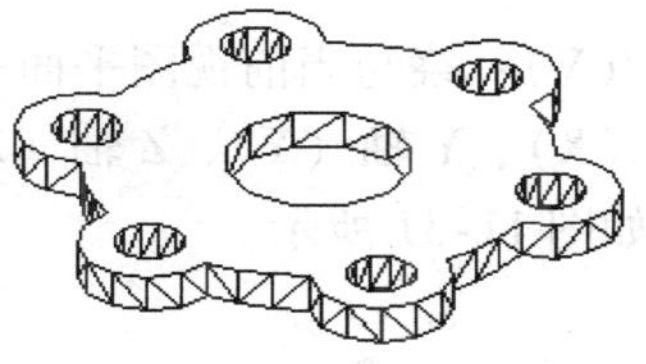

图11-29　消隐

11.4.2　三维镜像

三维镜像（MIRROR3D）是将对象在三维空间中相对于某一平面进行镜像。通过“修改”→“三维操作”→“三维镜像”命令，通过该命令并选择需要进行镜像的对象，则命令行将显示如下信息：

“指定镜像平面（三点）的第一个点或［对象（O）/最近的（L）/Z轴（Z）/视图（V）/XY平面（XY）/YZ平面（YZ）/ZX平面（ZX）/三点（3）］<三点>:”，各选项含义如下：

- 指定镜像平面（三点）的第一个点：默认情况下，可以通过指定3点确定镜像面。
- 对象（O）：用指定对象所在的平面为镜像面，其对象可以是圆、圆弧或二维多段线。
- 最近的（L）：用上次定义的镜像面作为当前镜像面。
- Z轴（Z）：通过确定平面上一点和该平面法线上的一点来定义镜像面。
- 视图（V）：用与当前视图平面平行的面作为镜像面。
- XY平面（XY）、YZ平面（YZ）、ZX平面（ZX）：分别表示用与当前UCS的XY、YZ、ZX面平行的平面作为镜像面。其结果如图11-30所示。

11.4.3　三维旋转

三维旋转（ROTATE3D）是将对象绕三维空间中任意轴进行任意角度的旋转。通过“修改”→“三维操作”→“三维旋转”命令，则命令行将显示如下信息：

“指定轴上的第一个点或定义轴依据［对象（O）/最近的（L）/视图（V）/X轴（X）/Y轴（Y）/Z轴（Z）/两点（2）］:”，各选项含义如下：

- 指定轴上的第一个点：默认情况下，可以通过指定两点确定旋转轴。
- 对象（O）：用指定对象作为旋转轴，其对象可以是直线、圆、圆弧或二维多段线。
- 最近的（L）：用上次定义的旋转轴进行旋转。

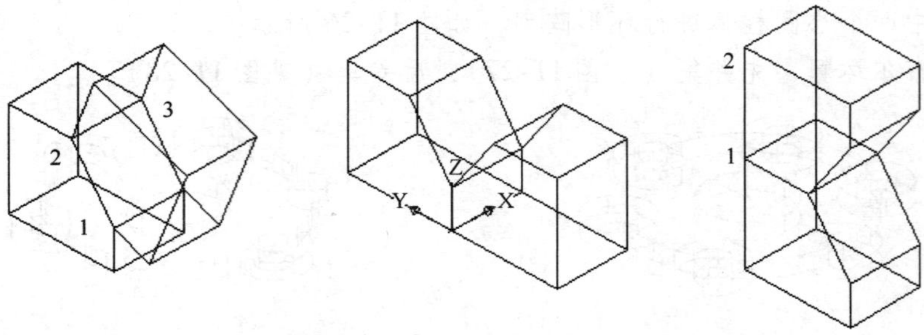

a)　　b)　　c)

图 11-30　三维镜像

a）以 3 点作为镜像面　b）以 ZX 面作为镜像面　c）以 Z 轴为法线定义镜像面

- 视图（V）：绕与当前视图平面垂直的轴进行旋转。
- X 轴（X）、Y 轴（Y）、Z 轴（Z）：分别绕与当前 UCS 的 X、Y、Z 轴平行的轴旋转。其结果如图 11-31 所示。

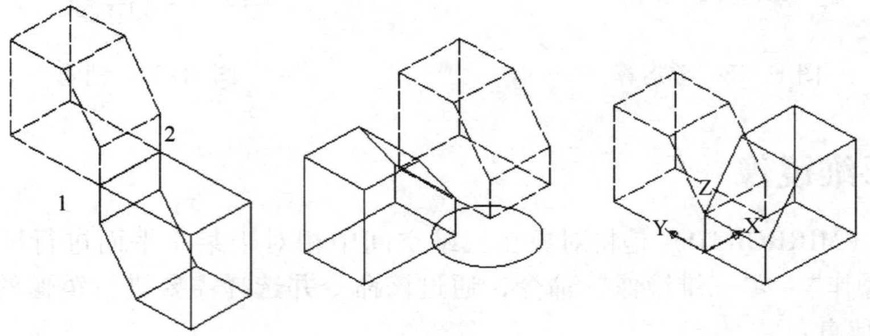

a)　　b)　　c)

图 11-31　三维旋转

a）以 2 点定义旋转轴　b）以对象确定旋转轴　c）以 Z 轴定义旋转轴

11.4.4　三维对齐

对齐是将对象以某个对象作为基准进行对齐。通过“修改”→“三维操作”→“三维对齐”（ALIGN）命令，可以将两对象对齐，如图 11-32 所示。命令的顺序如下：

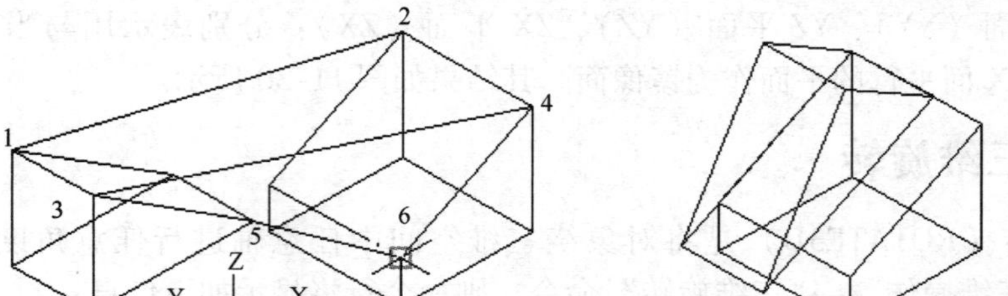

对齐以前　　对齐以后

图 11-32　对齐

- 选择对象：选择要改变位置的源对象。
- 指定第一个源点：选择源对象上的一点。

- 指定第一个目标点：选择目标对象上的一点。
- 指定第二个源点：选择源对象上的第二点。
- 指定第二个目标点：选择目标对象上的第二点。
- “指定第三个源点或 <继续>：”，选择源对象上的第三点。

11.4.5　倒角和圆角

1. 倒角

通过“修改”→“倒角”（CHAMFER）命令，通过命令后显示“选择第一条直线或[放弃（U）/多段线（P）/距离（D）/角度（A）/修剪（T）/方式（E）/多个（M）]：”，在此提示下选择实体要倒角的边后命令行又提示：

- 输入曲面选择选项[下一个（N）/当前（OK）] <当前>：选择要倒角的基面。
- 指定基面的倒角距离：输入基面上的倒角距离。
- 指定其他曲面的倒角距离：输入与基面相邻的另一面上的倒角距离。
- 选择边：对基面上的指定边进行倒角。
- 选择环（L）：对基面上的各边进行倒角。

2. 圆角

通过“修改”→“圆角”（FILLET）命令，可以为实体的棱边倒圆角，可在两个相邻面之间生成一个圆滑过渡的曲面。通过“修改”→“圆角”命令，通过命令后显示“选择第一个对象或[放弃（U）/多段线（P）/半径（R）/修剪（T）/多个（M）]：”，在此提示下选择实体要修圆角的边后命令行又提示：

- 输入圆角半径：输入圆角半径值。
- 选择边：选择要修圆角的边。
- 链（C）：可选择多个边进行修圆角。

倒圆角与倒切角命令的操作方法和提示非常相似，如图11-33所示。

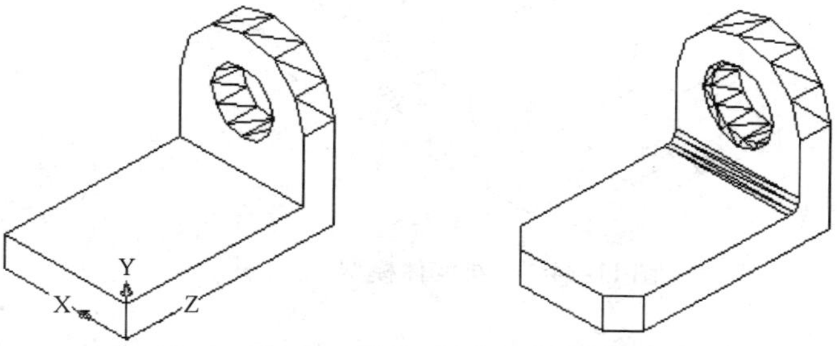

图11-33　倒切角与倒圆角

11.5　三维实体的视觉样式与渲染

在AutoCAD 2010中，可以对三维实体进行消隐、视觉样式和渲染处理，使实体对象看起来更加清晰、逼真。视觉样式是对三维实体进行着色，以增加色泽感，它实际上是对当前图形画面进行阴影处理的结果。渲染可使三维对象的表面显示出明暗色彩和光照效果，以形成逼真的图像。此外，还可以对渲染进行各种设置，如设置光源、场景、材料、背景等。

11.5.1　三维实体的视觉样式处理

通过“视图”→“视觉样式”命令中的相应的子命令，可控制视口中边和着色的显示。

其中各子命令含义如下：

- 二维线框（2）：将三维图形用图形边界的直线和曲线来显示，线型和线宽都是可见的。
- 三维线框（3）：将三维图形以三维线框模式显示，此时，UCS 为一个着色的三维图标。
- 三维隐藏（3）：以三维线框模式显示对象并消去隐藏线。
- 真实（R）：使三维模型具有真实感。
- 概念：着色多边形平面间的对象，并使对象的边平滑化。效果缺乏真实感，但是可以更方便地查看模型的细节。

11.5.2　渲染三维实体

通过“视图”→“渲染”→“渲染…”命令，可对三维对象进行渲染，一般是在渲染对象之前设置渲染光源、场景、背景以及给对象指定材质等。

11.6　实例解析

【例 11-7】 按尺寸精确绘制图 11-34 所示的三维实体模型，绘图步骤如下：

1）绘制如图 11-35 所示的平面图形，并将其生成面域。

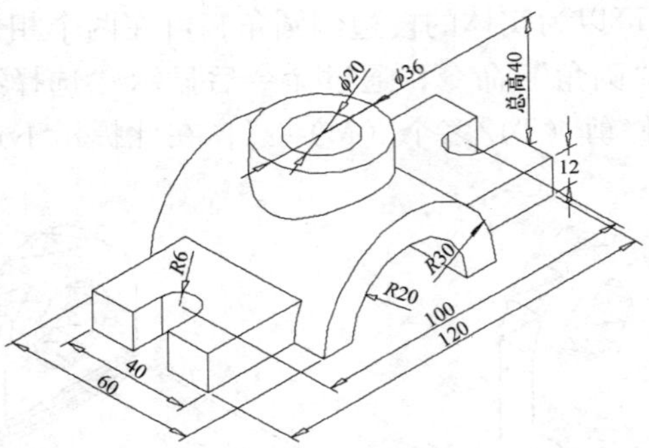

图 11-34　三维实体模型

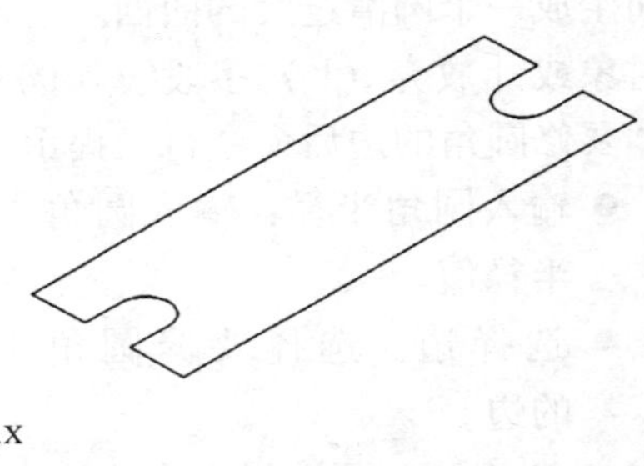

图 11-35　绘制平面图形

2）将该二维面域拉伸为底板，如图 11-36 所示。

3）为了创建水平的圆柱，需要创建 UCS 坐标，为此，应首先绘制一条辅助线。启用“对象捕捉”、“对象追踪”和“极轴追踪”，绘制辅助线的起点，如图 11-37 所示。

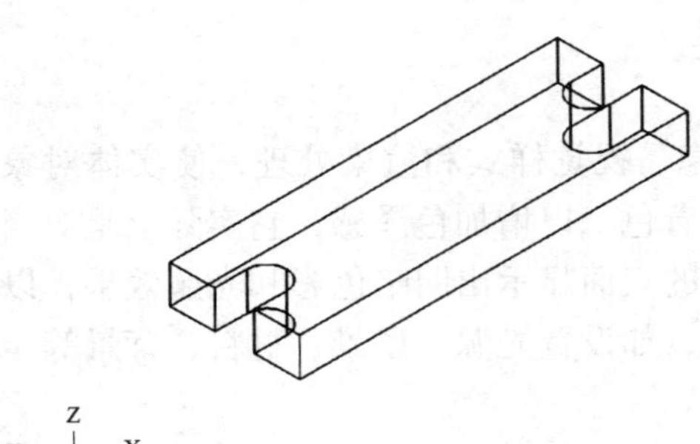

图 11-36　拉伸底板

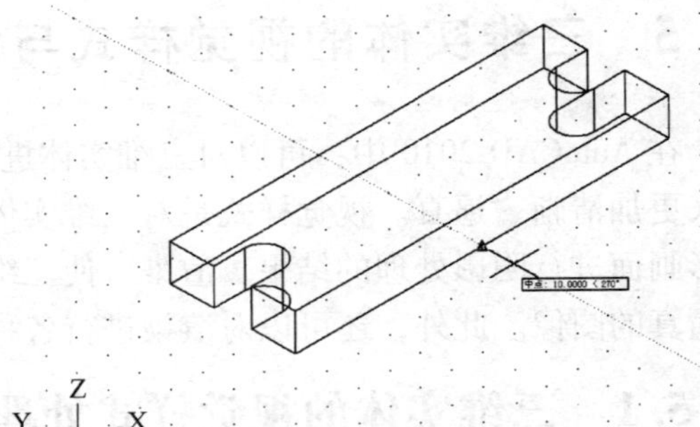

图 11-37　绘制辅助线起点

4）绘制辅助线，长度随意，如图 11-38 所示。

5）通过“工具”→“新建 UCS”→“原点”命令，先将 UCS 坐标移至辅助线的起点；再通过“工具”→“新建 UCS”→“X”命令，将 UCS 坐标绕 X 坐标旋转“90°”，如图 11-39所示。

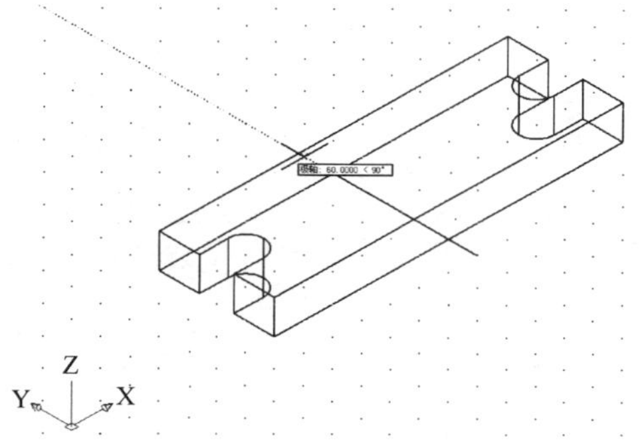

图 11-38　绘制辅助线终点

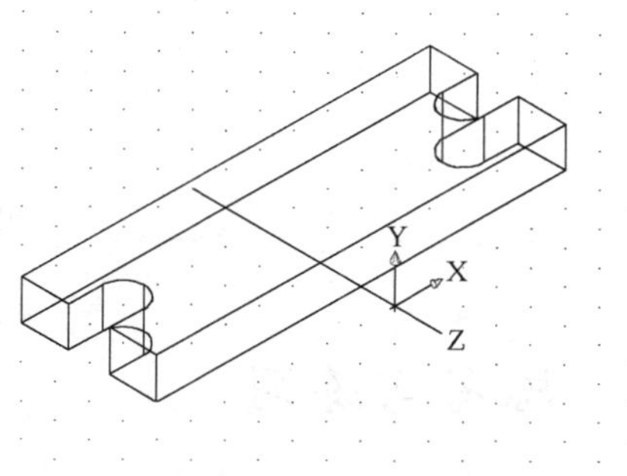

图 11-39　创建 UCS 坐标

6）在当前 UCS 面上，绘制一个半圆和一个圆，并拉伸，长度为“60”，如图 11-40 所示。

7）通过“工具”→“新建 UCS”→“原点”命令，先将 UCS 坐标移底板中心；再通过“工具”→“新建 UCS”→“X”命令，将 UCS 转回“90°”，如图 11-41 所示。

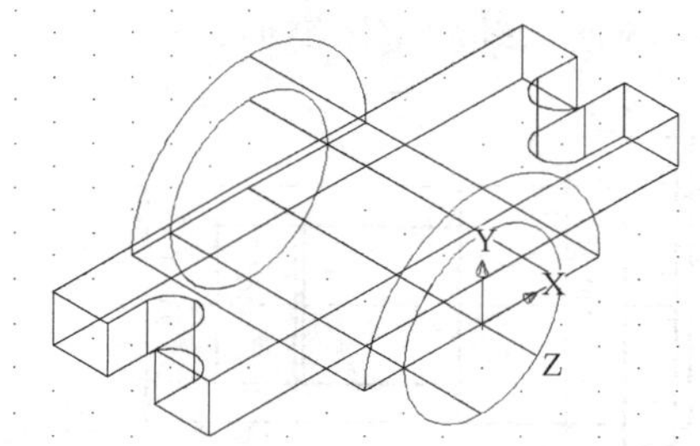

图 11-40　拉伸圆柱

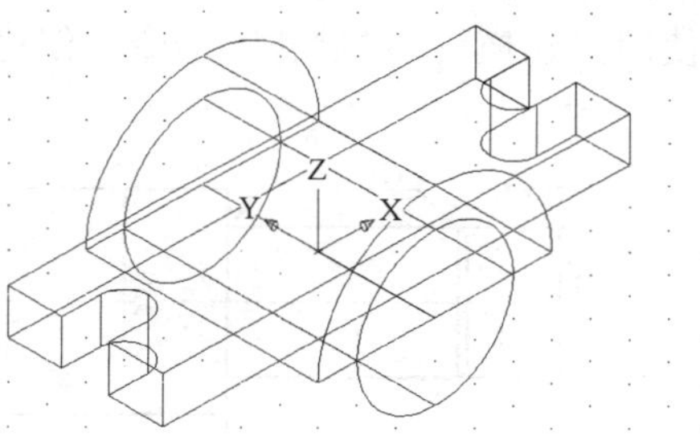

图 11-41　创建 UCS 坐标

8）由底面起绘制两圆，并拉伸高度至“40”，如图 11-42 所示。

9）本着先“并集”，后“差集”的原则，对各个基本体进行布尔运算，如图 11-43 所示。

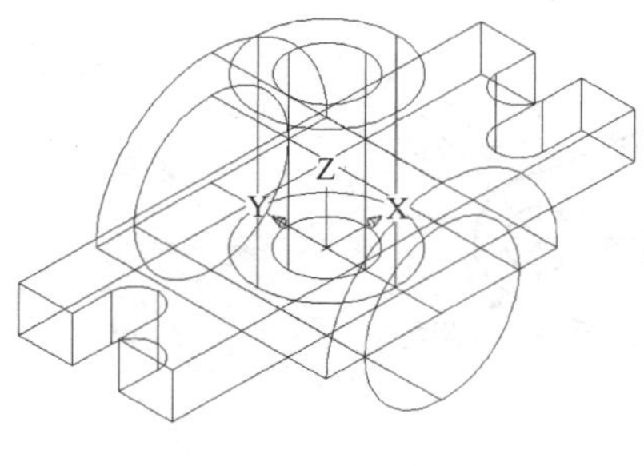

图 11-42　拉伸圆柱

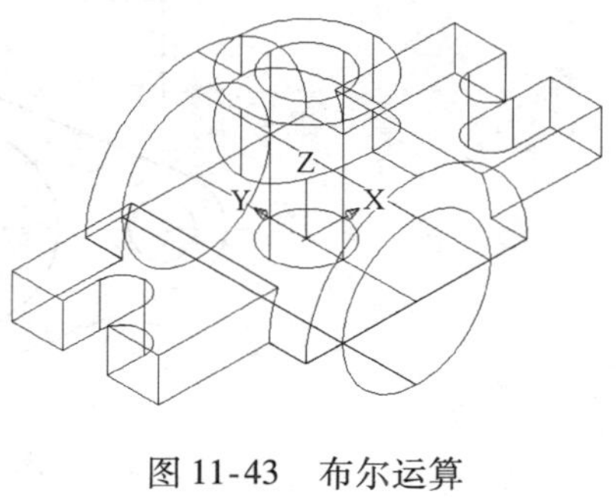

图 11-43　布尔运算

10）对三维模型进行“消隐”处理，结果如图 11-44 所示。

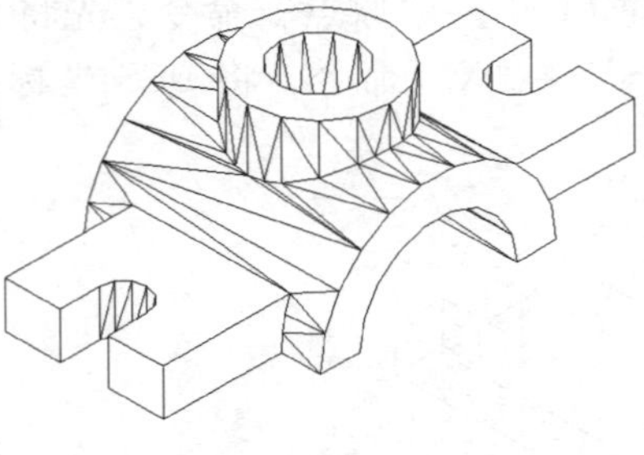

图 11-44　消隐

11.7　思考与练习

1. 在 AutoCAD 2010 中，创建基本三维模型的方法有哪几种？
2. 在 AutoCAD 2010 中，可以通过哪些方法创建 UCS？
3. 在 AutoCAD 2010 中，设置动态观察视图的方法有哪几种？
4. 在 AutoCAD 2010 中，对三维模型进行布尔运算的方法有哪几种？各种方法有何区别？
5. 根据标高和厚度命令，创建一个六棱柱，并设置三维视点为“西南等轴测”方向。
6. 使用“建模”→“旋转”命令，创建如图 11-45 所示轴的实体模型。

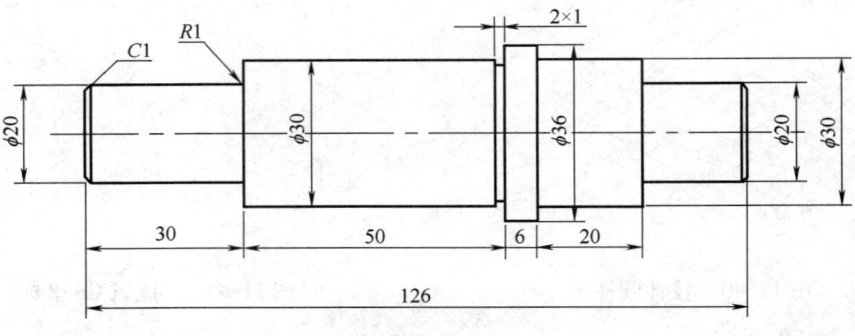

图 11-45　轴

7. 使用“建模”→“拉伸”命令，创建如图 11-46 所示端盖的实体模型，其厚度为 10。

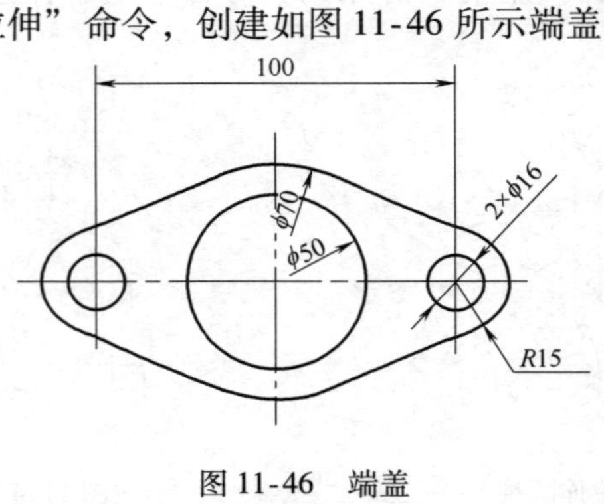

图 11-46　端盖

8. 绘制如图 11-47 所示的三维实体模型。

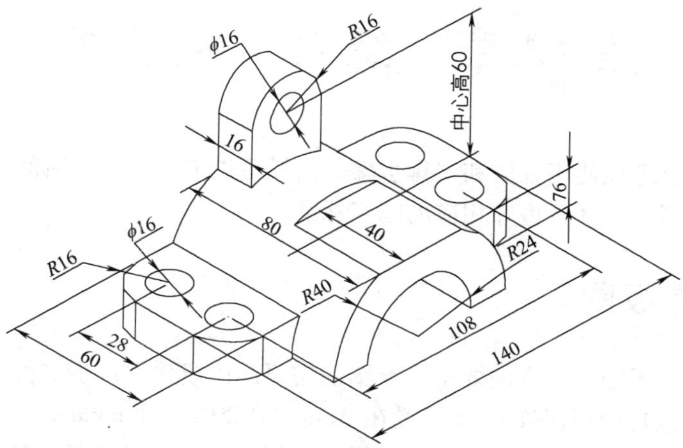

图 11-47　三维实体模型

9. 绘制如图 11-48 所示的三维实体模型。

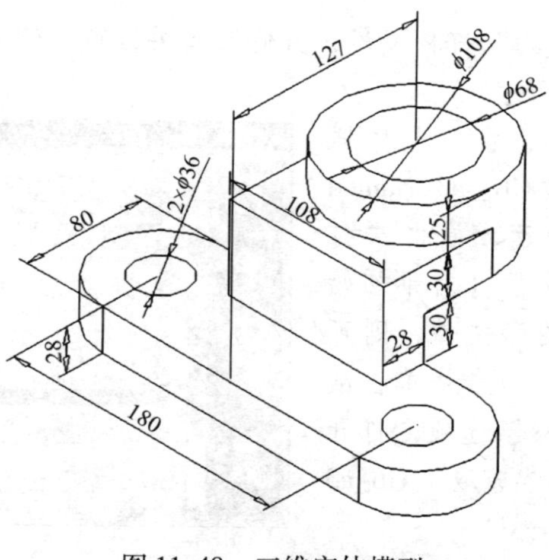

图 11-48　三维实体模型

第 12 章　综合实例解析

绘制时要注意合理地使用方法和安排步骤，这样可以节省大量的时间。另外，标注要正确、合理，对于不同的尺寸要遵守相应的国家标准。

12.1　建立样板图

为了绘图符合制图国家标准的要求，绘图前需要调用或建立样板文件。

AutoCAD 软件包自带很多样板（位置在 AutoCAD 2010 \ Template \ *. dwt），可直接选择相应样板或无样板。单击列表中所需的样板文件即可进入绘图状态，布局选项卡将显示相应的布局名称。

AutoCAD 提供的很多样板图不符合绘图需要，因此往往需要修改原有样板或自定义样板来建立自己的样板图。

【例 12-1】 调用“Gb_a3”样板文件，并修改有关设置，建立 A3 图幅的符合我国国家标准的样板图。操作步骤如下：

1）执行“新建”命令，在“选择样板文件”对话框中选择“Gb_a3-Named Plot Styles”，如图 12-1 所示。单击“打开”按钮即可开始一个新文件（对于初始未使用“Gb_a3”样板的图形文件，则可在绘图区下方的“布局”选项卡处单击鼠标右键，选择“来自样板…”选项，打开“从文件选择样板”对话框，选取“Gb-a3…”样板图）。

图 12-1　“Gb_a3-Named Plot Styles”样板图

2）绘图单位及绘图幅面可不用设置，即采用样板文件定义的环境设置（绘图界限：A3 图幅的大小（420×297）；绘图单位：长度单位为小数，角度单位为度/分/秒）。精度可根据需要进行设置。详细设置步骤见第 2 章。

3）建立图层。加载点画线及虚线等线型，设置多个所需图层，包括粗实线层、细实线层、中心线层、剖面线层、尺寸和公差层、文字层等，并给各图层设置颜色、线型及线宽等。详细设置步骤见第 5 章。

4）修改文字样式。“Gb_a3”样板文件的文字样式名为“工程字”。

执行“文字样式”命令，可将“工程字”的字体样式修改为“gbeitc. shx”，使标注后的字母和数字倾斜（如果用户未使用 GB 样板图，可新建文字样式：默认名称为“样式 1”；使用大字体：☑；SHX 字体选择：倾斜 gbeitc. shx（或不倾斜 gbenor. shx）；大字体选择：gbcbig. shx。详细设置步骤见第 6 章。

5）修改基础标注样式“GB-35”，设置符合我国国家标准的标注样式。

执行“标注样式”命令，启动“标注样式管理器”对话框，单击“修改”按钮，在系统弹出的“修改标注样式”对话框中对当前的尺寸样式进行修改。修改主要内容有：

- “直线和箭头”选项卡。基线间距：“7”；超出尺寸线：“2”；起点偏移量：“0”。
- “文字”选项卡。文字样式：“工程字”；从尺寸线偏移：“1”。
- “调整”选项卡。选中注释性。

其他选项的修改可根据绘图实际需要进行设置。

6）创建适合角度标注的标注子样式。

执行“标注样式”命令，打开“标注样式管理器”对话框。单击“新建”按钮，系统弹出“创建新标注样式”对话框，在“新样式名”栏内默认新建的标注样式名为“副本 GB-35”，在“基础样式”栏内默认上面修改后的尺寸样式“GB-35”。“用于”栏内选取“角度标注”，单击“继续”按钮进行子样式的设置：“文字”选项卡→文字对齐：水平，文字位置：外部。

除此之外，还可新建其他标注样式，以便在标注的过程中根据需要分别调用。详细设置步骤见第 7 章。

7）创建带属性的表面粗糙度、形位公差基准符号等。图块在制作块时，可制作“h = 1”的单位块，在插入时分别采用不同的插入比例“3.5”、“5”、“7”，即可生成符合标准的表面粗糙度符号及对应的文字字高。详细设置步骤见第 8 章。

8）保存样板图。执行“另存为”命令，在“图形另存为”对话框中，输入新的文件名，在文件类型下拉列表框中选择“AutoCAD 图形样板（*.dwt）”。文件会保存到“安装目录\Template”的目录中。以上所有设置（包括图层、线型、文字样式、尺寸样式等）将保存在该样板图中，随时可调用。

12.2 平面图形绘制实例

【例 12-2】 绘制如图 12-2 所示的平面图形。

绘制步骤如下：

1）调用前面建立的样板图。

2）设置“状态栏”中的“极轴追踪”、“对象捕捉”、“对象捕捉追踪”等处于“开”状态。

3）绘制各圆及其中心定位线，如图 12-3 所示。

4）用“直线”、“偏移”命令绘制各直线段，用“圆弧”命令绘制弧线段，如图 12-4 所示。

5）用“修剪”、“圆角”命令修改各相交处，如图 12-5 所示。

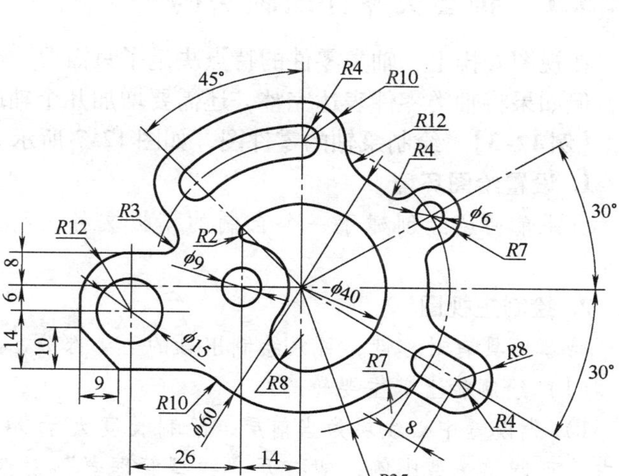

图 12-2　平面图形实例

6）用“倒角”命令修改左侧切角处，如图 12-6 所示。

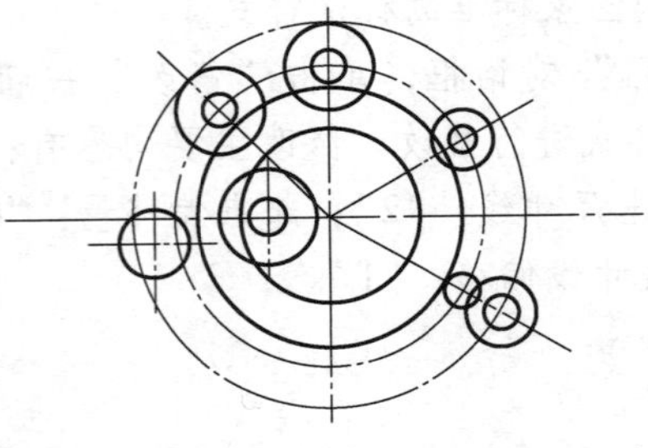

图 12-3 绘制各圆及其中心定位线

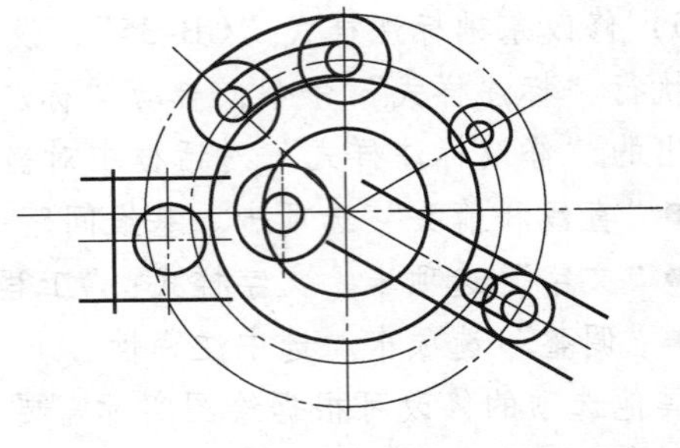

图 12-4 偏移绘制各直线段、弧线段

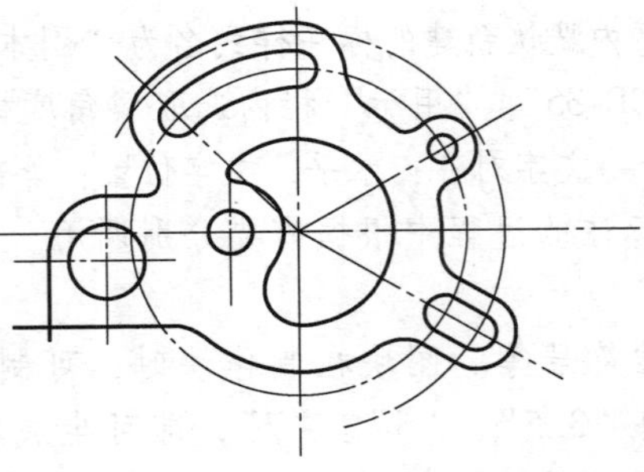

图 12-5 修剪各相交处

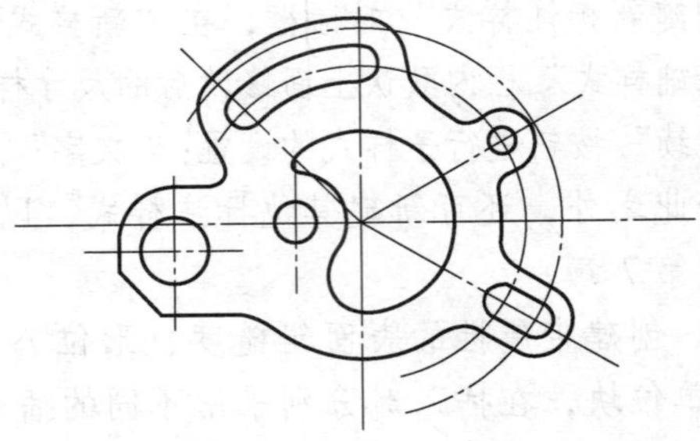

图 12-6 左侧倒角

7）标注各部分尺寸，完成全图。

12.3 零件图绘制实例

12.3.1 轴套类零件绘制实例

在视图安排上，轴类零件的特点决定了只需要一个主要视图就可以将其外形特点表达清楚，但如果将轴类零件表达完整，还需要增加几个辅助视图，如断面图、局部放大图等。

【例 12-3】 绘制泵轴的零件图，如图 12-7 所示。其具体绘制步骤如下：

1. 设置绘图环境

如果前面已经创建了一个自制的模板文件，则只需在此调用该文件即可，不需重新设定。

2. 绘制主视图

轴零件具有对称性，可只绘制出轴的上半部分，再用“镜像”命令镜像得到下半部分。

（1）绘制轴上部主要轮廓线

1）先设置中心线层为当前层，绘制长度大于 94 的水平中心线。如中心线间距不符合要求，可调整线型比例，即打开“线型管理器”对话框，单击“显示细节”按钮，调整全局比例因子。

2）设粗实线层为当前层，根据图中所注尺寸，用“直线”命令绘制各轴段的轮廓线，如图 12-8 所示。

注：为了示例清晰图中给出尺寸，先不用在此标注。

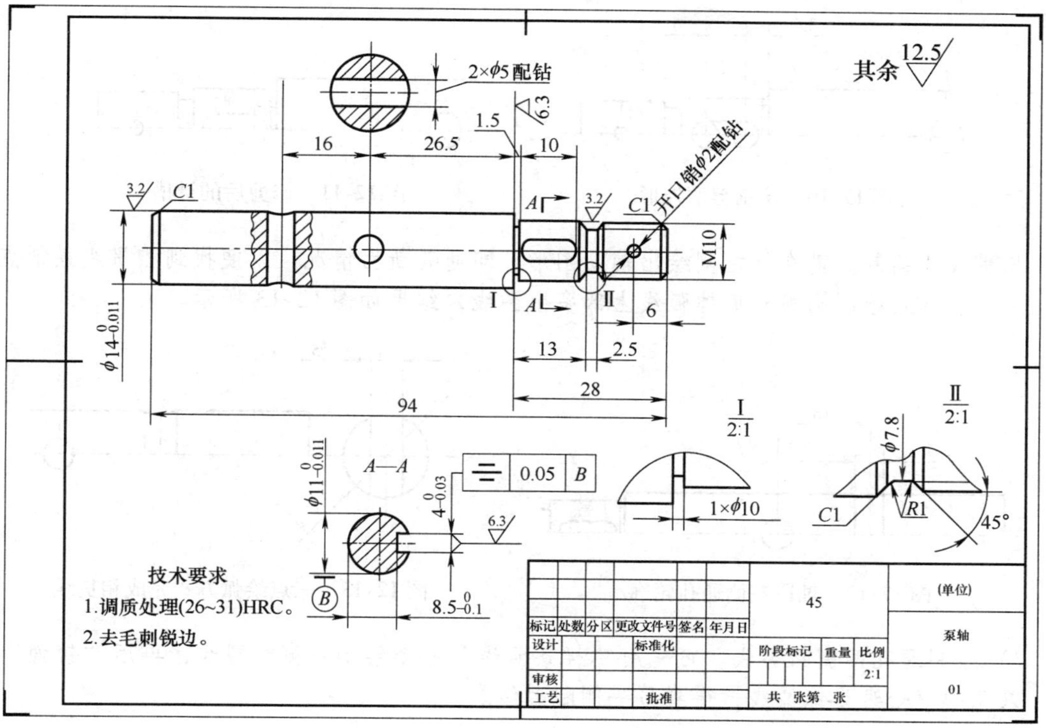

图 12-7　泵轴零件图

3）用“直线”命令补绘各轴段的端面线。

4）绘制轴段中前后贯通的两通孔，如图 12-9 所示。

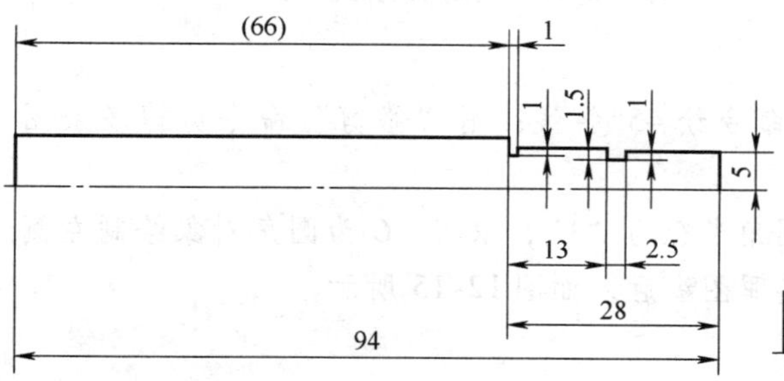

图 12-8　绘制轴段的主要轮廓线

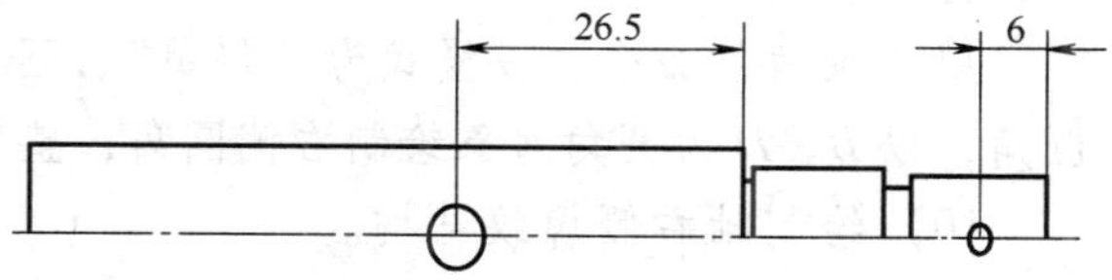

图 12-9　绘制轴段中的两通孔

5）绘制轴段右侧的键槽。

用“直线”命令绘制两圆孔中心线，再用“圆”命令分别绘制直径为“4”的两圆（因 *A—A* 断面图中键槽宽为“4”，所以圆弧半径为“2”）。作两小圆的公切线，如图 12-10 所示。

用“修剪”命令剪掉多余的图线，如图 12-11 所示。

6）绘制轴段左侧上下贯通的通孔。

由上部的断面图中 2×ϕ5 可知通孔直径为“5”。用“直线”命令绘制圆孔中心线，再用“偏移”命令，偏移距离设置为“2. 5”，将中心线分别向左、右偏移。将图线改至相应图层，如图 12-12 所示。

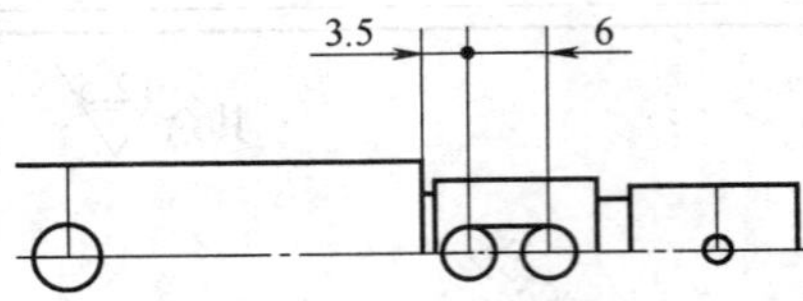

图 12-10 绘制键槽外形

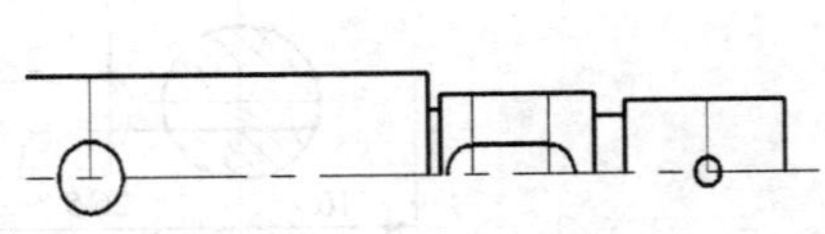

图 12-11 修剪后的键槽

相贯线的绘制。需在轴左侧绘出辅助图形，即通孔断面情况，以便找到相贯线最低点。用三点方式绘制圆弧。剪掉弧线上部多余图线，结果如图 12-13 所示。

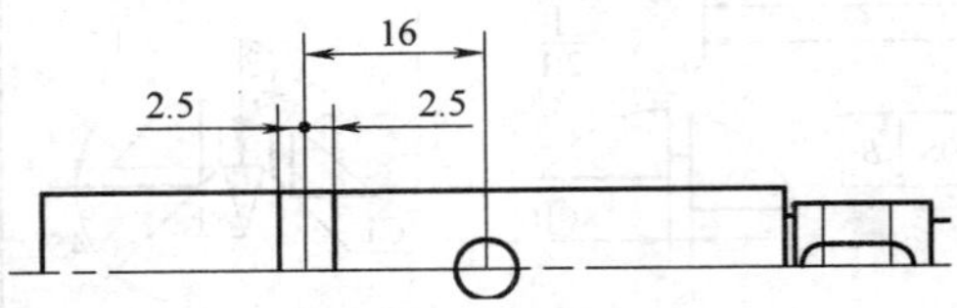

图 12-12 轴段左侧通孔轮廓

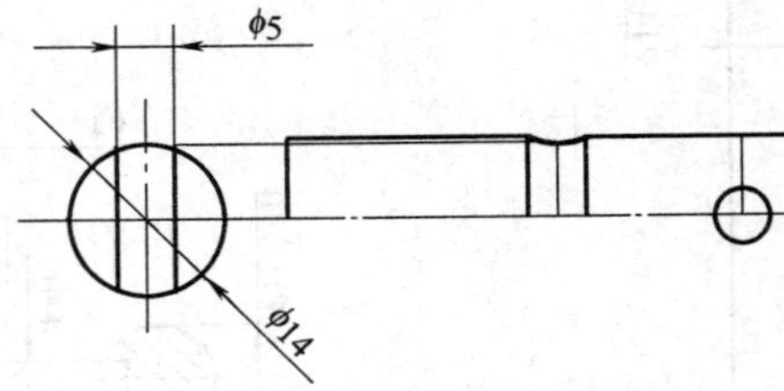

图 12-13 三点绘弧方式完成相贯线

7）绘制通孔两侧断裂线。可先用“样条曲线”命令绘制一侧断裂线，再用“镜像”命令，以孔的中心线为镜像线，得到另一侧断裂线。

8）绘制轴端面倒角。用“倒角”命令，设置“修剪”模式、当前倒角距离为“1”，分别绘制三处轴端面倒角，如图 12-14 所示。

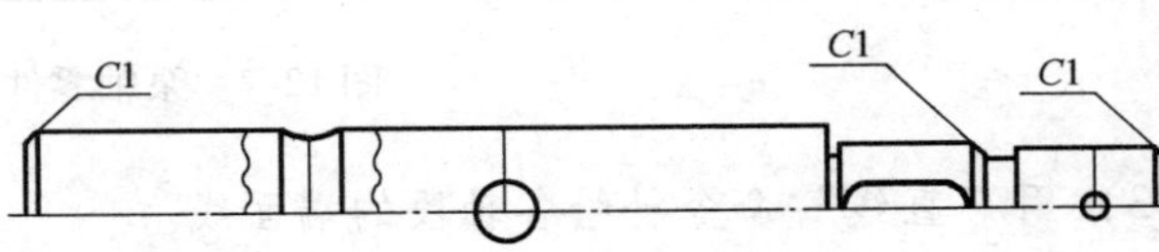

图 12-14 绘制轴端面倒角

9）绘制轴右侧细部结构。

用“窗口缩放”命令放大所绘之处。设极轴增量角为“45°”，用“直线”命令绘 45° 斜线；用“修剪”命令剪掉多余图线，再补绘线 *A*。

用“圆角”命令，设模式为“修剪”、圆角半径为“1”，以 *B*、*C* 为圆角对象绘制左侧圆角，以 *B*、*D* 为圆角对象绘制右侧圆角，整理图线后，如图 12-15 所示。

10）绘制轴右侧螺纹结构。

根据国家标准查表可知螺纹 M10 的小径约为 ϕ“8.4”，用“偏移”命令或“直线”命令绘制螺纹小径，并将图线修改至细实线层，如图 12-16 所示。

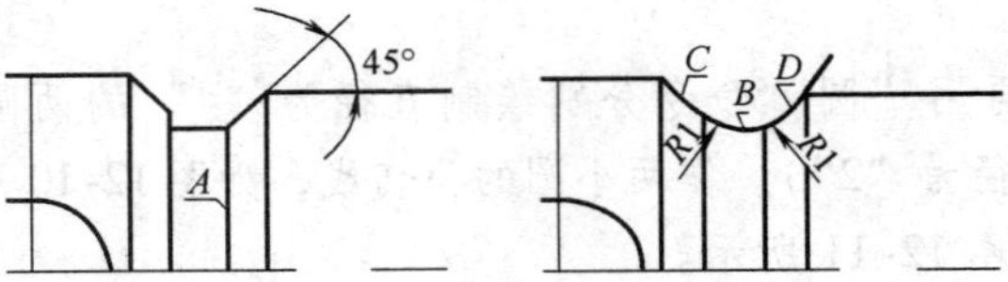

图 12-15 绘制轴段细节

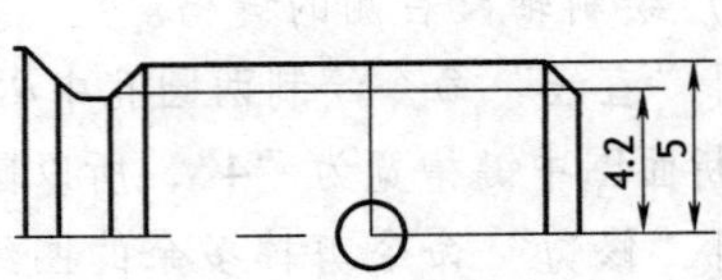

图 12-16 绘制轴右侧螺纹结构

11）镜像出轴的全部结构。用“镜像”命令绘制。以水平中心线为镜像线，将所绘制的轴上部所有结构向下镜像，得到轴的全部结构。

12）填充剖面线。用“图案填充”命令填充视图中的剖面线，图案比例可适当调整。整理图线，至此轴的主视图全部绘制完成，如图 12-17 所示。

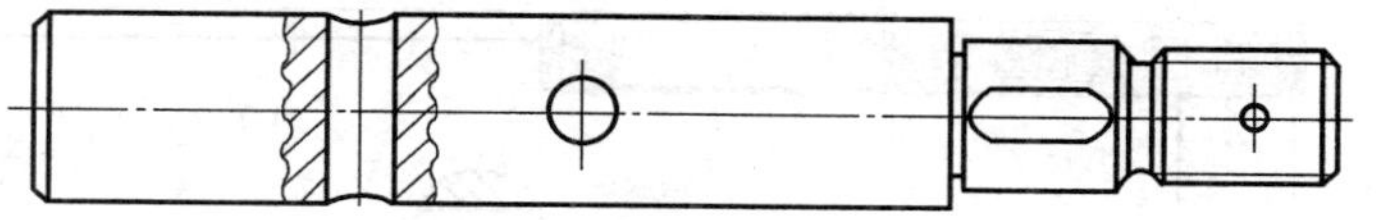

图 12-17　镜像出轴的全部结构

3. 绘制辅助视图

（1）断面图的绘制

先用“直线”和“圆”命令绘制中心线及 $\phi11$ 的外圆，再用“直线”或“偏移”命令绘制辅助线，然后修剪键槽部分多余轮廓线，最后添加剖面线，如图 12-18 和图 12-19 所示。

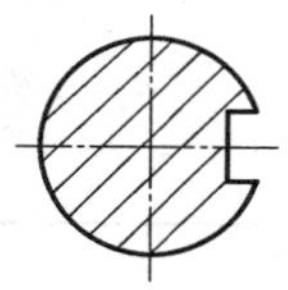

图 12-18　键槽断面图

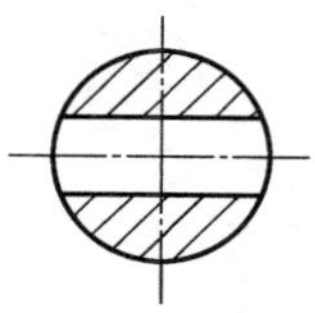

图 12-19　通孔断面图

（2）局部放大图的绘制

复制主视图中所要放大部分图线到合适位置，用“样条曲线”命令绘制波浪线，再“修剪”多余图线后，用“比例缩放”命令放大两倍，如图 12-20 所示。

最后在主视图中添加两处局部放大的细实线圆，整理图线。

至此，泵轴视图表达全部完成，如图 12-21 所示。

局部放大图也可在布局中以局部放大的视图形式设置。

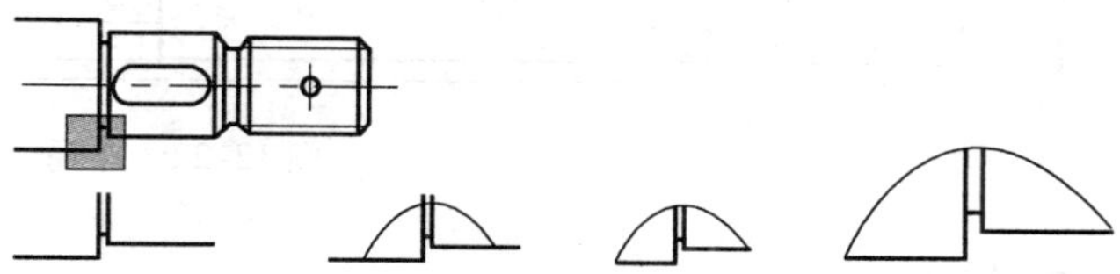

a)　b)　c)　d)

图 12-20　局部放大图 I 的绘制

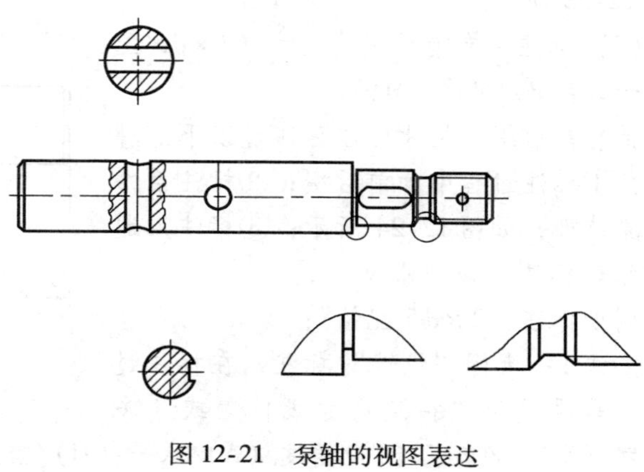

图 12-21　泵轴的视图表达

4. 布局

单击“Gb-a3 标题栏”选项卡，则进入图纸空间。

再单击状态栏的“图纸”按钮，使之变为“模型”按钮，即进入图纸空间的模型态，或进入图纸空间后再双击内部区域，也可进入图纸空间的模型态。

调出视口工具栏，选取视口比例为 2:1，利用平移、移动等命令将将主视图及 4 个辅助视图合理布局到图纸中，如图12-22所示。

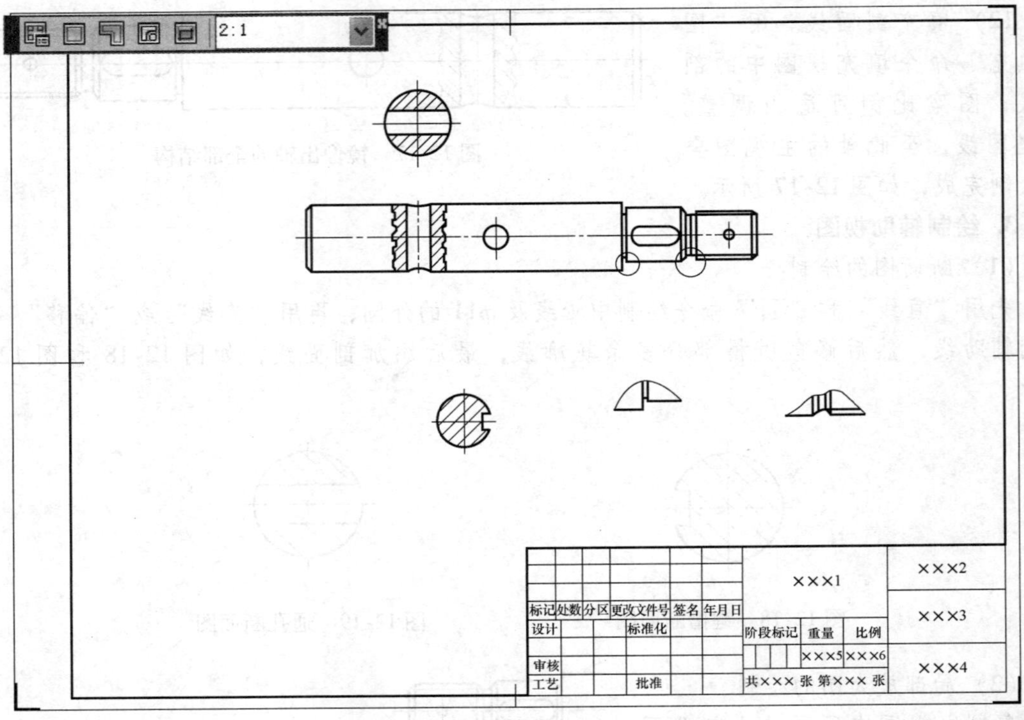

图 12-22 布局

5. 标注

设置当前图层为尺寸及公差层。

(1) 标注线性尺寸

选用已修改好的样式“GB-35”，用“线性”标注命令直接进行轴向长度尺寸的标注，如图 12-23 所示。

(2) 标注带有前后缀的尺寸（2×ϕ5 配钻、开口销 ϕ2 配钻、M10）

带有前后缀的尺寸标注可通过以下三种方法：①标注过程中加前后缀；②标注后修改对象特性，如图 12-24 所示；③标注后通过“编辑标注”命令修改。

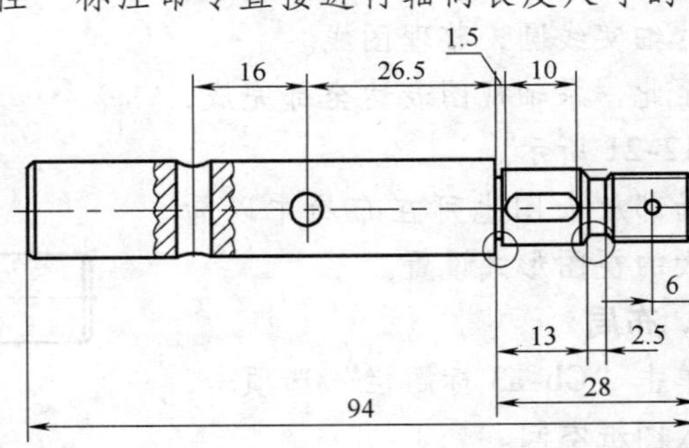

图 12-23 线性尺寸的标注

例如标注“2×ϕ5 配钻”：

方法 1：执行“线性”标注，在标注过程中，当提示为“指定尺寸线位置或［多行文字（M）］/文字（T）/角度（A）/水平（H）/垂直（V）/旋转（R）:”时输入“M”，在弹出的“多行文字”文本编辑器中的文字输入栏内“5”前输入“2×%%C”，“5”后输入“配钻”，单击“确定”钮返回绘图区，选取尺寸线标注位置，完成尺寸标注。

方法 2：先标注好尺寸“5”，再修改其特性。启动“特性”对话框，选取要加后缀的尺寸“5”，找到“主单位”选项卡，在“前缀”栏输入“2×%%C”，“后缀”栏输入“配钻”。

方法3：先标注好尺寸“5”，再用“编辑标注”命令中的“新建”选项，在弹出的“多行文字”文本编辑器，在默认文本前后分别键入“2×%%C”和“配钻”，返回绘图区，选取尺寸“5”。

“开口销 $\phi2$ 配钻”、“M10”的标注与此类似。

(3) 标注带有尺寸公差的轴段尺寸（$8.5^{\ 0}_{-0.1}$、$4^{\ 0}_{-0.030}$、$\phi11^{\ 0}_{-0.011}$、$\phi14^{\ 0}_{-0.011}$）

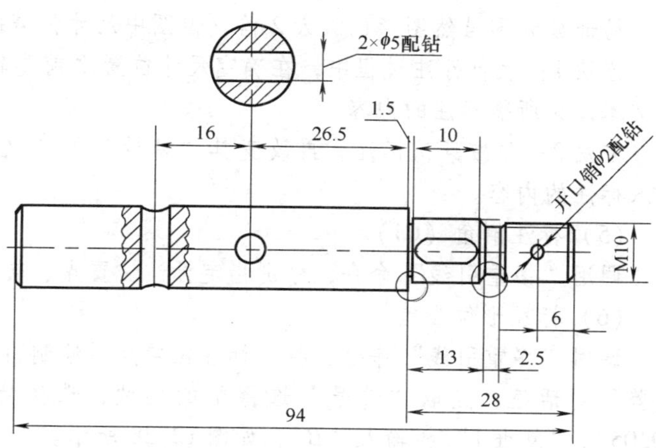

图 12-24　带有前后缀的尺寸的标注

以 $\phi14^{\ 0}_{-0.011}$ 为例：

方法1：标注过程中加公差。执行“线性”标注过程中，当提示为“指定尺寸线位置或［多行文字（M）］/文字（T）/角度（A）/水平（H）/垂直（V）/旋转（R）：”时输入“M”后回车，在弹出的“文字格式”对话框中文字输入栏内的“14”前输入“%%C”，“14”后键入“0^-0.011”（注：在“0”与“-0.011”之间需输入符号^，即 <Shift+6>），选中“0^-0.011”后单击“堆叠”按钮，如图12-25所示。再“确定”返回绘图区，选取尺寸线标注位置，所需形式的带公差尺寸标注完成。

方法2：通过修改其特性加公差。先用“线性”标注命令注好尺寸“14”，再修改其特性。即左键选取尺寸“14”后，鼠标右键单击选择“特性”，启动“特性”对话框，找到“公差”选项卡，“显示公差”栏选择“极限偏差”，“公差下偏差”栏输入“0.011”，“公差上偏差”栏输入“0”，在“精度”栏选择“0.000”（也可在“消去后续零”栏选择“是”，消除小数点后面的零），如图12-26所示。单击绘图区以确认设置，再按 <Esc> 键退出选择。

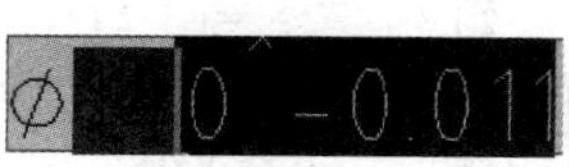

图 12-25　文本堆叠形式标注尺寸偏差

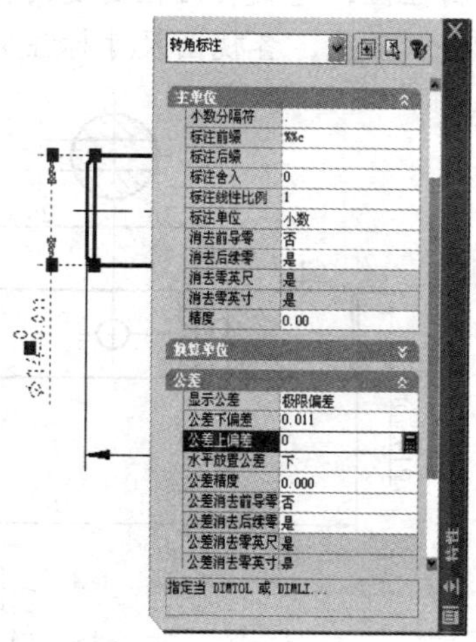

图 12-26　修改特性标注尺寸偏差

其他带极限偏差尺寸的标注方法与此类似。

(4) 局部放大图中尺寸的标注（$1\times\phi10$、R1、$\phi7.8$）

局部放大图虽然图形已放大 2 倍，但图中尺寸仍需按照原来的标注，如图 12-27 所示。

方法 1：执行标注过程中，在确定尺寸位置之前先输入“多行文本（M）”选项，将默认文本改为所需标注的内容。

方法 2：先按默认标注，再改变其“特性”的“文字”选项卡，在“文字替代”栏中输入标注的内容。

（5）标注倒角（C1）

调用“多重引线”命令，分别指定标注位置点、转折点后，输入文本“C1”。

（6）标注形位公差

调用“多重引线”命令，指定标注位置点后绘制引线。调用“形位公差”命令，“形位公差”对话框，点取“符号”选择下的黑块，选择特征符号中的⌯，“公差 1”栏输入“0.05”，“基准 1”栏输入“*B*”，如图 12-28 所示。

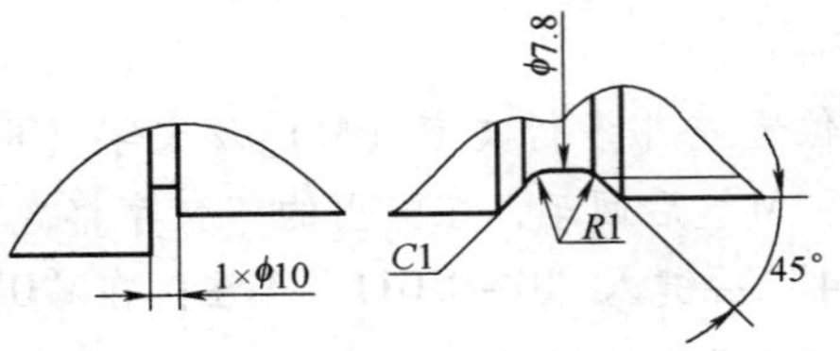

图 12-27　放大图中尺寸的标注

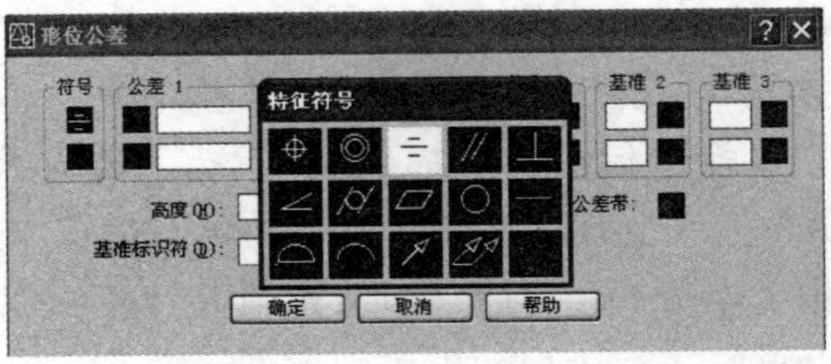

图 12-28　形位公差的标注

基准符号的标注。可用“直线”、“圆”、“文本”命令直接绘制Ⓑ。基准符号也可设置成“图块”的形式，以备其他图形调用。

（7）标注表面粗糙度

设置带属性的粗糙度图块（$^{CCD}\nabla$），或插入在前面章节中已经存储好的粗糙度图块，插入时输入相应属性值，完成表面粗糙度的标注。

整理图线。至此，各视图尺寸标注完成，如图 12-29 所示。

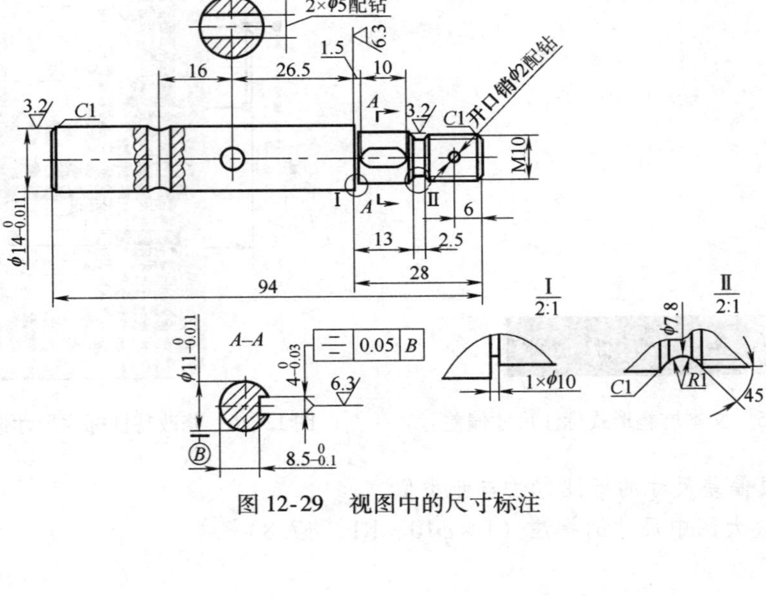

图 12-29　视图中的尺寸标注

（8）标注文字

用“文本”命令标注“*A*”、“*A—A*”等，表示投影方向的箭头可“分解”一个任意的尺寸标注，将箭头移至所需之处。

返回图纸空间的图纸态，注写“技术要求”、“其余”等文字。即左键单击状态栏中的“模型”选项，使其变为“图纸”，用“多行文本”命令插入，字号为7号，技术要求中的文字内容为5号字。

（9）填写标题栏

仍在图纸空间的图纸态。双击标题栏区域或（左键单击选择标题栏后，再右键单击选择“编辑属性”），在弹出的“增强属性编辑器”中修改属性值，完成标题栏的填写，如图12-30所示。

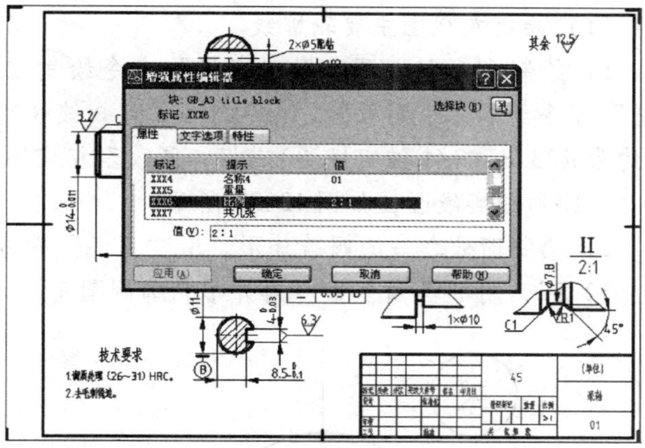

图12-30　填写标题栏

12.3.2　盘盖类零件绘制实例

盘盖类零件的基本形状是扁平的盘状，在视图安排上，需要两个以上主要视图，且以非圆视图的剖视作为主视图，圆状的视图作为左视图。

【例12-4】　如图12-31所示为“阀盖”零件图，其绘制步骤如下：

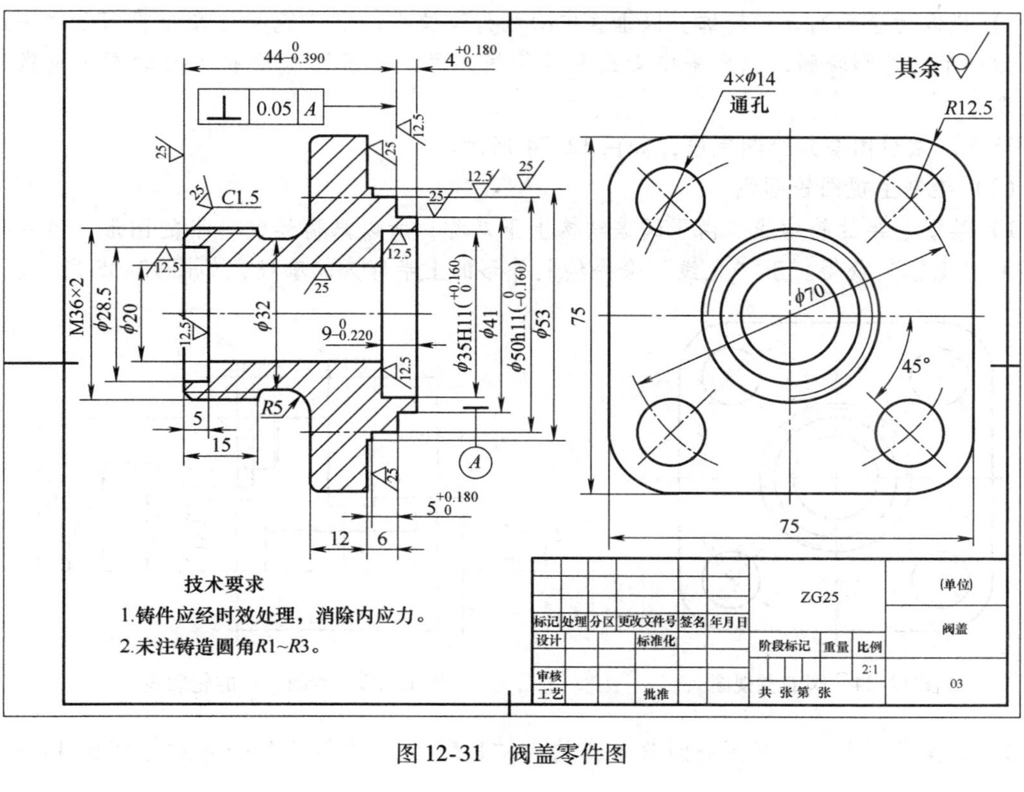

图12-31　阀盖零件图

1. 设置绘图环境

如前面已经创建了一个自制的模板文件，则只需在此调用该文件即可，不需重新设定。

2. 绘制视图

(1) 绘制左视图主要轮廓线

1) 绘制多个同心圆。用“直线”命令绘制左视图中水平、垂直两条定位中心线，用“圆”命令绘制多个同心圆。由 M36×2 可知该螺纹大径为 $\phi36$，据国家标准查表可知其小径约为 $\phi33.8$ (3/4 细实线圆)。将各圆改至相应图层，用“修剪”、“删除”命令修剪整理中心线圆和细实线圆，如图 12-32 所示。

2) 绘制四分之一的阀盖外形。用“直线”命令绘制四分之一阀盖外形。设置圆角半径为“12.5”，用“圆角”命令对外形轮廓倒圆角，如图 12-33 所示。

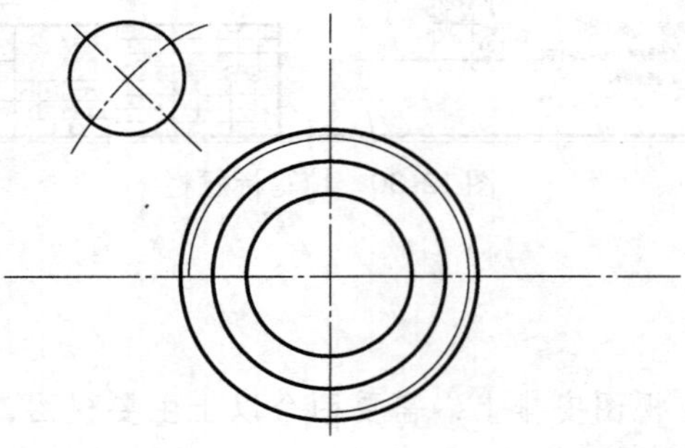

图 12-32 绘制多个同心圆

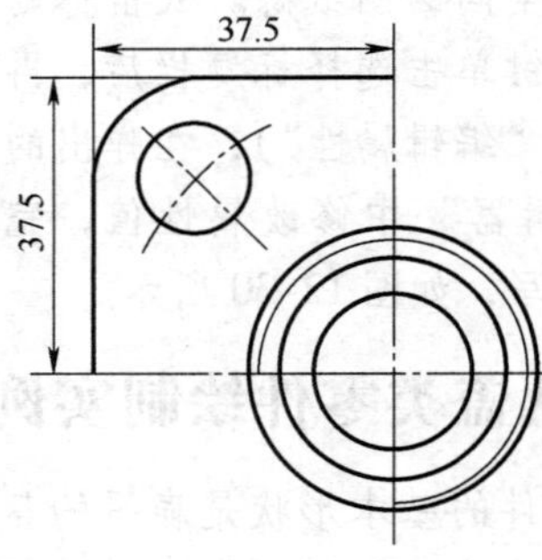

图 12-33 四分之一的阀盖外形

3) 镜像为全部的外形轮廓。以垂直中心线为镜像线，用“镜像”命令将四分之一图形镜像为一半的外形轮廓，以水平中心线为镜像线，用“镜像”命令将上面的图形镜像成整个轮廓。

至此，左视图全部绘制完成，如图 12-34 所示。

(2) 绘制主视图轮廓线

1) 绘制一半的轮廓线。由于阀盖结构上下对称，所以只需绘制一半的图形，另一半的图形用“镜像”获得。用“直线”命令绘制外形的上半部分轮廓线，如图 12-35 所示。

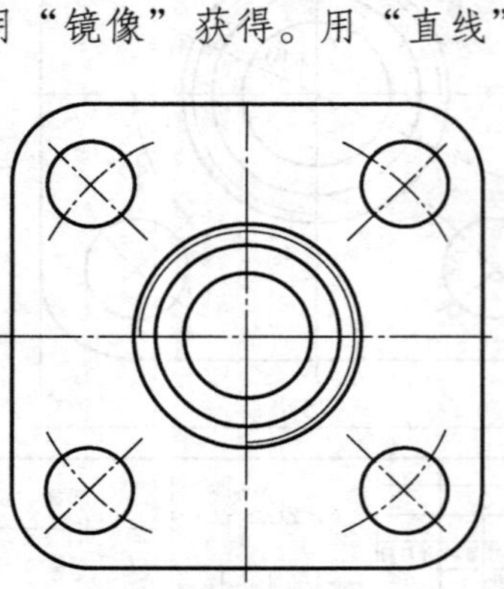

图 12-34 阀盖左视图

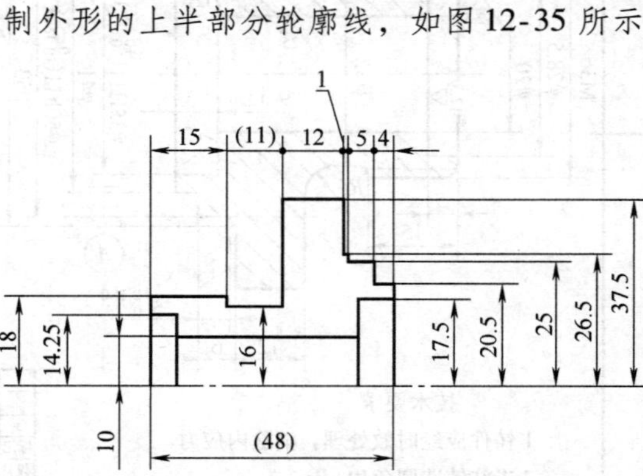

图 12-35 绘制一半的轮廓线

2) 倒角及圆角。设置两个倒角距离均为“1.5”，用“倒角”命令在左侧倒 45°斜角。

设置圆角半径为“5”，用“圆角”命令对中部右侧倒圆角。再设置圆角半径为“2”，仍用“圆角”命令倒另两处圆角，如图12-36所示。

3）镜像出下部轮廓线并填充剖面线。绘制右侧螺纹小径线。用“直线”命令绘制右侧的小径线（为细实线），位置可由左视图中3/4细实线圆的最上点追踪获得。

以水平中心线为镜像线，用“镜像”命令得到另一侧轮廓线。

用“图案填充”命令进行剖面线的绘制，注意：剖面线需要绘制到轮廓线，即粗实线。也可先将细实线层“关闭”，进行“填充”后再打开细实线层。

由左视图通孔的中心用“对象追踪”补绘两条中心线。

整理图线，将图线改至相应图层。

至此，主视图全部绘制完成，如图12-37所示。

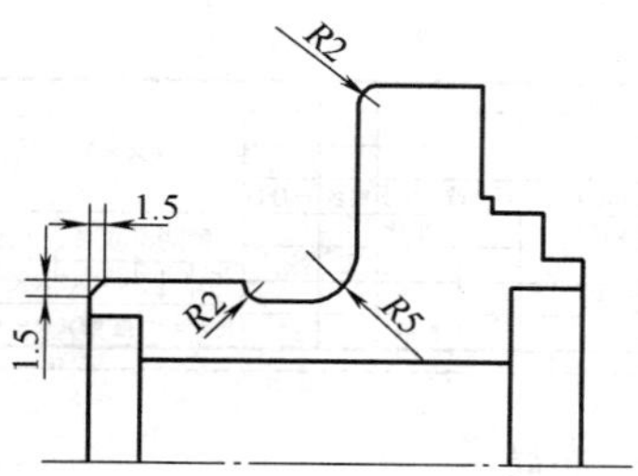

图12-36　轮廓线倒角及圆角

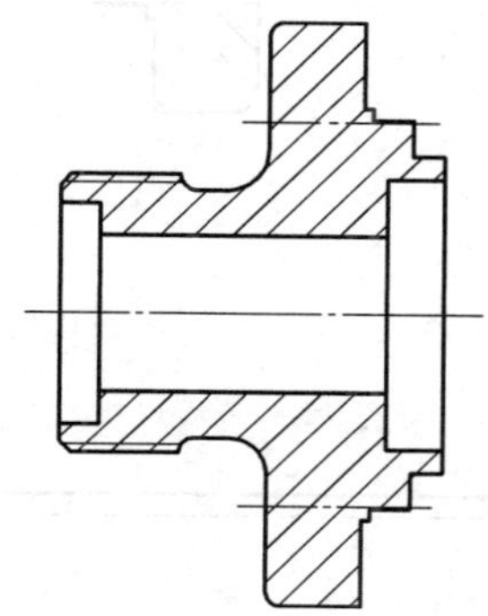

图12-37　阀盖的主视图

3. 布局

单击“Gb-A3标题栏”选项卡，则进入图纸空间。再单击状态栏的“图纸”按钮，使之变为“模型”按钮，即进入图纸空间的模型态。

调出视口工具栏，选取视口比例为2∶1，利用平移、移动等命令将两个视图合理布局到图纸中，如图12-38所示。

4. 标注

设置当前图层为尺寸及公差层。

（1）主视图中线性尺寸的标注

先选择样式“GB-35”，用“线性”标注命令直接进行主视图中线性尺寸的标注，如图12-39所示。

标注带&的线性尺寸。先用左键选择该类型的所有尺寸（如28.5、20、32、41、53等），再单击右键选择“特性”，启动“特性”对话框，找到“主单位”选项卡，在“前缀”栏输入“%%C”，如图12-40所示。单击绘图区确认设置，按键盘左上角<Esc>键退出选择。

（2）标注带有前后缀的尺寸（如M36×2）

带有前后缀的尺寸标注方法同上例。

1）标注过程中加前后缀：执行“线性标注”，在标注过程中，当提示为“指定尺寸线位置或［多行文字（M）］/文字（T）/角度（A）/水平（H）/垂直（V）/旋转（R）：”时输

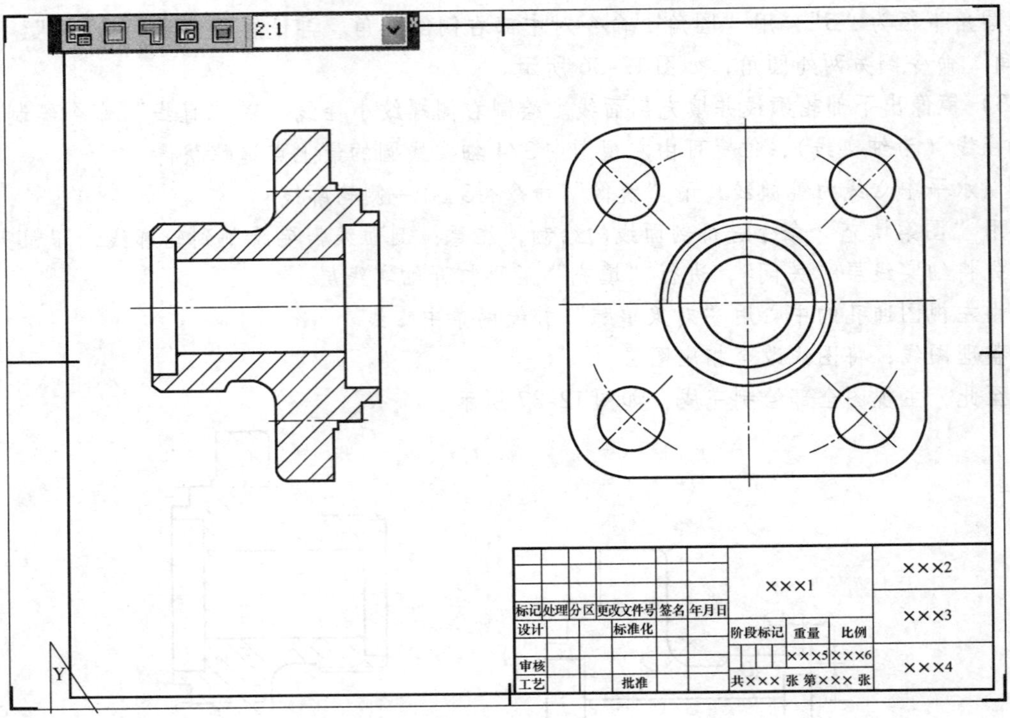

图 12-38　布局

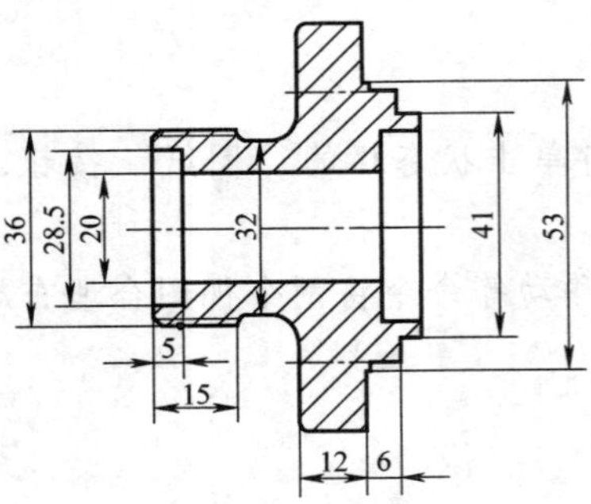

图 12-39　主视图中线性尺寸的标注

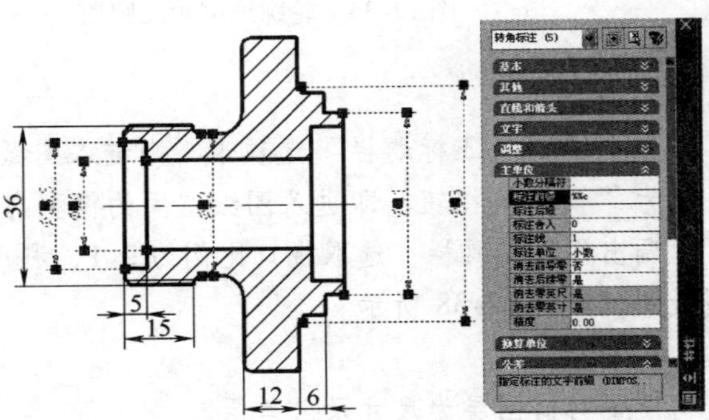

图 12-40　标注带 & 的线性尺寸

入“M”后回车。在弹出的“文字格式”对话框中文字输入栏内“36”前输入“M”，“36”后键入“×2”，即：M36×2。单击“确定”钮返回绘图区，选取尺寸线标注位置，尺寸标注完成。

2）标注后修改其特性加前后缀：先用“线性标注”注好尺寸“36”，再修改其特性。

即左键选取尺寸“36”后，右键单击选择“特性”，启动“特性”对话框，找到“主单位”选项卡，在“前缀”栏输入“M”，“后缀”栏输入“×2”。单击绘图区确认设置，再按 <Esc> 键退出选择。

（3）标注只带有极限偏差的尺寸（如 $44_{-0.390}^{\ 0}$、$4_{\ 0}^{+0.180}$、$5_{\ 0}^{+0.180}$、$7_{-0.220}^{\ 0}$ 等）

以 $44_{-0.390}^{\ 0}$ 为例：

1）标注过程中加公差。执行“线性标注”，在标注过程中，当提示为“指定尺寸线位置或［多行文字（M）］/文字（T）/角度（A）/水平（H）/垂直（V）/旋转（R）：”时输入“M”后回车，在弹出的“文字格式”对话框中文字输入栏内“44”后输入“0^-0.390”（注：在“0”与“-0.390”之间需键入符号^，即“Shift+6”），选中“0^-0.390”后单击“堆叠”按钮，如图 12-41 所示。再“确定”返回绘图区，选取尺寸线标注位置，所需形式的带公差尺寸标注完成。

2）通过修改其特性加公差。先用“线性”标注命令注好尺寸“44”，再修改其“特性”。即左键选取尺寸“44”后，右键单击选择“特性”，启动“特性”对话框，找到“公差”选项卡，“显示公差”栏选择“极限偏差”，“公差下偏差”栏输入“0.390”，“公差上偏差”栏输入“0”，在“精度”栏选择“0.000”，（也可在“消去后续零”栏选择“是”，消除小数点后面的零），如图 12-42 所示。单击绘图区以确认设置，再按<Esc>键退出选择。

图 12-41　文本堆叠形式标注尺寸偏差

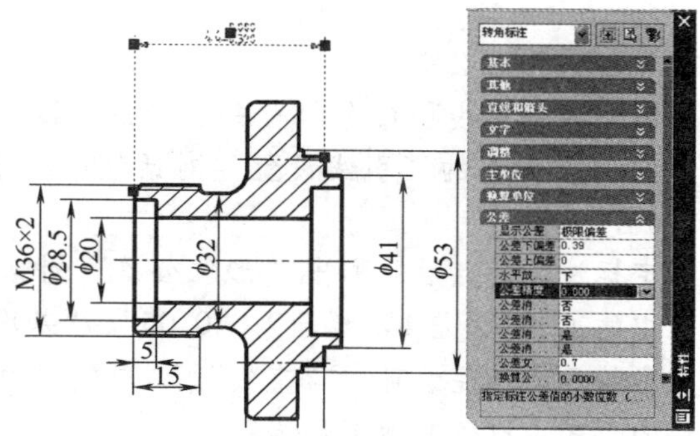

图 12-42　修改特性标注尺寸偏差

其他带极限偏差尺寸的标注方法与此相同。

(4) 标注同时带有公差代号和尺寸偏差的尺寸

带有公差代号和尺寸偏差的尺寸，如 $\phi35\mathrm{H11}\left(^{\ 0}_{+0.160}\right)$、$\phi50\mathrm{h11}\left(^{\ 0}_{-0.160}\right)$ 等。

执行“线性”标注命令，当提示为“指定尺寸线位置或［多行文字（M）］/文字（T）/角度（A）/水平（H）/垂直（V）/旋转（R）：”时输入“M”后回车。在弹出的“文字格式”对话框中文字输入栏内“35”前后分别键入所需内容，即：φ35H11(+0.160^0)。将“+0.160^0”选中后单击右键菜单的“堆叠”选项，如图 12-43 所示，则完成所需标注形式，返回绘图区，选取尺寸线标注位置，尺寸标注完成。

“$\phi50\mathrm{h11}\left(^{\ 0}_{-0.160}\right)$”的标注方法与此相同。

(5) 倒角、圆角的标注（如 *C*1.5、*R*5）

用“快速引线”，当提示“指定第一个引线点或［设置（S）］<设置>：”时输入“S”，在弹出的“引线设置”对话框中，选取“注释”类型为“多行文字”，“箭头”为“无”，“附着”为“最后一行加下划线”。分别指定标注位置点、转折点及文字宽度后，当提示“输入注释文字的第一行<（M）>：”时输入“C1.5”，提示“输入注释文字的下一行：”时回车即可。

用“半径”命令标注圆角，如图 12-44 所示。

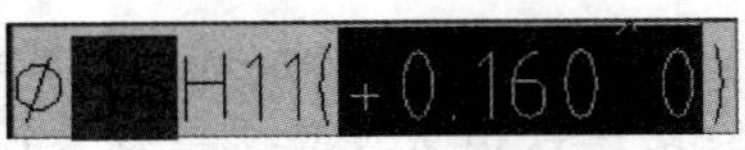

图 12-43　标注带有公差代号和尺寸偏差的尺寸

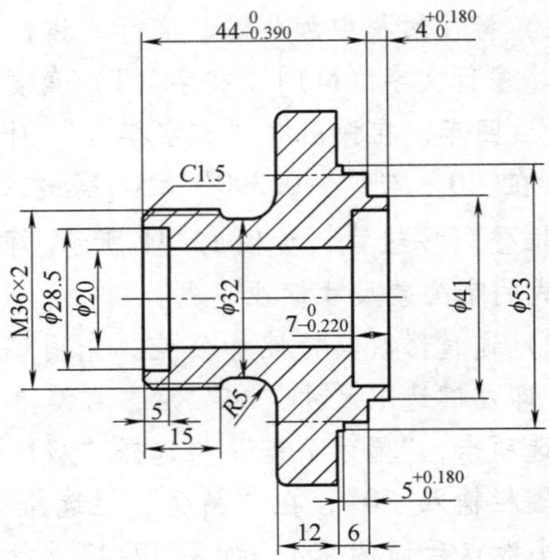

图 12-44　标注倒角和圆角

(6) 标注形位公差

采用“快速引线”命令，当提示“指定第一个引线点或［设置(S)］<设置>:”时输入“S”，在弹出的“引线设置”对话框中，选取“注释”类型为“公差”，“箭头”为“实心闭合”。

指定标注位置点后，弹出“形位公差”对话框，选取“符号”选择下的黑块，选择标准符号中的⊥，“公差 1”栏输入“0.05”，“基准 1”栏输入“*A*”。

基准符号的标注。可用“直线”、“圆”、“文本”命令直接绘制Ⓐ。基准符号也可设置成图块的形式，以备其他图形调用。

(7) 标注表面粗糙度

设置两种形式的带属性的粗糙度图块（CCD▽），或插入在前面章节中已经存储好的粗糙度图块，插入时输入相应属性值，完成表面粗糙度的标注。整理图线，并将被遮挡的图线在所需的位置打断。

至此，主视图尺寸标注完成。

(8) 左视图中的尺寸标注

选用样式“GB-35”，先用“线性”、“角度”标注命令进行视图中 75、45°的标注。

图中出现两种标注样式：文字方向分别为“与尺寸线对齐”（ϕ70）和“水平”（*R*12.5、4×ϕ14）。ϕ70 可直接用“直径”标注命令，文字位置可作适当调整。“*R*12.5”、“4×ϕ14”的标注，可用“样式替代”的方式，以使其文本为水平方向：

启动“标注样式管理器”，点取［替代(O)...］按钮，设置“文字”选项卡中“文字对齐”为“水平”，并将此样式置为当前样式。

用“半径”标注命令标注“*R*12.5”。

用“直径”标注命令，当提示为“指定尺寸线位置或［多行文字(M)］/文字(T)/角度(A)/水平(H)/垂直(V)/旋转(R):”时输入“M”后回车。在弹出的“文字格式”对话框中文字输入栏内“ϕ14”前键入“4×”即可。“通孔”可直接用“文本”命令。

(9) 标注文字

左键单击状态栏中的“模型”选项，使其变为“图纸”，即返回图纸空间的图纸态，用

“多行文本”命令在合适位置书写“技术要求”等文字。其中“技术要求”字号为“7 号”；其余文字为“5 号”。

（10）填写标题栏

在图纸空间的图纸态中，左键单击标题栏后，再右键单击选择“编辑属性”，在弹出的“增强属性编辑器”中修改属性值，完成标题栏的填写。

返回图纸空间的模型态，选取视口比例为 2∶1，调整各视图位置，完成阀盖零件图，如图 12-45 所示。

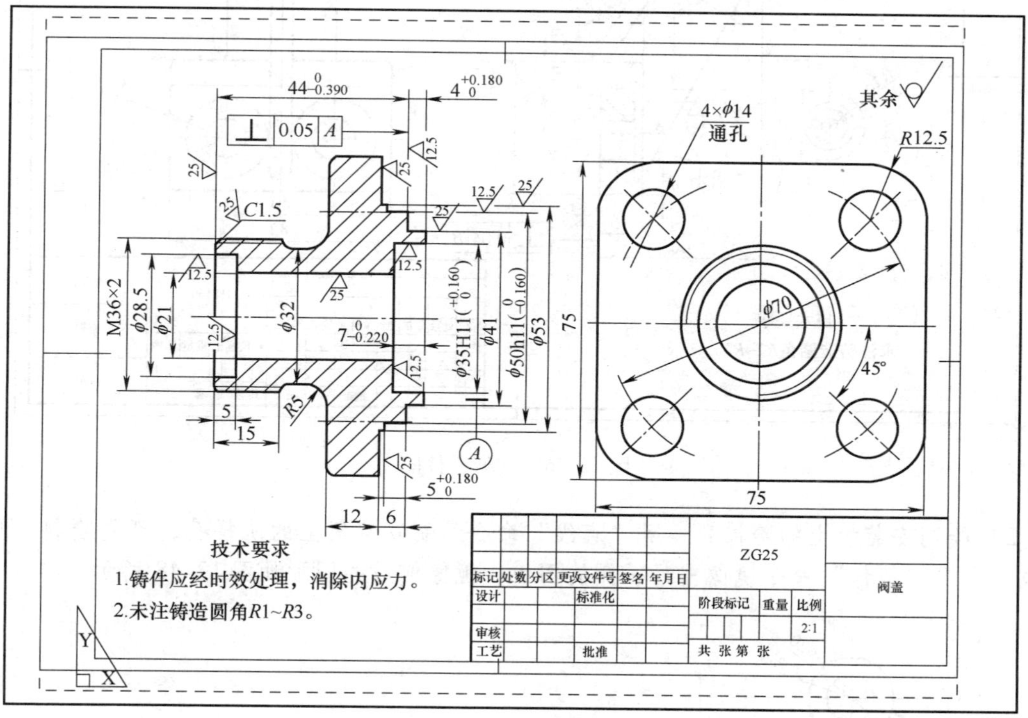

图 12-45 阀盖零件图

12.3.3 叉架类零件绘制实例

叉架类零件的形状一般较复杂，在视图安排上，需要两个或两个以上基本视图，且要用局部视图、断面等表达零件的细部结构。

【例 12-5】 如图 12-46 所示为支架零件图，其绘制步骤如下：

1. 设置绘图环境

在前面已经创建了一个自制的模板文件，则只需在此打开该文件即可，不需重新设定。

2. 绘制视图

（1）主视图的绘制

1）绘制上部同心圆和下部安装板的轮廓。设置中心线层为当前层，用“直线”、“偏移”命令绘制视图中水平、垂直 4 条定位线。

设置粗实线层为当前层，用“圆”、“直线”命令绘制上部的两同心圆及下部的轮廓线，如图 12-47 所示。

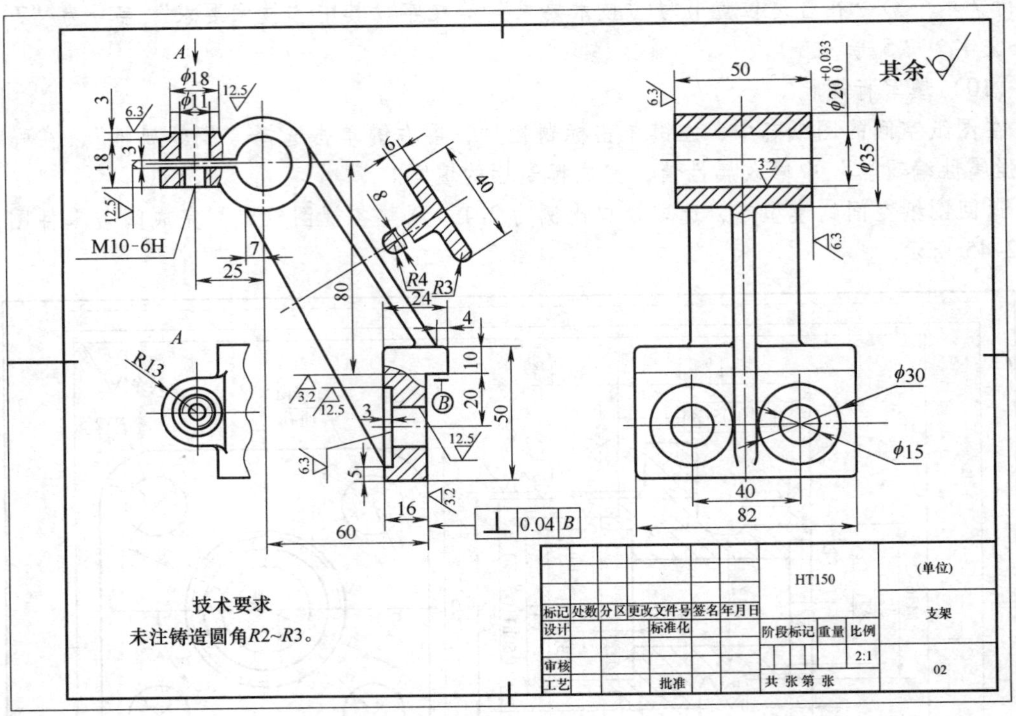

图 12-46　支架零件图

2）绘制安装板上的阶梯孔。用“直线”命令绘制安装板上的阶梯孔，可先绘制一侧的图线，再用“镜像”命令镜像出另一侧的图线，镜像前后的图形如图 12-48 所示。

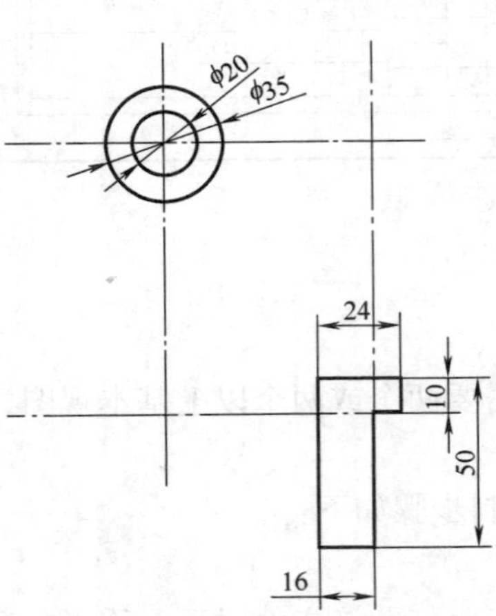

图 12-47　绘制上部、下部的轮廓

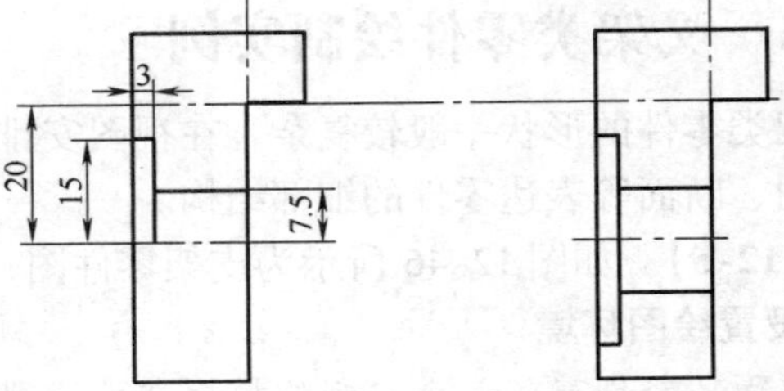

图 12-48　镜像前和镜像后的阶梯孔

3）绘制肋板外形轮廓。用“直线”命令绘制肋板外形两直线，右侧直线与圆相切处需“捕捉切点”。用“偏移”命令将右侧直线向左偏移“6”，再用“修剪”、“圆角”命令完成轮廓线，如图 12-49 所示。

4）绘制左上部结构。用“直线”命令绘制左上部的外形轮廓，用“修剪”命令对多余图线进行修剪，并倒“圆角”，半径为 2。

用“直线”命令绘制上边的通孔。下边“M10”的螺纹孔，根据国家标准其大径为“10”，查表可知其小径约为“8.38”，且大径用细实线表示，如图 12-50 所示。

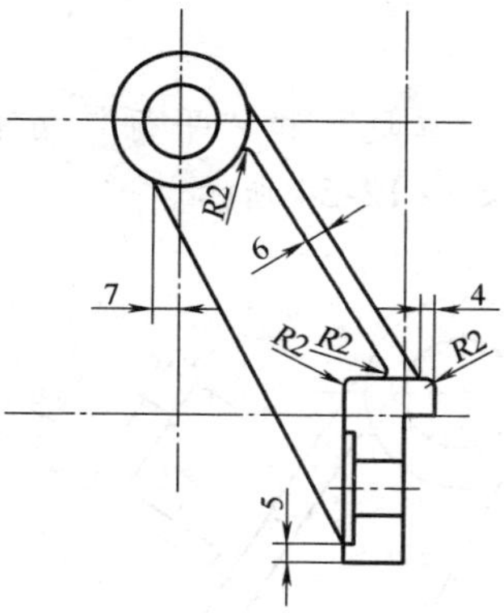

图 12-49　绘制肋板外形轮廓

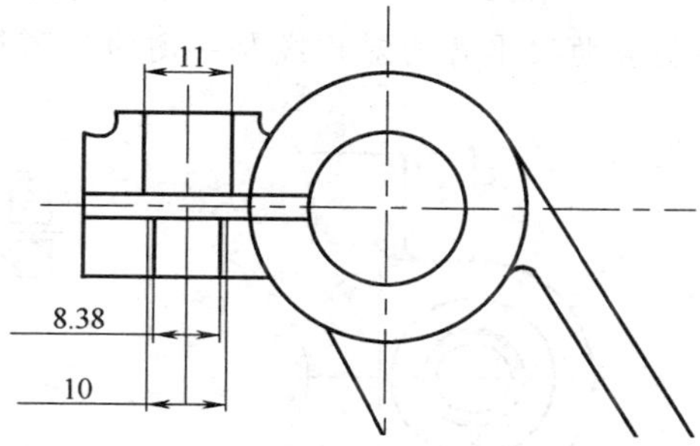

图 12-50　绘制左上部通孔和螺纹孔

5）绘制局部剖视。用“样条曲线”命令绘制两处断裂线，并改至细实线层，再“修剪”多余图线。

用“图案填充”命令进行填充。注意：剖面线需要绘制到粗实线。也可先将细实线层“关闭”，进行“填充”后再打开细实线层，如图 12-51 所示。

（2）A 向局部视图的绘制

1）绘制多个同心圆。用“圆”命令绘制多个同心圆，尺寸也可由主视图中相应结构尺寸“追踪”获得，其中螺纹大径圆为 3/4 细实线圆，如图 12-52 所示。

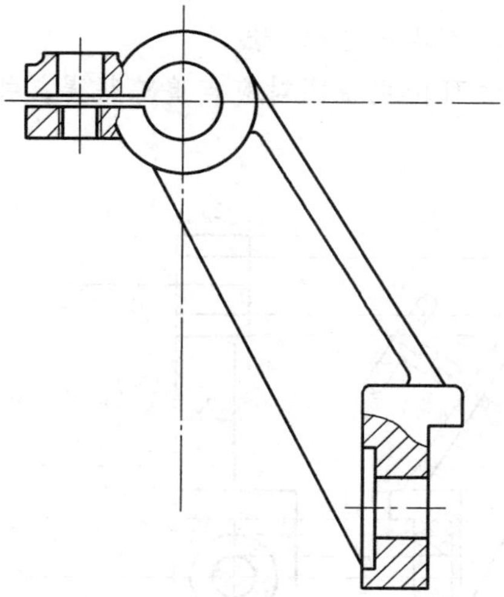
图 12-51　绘制两处局部剖视

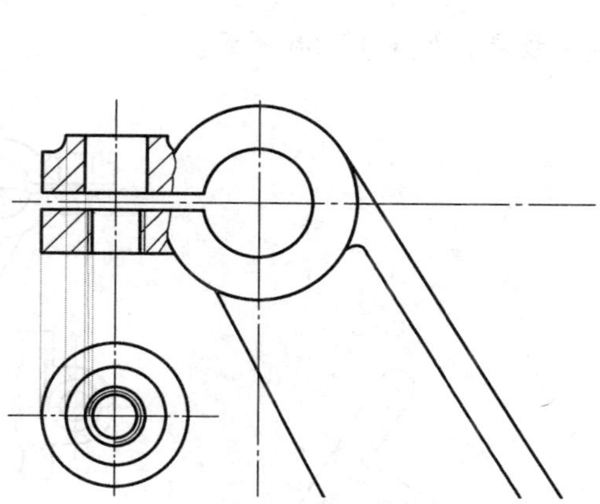
图 12-52　绘制同心圆

2）绘制其他的轮廓线。用“直线”命令绘制一侧外形轮廓，注意与主视图中结构的对应关系。

用“样条曲线”命令绘制断裂线，并改至细实线层。用“修剪”、“删除”、“圆角”等命令整理轮廓线。

以孔水平中心线为镜像线，用“镜像”命令得到另一侧的轮廓线，*A* 向局部视图绘制完成，如图 12-53 所示。

(3) 移出断面图的绘制

1) 绘制断面一侧的轮廓。“对象捕捉模式”增设“垂足”和“平行”两项，用“直线”命令绘制与肋板垂直的对称线及一侧的外形轮廓，如图 12-54 所示。

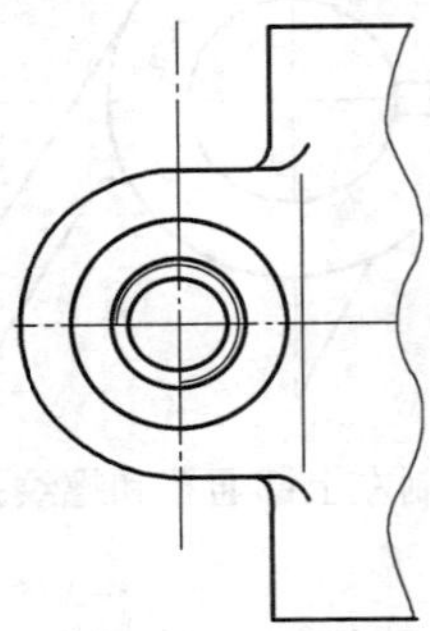

图 12-53 *A* 向局部视图

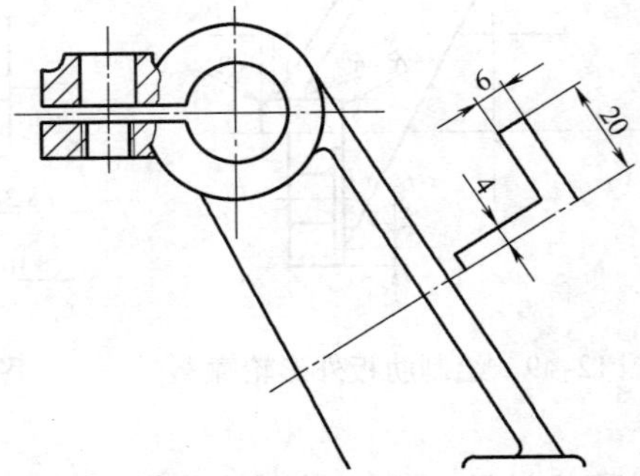

图 12-54 绘制断面一侧外形

2) 完成断面图。分别设置半径为 3 和 4，用“圆角”命令进行倒圆角。用“样条曲线”命令绘制断裂线，并改至细实线层。将多余图线“修剪”掉。

以对称线为镜像线，用“镜像”命令将一侧的图形镜像为整个断面图，并用“图案填充”命令进行填充，如图 12-55 所示。

(4) 左视图的绘制

1) 绘制一侧的轮廓线。用“直线”命令绘制左视图中定位中心线。

用“直线”、“圆”命令绘制一侧的轮廓线，尺寸可由主视图对应点追踪获得，并将虚线改至虚线层，如图 12-56 所示。

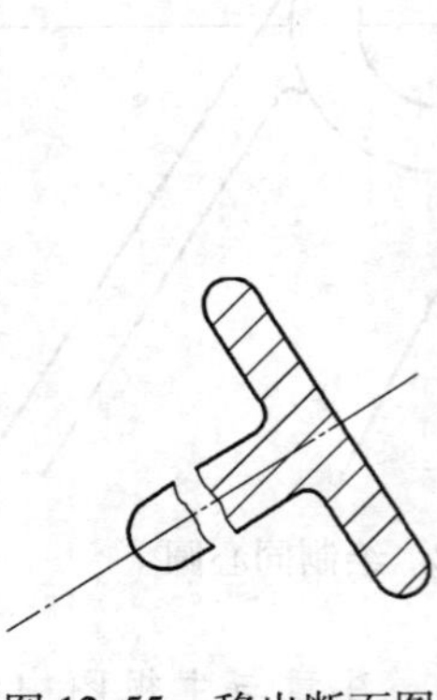

图 12-55 移出断面图

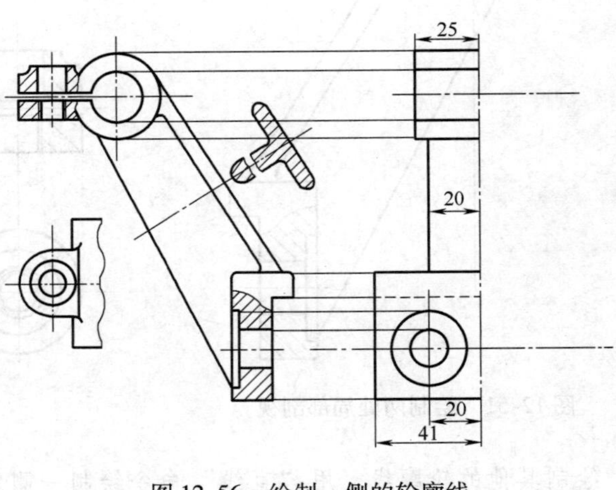

图 12-56 绘制一侧的轮廓线

用“直线”、“圆角”命令绘制中间肋板外形。用命令对肋板及安装板轮廓倒圆角。

2）镜像为全部的图形。以垂直对称线为镜像线，用“镜像”命令将一侧镜像为整个图形。

用“图案填充”命令进行填充。

整理图线，左视图全部绘制完成，如图12-57所示。

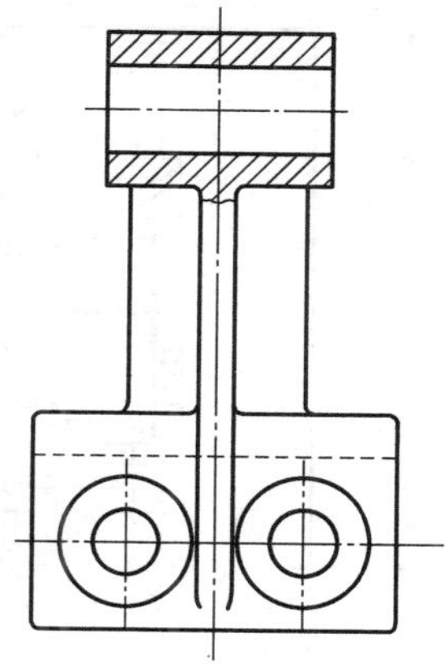

图12-57　支架左视图

3. 布局

单击“Gb-a3标题栏”选项卡，进入图纸空间，再双击内部区域，进入图纸空间的模型态。

调出视口工具栏，选取视口比例为“1:1”，利用平移、移动等命令将视图合理布局到图纸中，如图12-58所示。

4. 标注

设置当前图层为尺寸及公差层。

选用或新建文字样式、修改标注样式、各类尺寸标注方法同前例。

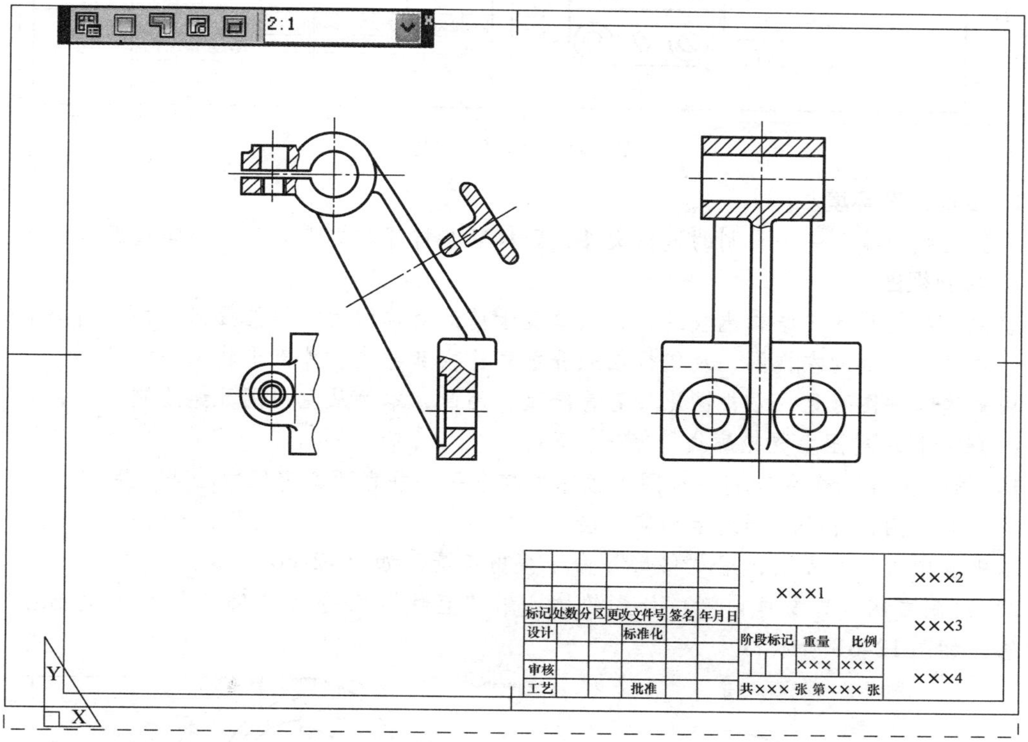

图12-58　布局

12.3.4　箱体类零件绘制实例

在视图安排上，箱体类零件的特点决定了需要两个以上主要视图，还需要根据实际情况采取剖视、断面、局部视图、斜视图等多种形式，以清晰表达零件内外形状。

【例12-6】　如图12-59所示为缸体零件图，其绘制步骤如下：

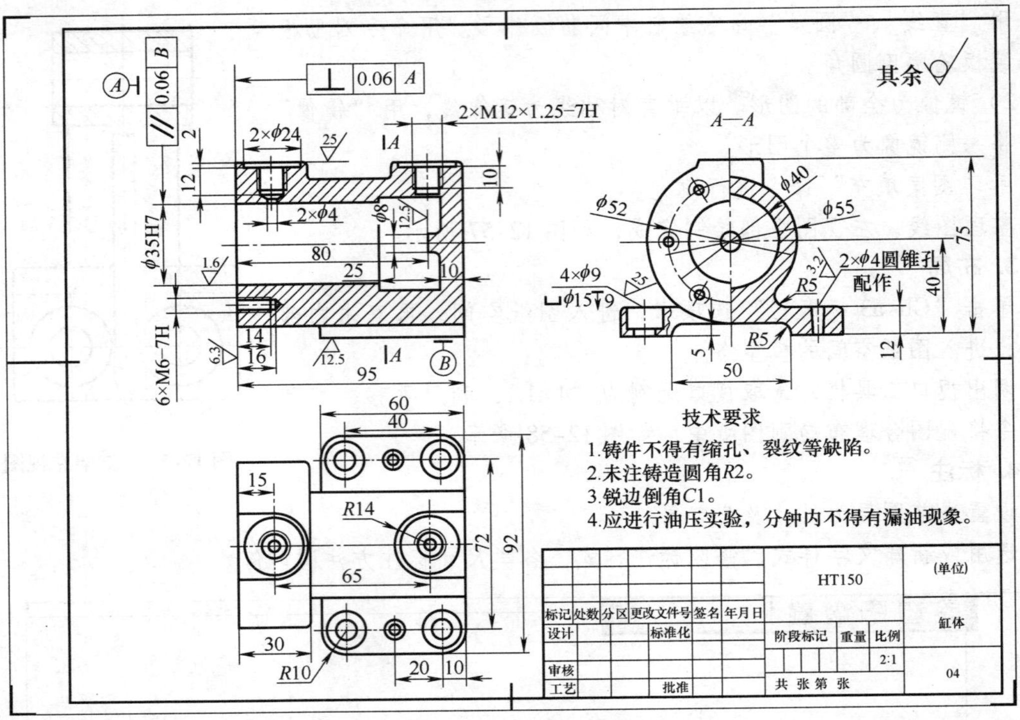

图 12-59　缸体零件图

1. 设置绘图环境

前面已经创建了一个自制的模板文件，则只需在打开该文件即可，不需重新的设定。

2. 绘制视图

零件缸体的形状、结构比较复杂，以垂直于前后对称面为主视图投影方向，用全剖的主视图、半剖加局剖的左视图、及俯视图来分别表达内部结构和外部形状。

由缸体零件图可见，左视图比较容易绘制，因此，本例从左视图开始绘制。

(1) 绘制左视图主要轮廓线

1) 用"直线"命令绘制左视图中缸体内腔水平、垂直两条定位中心线。用"圆"命令绘制多个同心圆，并将各圆改至相应图层。

以垂直中心线为界限，用"修剪"命令修剪各圆，如图 12-60 所示。

2) 绘制右侧（即缸体前侧）外形轮廓。用"直线"命令或"偏移"命令绘制右侧外形轮廓，如图 12-61 所示。

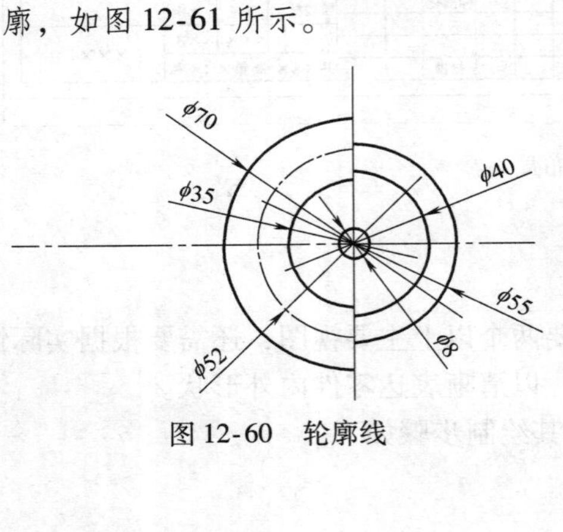

图 12-60　轮廓线

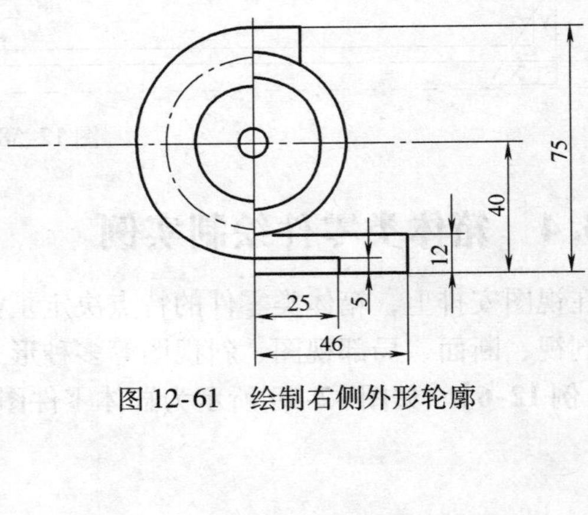

图 12-61　绘制右侧外形轮廓

3）镜像、整理为全部的外形轮廓。以垂直中心线为镜像线，用“镜像”命令将右侧图形镜像，用“修剪”命令修剪、整理外形轮廓，如图 12-62 所示。

4）绘制细部结构。螺纹孔的绘制。由国家标准该螺纹孔大径为 $\phi6$，查表可知小径为 $\phi5$。设极轴增量角为 30°，用“直线”命令绘 120°和 250°的两螺纹孔中心线，在与中心线圆的交点处用“圆”命令绘制 $\phi6$ 和 $\phi5$ 的两小圆，将 $\phi6$ 的圆修剪为 3/4 圆。用“复制”命令将修改后的螺纹孔复制到另两位置。

圆锥孔的绘制。由国家标准查表可知该圆锥孔小端的直径为 $\phi4$，大端直径约为 $\phi4.48$。用“直线”命令绘制一侧锥孔轮廓线，再以该圆锥孔的中心线为镜像线，用“镜像”得到另一侧锥孔轮廓线。

沉孔的绘制。用“样条曲线”命令绘制波浪线，用“直线”命令绘制一侧的沉孔轮廓线，再以该孔中心线为镜像线，“镜像”得到另一侧的沉孔轮廓线。

填充剖面线。用“图案填充”命令，设置图案为“ANSI31”，拾取各填充区域内部点进行剖面线填充。

将图线改至相应图层。如中心线间距不符合要求，可调整线型比例。

至此，左视图全部绘制完成，如图 12-63 所示。

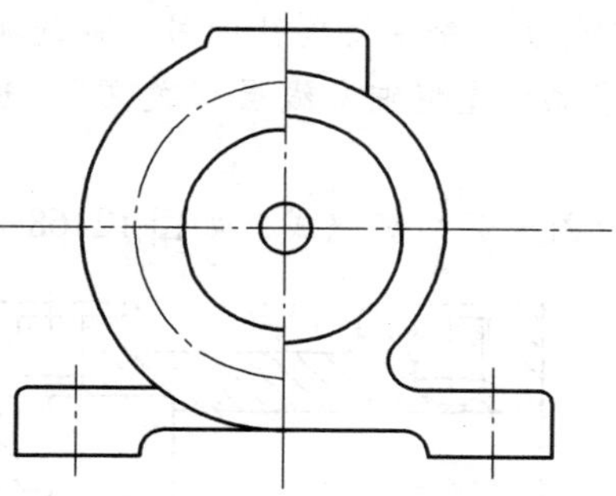

图 12-62　镜像后与修剪后的外形轮廓

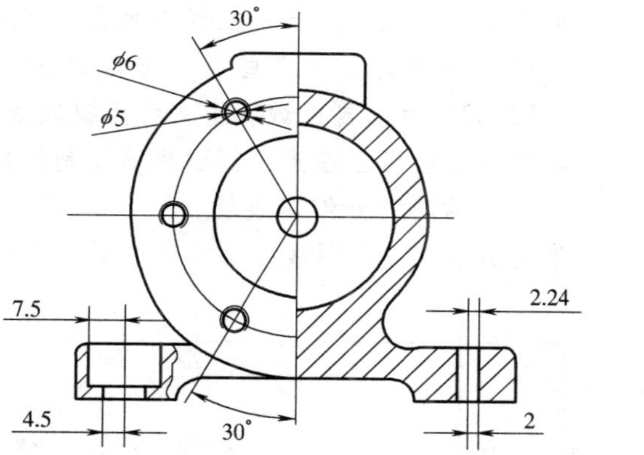

图 12-63　绘制细部结构

（2）绘制主视图缸体外形主要轮廓线

1）外形主要轮廓线。用“直线”命令绘制主视图中缸体外形轮廓线，尺寸可由左视图各对应点追踪获得，如图 12-64 所示。

2）内腔轮廓线。用“直线”命令绘制主视图中缸体内腔上部轮廓线，尺寸也可由左视图中各对应点追踪获得。用“镜像”命令镜像出内腔下部轮廓线，用“圆角”命令对内外腔轮廓进行倒圆角，如图 12-65 所示。

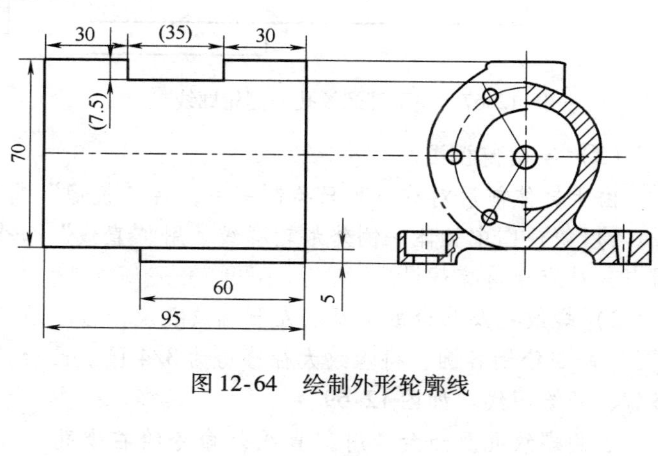

图 12-64　绘制外形轮廓线

3）绘制主视图中各螺纹孔。

- 左上部螺纹孔。由国家标准查表可知该螺纹大径为 ϕ12，小径约为 ϕ10.6。用“直线”命令绘制一侧的轮廓线（注意：大径为细实线）。再以该孔中心线为镜像线，如图 12-66 所示。

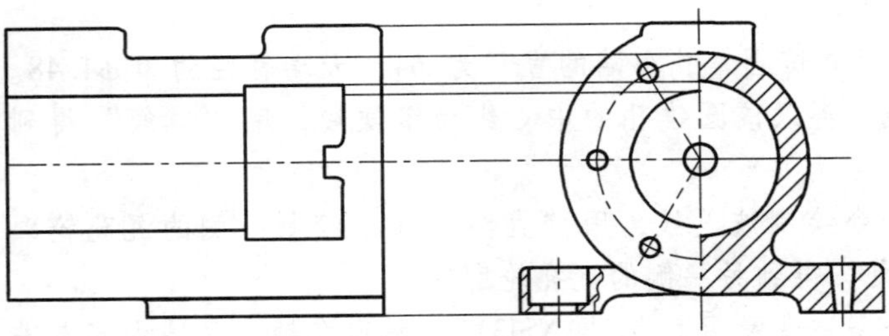

图 12-65 缸体内外腔轮廓线

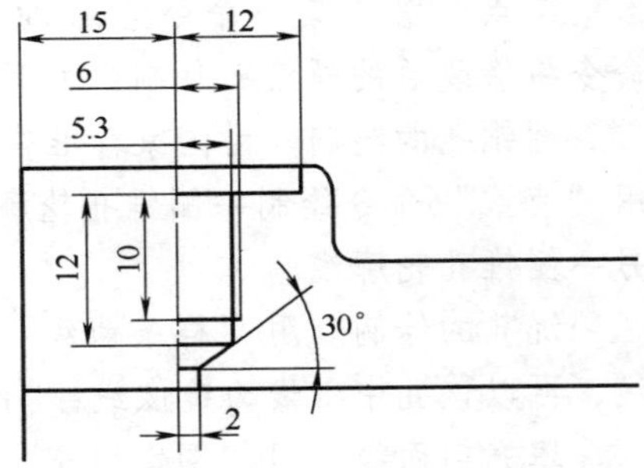

图 12-66 左上部螺纹孔一侧的轮廓线

- 右上部螺纹孔。用“复制”命令将左上部螺纹孔复制到右上部，并“修剪”、“删除”掉多余图线。
- 下部螺纹孔。由绘制左视图时已知该螺纹大径为 ϕ6，小径约为 ϕ5。方法同左上部螺纹孔的绘制，用“直线”命令绘制一侧的轮廓线（注意：大径为细实线），如图 12-67所示。再以该孔中心线为镜像线，用“镜像”命令得到孔的另一侧轮廓线。
- 填充剖面线。注意：剖面线需绘制到粗实线。也可先将细实线层“关闭”，进行“填充”后再打开细实线层。

整理图线，并将图线改至相应图层。至此，主视图全部绘制完成，如图 12-68 所示。

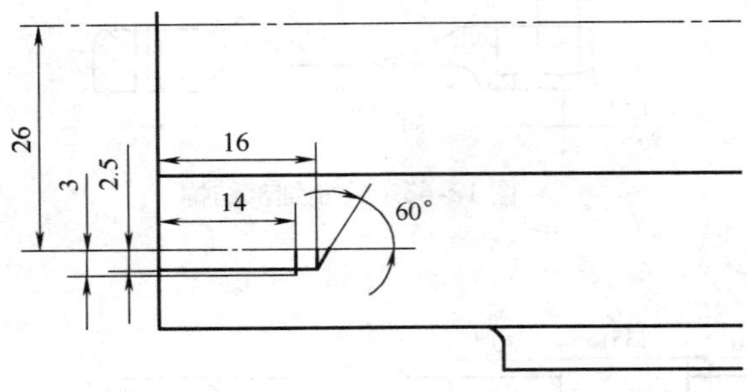

图 12-67 左下部螺纹孔一侧轮廓线

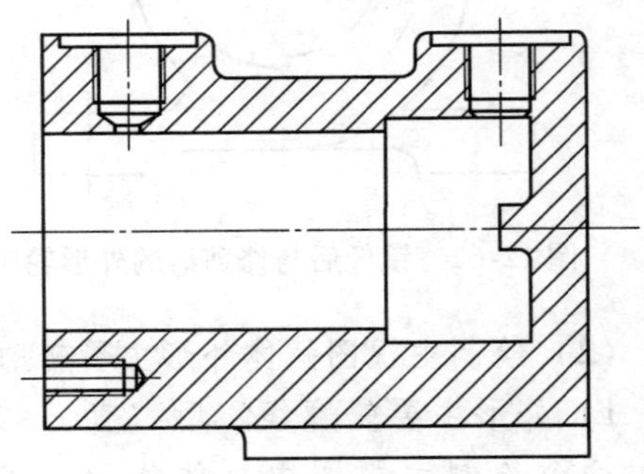

图 12-68 缸体主视图

（3）绘制俯视图

由于缸体前后对称，可只绘制一半，再“镜像”得到另一侧图形。

1）俯视图中缸体一侧外形轮廓线。用“直线”命令绘制俯视图轮廓线，尺寸可由主视图中各对应点追踪获得。

2）螺纹孔及凸台的绘制。左侧螺纹孔及凸台。用“直线”命令绘制孔定位中心线，用“圆”命令绘制各圆，将螺纹大径修剪为3/4 圆。凸台外形用“直线”、“圆”命令绘制，并修剪、补绘图线。如图 12-69 所示。

右侧螺纹孔及凸台。用“直线”命令绘右螺孔定位中心线，用“复制”命令将所需图线复制到该位置，修剪、补全凸台外形轮廓。注意：内部最小圆需要与主视图中相应图线对应。

3）底板沉孔及圆锥孔的绘制。用“直线”命令绘制各孔定位中心线，再用“圆”命令分别绘制各圆（参照左视图中各孔的直径）。分别设置圆角半径为“2”和“10”，用“圆角”命令倒两处圆角，如图 12-70 所示。

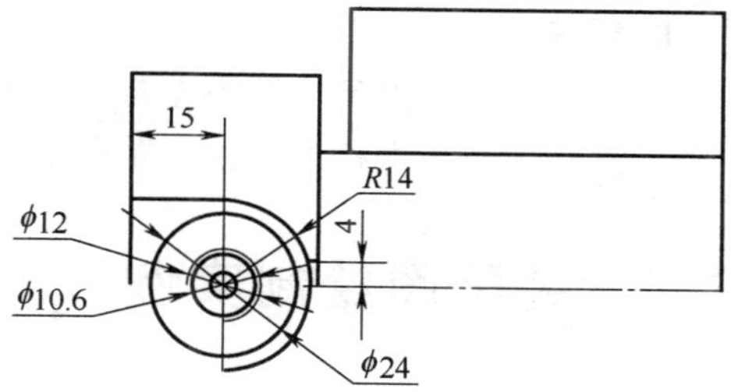

图 12-69　绘制上部左侧螺纹孔及凸台

4）“镜像”得到俯视图。以缸体前后对称面为镜像线，用“镜像”命令将所需图线镜像，俯视图的全部图形如图 12-71 所示。

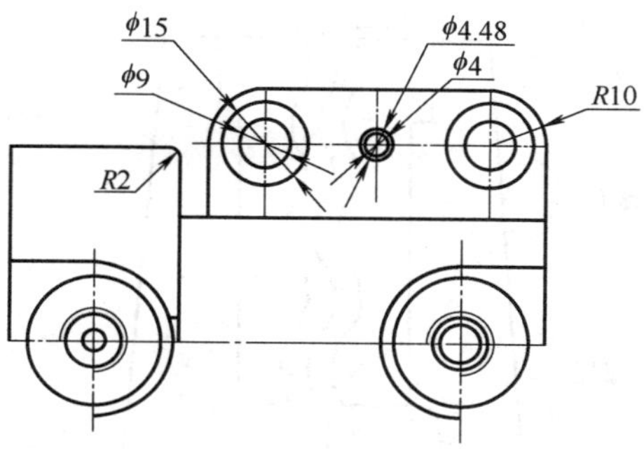

图 12-70　底板沉孔及圆锥孔的绘制

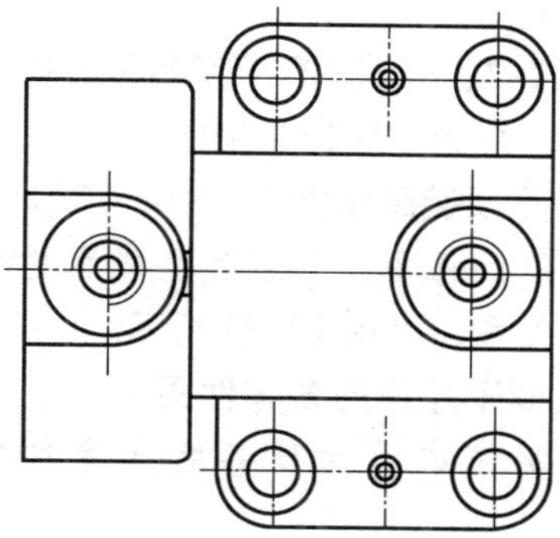
图 12-71　缸体俯视图

3. 布局

选取视口比例为“1∶1”，利用平移、移动等命令将三个视图合理布局到图纸中，如图 12-72 所示。

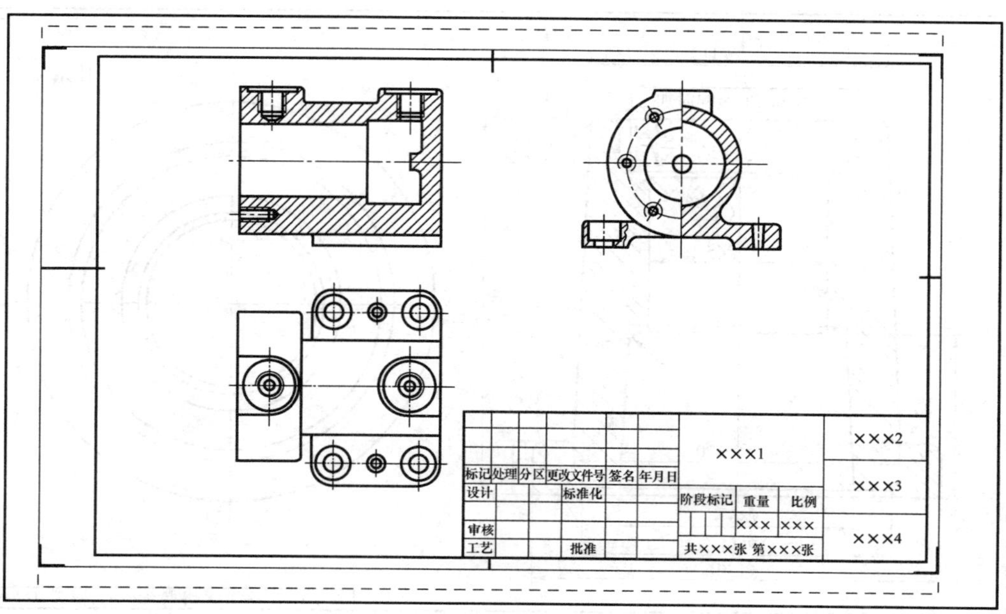

图 12-72　布局

4. 标注

设置当前图层为尺寸及公差层。

各类尺寸、文本标注方法同前例。

12.4　装配图绘制实例

装配图是表示机器及部件各组成部分的连接、装配关系的图样。在进行设计、装配、调整、检验、安装、使用和维修时都需要装配图。

【例 12-7】　绘制千斤顶各零件图，并根据零件图绘制千斤顶装配图。

1. 千斤顶装配示意图

千斤顶示意图：了解各组成零件的连接、装配关系，如图 12-73 所示。

2. 绘制千斤顶的各零件图

先绘制完成千斤顶各组成零件的零件图。

按“1:1”绘制零件图，标题栏可简化，如图 12-74 ~ 图 12-78 所示。

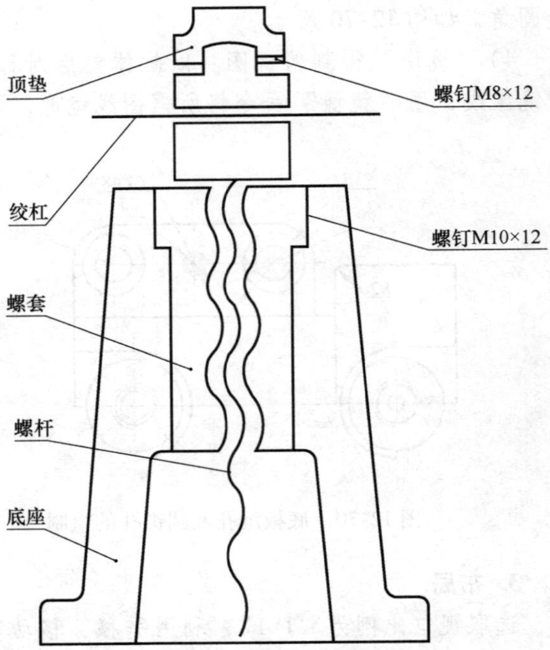

图 12-73　千斤顶装配示意图

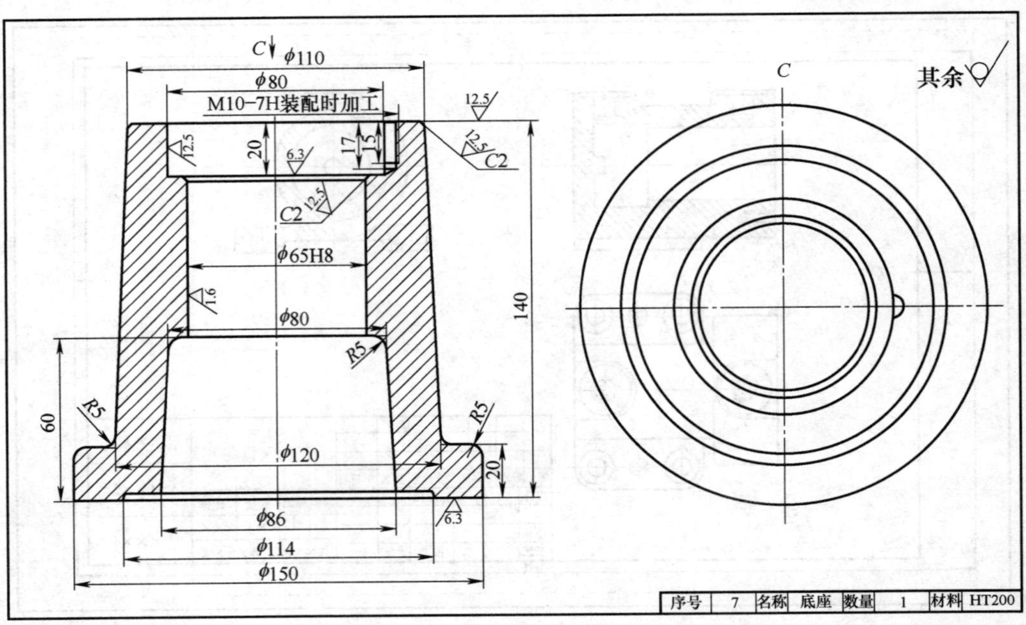

图 12-74　底座零件图

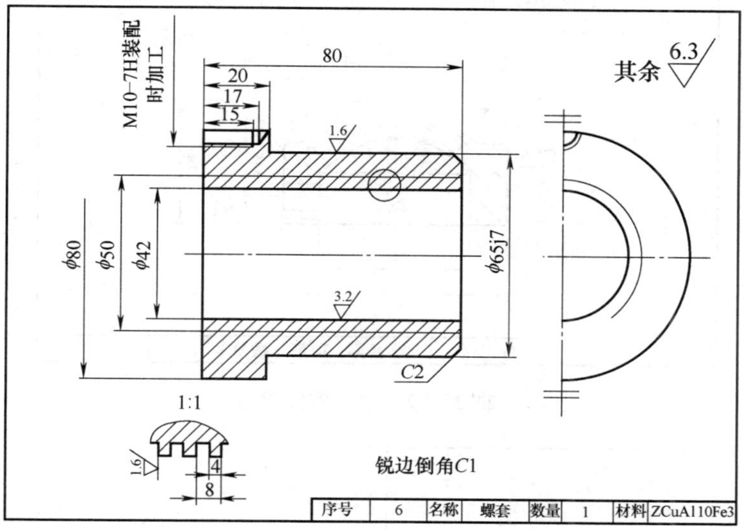

图 12-75　螺套零件图

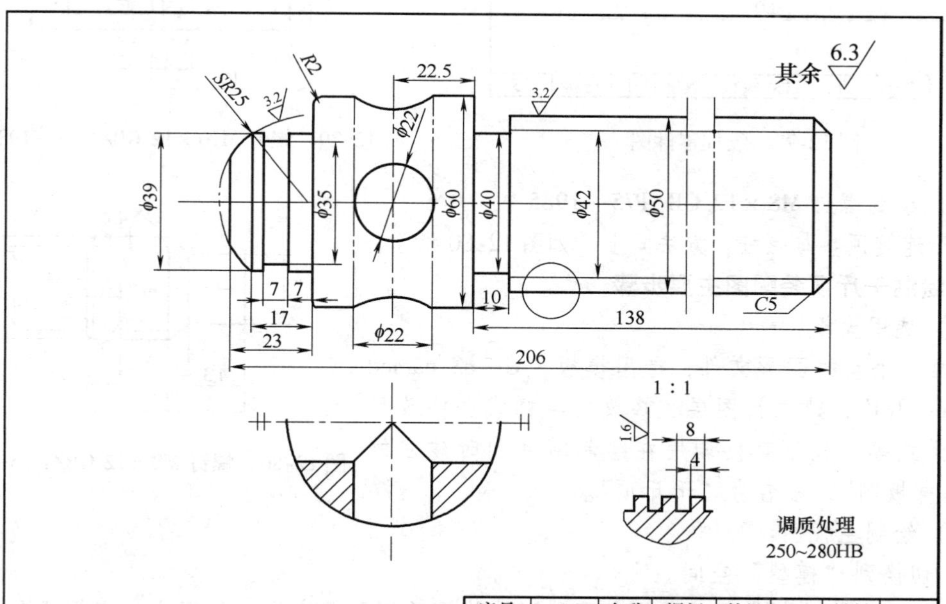

图 12-76　螺杆零件图

3. 绘制千斤顶装配图所需的标准件图

（1）绘制螺钉 M10×12 GB/T 73—1985

用于连接底座与螺套。根据国家标准查表绘出零件图，如图 12-79 所示。可将此类标准件设置为图块形式，以备其他图形调用。

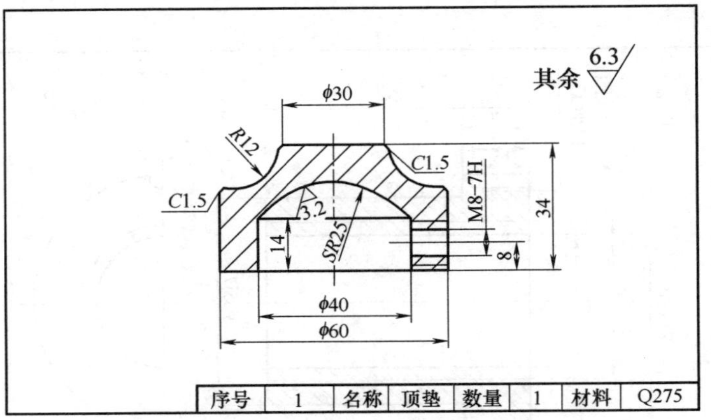

图 12-77 顶垫零件图

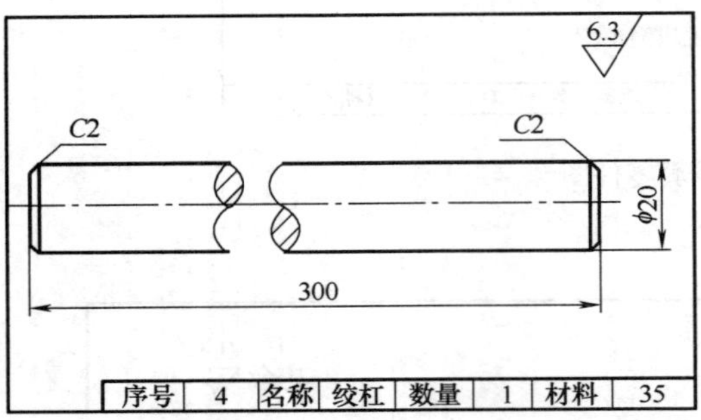

图 12-78 绞杠零件图

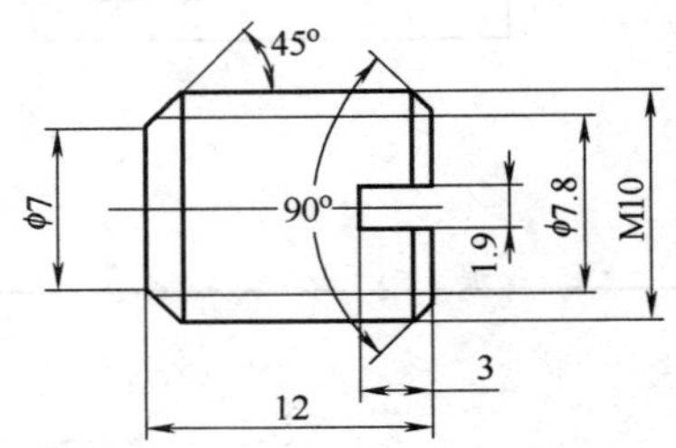

图 12-79 螺钉 M10×12 GB/T 73—1985

(2) 绘制螺钉 M8×12 GB/T75—1985

用于连接顶垫与螺杆。方法同上，如图 12-80 所示。

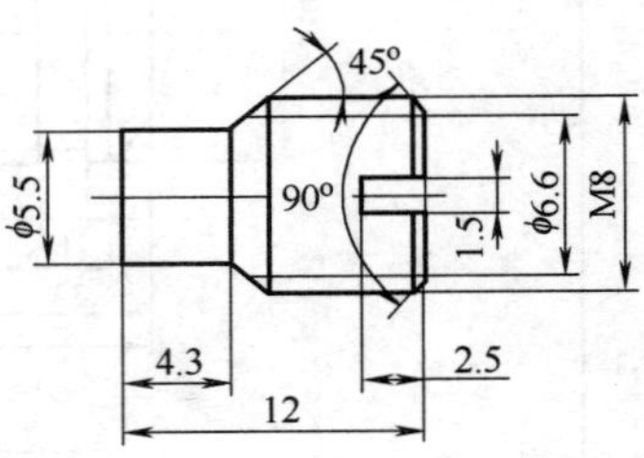

图 12-80 螺钉 M8×12 GB/T 75—1985

4. 绘制千斤顶装配图主要步骤

(1) 选用模板

建立一个新的图形文件，选用模板“Gb-a3 named plot styles. dwt”，建立新图层、修改文字样式和修改尺寸标注样式等。也可直接调用在绘制零件图时建立的“Gb-a3 样板图”，命名为“千斤顶”。

(2) 绘制主视图

1) 切换到“模型”空间。

2) 打开已经绘制完的千斤顶各零件图，并且只打开粗实线、细实线、点划线和剖面线图层，关闭其余图层。(注意：也可使用设计中心插入各零件图。)

3) 单击“编辑”→“复制”命令，选择“底座”零件图的主视图中的所有图形对象，进行复制。

4) 切换到正在绘制的“千斤顶”文件，在“模型”空间，单击“编辑”→“粘贴”命令，进行粘贴，如图 12-81 所示。

5) 打开已经绘制完的千斤顶各零件图，并且只打开粗实线、细实线、点画线和剖面线图层。单击“编辑”→“带基点复制”命令，选择“螺套”零件图的主视图中的所有图形对象，进行带基点复制。注意基点的选择，如图12-82所示。

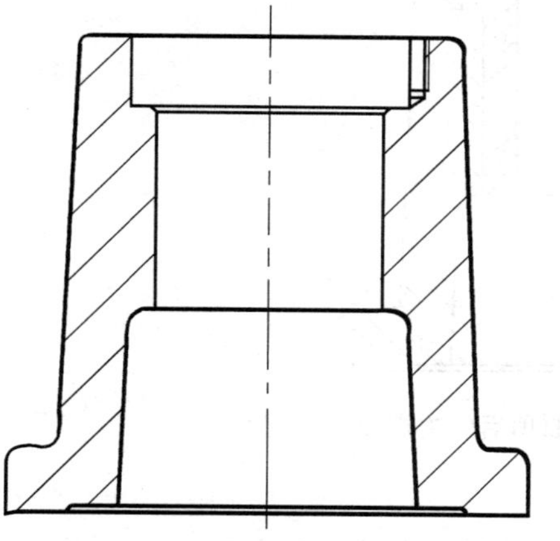

图12-81　粘贴“底座”的主视图

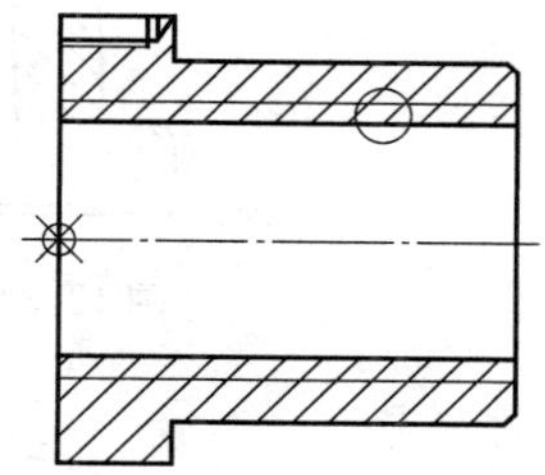

图12-82　带基点复制“螺套”零件图

6）回到正在绘制的“千斤顶”文件，单击“编辑”→“粘贴”命令，进行粘贴“螺套”零件图的主视图，如图12-83所示。

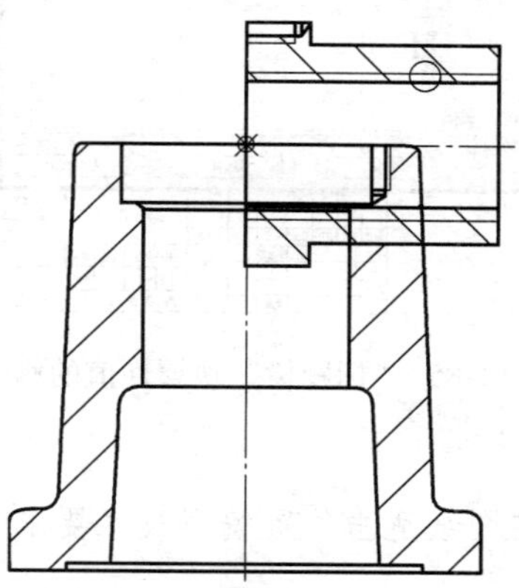

图12-83　粘贴“螺套”零件图后的主视图

7）将粘贴后的图形进行旋转，剪切掉被遮挡的和多余的图线，如图12-84所示。也可以先将图形进行旋转，然后粘贴。

8）按照上述方法，将其他零件依次“复制”、“粘贴”到千斤顶装配图的主视图中。

9）由于装配图中要求相邻金属零件的剖面线反向或方向一致但间隔不等，因此需要调整各零件的剖面线比例或方向，可选择剖面线后右键单击选择“特性”，在“特性”对话框中修改“比例”或“方向”属性。

(3) 绘制向视图

为了理解螺钉M10×12 CB/T 73—1985的作用，可以利用“直线”、“圆”等命令绘制，“修剪”、整理图线后完成C向视图。

(4) 对装配图进行尺寸标注

利用“标注”下拉菜单或“标注”工具栏相应标注命令，进行千斤顶装配图尺寸标注。

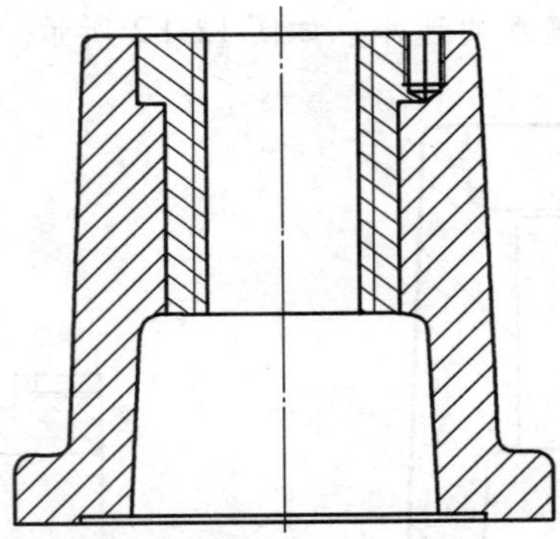

图 12-84　旋转并修剪后的主视图

(5) 编写零件序号

利用"标注"的"多重引线"命令，绘制序号指引线及注写序号。

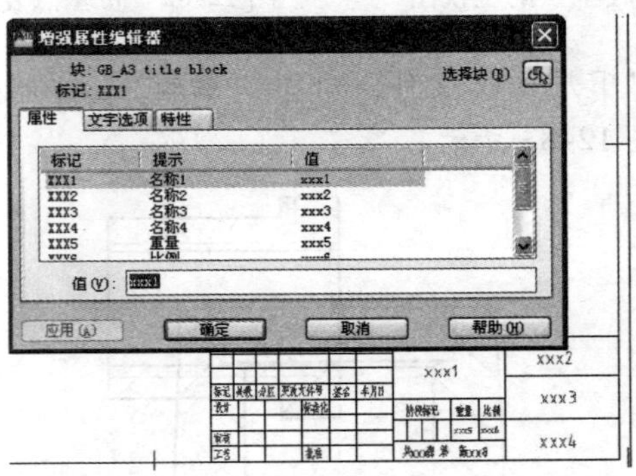

图 12-85　"标题栏"块属性值的修改

(6) 注写技术要求

利用"多行文字"命令，在图纸适当位置编写技术要求。

(7) 填写标题栏

切换到"图纸"空间，利用"标题栏"块的右键快捷菜单的"编辑属性"，修改"标题栏"块的属性值，如图 12-85 所示。

(8) 填写明细表

可将明细表的单元格定义为带属性的图块，如图 12-86 所示。用时插入即可，这样可方便、美观、整齐的填写明细表。

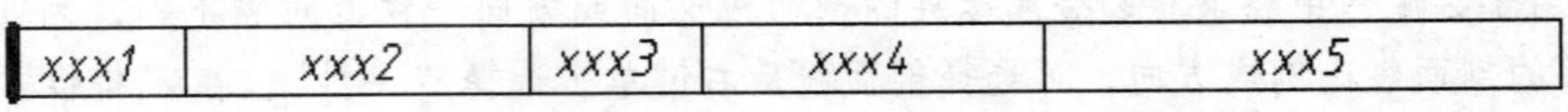

图 12-86　带属性的"明细表单元格"图块

(9) 保存图形文件

绘制完成千斤顶装配图，如图 12-87 所示，保存图形文件。

注意：在绘制过程中经常保存图形文件，以防万一操作不慎图形丢失。

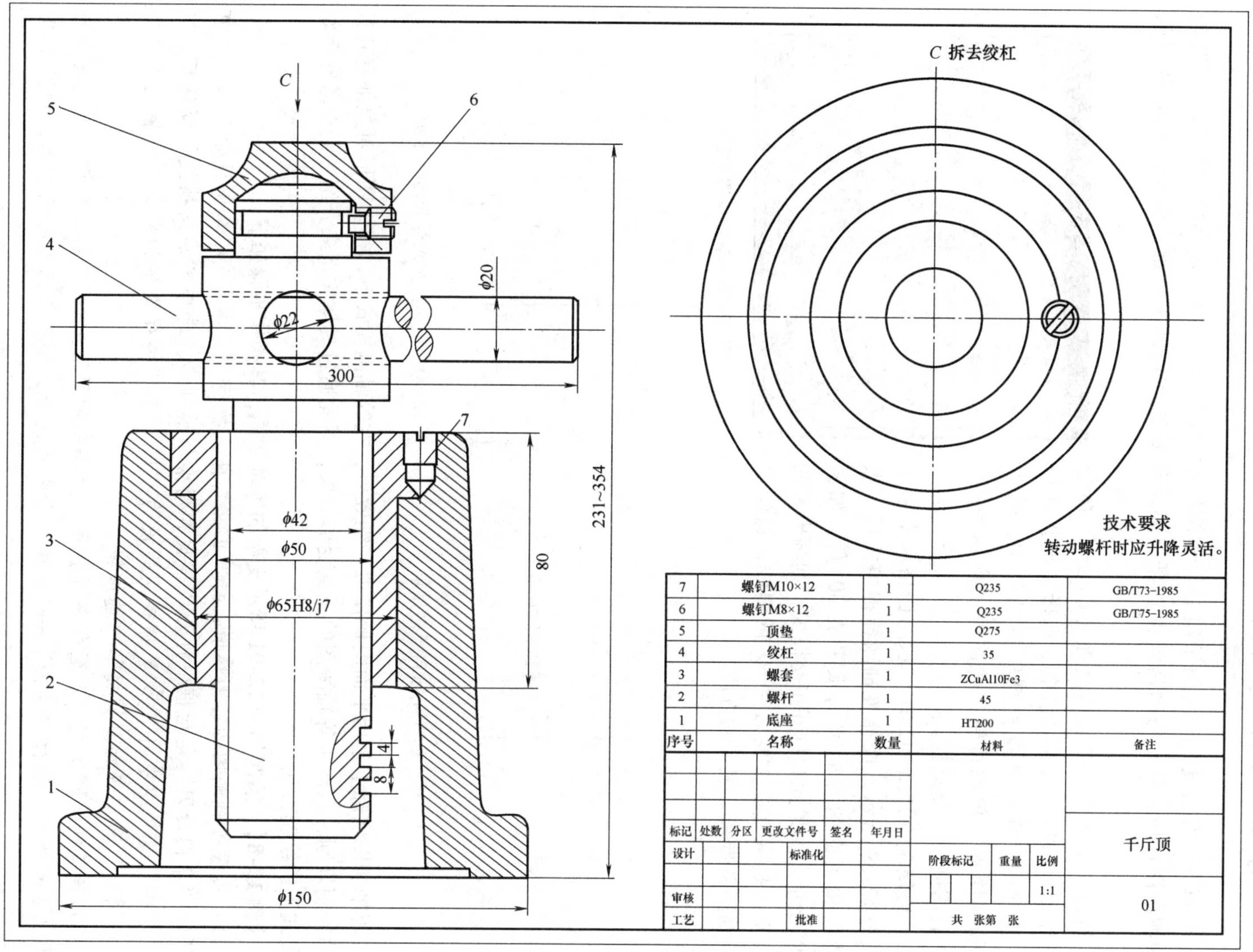

序号	名称	数量	材料	备注
7	螺钉M10×12	1	Q235	GB/T73-1985
6	螺钉M8×12	1	Q235	GB/T75-1985
5	顶垫	1	Q275	
4	绞杠	1	35	
3	螺套	1	ZCuAl10Fe3	
2	螺杆	1	45	
1	底座	1	HT200	

标记 处数 分区 更改文件号 签名 年月日

设计　标准化　阶段标记　重量　比例 1:1

审核

工艺　批准　共　张第　张

千斤顶

01

图 12-87　千斤顶装配图

12.5 等轴测图绘制实例

AutoCAD 可以设置专门用于绘制等轴测图的绘图环境，用以提高绘图效率。所谓的等轴测绘图环境，就是将网格捕捉和栅格显示模式绘图辅助工具都设置成等轴测捕捉的模式。

执行“工具”→“草图设置（F）…”命令打开如图 12-88 所示的对话框，选择“捕捉和栅格”选项卡，在“捕捉类型”选项组中，选中“等轴测捕捉”单选按钮，并选中“启用捕捉”和“启用栅格”复选框。

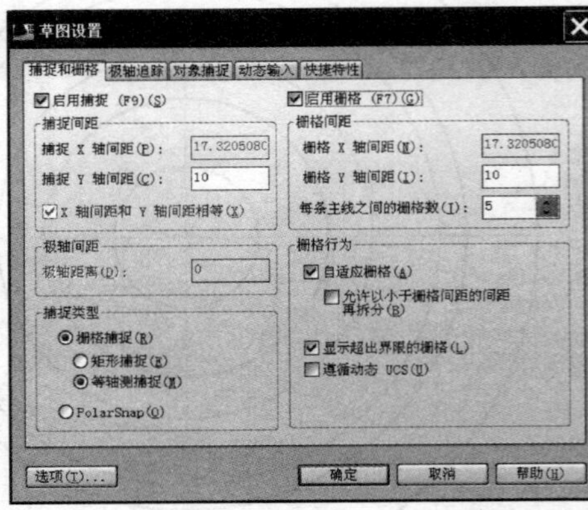

图 12-88　草图设置对话框

一般情况下，AutoCAD 显示的栅格和十字光标如图 12-89 所示。选择等轴测捕捉模式后，点的捕捉和正交的方向都与水平成 30°角，如图 12-90所示。如果此时打开正交模式，则画出来的直线要么是垂直线，要么是 30°的斜线，这给绘制等轴测图带来了很大的方便。

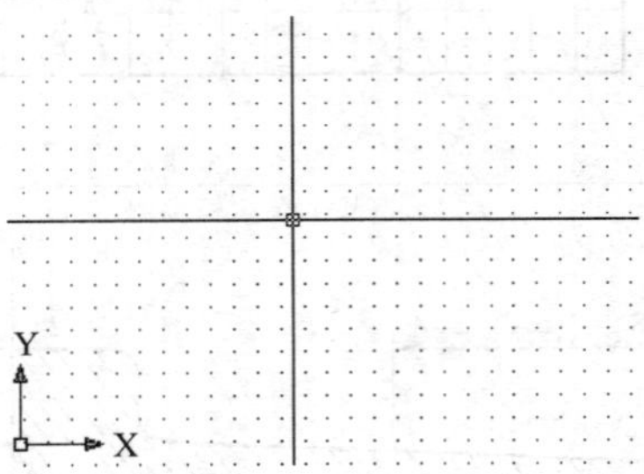

图 12-89　标准光标和栅格显示

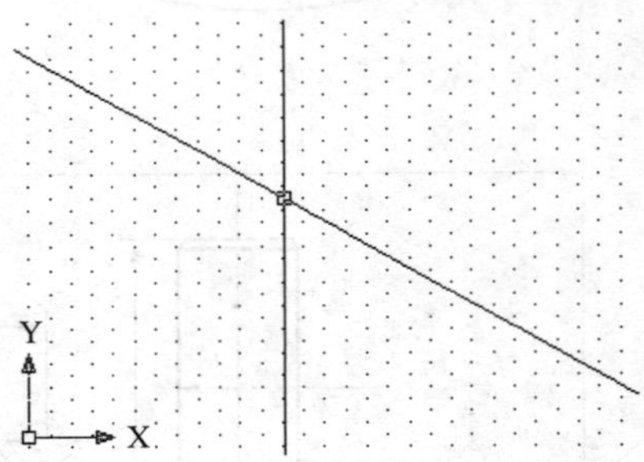

图 12-90　正等轴测光标和栅格显示

等轴测图实际上是用平面图形模拟三维效果，在等轴测模式下，很多图形对象都有其独特的绘制规则，以产生等轴测图的视觉变形效果，下面通过具体实例来介绍三维对象在等轴测模式下的绘制方法。

【例 12-8】 绘制如图 12-91 所示支架的等轴测图，其操作步骤如下：

1）设置等轴测图的绘图环境，打开正交功能。执行“工具”→“草图设置”命令，在打开的“草图设置”对话框中打开“捕捉和栅格”选项卡。选中“启用捕捉”复选框，并在“捕捉”选项组中将 X 和 Y 捕捉间距设为“1”，在“捕捉类型和样式”设置区中选中“栅格捕捉”和“等轴测捕捉”单选按钮。

2）连续按 <F5> 键，直至命令行显示“<等轴测平面上>”，将等轴测平面的上平面设置为当前平面。执行“绘图”→“直线”命令绘制长方形底板的等轴测图形，如图12-92 所示。

3）在“绘图”工具栏中单击“椭圆”按钮并在命令行输入“I”，切换到等轴测图绘制模式，在状态栏上单击“对象捕捉”和“对象追踪”按钮，确定椭圆的中心，在指定等轴

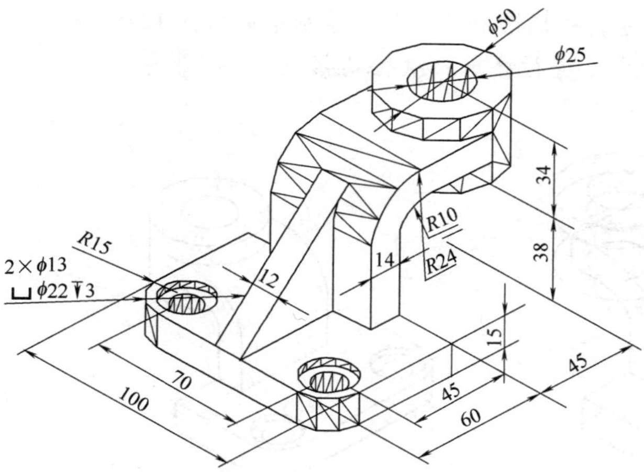

图 12-91 绘制支架的等轴测图

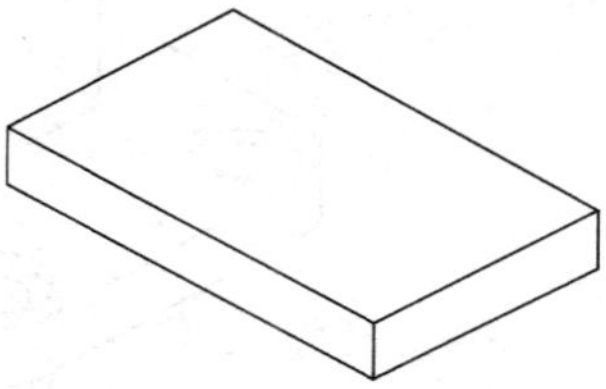

图 12-92 绘制长方体

测圆的半径时，捕捉切点。

4）在“修改”工具栏中单击“复制”按钮，将椭圆进行复制，绘制结果如图 12-93 所示。

5）在“修改”工具栏中单击“修剪”按钮，进行修剪。并绘制公切线，删除多余的线条。同时重复以上操纵绘制底板的另一侧，绘制结果如图 12-94 所示。

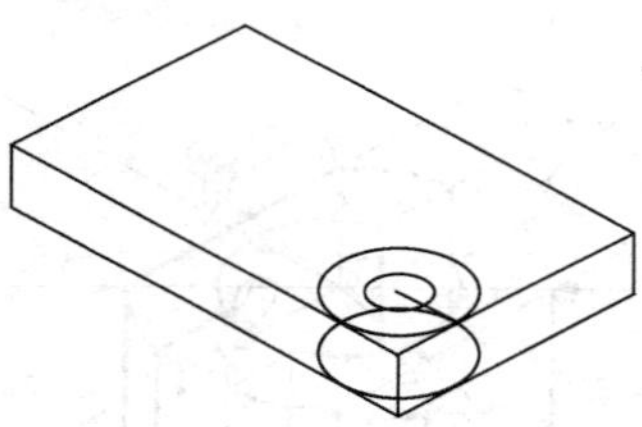

图 12-93 绘制椭圆

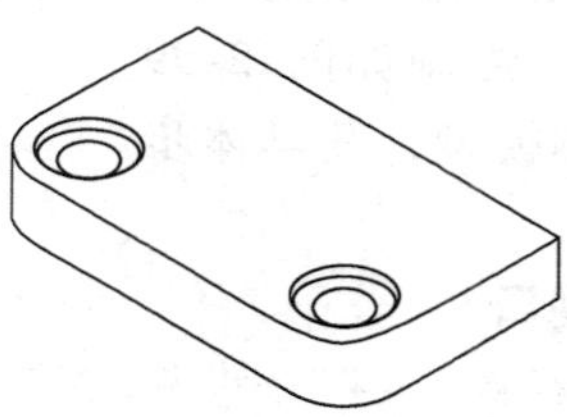

图 12-94 修剪后的结果

6）继续按 <F5> 键，直至命令行显示“<等轴测平面 右>”，将等轴测面的右侧面设为当前平面。执行“绘图”→“直线”命令，绘制“L”形弯板的轴测图，绘制结果如图 12-95 所示。

7）连续按 <F5> 键，使当前轴测平面在上面和右面之间进行切换，执行“绘图”→“椭圆”命令绘制椭圆，绘制结果如图 12-96 所示。

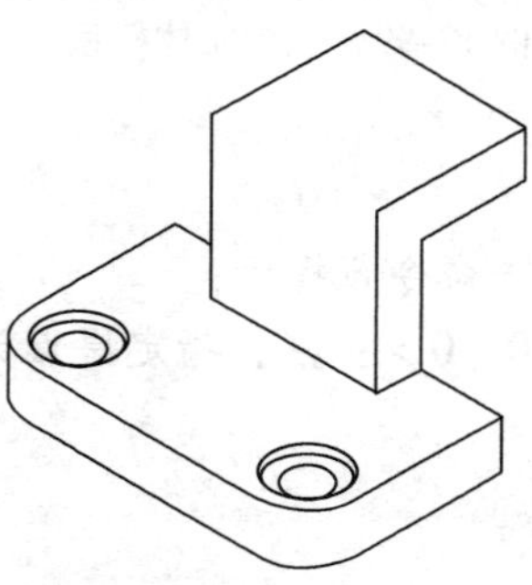

图 12-95 绘制“L”形弯板

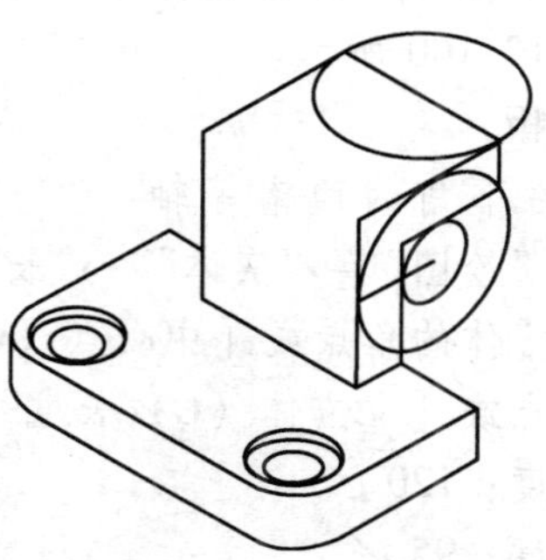

图 12-96 绘制椭圆

8）执行“修改”→“复制”命令，将椭圆进行复制，绘制结果如图 12-97 所示。

9）执行“修改”→“修剪”命令，进行修剪；执行“修改”→“删除”命令，绘制结果如图 12-98 所示。

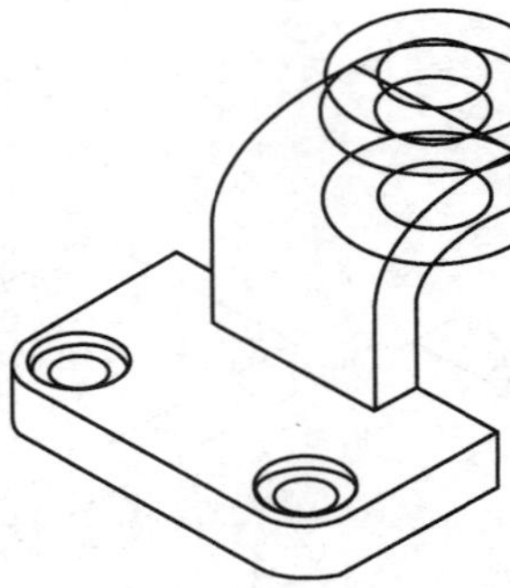

图 12-97　复制椭圆

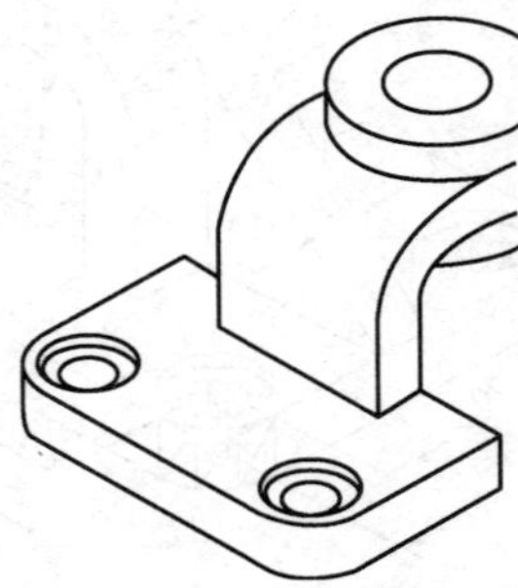

图 12-98　修剪后的结果

12.6　三维实体造型绘制实例

本节中通过三维造型实例，比较详细地介绍创建三维实体模型的基本绘制方法和过程，使用户能够尽快地绘制三维图形。

【例 12-9】　绘制如图12-99所示的三维实体模型，其具体步骤如下：

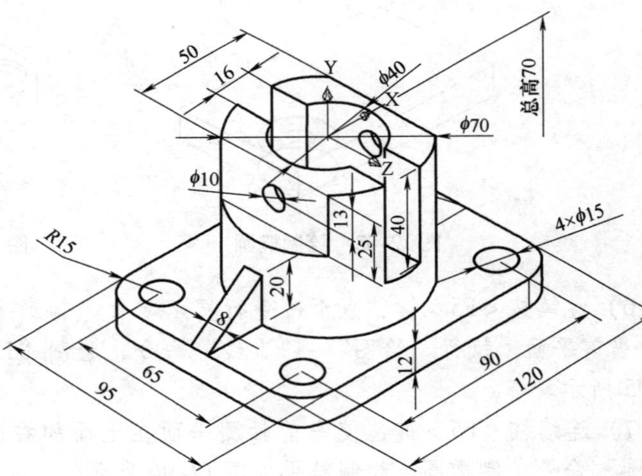

图 12-99　三维实体模型

1. 设置多视口

1）执行“视图”→“命名视口”→“新建视口”命令，打开“视口”对话框。

2）将视窗区设置为 4 个视口，并在每个视口中设置不同的视点；左上角视口为主视图，左下角视口为俯视图，右上角视口为左视图，右下角视口为西南等轴测图，如图 12-100 所示。

2. 绘制底板

1）激活右下角的西南等轴测视口，执行“绘图”→“实体”→“长方体”命令，命令行提示：

- 指定长方体的角点或 [中心点 (CE)] <0, 0, 0>：↙，指定原点为长方体的角点
- 指定角点或 [立方体 (C)/长度 (L)]：L↙
- 指定长度：120↙
- 指定宽度：95↙

● 指定高度：12↙

2）分别激活各个视口，然后，执行“视图”→“缩放”→“全部”或“范围”命令，放大各个视口中的图形。

3）执行“修改”→“圆角”命令，分别对长方体的 4 个棱边倒圆角，命令行提示：

● 选择第一个对象或［放弃（U）/多段线（P）/半径（R）/修剪（T）/多个（M）］：选择一个棱边

● 输入圆角半径：15↙

● 选择边或［链（C）/半径（R）］：

● 已选定 4 个边用于圆角

其结果如图 12-101 所示。

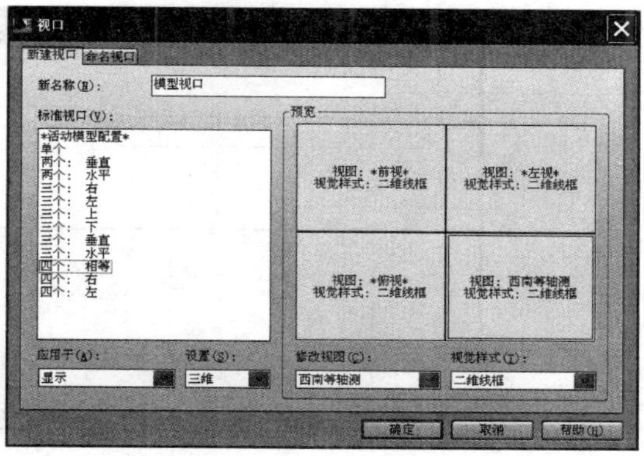

图 12-100　“视口”对话框

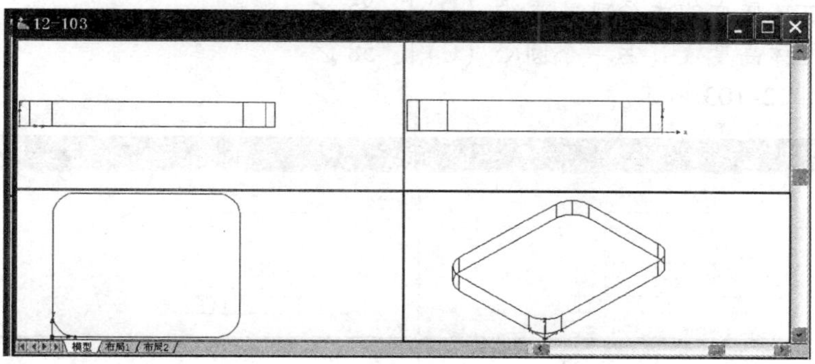

图 12-101　绘制底板

3. 绘制底板上的圆孔

1）执行“绘图”→“实体”→“圆柱”命令，绘制底板小圆柱，命令行提示：

● 指定圆柱体底面的中心点或［椭圆（E）］<0，0，0>：选择点（7.5，7.5，0）为基面中心。

● 指定圆柱体底面的半径或［直径（D）］：d↙

● 指定圆柱体底面的直径：15↙

● 指定圆柱体高度或［另一个圆心（C）］：12↙

2）执行“修改”→“阵列”命令，打开“阵列”对话框，选择阵列类型为矩形阵列，设置阵列行数为“2”，列数为“2”，行偏移量为“65”，列偏移量为“90”，单击“确定”按钮，其结果如图 12-102 所示。

3）执行“修改”→“实体编辑”→“差集”命令，在底板中减去 4 个小圆柱体。

4. 绘制大圆柱

1）执行“工具”→“移动 UCS”命令，并利用“对象追踪”和“极轴追踪”将 UCS 坐标原点移至底板顶面中心位置。

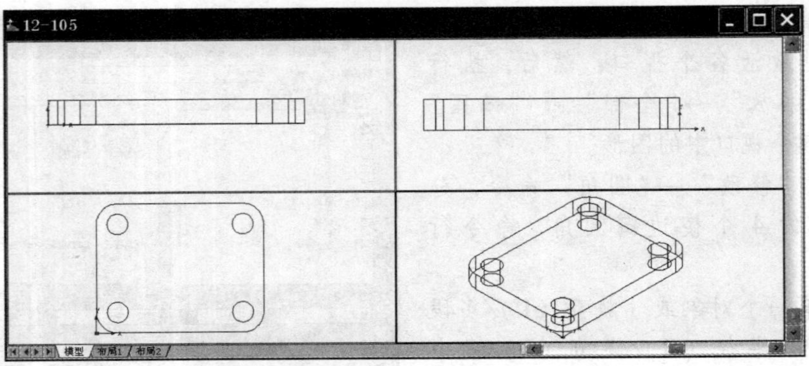

图 12-102　绘制底板上的圆孔

2）执行“绘图”→“实体”→“圆柱”命令，绘制大圆柱，命令行提示：

● 指定圆柱体底面的中心点或［椭圆（E）］<0，0，0>：↙指定坐标原点为圆柱基面中心。

● 指定圆柱体底面的半径或［直径（D）］：35↙

● 指定圆柱体高度或［另一个圆心（C）］：58↙

其结果如图 12-103 所示。

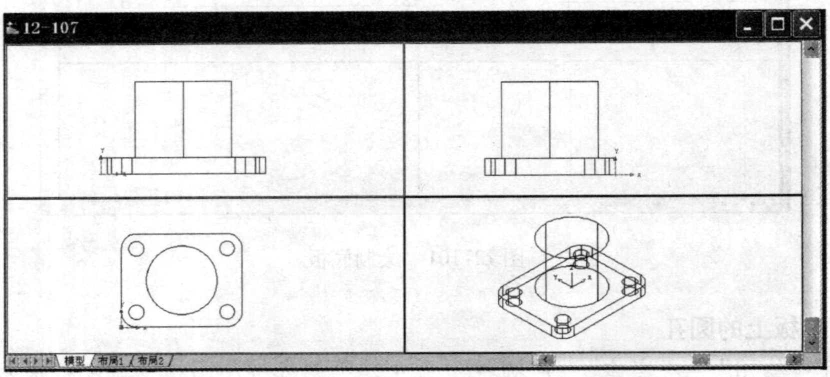

图 12-103　绘制大圆柱

5. 绘制大圆柱孔

1）执行“工具”→“移动 UCS”命令，将 UCS 坐标原点移至大圆柱顶面。

2）执行“绘图”→“实体”→“圆柱”命令，绘制大圆柱孔，命令行提示：

● 指定圆柱体底面的中心点或［椭圆（E）］<0，0，0>：↙指定大圆柱孔基面中心位置。

● 指定圆柱体底面的半径或［直径（D）］：20↙

● 指定圆柱体高度或［另一个圆心（C）］：-70↙

3）执行“修改”→“实体编辑”→“并集”命令，将底板与大圆柱合并为一个实体。

4）再执行“修改”→“实体编辑”→“差集”命令，在实体中减去大圆柱孔，结果如图 12-104 所示（西南等轴测图的视口视觉样式选择概念视觉样式）。

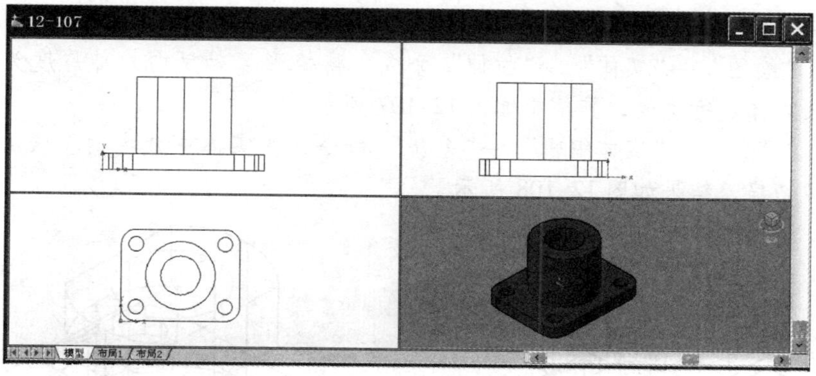

图 12-104　绘制大圆柱孔

6. 绘制肋板

1）执行“视图”→“视口”→“一个视口”命令，只显示西南等轴测视口。

2）执行“绘图”→“实体”→“截面”命令，过点（0，4，0）且平行 ZX 面创建一个截面，命令行提示：

● 指定截面上的第一个点，依照［对象（O）/Z 轴（Z）/视图（V）/XY 平面（XY）/YZ 平面（YZ）/ZX 平面（ZX）/三点（3）］<三点>：ZX↙指定截面位置。

● 指定 ZX 平面上的点<0，0，0>：0，4，0↙指定截面上通过的点。

3）首先执行“工具”→“新建 UCS”→“X”命令，将 UCS 坐标绕 X 轴旋转 90°。再执行“绘图”|“多段线”命令，利用“对象捕捉”绘制肋板的轮廓，如图 12-105 所示。

4）执行“绘图”→“实体”→“拉伸”命令，将该多段线向 Z 轴正向拉伸厚度为“8”的肋板。

5）执行“修改”→“镜像”命令，以大圆柱轴线为对称轴，镜像复制肋板。

6）再执行“修改”→“实体编辑”→“并集”命令，将机体与两肋板合并为一个实体。其结果如图 12-106 所示。

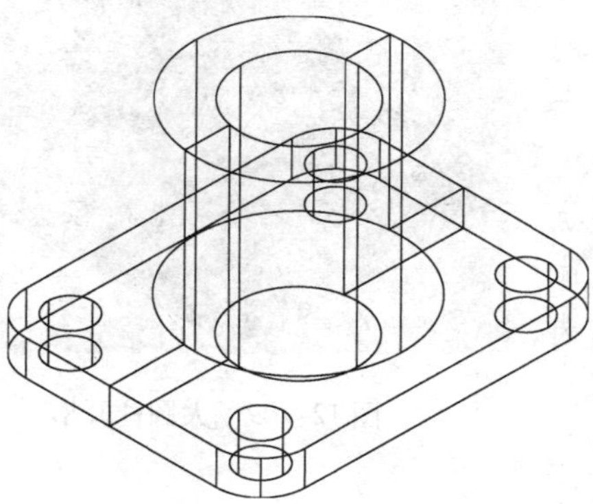

图 12-105　绘制肋板轮廓

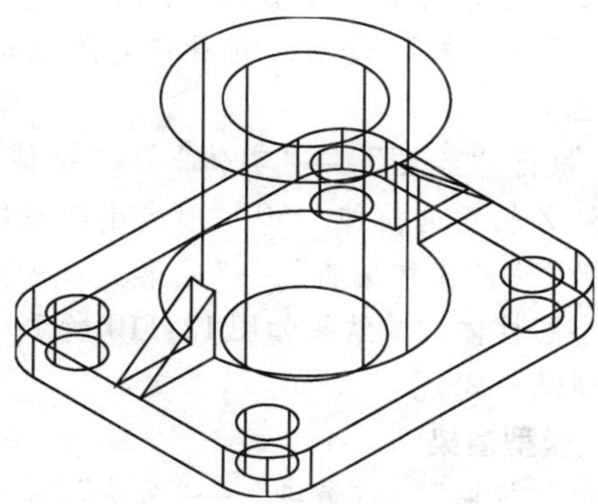

图 12-106　机体与肋板合并

7. 在大圆柱两侧切扁

1）执行“工具”→“新建 UCS”→“X”命令，将 UCS 坐标绕 X 轴旋转“90°”。再执行“绘图”→“多段线”命令，利用“极轴追踪”绘制矩形轮廓。

2）执行“绘图”→“实体”→“拉伸”命令，将矩形 Z 轴反向拉伸厚度为“25”的长方体，再将长方体进行镜像，其结果如图 12-107 所示。

3）执行“修改”→“实体编辑”→“差集”命令，在实体中减去两个长方体，相当于将大圆柱两边切扁，结果如图 12-108 所示。

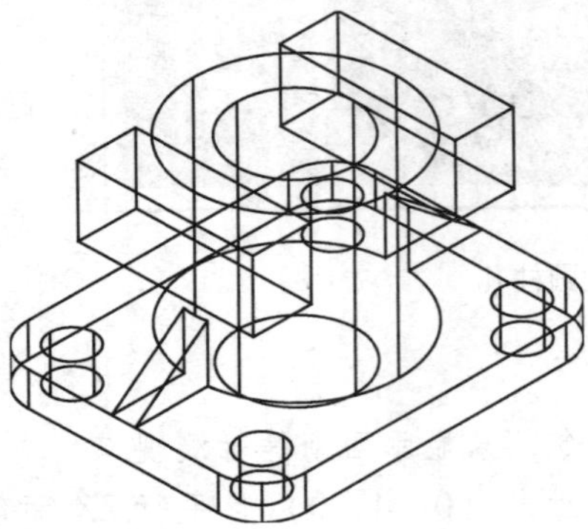

图 12-107　绘制大圆柱两侧的长方体

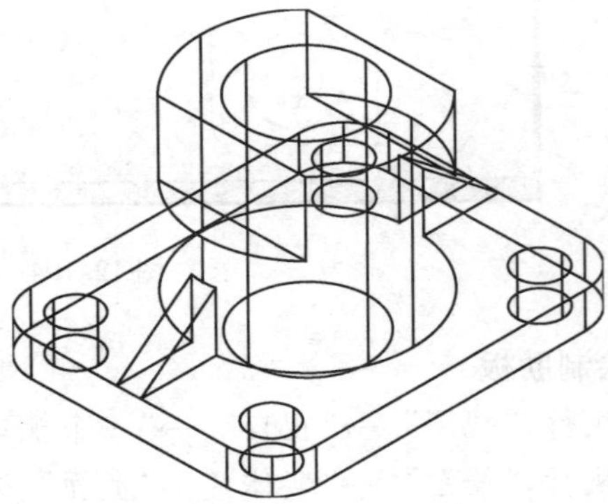

图 12-108　大圆柱两侧切扁

8. 在大圆柱前后开槽

1）执行“工具”→“新建 UCS”→“原点”命令，将 UCS 坐标原点移至大圆柱前方象限点处，并将 UCS 绕 X 轴旋转 90°。再执行“绘图”→“多段线”命令，利用“极轴追踪”绘制矩形轮廓。

2）执行“绘图”→“实体”→“拉伸”命令，将矩形 Z 轴反向拉伸长度为“70”的长方体；再执行“修改”→“实体编辑”→“差集”命令，从机体中减去长方体，其结果如图 12-109 所示（此图选择概念视觉样式）。

9. 在大圆柱左右打小圆孔

1）执行“工具”→“新建 UCS”→“三点”命令，将 UCS 坐标平面移至大圆柱左侧平面上；再执行“绘图”→“圆”命令，利用“对象追踪”绘制一个小圆。

2）执行“绘图”→“实体”→“拉伸”命令，将小圆沿 Z 轴正向拉伸“50”形成小圆柱体；再执行“修改”→“实体编辑”→“差集”命令，从机体中减去小圆柱体，其结果如图 12-110 所示（此图选择概念视觉样式）。

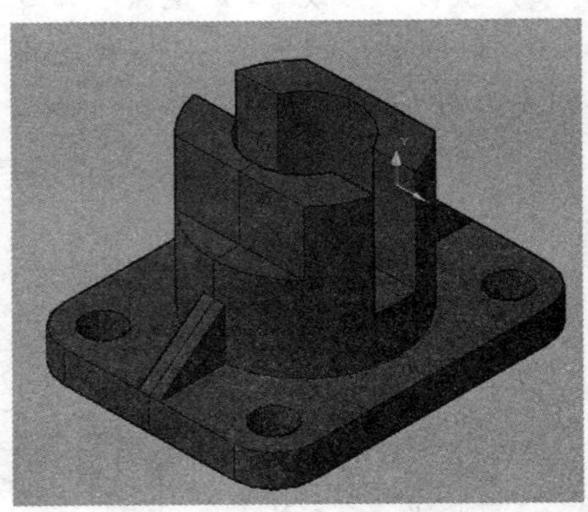

图 12-109　大圆柱开槽

10. 模型渲染

执行“视图”→“渲染”→“渲染”命令，可以在打开的“渲染”对话框中快速渲染当前视口中的图形，其效果如图 12-111 所示。

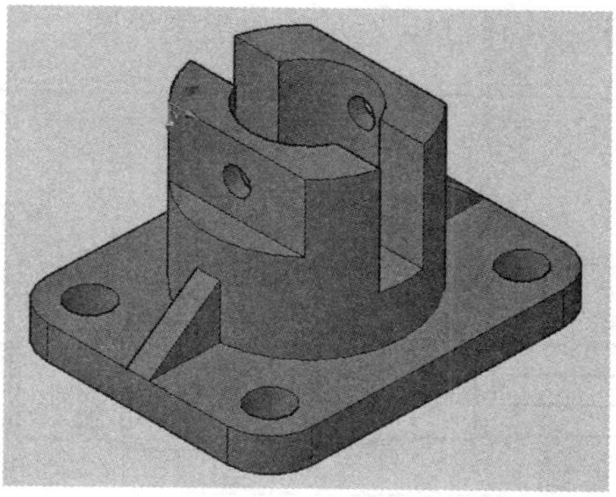

图 12-110　大圆柱左右打孔

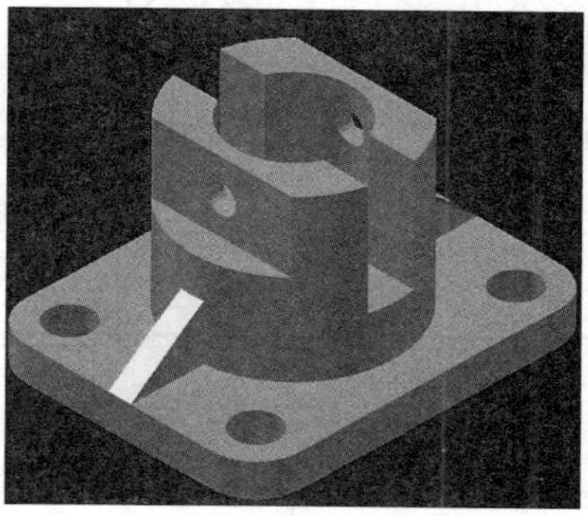

图 12-111　渲染效果

12.7　思考与练习

1. 练习绘制图 12-112 所示的平面图形。

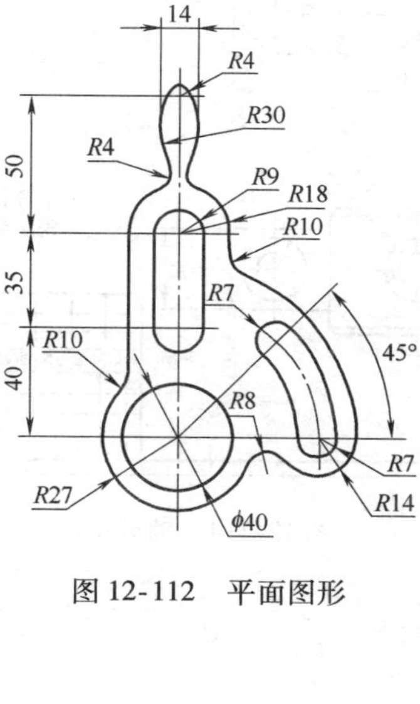

图 12-112　平面图形

2. 练习绘制如图 12-113 ~ 图 12-116 所示的各类零件图。

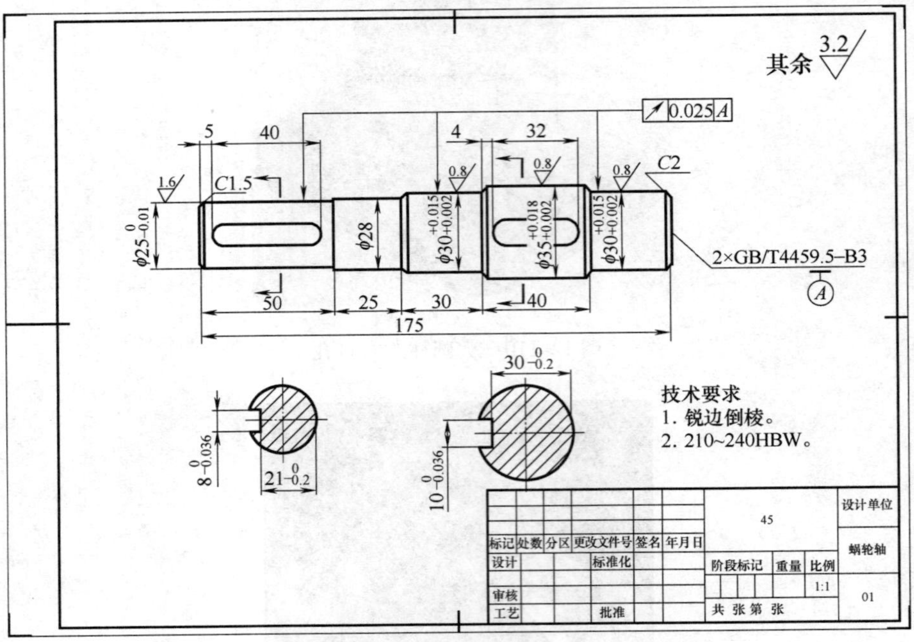

图 12-113 蜗轮轴

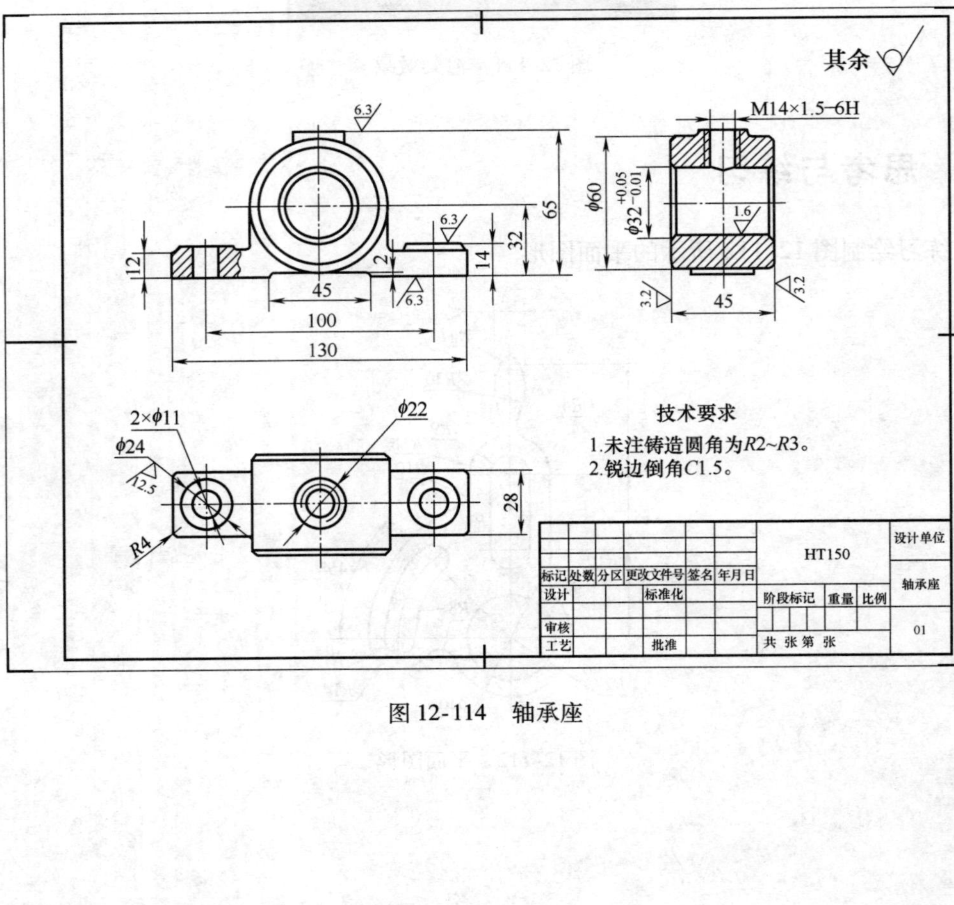

图 12-114 轴承座

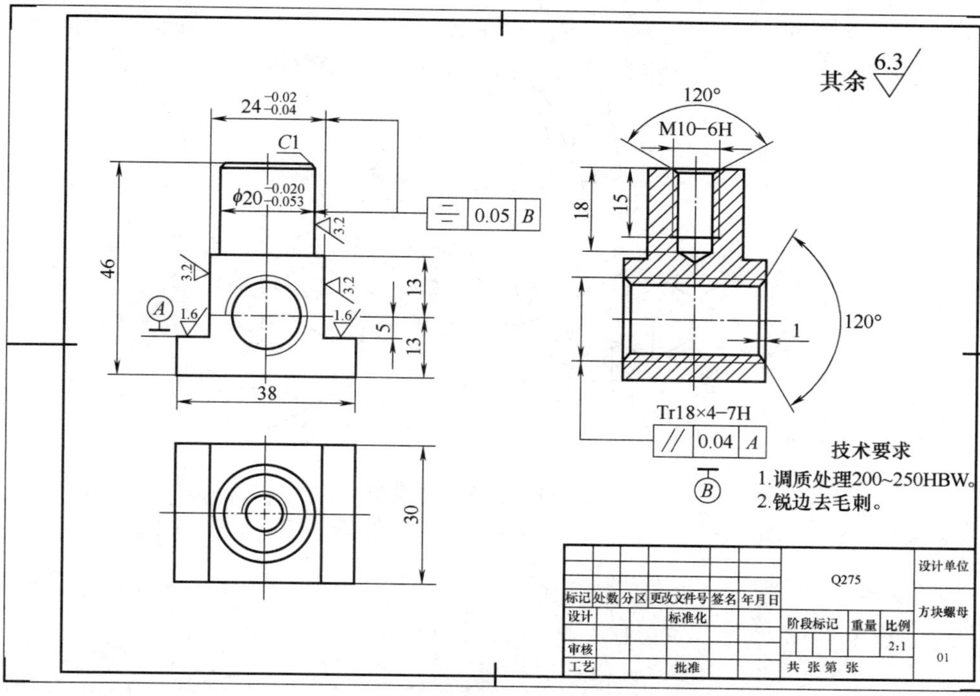

图 12-115　方块螺母

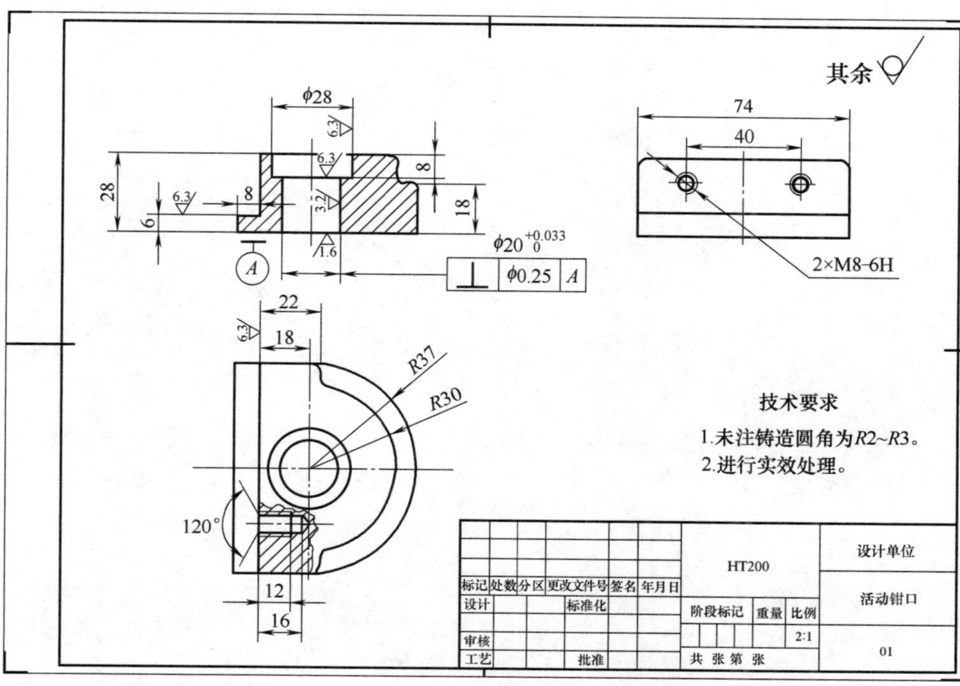

图 12-116　活动钳口

3. 绘制如图 12-117 所示的三维立体模型。

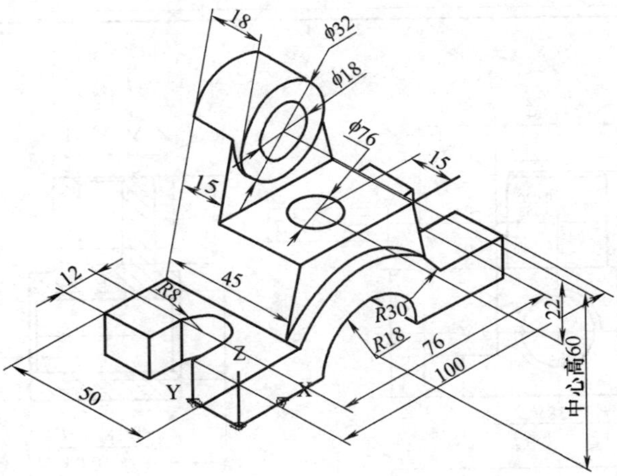

图 12-117　三维立体模型

参 考 文 献

［1］潘苏蓉，冯申．AutoCAD 2008 中文版教程与应用实例［M］．北京：机械工业出版社，2009.
［2］杨峰．Autodesk AutoCAD 2010 工程师认证（1 级）标准培训教材［M］．北京：人民邮电出版社，2010.
［3］薛焱．中文版 AutoCAD 2010 基础教程［M］．北京：清华大学出版社，2009.